高等职业教育食品生物技术专业教材

发酵食品生产技术

Fa Jiao Shi Pin Sheng Chan Ji Shu

尚丽娟　主编

中国轻工业出版社

图书在版编目（CIP）数据

发酵食品生产技术/尚丽娟主编. —北京：中国轻工业出版社，2023.6
全国农业高职院校“十二五”规划教材
ISBN 978-7-5019-8769-6

Ⅰ.①发…　Ⅱ.①尚…　Ⅲ.①发酵食品—生产工艺—高等职业教育—教材　Ⅳ.①TS26

中国版本图书馆 CIP 数据核字（2012）第 107295 号

责任编辑：李亦兵　贺　娜　　责任终审：劳国强　　封面设计：锋尚设计
版式设计：锋尚设计　　责任校对：晋　洁　　责任监印：张　可

出版发行：中国轻工业出版社（北京东长安街 6 号，邮编：100740）
印　　刷：北京君升印刷有限公司
经　　销：各地新华书店
版　　次：2023 年 6 月第 1 版第 8 次印刷
开　　本：720×1000　1/16　印张：22
字　　数：437 千字
书　　号：ISBN 978-7-5019-8769-6　定价：44.00 元
邮购电话：010-65241695
发行电话：010-85119835　传真：85113293
网　　址：http://www.chlip.com.cn
Email：club@chlip.com.cn
如发现图书残缺请与我社邮购联系调换
230862J2C108ZBQ

全国农业高职院校“十二五”规划教材
食品类系列教材编委会

本书编写人员

主　编　尚丽娟（黑龙江农垦科技职业学院）

副主编　刘复军（黑龙江生物科技职业学院）

刘志健（黑龙江农业工程职业学院）

李　婧（辽宁医学院食品科学与工程学院）

参　编　（按姓氏拼音顺序）

冯　哲（粮食职业技术学院）

邵　辉（黑龙江农业工程职业学院）

孙　莹（牡丹江大学生物制药与食品工程学院）

岳　强（黑龙江广播电视大学）

前言

FOREWORD

发酵食品生产技术是人类利用微生物的结晶。随着人类文明的逐步发展，科学技术的不断进步，发酵食品生产技术在近几个世纪得到了迅速发展，生产出了丰富多样的发酵新产品。长期以来，这些产品形成了独特的生产工艺和产品特征，如不同香型的蒸馏酒、食醋、酱油、发酵酱品、发酵豆制品、发酵乳制品等，深受各国人民的喜爱。

作为食品、微生物技术及应用等专业的高等职业教育教材，根据教育部高职培养目标和要求，本书在编写过程中，重点介绍各种新型发酵食品，对其理论及工艺过程有较为详尽的叙述，以期使学生初步具有探索新工艺、新技术的科学研究能力和设计能力，努力体现以职业岗位为导向、以职业技能培养为重点的高等职业教育特色，突出应用性和针对性，加强实践能力的培养，同时反映本行业技术领域的新知识、新技术、新工艺、新方法，并注意以够用为度，学以致用，面向实践，注重实操，符合工学结合发展需求。

本书是基于工作过程和就业岗位的需求分析，按照发酵产品生产项目下的任务驱动、配合实训项目导向的模式来进行编写的。即以发酵产品生产工艺流程为主线，以生产“工序”为载体，通过解剖工艺流程，将教学项目和实训项目对应，对项目的目的、内容、知识综合应用程度、实用性、创新性及达成目标提出要求，融入了食品发酵行业的发展动态及最新工艺技术应用和研究成果，重新序化了教学内容。

本书共分十个项目：食品发酵的认知、白酒的酿造、啤酒生产技术、葡萄酒生产技术、黄酒生产技术、酱油生产技术、食醋生产技术、酱品生产技术、发酵豆制品生产技术和发酵乳制品生产技术。本书的编写打破了理论教材与实验实训教材分开的格局，根据职业情境和职业能力的同一性原则，在每一个教学项目中编排相对应的实验实训项目，构建融教、学、做于一体的“一体化”模式。全书总计十五个实训，并放在全书的最后。

本书由黑龙江农垦科技职业学院尚丽娟、黑龙江生物科技职业学院刘复军、黑龙江农业工程职业学院刘志健、辽宁医学院食品科学与工程学院李婧、黑龙江广播电视大学岳强、粮食职业技术学院冯哲、黑龙江农业工程职业学院邵辉、牡丹江大学生物制药与食品工程学院孙莹编写。全书由尚丽娟统稿。具体编写分工如下：尚丽娟（项目三、项目九、实训五）、刘复军（项目六、项目七、实训十三）、刘志健（项目二、实训一）、李婧（项目四、项目五）、岳强（项目八）、冯哲（实训二、实训三、实训六、实训七、实训八、实训九、实训十、实训十一、实训十二）、邵辉（项目十）、孙莹（项目一、实训四、实训十四、实训十五）。

本书在编写中参考了很多资料、文献，在此对有关作者表示感谢。本书的编写得到了编者所在单位领导和中国轻工业出版社编辑人员的大力支持，在此表示衷心感谢。

限于编者的学识和水平，书中难免存在不妥和疏漏之处，恳请读者提出宝贵意见。

编者

2011年12月

目录

CONTENTS

项目一 食品发酵的认知 …… 1

【知识目标】…… 1
【技能目标】…… 1
【解决问题】…… 1
【必备知识】…… 1
一、发酵与酿造技术的历史…… 1
二、发酵与酿造技术特点以及与现代生物技术的关系…… 4
三、发酵与酿造技术的研究对象…… 6
四、发酵与酿造技术的发展趋势…… 9

项目二 白酒的酿造 …… 11

【知识目标】…… 11
【技能目标】…… 11
【解决问题】…… 11
【必备知识】…… 12
一、白酒成分与来源…… 12
二、白酒中有害成分…… 14
三、白酒的质量标准…… 16
四、白酒的卫生标准…… 19
任务一 原辅料及处理 …… 19
一、制曲原料…… 20
二、酿酒的原料和辅料…… 21

三、生产用水……24
任务二　大曲白酒生产工艺……28
一、大曲白酒的特点……28
二、大曲白酒的类型……29
三、大曲白酒生产工艺……30
任务三　小曲白酒生产工艺……45
一、小曲白酒的特点……45
二、小曲白酒生产工艺……45
【习题】……49

项目三　啤酒生产技术……50

【知识目标】……50
【技能目标】……50
【解决问题】……50
【必备知识】……51
一、啤酒的成分及营养价值……51
二、啤酒的分类……52
三、啤酒生产的一般工艺流程……54
四、啤酒生产的原辅料……54
五、酒花和酒花制品……57
六、酿造用水……59
任务一　麦芽制备……60
一、大麦预处理……60
二、浸麦……61
三、发芽……63
任务二　麦汁制备……65
一、原料、辅料的粉碎……66
二、糖化……67
三、麦汁过滤……80
四、麦汁煮沸与酒花添加……81
五、麦汁冷却……86
六、麦汁浸出物收得率及理化指标……87
任务三　啤酒发酵……88
一、啤酒酵母……88
二、啤酒发酵过程的主要物质变化……93

三、传统啤酒发酵…………………………………………………………………… 95
四、啤酒大型发酵罐发酵……………………………………………………………… 98
五、其他发酵方法…………………………………………………………………… 101
【习题】……………………………………………………………………………… 102

项目四 葡萄酒生产技术 ……………………………………………………… 103

【知识目标】………………………………………………………………………… 103
【技能目标】………………………………………………………………………… 103
【解决问题】………………………………………………………………………… 103
【必备知识】………………………………………………………………………… 104
一、葡萄酒的分类…………………………………………………………………… 104
二、葡萄酒的贮存…………………………………………………………………… 106
三、葡萄酒的后处理和灌装…………………………………………………………… 108
四、葡萄酒的再加工………………………………………………………………… 111
任务一 葡萄酒生产准备 ……………………………………………………… 112
一、酿酒用葡萄品种………………………………………………………………… 112
二、酿酒葡萄的采收………………………………………………………………… 113
三、葡萄汁（浆）的制备与葡萄汁（浆）成分的调整………………………………… 113
四、二氧化硫的作用与添加…………………………………………………………… 114
五、葡萄酒酵母……………………………………………………………………… 115
任务二 葡萄酒的酿造 ………………………………………………………… 115
一、白葡萄酒的酿造工艺……………………………………………………………… 115
二、红葡萄酒的酿造工艺……………………………………………………………… 117
任务三 葡萄酒的品评与鉴定 ………………………………………………… 119
一、葡萄酒变质有以下几条主要特征………………………………………………… 120
二、酒的鉴定………………………………………………………………………… 121
三、快速鉴定红葡萄酒的方法………………………………………………………… 122
【习题】……………………………………………………………………………… 122

项目五 黄酒生产技术……………………………………………………………… 123

【知识目标】………………………………………………………………………… 123
【技能目标】………………………………………………………………………… 123
【解决问题】………………………………………………………………………… 123
【必备知识】………………………………………………………………………… 124

一、黄酒的分类…… 124
二、黄酒生产原料…… 124
三、黄酒发酵基本原理…… 127
四、黄酒酿造过程中的主要微生物…… 129
五、黄酒传统酿造工艺…… 130
任务一 生产原料的预处理 …… 134
一、大米原料的处理…… 134
二、其他原料的处理…… 136
任务二 糖化发酵剂的制备 …… 137
一、酒药…… 137
二、曲…… 139
三、酒母…… 141
任务三 黄酒后处理工艺 …… 141
一、压滤…… 142
二、澄清…… 143
三、煎酒…… 144
四、包装、贮存…… 144
【习题】…… 146

项目六 酱油生产技术…… 147

【知识目标】…… 147
【技能目标】…… 147
【解决问题】…… 147
【必备知识】…… 148
一、酱油分类…… 148
二、酱油风味物质与形成机理…… 149
三、酱油酿造中的主要微生物…… 153
四、酱油生产的原料与辅料…… 154
任务一 种曲的制备 …… 159
一、菌种选择与培养…… 159
二、纯种三角瓶培养…… 160
三、种曲的制备…… 160
任务二 制曲原料处理 …… 163
一、原料轧碎与润水、加水…… 163
二、原料蒸煮…… 164

三、其他原料的处理…… 167
四、液化及糖化…… 168
任务三　成曲制备 …… 170
一、制曲设备…… 170
二、制曲工艺与管理…… 173
三、通风制曲要点…… 176
四、制曲过程污染的来源与防治…… 177
五、成曲质量标准…… 178
任务四　酱油发酵 …… 179
一、低盐固态发酵法…… 179
二、高盐稀态发酵法…… 186
三、固稀发酵法…… 188
四、酱油的浸出…… 189
【习题】…… 191

项目七　食醋生产技术…… 192

【知识目标】…… 192
【技能目标】…… 192
【解决问题】…… 192
【必备知识】…… 193
一、食醋的分类及酿造原料…… 193
二、名特优食醋品质特性…… 195
三、食醋酿造基本原理…… 195
四、食醋酿造的主要微生物及糖化发酵剂…… 199
五、食醋酿造原料处理…… 202
六、国内几种名特醋产品的酿制…… 203
任务一　固态发酵法酿醋 …… 207
一、固态发酵法制醋的特点…… 207
二、固态发酵法制麸曲醋…… 208
三、固态发酵法制大曲醋…… 210
四、固态发酵法制小曲醋…… 214
五、固态发酵法酿醋质量标准…… 216
任务二　固稀发酵法酿醋 …… 217
一、固稀发酵法制醋…… 217
二、固稀发酵法制醋的优点…… 219

任务三 液态发酵法酿醋 …… 219
一、液体回流发酵法 …… 219
二、液态深层发酵法 …… 220
任务四 食醋的检测及质量控制 …… 222
一、食醋的检测 …… 222
二、食醋的质量控制 …… 223
【习题】 …… 224

项目八 酱品生产技术 …… 225

【知识目标】 …… 225
【技能目标】 …… 225
【解决问题】 …… 225
【必备知识】 …… 226
一、酱品分类 …… 226
二、辣椒酱制作 …… 228
三、水产酱、肉酱制作 …… 231
四、几种名优酱品 …… 233
任务一 面酱生产 …… 236
一、曲法面酱的制作 …… 236
二、酶法面酱的制作 …… 241
三、面酱成品质量（甜面酱行业标准SB/T10296—2009） …… 242
任务二 大豆酱生产 …… 243
一、曲法大豆酱的制作 …… 243
二、酶法大豆酱的制作 …… 246
三、大豆酱质量标准（GB/T24399—2009） …… 247
任务三 豆瓣酱生产 …… 247
一、工艺流程 …… 248
二、原料处理 …… 248
三、制曲 …… 249
四、发酵 …… 250
【习题】 …… 251

项目九 发酵豆制品生产技术 …… 252

【知识目标】 …… 252

【技能目标】…… 252
【解决问题】…… 252
【必备知识】…… 253
一、豆制品分类…… 253
二、发酵豆制品所需的微生物…… 253
三、基本生产流程及关键控制环节…… 254
任务一 腐乳的生产 …… 254
一、腐乳的定义、类型、品牌…… 254
二、腐乳生产的原辅料…… 257
三、菌种培养…… 259
四、豆腐坯制作…… 260
五、腐乳发酵…… 262
六、其他类型腐乳生产简介…… 264
七、腐乳的质量标准及生产技术指标…… 267
任务二 豆豉生产 …… 268
一、豆豉的定义及分类…… 268
二、豆豉生产工艺…… 270
三、豆豉的质量标准…… 275
四、两种名优豆豉的制备…… 276
任务三 其他发酵豆制品制作 …… 277
一、纳豆…… 277
二、丹贝…… 279
【习题】…… 281

项目十 发酵乳制品生产技术 …… 282

【知识目标】…… 282
【技能目标】…… 282
【解决问题】…… 282
【必备知识】…… 283
一、乳酸菌发酵剂的概念及分类…… 283
二、乳酸菌发酵剂常用菌种及选择…… 283
三、乳酸菌发酵机理…… 284
四、发酵剂的制备…… 284
五、发酵剂的质量要求…… 285

任务一　酸乳生产 …… 285
一、酸乳的概念和种类 …… 285
二、酸乳生产 …… 287
三、酸乳质量控制 …… 293
任务二　乳酸菌饮料生产 …… 295
一、乳酸菌饮料概念及分类 …… 295
二、乳酸菌饮料生产 …… 296
三、乳酸菌饮料的质量控制 …… 297
四、乳酸菌饮料标准 …… 298
【习题】 …… 299

实训 …… 300

实训一　低度白酒的除浊处理 …… 300
实训二　酒精发酵试验 …… 302
实训三　麦汁的制备及糖度检测 …… 304
实训四　淀粉酶解糖液的制备 …… 307
实训五　啤酒酵母的活化、扩大培养 …… 309
实训六　啤酒主发酵 …… 311
实训七　啤酒的生产 …… 312
实训八　红葡萄酒的酿制 …… 314
实训九　玉米黄酒的制作 …… 316
实训十　醋酸菌的分离纯化 …… 318
实训十一　食醋的酿造 …… 319
实训十二　酱油中氨基氮含量的测定 …… 322
实训十三　酱油的生产 …… 324
实训十四　毛霉的分离和豆腐乳的制备 …… 326
实训十五　绿豆发酵乳制作 …… 329

参考文献 …… 332

项目一
食品发酵的认知

【知识目标】

1. 知道食品发酵与酿造的有关概念。
2. 能陈述食品发酵过程及其特点。
3. 知道食品发酵产品的分类。
4. 了解食品发酵、酿造的发展历程和发展趋势。

【技能目标】

能够运用基本概念对部分发酵食品生产进行分析说明。

【解决问题】

1. 发酵技术、发酵工程与生物技术三者之间的关系是怎样的?
2. 目前,发酵食品生产工艺有哪些创新性?

【必备知识】

一、发酵与酿造技术的历史

发酵的英文“fermentation”是从拉丁语“ferver”即“发泡”、“翻涌”派生而来的,因为发酵发生时有鼓泡和类似沸腾翻涌的现象。如中国黄酒的酿造和欧洲啤酒的发酵就以起泡现象作为判断发酵进程的标志。可以说，人类利用微生物进行食品发酵与酿造已有数千年的历史，发酵现象是自古以来就已被人们发现并掌握的，但由于对发酵与酿造的主角——微生物缺乏认识，发酵与酿造的本质长时间没有被揭示，始终充满神秘色彩。因而在19世纪中叶以前，发酵与酿造业的发展极其缓慢。

在微生物的发现上做出重大贡献的是17世纪后叶的列文虎克（Leewehoch），他用自制的手磨镜，成功地制成了世界上第一台显微镜，在人类历史上第一次通过显微镜用肉眼发现了单细胞生命体——微生物。由于当时“自然发生说”盛极一时，他的发现并没有受到应有的重视。在随后的100多年里，对各种各样微生物的观察一直没有间断，但仍然没有发现微生物与发酵的关系。直到19世纪中叶，巴斯德（Pasteur）经过长期而细致的研究之后，才有说服力地宣告发酵是微生物作用的结果。

巴斯德在巴斯德瓶中加入肉汁，发现在加热情况下不发酵，不加热则产生发酵现象，并详细观察了发酵液中许多微小生命的生长情况等，由此他得出结论：发酵是由微生物进行的一种化学变化。在连续对当时的乳酸发酵、转化糖酒精发酵、葡萄酒酿造、食醋制造等各种发酵进行研究之后，巴斯德认识到这些不同类型的发酵，是由形态上可以区别的各种特定的微生物所引起的。但在巴斯德的研究中，进行的都是自然发生混合培养，对微生物的控制技术还没有很好掌握。

其后不久，科赫（Koch）建立了单种微生物分离和纯培养技术，利用这些技术研究炭疽病时，发现动物的传染病是由特定的细菌引起的。从而得知，微生物也和高等植物一样，可以根据它们的种属关系明确地加以区分，从此以后，各种微生物纯培养技术获得成功，人类靠智慧逐渐学会了微生物的控制，把单一微生物菌种应用于各种发酵产品中，在产品防腐、产量提高和质量稳定方面起到重要作用。因此，单种微生物分离和纯培养技术的建立，是食品发酵与酿造技术发展的一个转折点。

这一时期，巴斯德、科赫等为现代发酵与酿造工业打下坚实基础的科学巨匠们，虽然揭示了发酵的本质，但还是没有认识发酵的化学本质。直到1897年，布赫纳（Buchner）才阐明了微生物的化学反应本质。为了把酵母提取液用于医学，他用石英砂磨碎酵母菌细胞制成酵母汁，并加入大量砂糖防腐，结果意外地发现酵母汁也有发酵现象，任何生物都具有引起发酵的物质——酶，从此以后，人们用生物细胞的磨碎物研究种种反应，从而促成了当代生物化学的诞生，也使生物化学和微生物学彼此沟通起来，大大扩展了发酵与酿造的范围，丰富了发酵与酿造的产品。

但这一时期，发酵与酿造技术未见有特别的改进，直到20世纪40年代，借助于抗生素工业的兴起，建立了通风搅拌培养技术。因为当时正值第二次世界大战，由于战争需要，人们迫切需要大规模生产青霉素，于是借鉴丙酮丁醇的纯种厌氧发酵技术，成功建立起深层通气培养法和一整套培养工艺，包括向发酵罐中通入大量无菌空气、通过搅拌使空气均匀分布、培养基的灭菌和无菌接种等，使微生物在培养过程中的温度、pH、通气量、培养物的供给都受到严格的控制。这些技术极大地促进了发酵与酿造工业，各种有机酸、酶制剂、维生素、激素都可以借助于好气性发酵进行大规模生产，因而，好气性发酵工程技术成为发酵与酿造技术发展的第二个转折点。

但是，这一时期的发酵与酿造技术主要还是依赖对外界环境因素控制来达到目的，这已远远不能满足人们对发酵产品的需求，于是，一种新技术——人工诱变育种和代谢控制发酵工程技术应运而生。人们以动态生物学和微生物遗传学为基础，将微生物进行人工诱变，得到适合于生产某种产品的突变株，再在人工控制的条件下培养，有选择地大量生产人们所需要的物质。这一新技术首先在氨基酸生产上获得成功，而后在核苷酸、有机酸、抗生素等其他产品上得到应用。可以说，人工诱变育种和代谢控制发酵工程技术是发酵与酿造技术发展的第三个转折点。

随着矿产物的开发和石油化工的迅速发展，微生物发酵产品不可避免地与化学合成产品产生了竞争，矿产资源和石油为化学合成法提供了丰富而低廉的原料，这对利用这些原料生产一些低分子有机化合物非常用利。同时，世界粮食的生产又非常有限，价格昂贵。因此，有一阶段，发达国家有相当一部分发酵产品改用合成法生产。但是由于对化工产品的毒性有顾虑，化学合成食品类的产品，消费者是无法接受的，也是难以拥有广阔的市场的；另外，对一些复杂物质，化学合成法也是无能为力的。而生产的厂家既想利用化学合成法降低生产成本，又想使产品拥有较高的质量，于是就采用化学合成结合微生物发酵的方法。如生产某些有机酸，先采用化学合成法合成其前体物质，然后用微生物转化法得到最终产品。这样，将化学合成与微生物发酵有机地结合起来的工程技术就建立起来了，这形成了发酵与酿造技术发展的第四个转折点。

这一时期的微生物发酵除了采用常规的微生物菌体发酵，很多产品还采用一步酶法转化法，即仅仅利用微生物生产的酶进行单一的化学反应。例如，果葡糖浆的生产，就是利用葡萄糖异构酶将葡萄糖转化为果糖的。所以，准确地说，这时期是微生物酶反应生物合成与化学合成相结合的应用时期。

随着现代工业的迅速发展，这一时期食品发酵与酿造工程技术也得到了迅猛的发展。如植物细胞的融合，可以得到多功能植物细胞，通过植物细胞培养生产保健品和药品。近年来得到迅猛发展的基因工程技术，可以在体外重组生物细胞的基因，并克隆到微生物细胞中去构成工程菌，利用工程菌生产原来微生物不能生产的产物，如胰岛素、干扰素等，使微生物的发酵产品大大增加。可以说，发酵和酿造技术已经不再是单纯的微生物的发酵，已扩展到植物和动物细胞领域，包括天然微生物、人工重组工程菌、动植物细胞等生物细胞的培养。随着转基因动植物的问世，发酵设备［CD_2］生物反应器也不再是传统意义上的钢铁设备，昆虫的躯体、动物细胞的乳腺、植物细胞的根茎果实都可以看做是一种生物反应器。因此，随着基因工程、细胞工程、酶工程和生化工程的发展，传统的发酵与酿造工业已经被赋予崭新内容，现代发酵与酿造已开辟了一片崭新领域。

二、发酵与酿造技术特点以及与现代生物技术的关系

（一）食品发展与酿造的特点

发酵这一概念对不同的领域有不同的含义，对微生物学家来说，是个较广义的概念，微生物进行的一切活动都可以称为发酵；而对生物化学家来说，发酵仅仅是指厌氧条件下有机化合物进行不彻底的分解代谢释放能量的过程，本书中的发酵都是广义的概念。

酿造则是我国人们对一些特定产品进行发酵生产的一种叫法，通常把成分复杂、风味要求较高，诸如黄酒、白酒、啤酒、葡萄酒等酒类以及酱油、酱、食醋、腐乳、豆豉、酱腌菜等副食佐餐调味品的生产称为酿造；而将成分单一、风味要求不高的产品，如酒精、柠檬酸、谷氨酸、单细胞蛋白等的生产称为发酵。

发酵与酿造工业和化学工业最大的区别，在于它是利用生物体或生物体产生的酶进行的化学反应，其主要特点如下。

1. 安全简单

食品发酵与酿造过程绝大多数是在常温下进行的，生产过程安全，所需的生产条件比较简单。

2. 原料广泛

食品发酵与酿造通常以淀粉、糖蜜或其他农副产品为原料，添加少量营养因子，就可以进行反应了。目前，发酵与酿造的原料范围已大大扩展，矿产资源和石油产品都可以作为发酵与酿造的原料，甚至生产中的废水、废料都可以作为发酵与酿造的原料。

3. 反应专一

食品发酵与酿造过程是通过生物体的自动调节方式来完成的，反应专一性强。因而，可以得到较为单一的代谢产物，避免不利或有害副产物混杂其中。

4. 代谢多样

由于生物体代谢方式、代谢过程的多样化，以及生物体化学反应的高度选择性，即使是极其复杂的高分子化合物，也能在自然界找到所需的代谢产物。因而，发酵与酿造适应的范围非常广。

5. 易受污染

由于发酵培养基营养丰富，各种来源的微生物都很容易生长，发酵与酿造过程要严格控制杂菌污染，有许多产品必须在密闭条件下进行发酵，接种前设备和

培养基必须灭菌，反应过程中所需的空气或添加营养物必须保持无菌状态。发酵过程避免杂菌污染是发酵成功的关键。

6. 菌种选育

发酵与酿造最重要的因素是菌种，通过各种菌种选育手段得到高产的优良菌种，是能否创造显著经济效益的关键。另外，生产过程中菌种会不断地变异，因此，自始至终都要进行菌种的选育和优化工作，以保持菌种的基本特征和优良性状。

（二）食品发酵与酿造和现代生物技术的关系

现代生物技术是指应用生物体（微生物、动物细胞、植物细胞）或其组成部分（细胞器、酶），在最适合条件下，生产有价值的产物，或进行有益过程的技术。它是一门涉及分子生物学、细胞生物学、遗传学、微生物学、化学、物理学、工程学的多学科、综合性的科学技术。生物技术是靠基因工程、细胞工程、发酵工程、酶工程和生化工程这五大技术体系支撑起来的。这五大工程是互相依赖、相辅相成的。基因工程是主导，虽然细胞工程、发酵工程、酶工程各有其自身的技术内容和发展领域，但只有用基因工程改造过的微生物细胞或动植物细胞，才能真正按照人类意志，产生出特定的物品。而发酵工程又常常是基因工程，酶工程的基础和必要条件，生化工程则是其他工程转化为生产力必不可少的重要环节。

食品发酵与酿造主要以发酵工程和酶工程为支撑，是利用微生物细胞或动植物细胞的特定性状，通过现代工程技术生产食品或保健品的一种技术。现代食品发酵与酿造技术，是将传统的发酵与现代的细胞融合、DNA 重组等新技术结合在一起并发展起来的现代发酵技术。实质上，现代发酵技术处于生物技术的中心位置，绝大多数生物技术的目标都是通过发酵工程来实现的。因此，生物技术的主要应用领域往往就是发酵工程的应用和研究或生产的对象，如生物技术的一些新领域，环境工程、再生资源工程等，都是以发酵工程为主要手段的。发酵技术由两个核心部分组成：一是涉及获得特殊反应或过程所需的最良好的生物细胞或酶；二是选择最精良的设备，采用最优技术操作，创造充分发挥生物细胞或酶作用的最佳环境。

首先看发酵技术的第一核心部分——生物催化剂。在迄今所研究的大部分实例中，用于发酵技术过程最有效、最稳定和最方便的生物催化剂形式是整体生物细胞，目前最广泛采用的是微生物细胞。因此，发酵工程一度被称为微生物工程，许许多多的发酵技术都是围绕着微生物过程进行的。随着现代生物技术的发展，尤其是基因工程的发展，越来越多的携带着高等动植物基因的“工程菌”或经过基因改造的动植物细胞在发酵技术中发挥着日益重要的作用，因此，现代发酵技术已超越了微生物工程的范畴。

发酵技术第二个核心部分——生物反应系统。若采用的生物催化剂是酶、休止细胞、死细胞或固定化细胞，则反应系统比较简单，只需考虑温度、pH 等容易控制的条件。若采用的是生物活细胞，则要为该细胞提供最优生长、最优形成产物的可控系统和环境，使温度、pH、通气、搅拌、罐压、溶解氧、二氧化碳含量等物理、化学条件得到有效的维持和控制，从而使该生物细胞呈现出最佳的性能，生成并积累大量产物。这就充分反映出生化工程是发酵工程转化为生产力必不可少的重要环节。

总而言之，食品发酵与酿造和现代生物技术关系密切，传统的发酵与酿造技术只有采用现代生物技术加以改造才能被赋予新的内涵，才会有新的突破性发展。

三、发酵与酿造技术的研究对象

食品发酵与酿造业是一个门类众多、规模宏大、与国民经济各部分密切相关，充满发展前途的产业。食品发酵与酿造的研究对象有各种不同的分类方法，下面介绍两种分类方法。

（一）按产业部门来分

食品发酵与酿造的研究对象有：

（1）酿酒工业（黄酒、啤酒、白酒、葡萄酒等）；

（2）传统酿造工业（酱、酱油、食醋、腐乳、豆豉、酸乳等）；

（3）有机酸发酵工业（柠檬酸、苹果酸、葡萄糖酸等）；

（4）乳制品工业产品（酸奶、干酪等）；

（5）酶制剂发酵工业（淀粉酶、蛋白酶等）；

（6）氨基酸发酵工业（谷氨酸、赖氨酸等）；

（7）核苷酸发酵工业（ATP、IMP、GMP 等）；

（8）功能性食品生产工业（低聚糖、真菌多糖、红曲等）；

（9）食品添加剂生产工业（黄原胶、海藻糖等）；

（10）菌体制造工业（单细胞蛋白、酵母等）；

（11）维生素发酵工业（维生素 B_2、维生素 B_{12} 等）；

（12）其他新型发酵食品工业产品（如发酵饮料、生理活性物质等）。

（二）按产品性质来分

1. 生物代谢产物发酵

生物细胞将外界物质吸收到体内，一面进行分解代谢（异化作用），一面又利用分解代谢中间代谢产物及能量去合成（同化作用）体内所需成分，这一过程称为新陈代谢。在代谢过程中，生物体进行着复杂的生物合成，获得了许多重要的代谢产物。以生物体代谢产物为产品的发酵与酿造工业是该工业中数量很多、产量最大、也是最重要的部分，产品包括初级代谢产物、中间代谢产物和次级代谢产物。

通常发酵与产物的不同类型是和生物的生长过程密切相关的，下面以发酵与酿造中应用最多的微生物发酵为例。根据微生物的生长特点，经过最初的迟滞期进入对数生长期，细胞迅速生长，使发酵很快开始并能在短时间内结束。一般认为，微生物对数生长期形成的产物往往是细胞自身生长所必需的，如各种氨基酸、核苷酸、蛋白质、核酸、脂类及糖类等，称为初级代谢产物或中间代谢产物。由于初级代谢产物是供菌体生长繁殖使用的，所以野生菌株合成产物的量在满足自身需要后，就受到许多调节机制的控制而停止合成。为了提高产量，就要了解菌株在合成产物中所受到的调节机制，研究修饰菌体的遗传基因，改良培养条件，设法予以解除菌株自身的调节机制。

随着对数生长期的很快结束，细胞增长停止，进入稳定期，这时细胞数量大致保持不变，一部分细胞继续繁殖，一部分细胞则自溶消失。这个时期有些微生物合成的化合物，在对数生长期是没有的，而且对细胞代谢也没有明显的意义，虽然生长速率很低，但代谢产物却具有明显的优势，这类自发产生的化合物被称为次级代谢产物。只有在继续培养过程中，细胞处于不生长或缓慢生长状态时，才能实现次级代谢。因此可以推断，微生物在自然界中，是以生长速率相对较低的稳定期占主要地位的。

次级代谢产物是由初级代谢的中间体或产品合成的。初级代谢途径往往是大多数微生物代谢不常见的途径，而次级代谢产物是只有少数微生物才能合成的，通常，丝状菌、真菌和产芽孢的细胞能进行次级代谢，而肠道细菌则不能。按生理学作用来研究，许多次级代谢产物具有拮抗微生物的活性，有些是特殊的酶抑制剂，有些是生长促进剂，许多具有药物功效。次级代谢产物发酵与初级代谢产物发酵一样，受到许多代谢调节机制的控制，如诱导调节、分代谢产物阻遏和反馈调节等。因此，要提高产量，就要设法解除其控制，或提高合成基因的量。

总之，食品发酵与酿造研究中最重要部分是生物细胞的代谢研究，要判定所需的发酵产品是初级代谢产物还是次级代谢产物，其代谢调节的机制如何，如何解除菌株自身的代谢调节，实现人为调节等。

2. 酶制剂发酵

酶普遍存在于动植物细胞和微生物细胞内，可以说，所有生物细胞都含有酶。开始时，人们主要是从动植物组织中提取酶的，自 1894 年日本高峰（Takamin）利用米曲霉制备淀粉酶以来，利用发酵法制备酶并提取微生物产生的各种酶，已是当今发酵工业的重要组成部分。这与从动植物组织提取酶相比，既易于进行大规模生产，又便于改善工艺，提高产量。

目前，工业用酶大多是来自于微生物发酵生产的酶，如：α-淀粉酶、β-淀粉酶、葡萄糖苷酶、支链淀粉酶、转化酶、葡萄糖异构酶、纤维素酶，碱性蛋白酶、酸性蛋白酶、中性蛋白酶，果胶酶，脂肪酶，凝乳酶，过氧化氢酶，青霉素酰化酶，胆固醇氧化酶，葡萄糖氧化酶，氨基酰化酶等。

生产上所用的酶，大部分是利用微生物生产的胞内酶和胞外酶加以分离提取得到的酶制剂。现在已有很多酶制剂被加工成固定化酶，使酶制剂行业前进了一大步，促使发酵工业和酶制剂在工业的应用范围发生了重大变化。

另外，酿酒工业、传统酿造工业等生产中应用的各种曲的生产也相当于酶制剂的生产，其关键在于培养多种微生物并使其分泌多种酶，在生产中发挥其分解淀粉和蛋白质等原料的作用。因此，曲的生产也可以看成是复合酶制剂生产。

3. 生物转化发酵

生物转化是指利用生物细胞中的一种或多种酶，作用于一些化合物的特定部位（基团），使它转变成结构相类似但具有更大经济价值的化合物的生化反应。生物转化的最终产物并不是生物细胞利用营养物质经代谢而产生的，而是生物细胞的酶系作用于底物某一特定部位（基团），进行化学反应形成的。生长细胞、休止细胞、孢子或干细胞均能进行转化反应，为提高转化效率，降低成本，减少产物中的杂质，现在越来越多地采用固定化细胞或固定化酶。在转化反应中，生物细胞的作用仅仅相当于一种特殊的生物催化剂，只引起特定部位（基团）发生反应。

可进行的转化反应包括脱氢、氧化、脱水、缩合、脱羧、羟化、氨化、脱氨、异构化等，生物转化反应与化学反应相比具有许多优点，如工艺简单，操作方便，反应条件温和，对环境污染小等。生物转化反应最明显的特点就是反应的特异性强，包括反应特异性（反应类型），结构位置特异性（分子结构中的位置）和立体特异性（特殊的对映体），其中以反应的立体特异性显得尤为重要。

4. 菌体制造

这是以获得具有特定用途的生物细胞为目的产品的一种发酵，包括单细胞蛋白，藻类，食用菌和人、畜防治疾病用的疫苗，生物杀虫剂等的生产。

属于食品发酵与酿造范围的为酵母培养、单细胞蛋白培养和藻类、食用菌的发酵。

酵母菌既可用于酿造工业，又可作为人类或动物的食物。早在第一次世界大战时，面包酵母就曾作为德国人的食物，但直到1960年以后，人们对微生物菌体作为食用蛋白的来源才有较广泛的研究。目前，利用微生物同化石油烷烃（该技术既可以用于生产微生物菌体，又可用于消除石油污染），以及利用甲烷、甲醇、乙酸等制造微生物菌体蛋白的研究（可以利用废弃物质进行沼气发酵来保护环境，又可以得到微生物菌体作饲料）也较为重视。

藻类含有丰富的维生素和较高含量的必需氨基酸，其营养价值超过农作物，可用作食物饲料，因有些藻类含有许多活性物质，现大多用来制作保健品。食用菌的营养保健状况与藻类类似，但食用菌菌丝体发酵很少被用于作为食物和饲料，主要被用来制备保健品或用来作为生产菌种。如冬虫夏草、蜜环菌、灵芝、茯苓、香菇、云芝等，都已大规模发酵生产。

四、发酵与酿造技术的发展趋势

食品发酵与酿造技术是随着工业技术的进步而不断发展的，随着生物技术的高速发展，发酵工程也得到迅速发展。发酵工程是生物技术的必由之路，许许多多通过生物技术发展起来的新产品必须用发酵方法来生产。因此可以说，发酵工程的潜力几乎是无穷的，随着科学技术的进步，发酵工程也必将取得长足的进步。

从生物技术发展的趋势、食品发酵与酿造和生物技术的关系来分析，现代食品发酵与酿造的发展主要集中在以下几方面。

（一）利用基因工程技术，人工选育和改良菌种

基因工程已不再是一种神秘而高深的技术，在世界各国、我国各地已全面展开。基因工程是一种将目的基因从DNA上切割下来（或人工合成），在体外将该基因连接到载体上，通过转化或转导等手段将重组的基因组导入受体细胞，使后者获得复制该基因的能力，从而达到定向改变菌种遗传特性或创造新菌种的目的。这种带有目的基因的受体细胞，具有我们所希望的新的遗传性能和生产性能，这是常规育种方法无法做到的。基因工程已迅速在动植物细胞、微生物中得到应用，我们已能使微生物获得只有动植物细胞才有的生产特性，就是说采用微生物发酵技术就能获得价格昂贵的动物性蛋白质，如胰岛素、干扰素等。可以说，基因工程为发酵与酿造技术提供了无限的潜力，掌握了基因工程技术，就可以根据人们的意愿来创造新的物种，利用这些物种为人类做出不可估量的贡献。

（二）结合细胞工程技术，用发酵技术进行动植物细胞培养

细胞原生质体融合技术使动植物细胞的人工培养技术进入了一个新的阶段。借助于微生物细胞培养的先进技术，大量培养动植物细胞的技术日臻完善，有很多已经进行大规模生产。

动植物细胞能产生许多微生物细胞所不具备的特有的代谢产物，进行动植物细胞的培养，就能生产这些特有物质。如动物细胞可生产生长激素、疫苗、免疫球蛋白等；植物细胞可生产生物碱类、色素、类黄酮、花色苷、苯酚、固醇类、萜烯类、植物生长激素类、调味品、香料等。植物细胞培养还可以用于种苗生产，名贵的植物、花卉种苗可在实验室得以培育。

（三）应用酶工程技术，将固定化酶和细胞广泛应用于发酵与酿造工业

将酶固定在不溶性膜状或颗粒状聚合物上，以聚合物作为载体的固定化酶在连续催化反应过程中不再流失，从而可以回收并反复利用，这样就改善了反应的经济性；酶也不会混杂在反应产物中，可大大简化提取纯化工艺；另外，有些酶在游离状况下容易失活，固定后稳定性得以提高。固定化细胞则是将具有一定生

理功能的生物体（如微生物、植物细胞、动物组织或细胞、细胞器）用一定方法固定，作为生物催化剂使用。固定化细胞除具有固定化酶的一些优点外，还有以下优点：可以省去酶提取纯化工艺，使酶的损失降到最低限度；有时可利用细胞的复合酶系统（多酶体系）催化多个反应，可以将某些产物的发酵法改为固定化酶连续反应。这是发酵法生产的巨大革新，固定化酶或细胞的生产和应用领域必将会不断扩大。

（四）重视生化工程在发酵与酿造业的应用

生化工程指的是生化反应器、生物传感器和生化产品的分离提取纯化等下游工程。自1960年以来，一直是生物技术中发展较快的工程技术体系。

生化反应器是生物化学反应得以进行的场所，其中涉及了流体力学、传质、传热和生物化学反应动力学等学科。生物技术从实验室成果转变成巨大的经济效益，是通过各种类型、规模的生化反应器来实现的。发酵与酿造中绝大多数反应器属于非均相反应器，基本分为机械搅拌式、鼓泡式、环流式三大类。进行工艺设计时应考虑：①选择特异性高的酶或特殊产物产量高的细胞，以减少副产物的生成，提高原料利用率。②尽可能提高产物浓度，以尽量减少投资和产品回收的支出。反应器设计时尽可能考虑生物工艺过程的程序控制、反应器的散热、提高反应效率等问题。对于非牛顿流体的发酵液（如丝状菌发酵液）和高黏度的多糖（如黄原胶）发酵液等，缺乏其流变特性数据，是反应器设计和放大的困难所在。

生物传感器是发酵与酿造过程控制的关键所在，要实现反应器的自动化、连续化，生物传感器是必不可少的。因此，生物传感器的研究和设计是今后发酵与酿造工业发展的方向之一。

生物代谢产品的分离提取纯化工作是生物技术产品产业化必不可少的环节，下游工程水平的高低将对该项目是否能取得较高的经济效益起到至关重要的作用。

因此，研究适应发酵与酿造工程的生化工程技术，并应用于发酵与酿造工程，仍将是今后发展的方向。

（五）发酵法生产单细胞蛋白

当今世界面临着三大问题：食物、能源和环境。开发单细胞蛋白是解决人类食物问题的重要途径之一。单细胞蛋白最主要的用途是作为动物饲料，作为高蛋白供人食用已不多见。由于微生物的代谢方式各种各样，各种资源都可以利用，而且微生物繁殖速度惊人，比动物要快上百倍，因此，发展单细胞蛋白不失为一种解决废水废料、保护环境、节约粮食资源的好方法。

（六）加强代谢研究，进一步搞好代谢控制，开发更多代谢产品

由于生物代谢的多样性，人类至今只研究透彻代谢途径中的一小部分，搞清更多的代谢途径及其代谢调节的机制，将会开发出更多有价值的生物代谢产品。

项目二 白酒的酿造

【知识目标】

1. 能陈述白酒的特点与质量要求。

2. 能陈述白酒的类别。

3. 能准确陈述白酒的原料配比、制备工艺与工艺要点、质量指标、设备仪器名称。

4. 能准确陈述相关的概念与原理、影响产品质量的因素。

5. 能够生产典型产品。

【技能目标】

1. 能够熟练阅读工艺规程报告。

2. 能熟练地按照常规工艺规程，选择使用相关设备，生产典型产品。

3. 能够准确填写实训报告。

4. 能够根据质量标准，检测产品的质量，并进行分析。

【解决问题】

1. 除了书本提到的白酒类制品外，你还能研制出哪些白酒类制品？

2. 学习本项目后，你认为白酒不同类型的生产中各自最典型的生产工艺是什么？

3. 如何控制工厂制曲温度和时间，在制曲过程中应注意哪些问题？如何缩短制曲时间？

【必备知识】

白酒又叫烧酒，是指用含淀粉或糖分的原料，经糖化发酵酿制而成的一种蒸馏酒，无色或微黄，澄清透明，具有独特的芳香和风味，酒精含量比较高。凡乙醇（酒精）含量在0.5%（体积分数）以上的饮料就叫做酒。酒精度是指在20℃时，100mL饮料酒中含有乙醇（酒精）的毫升数，即体积（容量）的百分数，用%（体积分数）表示。凡是饮料酒，在包装标签上均需标明酒精度，即乙醇含量。

一、白酒成分与来源

白酒中水和乙醇占的比例在98%以上，能检出的白酒微量成分达300种以上，其中定量的达180种以上。

（一）有机酸类

在发酵过程中，尤其在固态白酒的酿造过程中，必然会产生各种酸类，它们伴随着酒精而生成。

1. 乙酸

又名醋酸，它的生成主要有下述几个途径：

（1）在醋酸菌的代谢中，由乙醇氧化产生醋酸。

（2）在酒精发酵过程中，产酒精的同时，也伴随着有乙酸和甘油的生成。

（3）糖的酒精发酵变成乙醛，乙醛经内部离子重排，也会变成乙酸。

2. 丁酸（酪酸）

丁酸是由丁酸菌或异乳酸菌发酵作用生成的。

（1）丁酸菌将葡萄糖或含氮物质发酵变成丁酸。

（2）由乙酸及乙醇经丁酸菌作用，脱一分子水而成。

（3）由乳酸发酵生成丁酸时，也必须有乙酸，但有的菌不需要乙酸而直接从乳酸发酵生成乙酸，再由乙酸变为丁酸。

3. 己酸

己酸是由己酸菌（梭状芽孢杆菌）发酵作用生成。

4. 乳酸

乳酸是乳酸菌利用糖经糖酵解途径生成。

5. 棕榈酸等脂肪酸

由相应的脂肪分解成脂肪酸。

6. 氨基酸

微生物把原料中带来的和其他微生物的残体中含的蛋白质分解成氨基酸。

（二）酯类

白酒中的酯类是白酒的主要香气组分。是有机酸与醇作用脱去水分子而生成的。对白酒中微量成分分析结果表明，有什么样的酸对应有什么样的酯类。由于白酒中的醇类以乙醇为绝对优势，所以对应的大多酯是乙酯，如乙酸乙酯、丁酸乙酯、己酸乙酯和乳酸乙酯。

（三）醇类

任何种类的酒，在发酵过程中，除生成较大量的乙醇外，还同时生成其他醇类。醇主要是由微生物作用于糖、果胶质、氨基酸等而产生。

1. 甲醇

甲醇的前体物质为果胶质，在原料蒸煮时，果胶质生成果胶酸和甲醇。

2. 乙醇

酵母作用于葡萄糖，转化成酒精。

3. 高级醇

高级醇是一类高沸点的醇类，酒精工业中称为杂醇油。在酒精发酵过程中，由原料中含的蛋白质分解或微生物菌体蛋白水解，而生成氨基酸，氨基酸进一步水解放出氨，脱羧基，生成相应的醇。不同种类的酵母，产高级醇量也不相同。

4. 多元醇

微生物在好氧条件下发酵可生成多元醇，多元醇是白酒甜味来源的主要成分。多元醇的甜味随着醇基的增加而增加。

（1）丙三醇（甘油）　甘油是酵母进行酒精发酵中的副产物。在固态白酒生产中，甘油主要在发酵后期产生。另外，某些细菌在好气情况下，也产甘油。

（2）己六醇（甘露醇）　许多霉菌能产甘露醇，所以大曲中含量较多，细菌中如混合乳酸菌，可使己糖产乳酸，同时产生甘露醇。

（四）醛酮类

1. 乙醛

白酒中的乙醛主要是发酵中生成的乙醇被氧化形成。乙醛的沸点低，白酒中的乙醛含量与流酒温度有关：流酒温度高，含量少。酒在陈酿过程中，乙醛大量挥发，酒中乙醛含量降低。酒中的糙辣味与乙醛含量成正比。

2. 糠醛

原料的皮壳中和稻壳辅料中均含有多缩戊糖，在微生物的作用下，生成糠醛。

3. 丙烯醛

丙烯醛不但辣得刺眼，并有持续性的苦味。

4. 缩醛

白酒中的缩醛以乙缩醛为主，其含量几乎与乙醛相等。

（五）芳香族化合物

芳香族化合物是一种碳环化合物，是苯及其衍生物的总称。芳香族化合物的来源主要和原料有关。高粱中含有较多单宁，高粱经蒸煮、糖化、发酵后，单宁可生成丁香酸、丁香醛等一些芳香族化合物。小麦中含有大量的阿魏酸、香草酸和香草醛。小麦经制曲、酵母发酵后同样生成一系列芳香族化合物。茅台酒酱香和酒的细腻，显然与用曲量大及其特殊的制曲工艺有关。

（六）硫化物

白酒中检出的硫化物主要有硫化氢、硫醇等，特别是新酒中这些物质含量较多，通过贮存后这类物质可挥发除去。新酒硫化物主要是从含硫蛋白质分解而来，不同原料中含硫蛋白质的量不同，经发酵后生成的硫化氢量也有差异。实验表明，酵母、细菌的硫化氢产量较霉菌多得多。球拟酵母及汉逊酵母将胱氨酸分解生成硫化氢的能力更强。

二、白酒中有害成分

（一）甲醇

1. 危害

甲醇是一种麻醉性较强的无色液体，甲醇有酒精一样的外观，气味也和酒精差不多。缺乏酒中有害物质知识的人们，容易把甲醇和酒精混淆，酿成甲醇中毒重大事故。甲醇对人体的神经系统和血管的毒害作用十分严重，对视神经危害尤甚。若饮入甲醇5~10mL可致严重中毒，10mL以上即有失明的危险，30mL即可引起死亡。据研究证实，甲醇在体内的代谢产物是甲酸和甲醛，两者的毒性都大于甲醇，甲酸的毒性比甲醇大6倍，而甲醛大30倍。甲醛会危害人的视网膜，严重时导致失明。所有国内外酒精饮料中的甲醇含量均应严加控制，生产时尽可能降低其含量。

2. 降低白酒中甲醇含量的措施

（1）选择含果胶质低的原料。

（2）控制蒸煮压力不能过高　如果采用间歇蒸煮，则可以考虑用放乏汽的操作方法，以排出醪液中的甲醇。用固态法以薯干为原料酿酒时，同样也可采用在蒸粮时敞盖排气的方法降低甲醇含量。

（3）合理摘酒　在固态法酿酒蒸馏过程中，甲醇可以是头级杂质，也可以是尾级杂质，所以采取截头去尾的方法，可以略微降低甲醇的含量。

（4）成品酒中甲醇含量超标，可选用吸附甲醇的天然沸石或人造分子筛进行处理。

（二）杂醇油

1. 危害

杂醇油（在白酒生产中也称高级醇）是一种高沸点的混合物，是淡黄色至棕褐色的透明液体，具有特殊的强烈的刺激性臭味，在白酒中如含量过高，对人体有毒害作用。它的毒害和麻醉作用比乙醇强，能使神经系统充血，使人头痛，其毒性随分子质量增大而加剧。杂醇油的主要成分是异戊醇、戊醇、异丁醇、丙醇等，其中以异丁醇、异戊醇的毒性较大。在各白酒中，含量适当的高级醇与酯类的配比协调，是构成白酒的香味成分之一，但含量过高不仅对人体有害，而且给酒带来邪杂味。

2. 降低白酒中杂醇油含量的措施

（1）选择合理的酿酒原料　酿酒原料蛋白质含量高，发酵时生成的氨基酸较多，最后在成品酒中的杂醇油含量也高。

（2）液态法生产蒸馏时，选择合适的塔板抽提出杂醇油。

（3）固态法酿酒，首先要注意曲的质量。为了减少杂醇油的生成，每使用一批新曲时，必须经过检验，如蛋白酶活力高，可与其他曲混合使用；同时要根据不同的季节，变更用曲量。其次要做到缓慢发酵，目的是减少酵母的增殖倍数。

（三）氰化物

1. 危害

氰化物有剧毒，中毒时轻者流涎、呕吐、腹泻、气促，严重时则呼吸困难，全身抽搐、昏迷，在数分钟至两小时内死亡，故卫生标准中规定了它在白酒中的限量。

2. 降低白酒中氰化物含量的措施

白酒中的氰化物主要来自原料。以木薯、野生植物酿制的酒氰化物含量较高，而一般谷物酿制的酒氰化物含量极微。木薯是酒精工业良好的原料，一般可分为两类（苦味和甜味）。生产用的是木薯的块根。根的外表含氢氰酸（苦味木薯含量较多），但它易于挥发，蒸煮时尽量多排汽，可以使它随乏汽排出；也可以用水分充分浸泡原料，使氰化物大部分溶出；还可以预先在原料中加入20%左右的黑曲，保持10%左右的水分，在50℃左右搅拌均匀，堆积保温12h，然后清蒸45min，排除氢氰酸。

（四）铅

1. 危害

铅是一种毒性很强的重金属，含量0.04g便能引起急性中毒，20g可以致死。一般说来，铅通过酒进入人体引起急性中毒的事故比较少见。由食物引起的铅中毒，主要是慢性产毒。铅有积蓄作用，如每人每天摄取10mg铅，短时间就能引起中毒，可出现头痛、头昏、记忆力减退、睡眠不好、手的握力减弱、贫血、腹胀和便秘等症状。目前规定，24h内，进入人体的铅，最高容许量为0.2～0.25mg。

2. 降低白酒中铅含量的措施

白酒中的铅主要由蒸馏器、冷凝器、导管和贮酒容器中的铅溶蚀出来。这些设备含铅量越高，酒中的含铅量也高。因此，在生产中这些容器应尽量采用耐酸的不锈钢或九九锡（即含锡不低于99%以上的锡）。

（五）锰

1. 危害

锰为硬而脆的浅灰色金属，似铁。锰虽然是人体正常代谢必需的微量元素，但过量的锰进入机体可引起中毒。在锰的化合物中，锰的原子价越低，毒性越大，Mn^{2+}比Mn^{4+}毒性大2.5～3倍，Mn^{4+}比Mn^{5+}毒性大3～3.5倍。锰的慢性中毒特点是中枢神经系统功能紊乱，表现出头晕、记忆力减退、嗜睡和精神萎靡等症状，有的是感到头痛、头晕、口内有金属味。

2. 降低白酒中锰含量的措施

酒中锰的主要来源是用高锰酸钾处理酒时带入的。所以当用高锰酸钾处理酒或酒精时，要注意加入的量和加入的方法。

三、白酒的质量标准

（一）浓香型白酒的质量标准

见国标 GB/T 10781.1—2006。（2008年1月1日实施）

1. 浓香型白酒的感官要求

（1）高度浓香型白酒（酒精度41%～68%，体积分数）的感官要求见表2－1。

表2－1　　高度浓香型白酒感官特性

项目	优级	一级
色泽和外观	无色或微黄，清亮透明，无悬浮物，无沉淀①	
香气	具有浓郁的己酸乙酯为主体的复合香气	具有较浓郁的己酸乙酯为主体的复合香气
口味	酒体醇和协调，绵甜爽净，余味悠长	酒体较醇和协调，绵甜爽净，余味较长
风格	具有本品典型的风格	具有本品明显的风格

注：①当酒的温度低于10℃时，允许出现白色絮状沉淀或失光，10℃以上时应逐渐恢复正常。

（2）低度浓香型白酒（酒精度25%～40%，体积分数）的感官要求见表2－2。

表2-2 低度浓香型白酒感官特性

项目	优级	一级
色泽和外观	无色或微黄，清亮透明，无悬浮物，无沉淀[①]	
香气	具有较浓郁的已酸乙酯为主体的复合香气	具有已酸乙酯为主体的复合香气
口味	酒体醇和协调，绵甜爽净，余味悠长	酒体较醇和协调，绵甜爽净，余味较长
风格	具有本品典型的风格	具有本品明显的风格

注：①当酒的温度低于10℃时，允许出现白色絮状沉淀或失光，10℃以上时应逐渐恢复正常。

2. 浓香型白酒的理化要求

（1）高度浓香型白酒（酒精度41%~68%，体积分数）的理化要求见表2-3。

表2-3 高度浓香型白酒理化特性

项目		优级	一级
酒精度/%（体积分数）		41~68	
总酸（以乙酸计）含量/（g/L）	≥	0.40	0.30
总酯（以乙酸乙酯计）含量/（g/L）	≥	2.00	1.50
乙酸乙酯含量/（g/L）		1.20~2.80	0.60~2.50
固形物含量/（g/L）	≤	0.40[①]	

注：①酒精度41%~49%（体积分数）的酒，固形物可小于或等于0.50g/L。

（2）低度浓香型白酒（酒精度25%~40%，体积分数）的理化要求见表2-4。

表2-4 低度浓香型白酒理化特性

项目		优级	一级
酒精度/%（体积分数）		25~40	
总酸（以乙酸计）含量/（g/L）	≥	0.30	0.25
总酯（以乙酸乙酯计）含量/（g/L）	≥	1.50	1.00
乙酸乙酯含量/（g/L）		0.70~2.20	0.40~2.20
固形物含量/（g/L）	≤	0.70	

（二）清香型白酒的质量标准

见国标GB/T 10782.1—2006（2008年1月1日实施）。

1. 清香型白酒的感官要求

(1) 高度清香型白酒（酒精度41% ~68%，体积分数）的感官要求见表2－5。

表2－5　高度清香型白酒感官特性

项目	优级	一级
色泽和外观	无色或微黄，清亮透明，无悬浮物，无沉淀①	
香气	清香纯正，具有乙酸乙酯为主体的优雅、协调的复合香气	清香纯正，具有乙酸乙酯为主体的复合香气
口味	酒体柔和协调，绵甜爽净，余味悠长	酒体较柔和协调，绵甜爽净，有余味
风格	具有本品典型的风格	具有本品明显的风格

注：①当酒的温度低于10℃时，允许出现白色絮状沉淀或失光，10℃以上时应逐渐恢复正常。

(2) 低度清香型白酒（酒精度25% ~40%，体积分数）的感官要求见表2－6。

表2－6　低度清香型白酒感官特性

项目	优级	一级
色泽和外观	无色或微黄，清亮透明，无悬浮物，无沉淀①	
香气	清香纯正，具有乙酸乙酯为主体的清雅、协调的复合香气	清香纯正，具有乙酸乙酯为主体的复合香气
口味	酒体柔和协调，绵甜爽净，余味较长	酒体较柔和协调，绵甜爽净，有余味
风格	具有本品典型的风格	具有本品明显的风格

注：①当酒的温度低于10℃时，允许出现白色絮状沉淀或失光，10℃以上时应逐渐恢复正常。

2. 清香型白酒的理化要求

(1) 高度清香型白酒（酒精度41% ~68%，体积分数）的理化要求见表2－7。

表2－7　高度清香型白酒理化特性

项目		优级	一级
酒精度/%（体积分数）		41 ~68	
总酸（以乙酸计）含量/（g/L）	≥	0.40	0.30
总酯（以乙酸乙酯计）含量/（g/L）	≥	1.00	0.60
乳酸乙酯含量/（g/L）		0.6 ~2.60	0.30 ~2.60
固形物含量/（g/L）	≤	0.40①	

注：①酒精度41% ~49%（体积分数）的酒，固形物可小于或等于0.50g/L。

（2）低度清香型白酒（酒精度25%～40%，体积分数）的理化要求见表2－8。

表2－8　　低度清香型白酒理化特性

项目	优级	一级
酒精度/%（体积分数）	25～40	
总酸（以乙酸计）含量/（g/L）　≥	0.25	0.20
总酯（以乙酸乙酯计）含量/（g/L）　≥	0.70	0.40
己酸乙酯含量/（g/L）	0.40～2.20	0.20～2.20
固形物含量/（g/L）　≤	0.70	

四、白酒的卫生标准

GB 2757—1981《国家蒸馏酒及配制酒卫生标准》见表2－9。

表2－9　　国家蒸馏酒及配制酒卫生标准

项目		指标
甲醇量/（g/L）　≤	谷物为原料	0.4
	薯干及代用品为原料	1.2
杂醇油量/（g/L）　≤	大米为原料	2.0
	谷物为原料	1.5
氰化物量以HCN计/（mg/L）　≤	木薯为原料	5.0
	代用品为原料	2.0
铅量以Pb计/（mg/L）		1.0
锰量以Mn计/（mg/L）		2.0

注：以上标准指体积分数60%蒸馏酒的标准，偏离60%者按60%折算。

任务一 原辅料及处理

白酒生产的原料按其用途分为制曲原料和制酒原料。

一、制曲原料

用于白酒生产的曲有很多种，不同种类的曲有不同的制曲工艺，使用的原料也不同。选用原料，一要考虑培菌过程满足微生物的营养需要；二要考虑传统特点和原料特性。一般选用含营养物质丰富，能供给微生物生长繁殖，对白酒香味物质形成有益的物质做原料。制大曲常用的有小麦、大麦、豌豆、胡豆（即蚕豆）等；制小曲以麦麸、大米或米糠为原料；制麸曲以麸皮为原料。

1. 原料的感官理化要求

制曲原料的感官要求是：颗粒饱满，新鲜，无虫蛀，不霉变，干燥适宜，无异杂味，无泥沙及其他杂物。各种原料的理化成分要求见表 2－10。

表 2－10　制曲原料的理化成分　单位:%

原料	水分	粗淀粉	粗蛋白质	粗脂肪	粗纤维	灰分
小麦	12.8	61～65	7.2～9.8	2.5～2.9	1.2～1.6	1.66～2.9
大麦	11.5～12	61～62.5	11.2～12.5	1.69～2.8	7.2～7.9	3.44～4.22
豌豆	10～12	45.15～51.5	25.5～27.5	3.9～4	1.3～1.6	3.0～3.1
大米	11.52	61～62.5	11.2～12.5	1.89～2.8	7.2～7.9	3.44～4.22
米糠	13.5	37.5	14.8	1.82	9.0	9.4
麸皮	12	15.2	2.68	4.5	—	5.26

2. 制曲原料与曲质的关系

（1）小麦　小麦含淀粉较高，黏着力强，氨基酸种类达 20 余种，维生素含量极为丰富，是微生物生长繁殖的良好天然培养基。粉碎适度，制出的曲胚不易松散失水，又没有黏着力过大而蓄水过多的缺点，适合微生物生长繁殖，是制大曲的优质原料，如名白酒中的五粮液酒、茅台酒、泸州老窖酒、全兴大曲酒的小麦用量占 95% 以上，有的是 100%。

（2）大麦　大麦中的维生素和生长素可刺激酵母和许多霉菌生长，是培养微生物的天然培养基。大麦含皮壳多，踩制的曲胚疏松，透气性好，散热快，在培菌过程中水分易蒸发，有上火快、退火也快的特点。由于曲胚不易保温，制曲时一般需添加黏性较大的豌豆 20%～40%。

（3）豌豆　豌豆含蛋白质丰富，淀粉含量较低，黏性大，易结块，有“上火慢、退火也慢”的特点，控制不好容易烧曲，故常与大麦配合使用，一般大麦与豌豆按 6:4 或 7:3 混合，这样可使曲胚踩得紧实，按预定的品温升降培养，保持成曲断面清亮，能赋予白酒清香味和曲香味。

（4）大米　大米淀粉含量较高，脂肪含量较少，结构疏松，是制小曲的主要原料，如四川邛崃米曲、厦门白曲、桂林酒曲丸等，都是用大米或加米糠、药材制成的。

（5）麸皮　麸皮含淀粉15%左右，并含有多种维生素和矿物质，具有良好的通气性、疏松性和吸水性，是多种微生物生长的良好培养基，是麸曲的主要原料。在制曲培菌过程中，霉菌生长繁殖所消耗的淀粉约14%，通常不必补充，而培养固体酵母时，麸皮中的淀粉不能被酵母直接利用，应先将麸皮淀粉糖化灭菌后使用。

二、酿酒的原料和辅料

（一）酿酒的原料

就白酒发酵而言，凡是含有淀粉和可发酵性糖或可转化为可发酵性糖的原料，均可用微生物发酵的方法生产白酒。酿酒原料有粮谷、以甘薯干为主的薯类、代用原料，生产中主要使用前两类原料，代用原料使用较少。由于白酒的品种不同，使用的原料也各异，如大曲酒类的五粮液酒选用优质的高粱、大米、糯米、小麦、玉米五种粮食为原料，泸州老窖酒、茅台酒、汾酒以优质高粱为原料；小曲酒类以大米、高粱、玉米为原料；麸曲酒类以薯干、玉米、高粱为原料。酿酒原料的不同和原料的质量优劣，与产出酒的质量和风格有着极其密切的关系，因此，生产中对原料的选择要求是比较严格的。

1. 原料感官理化要求

粮谷原料的感官要求是：颗粒均匀饱满、新鲜、无虫蛀、无霉变、干燥适宜、无异杂物及其他杂物。

以薯干为主的薯类原料，其感官要求是：新鲜、干燥、无虫蛀、无霉变、无杂物、无异味、无泥沙、无病。各种原料的理化要求见表2－11。

表2－11　各种原料的理化要求　单位:%

原料	水分	淀粉	粗蛋白质	粗脂肪	粗纤维	灰分
高粱	12～14	61～68	8.2～10.5	1.6～2	1.6～2	1.7～2.7
大米	12～13.5	72～74	7～9	0.1～0.3	1.5～1.8	0.4～1.2
糯米	13.1～15.2	68～73	5～8	1.4～2.5	0.4～0.6	0.8～0.9
小麦	12.8～13	61～65	7.2～9.8	2.5～2.9	1.2～1.6	1.66～2.9
玉米	11～11.9	62～70	8～16	2.7～5.3	1.5～3.5	1.5～2.6
薯干	10.1～10.9	68～70	2.8～6	0.6～2.3	—	—
马铃薯干	12.96	63.48	3.78	0.4	—	—
木薯干	14.71	72.1	2.64	0.825	—	—

2. 原料与白酒产量、质量的关系

（1）高粱　高粱又名红粮，依穗的颜色可分为黄、白、红、褐四种高粱；依籽粒含的淀粉性质分为粳高粱（多产于北方）、糯高粱（多产于南方）。粳高粱含直链淀粉较多，结构紧密，较难溶于水，蛋白质的含量高于糯高粱；糯高粱几乎完全是支链淀粉，具有吸水性强，容易糊化的特点，是历史悠久的优良酿酒原料，淀粉含量虽比粳高粱低，但出酒率却比粳高粱高。高粱的内容物大部分为淀粉颗粒，外面包有一层由蛋白质和脂肪所组成的胶粒层，受热易被分解。高粱籽粒中，除含有淀粉、蛋白质、脂肪外，每百克可食部分还含有硫胺素0.14mg，核黄素0.07mg，烟酸0.6mg，钙17mg，磷230mg，铁5mg。高粱中含有3%左右的单宁，尤其是壳内含量较多，在2%以上，籽粒中仅0.2%～0.3%。高粱壳含的淀粉较低而油脂较高，用作辅料，入窖后升酸稍大。单宁用口尝有涩味，微量的单宁经过蒸煮发酵后，可转化为芳香化合物，赋予酒特殊的芳香。但单宁含量太高，能抑制微生物的生长，并给酒带来涩味。

（2）大米　大米含淀粉70%以上，质地纯正，结构疏松，利于糊化，蛋白质、脂肪及纤维素等含量较少。

（3）糯米　糯米是酿酒的优质原料，淀粉含量比大米高，几乎百分之百为支链淀粉，经蒸煮后，质软性黏可糊烂，单独使用容易导致发酵不正常，必须与其他原料配合使用。糯米酿出的酒甜，五粮液酒的原料中，配有18%的糯米，产出的酒具有醇厚绵甜的风味。

（4）小麦　小麦不但是制曲的主要原料，而且还是酿酒的原料之一。小麦中含有丰富的碳水化合物，主要是淀粉及其他成分，钾、铁、磷、硫、镁等含量也适当。小麦黏着力强，营养丰富，在发酵中产生热量较大，所以生产中单独使用应慎重。小麦含蛋白质较高，发酵中能产生一定量的香味物质，如浓香型白酒中的五粮液酒、剑南春酒、徐府大曲酒等的原料中，都添加一定分量的小麦，使产出的酒具有香气悠长的特殊风味。

（5）玉米　玉米也称苞谷，品种很多，按籽粒颜色分黄、白两种。一般黄玉米含的淀粉比白玉米高，淀粉主要集中在胚乳内，颗粒结构紧密，质地坚硬，蒸煮时间宜长才能使淀粉充分糊化，经蒸煮后的玉米，疏松适度，不黏糊，有利于发酵。玉米含有较丰富的植酸，在发酵过程中分解为环己六醇和磷酸。前者为酒中的醇甜物质，后者在酒糟内可促进甘油的生成，因此，玉米酒醇甜干净。但是，玉米胚芽中含有占原料质量5%左右的脂肪，易在发酵过程中氧化而产生异味带入酒中。所以，用玉米作原料酿制的白酒，不如用高粱酿出的酒纯净。生产中选用玉米作原料时，可将玉米的胚芽除去后酿酒。

（6）甘薯　甘薯又名红薯、红苕等。鲜薯含淀粉16%～20%。薯干是鲜甘薯切片经日晒或风干而成的干片，含淀粉65%～68%，含果胶质比其他原料都高。薯干原料的结构比较疏松，吸水能力也强，糊化温度为53～54℃，比其他原料容易糊化。出酒率普遍高于其他原料，但成品酒中带有不愉快的薯干味，采用固态发酵酿制的白酒比液态法酿制的白酒薯干气味更浓。薯干中含有3.6%的果胶质，影响蒸煮黏度。薯干在蒸煮过程中，因果胶质受热分解生成果胶酸，进一步分解生成甲醇，造成酒中甲醇含量增高。所以使用薯干做原料酿酒时，应当注意排杂，尽量降低白酒中甲醇的含量。

鲜甘薯的病害主要是黑斑病、软腐病、内腐病等，尤以黑斑病危害最大。黑斑病薯蒸煮时有霉烂味及有毒的苦味，能抑制黑曲霉、米曲霉、毛霉、根霉的生长，影响酵母的繁殖与发酵。坏甘薯含有番薯酮，在发酵时不能被分解，蒸酒时带入成品酒中。以黑斑病严重的甘薯干制酒的酒糟，用作饲料，对家畜也有毒害作用。软腐病和内腐病是感染细菌及霉菌造成的，这些菌具有很强的淀粉酶及果胶酶活性，采用这种薯干制酒，蒸馏时应适当多加填充料及配醅，用大火清蒸，缩短蒸煮时间，以免糖分流失生成多量焦糖而降低出酒率。利用这种原料酿出的白酒风味很差。

（7）马铃薯　马铃薯又名土豆。不同品种的马铃薯，淀粉含量有较大的差异。一般鲜马铃薯制成马铃薯干率约为25%，其组织结构较疏松，淀粉颗粒较大，糊化温度为50～80℃，易于蒸煮糊化。马铃薯的灰分中以钾盐为主，对微生物的生长和发育有重要作用，是一种天然培养基。用马铃薯作原料，以固态发酵法制得的白酒带土腥味，所以生产中多采用液态法制成酒精，再经勾兑、串香等工艺，可避免产生上述弊病。当马铃薯发芽时，会产生一种有毒物质龙葵苷，对发酵会造成危害。

（8）木薯　木薯多产于南方各省，有野生的和人工种植的，品种分苦味木薯和甜味木薯。苦味木薯含氢氰酸较多，经晒干后可大部分消失，在蒸煮时可大部分蒸发出去，对发酵成品酒质量影响不大。甜木薯无毒，但产量较低。鲜木薯含粗淀粉26%左右，结构较疏松，易被蒸煮糊化，出酒率高。木薯中果胶质含量较高，所以酿出的酒含甲醇也较高。薯中还含有氢氰酸配糖体，在发酵时经酶分解而被释出，蒸馏时带入酒中，有剧毒，成品酒中要严格控制其含量。

（9）代用原料　凡是含有淀粉或糖类的农副产品及野生植物等代用原料，如橡子仁、土茯苓、葛根等，都可酿酒。多数野生植物含有较多的单宁。单宁对糖化和发酵酶类有沉淀作用，抑制酵母生长繁殖。使用野生植物做原料时，应除去单宁，常采取提高醪液蛋白质含量，相应减少酶与蛋白质结合。选用分解单宁能力较强的菌株，温水浸泡原料除去水溶性单宁。延长蒸煮时间或采用混合原料冲淡发酵醪等措施，以减少醪液中的单宁危害。

（二）酿酒的辅料

1. 辅料的作用

白酒生产中使用的辅料，主要用于调整酒醅的淀粉浓度、酸度；吸收酒精，保持浆水；使酒醅疏松不腻，有一定的含氧量，增加界面作用，并保证正常发酵和提高蒸馏效率。

酿酒的辅料，应具有良好的吸水性，适当的自然颗粒度，不含异杂物，新鲜、干燥、不霉变，不含或少含营养物质及果胶质、多缩戊糖等成分。一般常用辅料以谷糠和稻壳最好。

2. 常用的辅料与白酒产量、质量的关系

（1）稻壳　稻壳又叫谷壳，是大米的外壳。它具有吸水性强，质地疏松，用量少而使发酵界面大的特点。稻壳中含有多缩戊糖和果胶质，在酿酒过程中生成糠醛和甲醇等物质。使用前必须清蒸20～30min，以除去异杂味和减少在酿酒中可能产生的有害物质。稻壳是酿制大曲酒的主要辅料，也是麸曲酒的上等辅料，是一种优良的填充剂，生产中用量的大小和质量的优劣，对产品的产量、质量影响甚大。一般要求用2～4瓣的粗壳，不用细壳。细壳中含大米的皮较多，脂肪含量高，疏松度低，不宜作辅料。

（2）谷糠　谷糠是指小米或黍米的外壳，酿酒中用的是粗谷糠。粗谷糠的疏松度和吸水性均较好，作酿酒生产辅料时比其他辅料用量少，疏松酒醅性能好，发酵界面大。用清蒸的谷糠酿酒，能赋予白酒特有的醇香和糟香。普通麸曲白酒，用谷糠做辅料，产出的酒质较纯净，糠杂味极少。细谷糠中含有小米的皮较多，脂肪成分高，不适于酿制优质白酒。

（3）高粱壳　高粱壳即高粱籽粒的外壳，质地疏松，仅次于稻壳，吸水性较差，入窖水分不宜过大。高粱壳中含单宁较高，能抑制微生物的生长，给成品酒带来涩味。

（4）玉米芯　玉米芯的吸水性强，疏松度也好，但含多缩戊糖较高，酿酒过程中易产生糠醛，给成品酒风味带来不良影响。

（5）其他辅料　除上述辅料外，高粱糠、玉米皮、花生壳、麸皮等也可用来做白酒生产的辅料，但在使用时都应将辅料清蒸排杂，以保证各种白酒的风味和卫生指标。

三、生产用水

白酒生产用水可分为：工艺用水、锅炉用水、冷却用水等。由于用途不同，对水质的要求也不同。白酒生产过程中，原料浸泡、糊化、制曲的拌料、微生物的培养、糖蜜的稀释、白酒的加浆及有关设备工具的清洗用水，都与成品或半成品直接接触，参与白酒的酿制过程，一般称为工艺用水。工艺用水水质起码要达到国家规定的饮用水标准，其中加浆用水水质要求更高，若水质达不到要求，将影响成品酒的风味或产生浑浊、沉淀。

俗话说：“佳酿，必有良泉。”水是酒的血液，水质的优劣对白酒的质量有至关重要的意义。

（一）水源

1. 自来水

自来水含有机物较少，但有些地区的自来水硬度较高，送水管及送水泵材用普通钢时，含铁量可能较高，原水污染严重的地区一般有氯臭感。通常采用氯消毒生产的自来水，漂白粉味更重。

2. 河川水

河川水近年来经常被污染，要慎重选用，应采用未被污染的流动的河川水底部有沙处的水，一般应处理后使用。

3. 湖沼水

湖沼水与江河水相似，硬度较低，含氧高，水质随季节而变化，由于移动性小，菌藻类容易生长，因而有机物含量较高，使用前也要处理。

4. 井水

井水水质、水温稳定，是许多酒厂工艺用水的主要来源。井水硬度因地区不同而异，有的硬度较高，需要处理后使用。

5. 泉水

优质泉水通常硬度不高且呈甜味，可不经处理使用。

（二）水质的要求

工艺用水应符合生活用水标准、要求。

（1）外观　无色透明，无悬浮物，无沉淀，凡是呈现微黄、浑浊、悬浮的小颗粒的水，必须经过处理才能使用。

（2）口味　将水加热至20~30℃，口尝时应具有清爽气味，味净微甘，为水质良好；呈苦、咸、泥臭味、铁腥味等则不能使用。当加热使水温达到40~50℃时，水呈氨味、沥青味、腐败味等也不能用。凡是有异杂味的水质必须经过处理，待水质改善后方可用于生产。

（3）硬度　水的硬度是指水中存在钙、镁等碱金属盐的总量。硬度可分为碳酸盐硬度和非碳酸盐硬度、总硬度和负硬度。我国曾用德国度（°d，100mL水中含有1mgCaO为1°d）表示水的硬度。0°~4°为最软水，4.1°~8.0°为软水，8.1°~12°为普通硬水，12.1°~18°为中硬水，18.1°~30°为硬水，30°以上为最硬水。质量较好的泉水硬度在8°以下，少数在12°以下，白酒酿造用水一般在硬水以下的硬度均可使用，但勾兑酒用水以软水为佳（8°以下）。现采用mmol/L作为水的硬度单位，1°d=0.35663mmol/L。

凡含氯、硝酸盐、重金属、腐殖质、总固形物、细菌总数等指标超过生活饮用水标准的均不宜作为酿造用水。

（三）水质的处理

水的硬度过高，对白酒生产会带来影响。用硬度大的水去兑制白酒时沉淀析出，因此，对硬度太大的水必须进行处理。

1. 离子交换法

此法可用于勾兑用水和锅炉用水。其原理是利用阴阳离子交换，除去水中钙、镁等有害离子。常用的交换剂有磺化煤和合成树脂等。如果想除去水中钙、镁离子，可选择弱酸型阳离子交换树脂；如果想除去水中氰酸、硫化氢、硅酸、次氯酸等，则可选用弱酸型阳离子交换树脂和强碱型阴离子交换树脂，或强酸型和弱碱型联用。

离子交换水处理的组合类型有单级离子、多级离子、复合离子、混合离子、双层离子、双流离子等多种组合的离子交换器，主要单元装置由阳离子交换柱、阴离子交换柱、混合离子交换柱和二氧化碳脱气塔等组成。

（1）交换　树脂交换高度一般为1.2～1.8m，原水温度30～35℃，原水处理线速度为10～15m/h，每小时出水量为树脂载量的19～20倍。

（2）反洗　和原水处理方向相反地通入原水，洗涤树脂，反洗的强度以树脂的膨胀率30%～50%计，用水量为树脂体积的1.5～1.7倍，时间为10～15min。

再生剂根据树脂的种类不同，阳离子一般用盐酸和硫酸；阴离子一般用氢氧化钠。再生剂的浓度、流量、流速、时间和再生液温度等按处理后达到的水质要求而定。正洗水耗为树脂的3～12倍，阴阳两柱处理后的水质可接近无离子水。

2. 砂滤棒过滤器处理

砂滤棒是由硅藻土或玻璃熔制或烧结而成的砂滤棒芯。水在加外压下通过砂滤棒使杂质滤除。砂滤棒过滤器外壳用合金铝密封，内装数根砂滤棒，紧固后，用100～200kPa饮料泵加压打水，进行过滤。砂滤棒使用一定时间后可拆开清洗，若污垢较多，可用砂纸擦去垢层，使砂芯恢复原色后即可重新使用。

3. 硅藻土过滤机处理

硅藻土过滤机用于水、白酒、果酒等澄清处理后的清液过滤。其方法为：先用少许硅藻土与水混合，泵入过滤机内形成预涂层，滤出的浑浊液返回处理罐，待滤液澄清后重新过滤。当滤层使用一定时间后产生阻力，可制备或更换新的滤层。

处理水的方法，除上述外，还有电渗析法、反渗透处理、活性炭吸附法等。

（四）我国工艺用水卫生指标

无色透明，无邪味、腥味、臭味，不苦不涩无异味，清爽可口，主要指标应符合国家规定的生活饮用水卫生标准（见表2－12）。

表 2－12　生活饮用水卫生标准

项目	要求
感官性状和一般化学指标	色度（铂钴色度单位）15°，无色、透明、无沉淀 浑浊度（NTU－散射浊度单位）1° 水源与净水技术条件限制时为 3 臭和味 无异臭、异味 肉眼可见物 无 pH（pH 单位）不小于 6.5 且不大于 8.5 铝含量/（mg/L）＜0.2 铁含量/（mg/L）＜0.3 锰含量/（mg/L）＜0.1 铜含量/（mg/L）＜1.0 锌含量/（mg/L）＜1.0 氯化物含量/（mg/L）＜250 硫酸盐含量/（mg/L）＜250 溶解性总固体含量/（mg/L）＜1000 总硬度（以 $CaCO_3$ 计）/（mg/L）＜450 耗氧量（COD 锰法，以 O_2 计）/（mg/L）＜3 水源限制，原水耗氧量＞6mg/L 时为 5 挥发酚类（以苯酚计）/（mg/L）＜0.002 阴离子合成洗涤剂（mg/L）＜0.3
毒理指标	砷含量/（mg/L）＜0.01 镉含量/（mg/L）＜0.005 铬（六价）含量/（mg/L）＜0.05 铅含量/（mg/L）＜0.01 汞含量/（mg/L）＜0.001 硒含量/（mg/L）＜0.01 氰化物含量/（mg/L）＜0.05 氟化物含量/（mg/L）＜1.0 硝酸盐（以 N 计）含量/（mg/L）＜10 地下水源限制时为＜20 三氯甲烷含量/（mg/L）＜0.06 四氯化碳含量/（mg/L）＜0.002 溴酸盐（使用臭氧时）含量/（mg/L）＜0.01 甲醛（使用臭氧时）含量/（mg/L）＜0.9 亚氯酸盐（使用二氧化氯消毒时）含量/（mg/L）＜0.7 氯酸盐（使用复合二氧化氯消毒时）含量/（mg/L）＜0.7
微生物指标	总大肠菌群（MPN/100mL 或 CFU/100mL）不得检出 耐热大肠菌群（MPN/100mL 或 CFU/100mL）不得检出 大肠埃希氏菌（MPN/100mL 或 CFU/100mL）不得检出 菌落总数（CFU/mL）＜100

任务二 大曲白酒生产工艺

大曲酒，以大曲为糖化、发酵、生香剂，大曲是以小麦、大麦和豌豆等为原料，经破碎、加水拌料、压成砖块状的曲坯后，在人工控制的温、湿度下培养而成，每块质量在2～3kg，含水量要求在16%以下。大曲又分为低温曲、中温曲、中偏高温曲和高温曲。一般是固态发酵，大曲酒所酿的酒质量较好。目前，我国绝大部分名、优白酒都使用传统的大曲法酿制。

一、大曲白酒的特点

我国白酒多数采用固态发酵和固态法蒸馏的传统操作，是世界上独特的酿酒工艺，它有以下特点。

1. 双边发酵

双边发酵就是糖化和发酵同时进行。酿酒生产中都提倡“低温入窖，缓慢发酵”的操作工艺。这种低温下的边糖化边发酵，有利于香味物质的形成和积累，使大曲酒具备醇、香、甜、净、爽的特点。

2. 续渣发酵

续渣发酵或称配糟（醅）发酵。生产中减少一部分酒糟（醅），增加一部分新料，配糟（醅）继续发酵，反复多次的办法。这是我国特有的酒精发酵法，称为“续糟发酵”或“续渣发酵”。采用续渣发酵法生产白酒有如下优点：第一是可调整入窖淀粉和酸度，一般配糟（醅）量为原料的4～5倍，有利于发酵；第二是酒糟（醅）经过长期反复发酵，积累了大量可供微生物营养和产生香味物质的前体物质，有利于产品品质的改善；第三是有利于提高出酒率。

3. 甑桶蒸馏

固态法白酒的蒸馏是将发酵后酒糟（醅）以手工方式或机械方式装入传统的甑桶中，蒸出的白酒产品质量较好，这是我国人民的一大创造。这种简单的固态蒸馏方式，不仅是浓缩分离酒精的过程，而且是香味的提取和重新组合的过程。

4. 多菌种发酵

固态发酵白酒的生产，在整个生产过程中都是敞口操作，除原料蒸煮过程起到灭菌作用外，空气、水、工具、窖池和场地等各种渠道都能把大量的、多种多样的微生物带入其中。在酿造大曲酒时，依靠大曲中各种微生物和酶，对酿酒原料进行糖化发酵，同时，大曲本身所含的淀粉、蛋白质等成分在发酵过程中也被分解利用。在制曲过程中，微生物分解原料所形成的代谢产物，如糖类、氨基酸、有机酸等，都是大曲酒香味成分的前体物质，它们与酿酒过程中形成的其他代谢产物一起，构成了大曲酒的各种香气和口味物质。所以大曲既是糖化发酵剂，又是酿酒原料的一部分。

5. 生料制曲

利用生料制曲是大曲生产的一大特点，这不仅有利于保存原料中原有的水解酶类（如小麦麸皮中的β-淀粉酶），使它们在大曲酒酿造过程中仍能发挥作用，而且有助于那些能直接利用生料的微生物得以富集、生长、繁殖。

6. 自然接种

大曲常通过自然接种法，使周围环境中的微生物转移到曲块上进行生长繁殖。自然界中的微生物分布往往又受到季节的影响，一般春、秋季酵母多，夏季霉菌多，这使人们在长期的实践中得知，春末夏初到仲秋季节是制备大曲的最佳时期。根据经验，大伏高温季节踩制的曲，由于产酯酵母较多，因而曲香较浓；仲秋季节踩制的曲，由于产酒酵母较多而酒精发酵力较强，许多工厂常把不同类型的大曲搭配使用或在夏末秋初尽量多制些曲。同时从春末夏初到仲秋季节，环境的温、湿度也比较高，有利于曲室培养条件的控制。自然接种不仅为大曲提供了丰富的微生物类群，而且各种微生物所产生的不同酶系，形成了大曲的多种生化特性。

7. 强调使用陈曲

大曲经过曲房培养成熟，不能立即使用，需要经过2~6个月的贮存，成为陈曲后才投入使用。由于在制曲过程中曲块潜入了大量产酸细菌，它们在干燥条件下会失去繁殖能力或较多地死亡，避免了发酵过程中过多的产酸。同时，在大曲贮存过程中，酵母菌数量也会减少，整个曲的酶活性适当地钝化，在今后酿酒过程中避免前火过猛，升酸过快的不良情况，使发酵时的品温变化符合“前缓、中挺、后缓落”的规律进行，有利于产酒和酒质的提高。

二、大曲白酒的类型

（一）根据大曲培养过程中控制曲块最高品温不同分类

1. 高温大曲

最高制曲品温达60℃以上，主要用于生产茅香型（俗称酱香型）大曲酒和部分浓香型大曲酒。

2. 中高温大曲

最高制曲品温一般在50~59℃，主要生产浓香型大曲酒。

3. 中温大曲

制曲品温在45~50℃，一般不超过50℃，主要用于生产汾香型（俗称清香型）大曲酒。

各厂除了在制曲温度的控制上不同外，在制曲原料的配比上也各异，典型的高温大曲常采用纯小麦制曲，典型的中温大曲常以大麦、豌豆作为制曲的原料，而其他的大曲常以小麦为主，添加不同比例的大麦、豌豆及高粱等，用以调节曲块的黏结性和增加香味。

（二）按大曲白酒的生产类型不同分类

在白酒生产中一般是将原料蒸煮称为“蒸”，将酒醅的蒸馏称为“烧”。粉碎的生原料一般称为“渣”，茅台酒生产中称为“沙”，汾酒生产中称为“糁”。

大曲白酒酿造分为清渣和续渣两种方法，汾香型酒（清香型酒）大多采用清渣法生产，而泸香型酒（浓香型酒）和茅香型酒（酱香型酒）则采用续渣法生产。

根据生产中原料蒸煮和酒醅蒸馏时的配料不同，又可分为清蒸清渣、清蒸续渣、混蒸续渣等工艺，这些工艺方法的选用，则要根据自己所生产产品的香型和风格来决定。

1. 清蒸清渣

它的特点是突出“清”字，一清到底。在操作上要求做到渣子清，醅子清，渣子和醅子要严格分开，不能混杂。工艺上采取原料、辅料清蒸，清渣发酵，清渣蒸馏。要求清洁卫生严格，始终贯彻一个清字。著名的汾酒就是采用典型的清蒸清烧二遍清工艺生产的。

2. 混蒸续渣

就是将发酵成熟的酒醅，与粉碎的新料按比例混合，然后在甑桶内同时进行蒸粮蒸酒，这一操作又叫“混蒸混烧”。出甑后，经冷却、加曲，混渣发酵，如此反复进行。大部分浓香型曲酒采用该种方法生产。混蒸续渣法可以把各种粮谷原料所含的香味物质，如酯类或酚类，香兰素等，在混蒸过程中挥发进入成品酒中，对酒起到增香的作用，这种香气称为粮香，如高粱就有特殊的高粱香。另外在混蒸时，酒醅含有的酸分和水分，加速了原料的糊化。蒸酒时由于混入新料，可减少填充料的用量，有利于提高酒质。采用混蒸续渣法生产，投入的原料能经过三次以上的发酵，才成为丢糟，所以原料利用率比较高。

3. 清蒸续渣

原料的蒸煮和酒醅的蒸馏分开进行，然后混合进行发酵。这种方法既保留了清香型白酒酒味清香纯正的质量特色，又保持了续渣发酵酒香浓郁，口味醇厚的优点。

三、大曲白酒生产工艺

大曲白酒生产具体流程可用图解析如下：

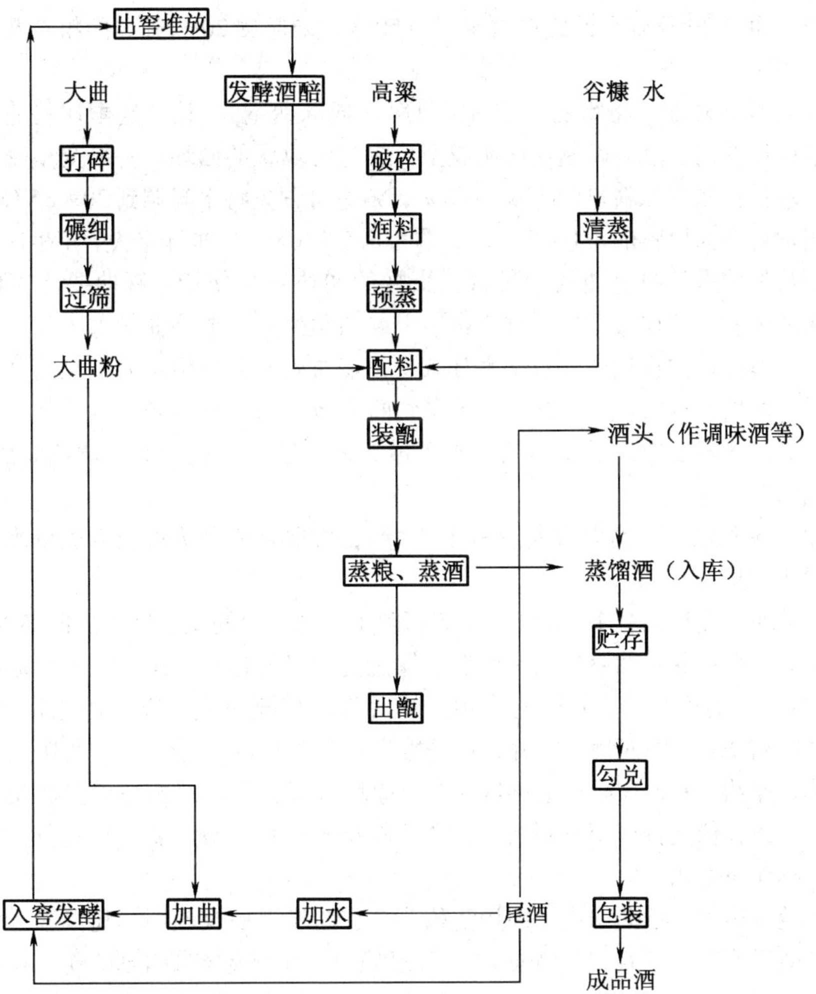

（一）高温大曲生产工艺

高温曲的典型代表茅台大曲，其显著的制曲工艺特点是“堆曲”，即在制曲过程中，用稻草隔开的曲块堆放在一起，以提高曲块的培养温度，使品温高达60℃以上，称此为高温堆曲。

1. 工艺流程

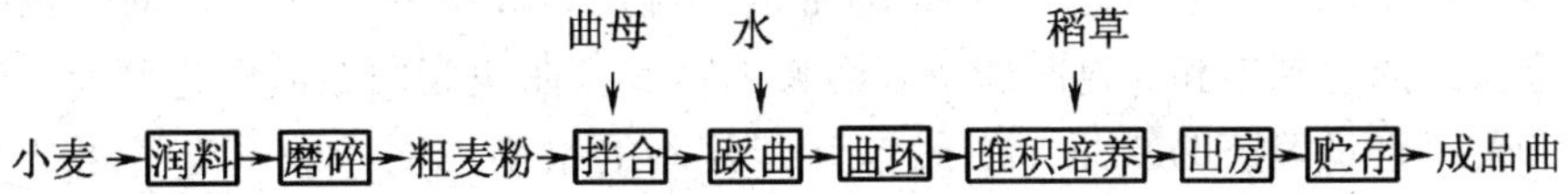

2. 操作要点

（1）小麦磨碎　原料磨碎前要除杂处理，并加5%～10%的水拌匀，润料3～4h，让麦粒表皮吸收一定的水分。再用钢磨粉碎，使麦皮碎成薄片（俗称梅花瓣），制曲时可疏松曲块，而麦心部分粉碎成细粉。经粉碎后形成无大颗粒的粗麦粉，通过20目筛孔的细粉占40%～50%，未通过20目筛孔的粗粒及麦皮占50%～60%。

（2）拌料踩曲　将粗麦粉运到压曲房（或踩曲室），按一定配比将曲料、曲母、水搅拌混匀，然后踩制或压制成型，成为砖块状的曲坯。一般全小麦原料制曲，加水量控制在原料量的37%～40%，冬季可预先将水温调到30～35℃。曲母的使用量夏季为原料的4%～5%，冬季为5.5%～8%，曲母应从上年生产的含菌种类和数量较多的白色曲块中挑选，虫蛀的曲块不可使用。踩曲要注意曲坯强度，曲坯过软，往往会产生裂纹，容易引起杂菌生长，成品曲颜色不正，曲心会有异味；另外，曲块过硬，包含水分减少，培曲后期会发生水分不足的现象。硬度不同，曲块的透气性不一样，它关系到曲坯微生物的种类和数量及其形成的代谢产物。曲坯强度应以手拿曲块不裂不散为准，这样制成的曲，黄色曲块较多，曲香也浓郁。

（3）堆积培养　高温大曲着重于“堆”，堆曲培养分为堆曲、盖草洒水、翻曲、拆曲四步。

①堆曲：曲坯侧立1～1.5h，待表面晾干。由于面筋质黏结而使曲坯变硬后，移入曲室进行培养。曲室应具有保温、保湿能力又能通风、排潮。曲室地面上先铺上15cm厚的稻草层，起保温作用。然后将曲坯横三块、竖三块地相间排列。曲块间距约2cm，中间用草隔开，促进霉衣生长。排满一层后，在曲块上铺一层直稻草，厚约7cm，在稻草上再排第二层曲坯，但上下两层曲坯横竖要交错，以利空气流通，依此排四至五层为止，再重新排第二行。最后要留空一行，作为翻曲时转移曲块之用。

②盖草洒水：堆曲结束，即用乱稻草盖在曲堆上面及四周，起保温、保湿作用，并能阻止冷凝水直接滴入曲块，引起酸败。盖草还有助于曲块后期的干燥。培曲后期开门开窗进行翻曲时，曲块受盖草的保护，使品温不致急剧下降，保证曲块内部的水分慢慢散发，有利于曲块的干燥。盖草后，为了维持曲室的湿度，对盖草可以洒水，以水不滴曲堆为度，洒水量夏季比冬季可以多些。

③翻曲：翻曲的目的是调温、调湿，促使每块曲坯均匀成熟与干燥。盖草洒水后，立即关闭门窗，微生物即开始在曲块表面繁殖。曲块品温也随之逐渐上升，夏季经5～6d，冬季经7～9d，曲堆内部温度可高达63℃左右。曲室内的湿度也会接近或达到饱和。这时曲块表面长出霉衣，曲块表面布满白色菌丝，这是霉菌和酵母大量繁殖的结果。当品温升到控制的最高点时，即可进行第一次翻曲。第一次翻曲后再过7～8d可进行第二次翻曲。翻曲时应将上、下层和内、外行的曲块位置对调，曲块本身直立的位置也应颠倒，充分调节曲块各部位的温度、湿度，使微生物在整个曲块上均匀生长。在翻曲时尽量将内部的湿草取出，地面与曲坯间垫上干草，曲块间也夹以干草。为了流通空气，促进曲块的成熟与干燥，翻曲时可以拉大曲坯间行距，并竖直堆积。第一次翻曲后，霉菌菌丝体才

由曲坯表面向内部生长，并随着曲块水分的收缩而逐渐使菌丝体伸入内部。如果曲坯水分过高，将会延缓霉菌在曲块的生长速度。第一次翻曲至关重要，翻曲过早，曲坯品温偏低，制成的成品曲，白色曲多；翻曲过迟，曲坯品温过高，黑色曲会增多。生产上要求黄色曲多，这种曲酿制的曲酒香味浓郁，这是由于曲坯温度不同，引起微生物的生长和形成的代谢产物转化形式不同而造成的结果。目前主要依据曲坯中层温度及口味来决定第一次翻曲时间，当曲坯中层品温达到60～62℃，口尝曲块有甜香味时（类似糯米蒸熟时的香味），手摸最下层曲块已感发热，即可进行第一次翻曲。

④拆曲：每次翻曲，一般品温会下降7～12℃，约过一周，温度又会回升到最高点，以后逐渐降低，同时曲块变得干燥。第一次翻曲后两周左右，可略开门窗，进行换气，使潮气外散。培养40d以后（冬季50d），品温降至临近室温，曲块已经干燥，即可拆曲。拆曲时如发现下层有含水高而过重的曲块，应另行置于通风良好的地方，促进其干燥至水分达15%以下。

（4）贮存　大曲拆曲出房，贮存3～4个月，成为陈曲。制成的高温曲，分黄、白、黑三种颜色。以具有菊花心、红心的金黄色大曲最好，这种曲酱香味浓郁。白色曲的糖化力强。

（二）中温大曲生产工艺

中温曲的典型代表是汾酒大曲，其制曲工艺着重于“排列”操作严谨，保潮、保温各阶段环环相扣，控制曲坯品温最高不超过50℃。它分为清茬、后火、红心三种，制曲步骤相同，但控制的品温不同，在酿制汾酒时，这三种不同类型的大曲要按一定比例配合使用。

1. 工艺流程

60%大麦+40%豌豆 → 混合粉碎 → 加水搅拌 → 踩曲 → 曲坯 → 入房排列 → 长霉阶段 → 晾霉阶段 → 起潮火阶段 → 大火阶段 → 后火阶段 → 养曲阶段 → 出房 → 贮存 → 成品曲

2. 操作要点

（1）配料粉碎　将大麦60%、豌豆40%（也有大麦70%、豌豆30%的）配料，混匀，粉碎，通过20目筛孔的细粉，冬季占20%，夏季占30%。

（2）踩曲（压曲）　将曲料粉加水拌匀，装入曲模压成曲坯，含水量控制在38%左右，每块质量3.2～3.5kg。拌料水温应根据季节、气温调整，夏季以14～16℃的凉水为宜；春、秋季以25～30℃的温水为宜：冬季以30～35℃的温水为宜。踩好的曲坯要求外形平整，四角饱满，厚薄一致。

（3）曲室培养（以清茬曲为例）

①入房排列：预先将曲室温度调节在15～20℃，夏季尽可能低些。地面铺上稻皮，将曲坯侧列成行，曲坯间距2～3cm，冬近夏远，行距为3～4cm。每层曲坯排完后上面放置苇秆或竹竿，然后依次排第二、三层，上下层曲块位置交错，

呈“品”字形，便于空气流通。

②长霉（上霉）：曲坯稍微风干后，在其上面及四周盖上席子或麻袋保温，夏季水分蒸发快，可在上面喷洒凉水，然后封闭门窗。温度逐渐上升，一天左右即开始“生衣”，曲坯表面长出白色的霉菌菌丝斑点。夏季约需36h，冬季72h左右，曲坯品温可升至38~39℃，曲坯表面出现根霉菌丝和拟内孢霉的粉状霉点，还有小点状的乳白色或乳黄色的酵母菌落。在“生衣”过程中，应控制品温缓慢上升，保证上霉良好。如品温已升至指定温度，而“生衣”未好，可揭开部分席片散热，延长数小时，使长霉良好，但应注意保潮。

③晾霉：曲坯品温升高至38~39℃，应及时打开曲室门窗，排除潮气，降低室温，并把曲坯上覆盖的保温材料揭去，将上、下层曲坯倒翻一次，并拉开曲坯间距，降低曲坯的水分和温度，控制其表面微生物的生长繁殖，防止菌丛生长得过厚，这一操作称为“晾霉”。晾霉要及时，太迟，菌丛生长太厚，曲皮起皱，曲坯内部水分不易挥发；过早，菌丛生长过少，影响微生物的繁殖，曲块板结。晾霉开始温度28~32℃，晾霉2~3d，每天翻曲一次，曲坯先后由三层增为四层及五层。晾霉时要避免曲室存在较大的对流风，防止曲皮产生干裂。

④起潮火：晾霉后，曲坯表面不再黏手，即封闭门窗而进入潮火阶段。经2~3d后，品温升至36~38℃时，进行翻曲，去掉苇秆，曲坯由五层增高到六层，排列成“人”字形，每1~2d翻曲一次，每天放潮2次，昼夜窗户两封两开，品温两起两落，并由38℃渐升到45~46℃，这段时间需4~5d，此后即进入大火期，这时曲坯已增高至七层。

⑤大火阶段：这时微生物的生长仍然旺盛，菌丝由曲表向里生长，水分和热量由里向外散发，通过开闭门窗来调节曲坯品温，使它在44~46℃的高温（大火）下保持7~8d，但最高品温不得超过48℃，最低品温不得低于28~30℃。大火阶段每天翻曲一次，该阶段结束，已有50%~70%的曲块成熟。

⑥后火阶段：该阶段曲块日趋干燥，品温逐渐下降，由44~46℃降至32~33℃，最后曲块不再发热为止。后火阶段一般3~5d，曲心水分仍在继续蒸发。

⑦养曲阶段：后火期后，尚有10%~20%曲块的曲心部分存有余水，需采用32℃左右的室温使其蒸发干净，曲块品温控制在28~30℃，待品温降至20~25℃时，大曲即可出房。

⑧出房：培养成熟的曲块，叠放成堆，进行贮存。

（三）汾香型大曲白酒生产工艺

汾香型（清香型）大曲白酒以山西杏花村汾酒厂所产的汾酒为典型代表。它具有“清香醇厚、绵柔回甜、尾净爽口、回味悠长”的特点。汾香型酒的主体香气成分是乙酸乙酯和乳酸乙酯。

1. 汾香型大曲白酒的生产特点

汾香型大曲白酒的生产，主要采用清蒸清渣工艺，个别也有采用清蒸续渣的。汾酒是典型的清蒸清渣二次清工艺。主要特点为：

（1）在整个生产过程中突出一个“清”字，即“清蒸清渣、清蒸流酒、清洁卫生”，所用原、辅料在生产过程中要单独清蒸，排除原、辅料中的杂味，以免杂味带入成品酒中去。

（2）所用的糖化发酵剂是专门用来酿制汾香型曲酒的中温大曲，它以大麦和豌豆为原料。制曲最高温度不超过 48℃，成品大曲具有较高的糖化、发酵力和幽雅的清香味。

（3）汾香型酒使用地缸发酵，石板封口。这些都为了便于刷洗干净，保证酿造出口味纯净的成品酒。

（4）一般酿造汾香型酒，原料只经过两次发酵蒸酒，就作为扔糟排除，保证了酒味的清香而不夹带其他杂味。

2. 汾香型大曲白酒的生产工艺

汾香型大曲白酒又称汾酒，汾酒的“清蒸二次清”，地缸固态分离的发酵是先将高粱、辅料单独清蒸处理，再把蒸煮后的高粱原料加入大曲在陶瓷缸中发酵，缸埋入土中，发酵 28d 后取出蒸馏，蒸馏后的糟不配入新料，只加大曲再次发酵 28d，以后蒸酒，糟就打回直接丢弃，将两次蒸馏所得的酒勾兑成汾酒。

（1）汾蒸清渣二次清工艺流程：

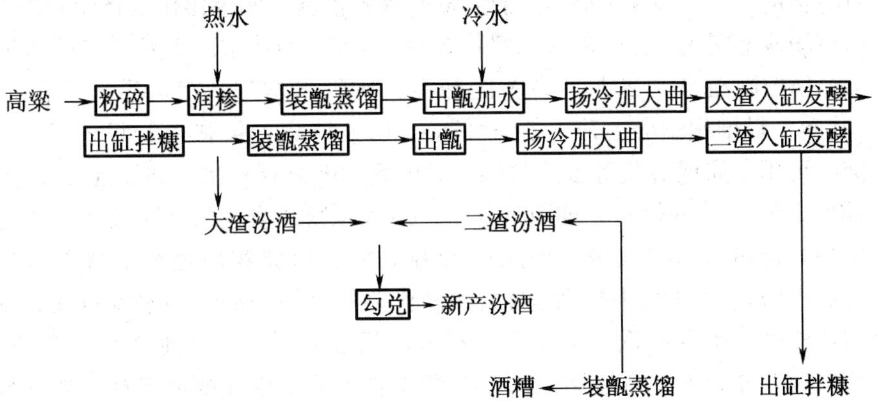

（2）工艺流程说明

①原料粉碎：原料主要是高粱和大曲。要求其籽粒饱满，皮薄壳少。壳过多造成酒质苦涩，应进行清选。新收获的高粱要先储存三个月以上方可投产使用。高粱需经过辊式粉碎机破碎后方能投入生产，粉碎细，有利于蒸煮糊化和微生物酶对原料的作用。由于大曲酒酿造的发酵周期较长，酒醅的淀粉浓度又高，粉碎过细会造成发酵升温过猛，醅子发黏，易污染杂菌，一般要求每颗高粱破碎成 4～8 瓣即可，其中能通过 1.2 mm 筛孔的细粉占 25%～35%，粗粉占 65%～75%，整粒高粱不超过 0.3%；同时要根据气候变化调节粉碎度，冬季可稍细，夏季可稍粗，以利于控制发酵升温。汾香型曲酒所用的大曲有清

茬、红心、后火三种，应按比例混合使用，一般清茬:红心:后火为30%:30%:40%。清茬曲要求断面茬口为青灰色或灰黄色，无其他颜色掺杂在内，气味清香。后火曲断面呈灰黄色，有单耳、双耳，红心呈五花茬口，具有曲香或炒豌豆香。红心曲断面中间呈一道红，点心的高粱呈糁红色，无异圈、杂色，具有曲香味。对大曲的粉碎度要求较粗，大渣发酵用的大曲，可粉碎成大的如豌豆、小的如绿豆，能通过1.2mm筛孔的细粉不超过55%；二渣发酵用的大曲粉，要求大的如绿豆，小的如小米，能通过1.2mm筛孔的细粉不超过70%~75%。大曲粉碎细度会影响发酵升温的快慢，颗粒较大，发酵时升温较慢，有利于进行低温缓慢发酵；颗粒较细，升温发酵较快。大曲粉碎也要考虑气候的变化，夏季应粗些、冬季可稍细。

②润糁：粉碎后的高粱原料称为红糁。蒸料前要用较高温度的热水润料，称作高温润糁。润糁的目的是让原料预先吸收部分水分，利于蒸煮糊化。而原料的吸水量和吸水速度常与原料的粉碎度和所用水的温度高低有关。在粉碎细度一定时，原料的吸水能力随着水温的升高而增大。采用较高温度的水来润糁可以增加原料的吸水量，使原料蒸煮时加速糊化；同时使所吸收的水分能渗透到淀粉颗粒内部，发酵时不易凝浆，升温也较缓慢，酒的口味较为绵甜。另外，高温润糁还能促进高粱所含的少量果胶质进行分解形成甲醇，在蒸料时先排除，降低成品酒中的甲醇含量。高温润糁是提高曲酒质量的有效措施。润糁操作是将粉碎后的高粱红糁在场地上围成一圈，加入原料量55%~65%的热水。水温夏季可达75~80℃，冬季控制在80~90℃。要多次翻拌，使吸水均匀，拌匀后，堆积20~24h。其间，料堆积温会上升，冬季可达到42~45℃，夏季可达47~52℃。堆积初期，可用苇席或麻袋等覆盖料堆，每隔5~6h翻拌一次。如发现糁皮干燥，及时补加2%~3%的热水。堆积过程中，浸入原料的野生菌（主要为一些好气性微生物）能进行繁殖发酵，使某些芳香成分和口味物质逐步形成并有所积累，有利于增进酒的回甜感。高温润糁操作要求严格。润糁的水温过高，易使原料结成疙瘩；水温过低，又易使原料入缸后发生淋浆。场地卫生工作不佳，润料水温过低或者不按时搅拌，都会在堆积过程中发生酸败或变馊。要求操作迅速，快翻快搅。既要把糁润透、无干糁，又要不淋浆、无异味、无疙瘩，手搓成面而不生心。

③蒸料：蒸料也称蒸糁。目的是要使原料淀粉颗粒细胞壁受热破裂，淀粉糊化，便于大曲微生物酶进行糖化发酵，产酒生香，杀死所带的一切微生物，挥发掉原料的杂味。汾香型曲酒的原料均采用清蒸，目的是不让原料气味带入成品酒中，保证酒质的清香纯正。蒸料前，先煮沸底锅水，在甑箆上撒一层稻壳或谷壳，然后装料上甑，要求见汽撒料，装平上匀。待圆汽后，在料面上泼上60℃的热水，称之“加闷头浆”。整个蒸煮时间约需80min，初期品温在98~99℃，以后加大蒸汽，品温会逐渐上升，出甑时可达105℃左右。红糁经过蒸

煮后，要求达到“熟而不黏，内无生心，有高粱香味，无杂异味”。在蒸料过程中，原料淀粉受热糊化，形成 α－化的三维结构。高粱所含的主要糖分蔗糖也因受热而转化成还原糖。蛋白质因受热而变性，部分会分解变成氨基酸。氨基酸与还原糖在蒸煮过程中，发生羰基—氨基反应，形成氨基糖，加深了糁的颜色。少量果胶质受热，形成甲醇，在蒸料时被排除。蒸料时，红糁顶部也可覆盖辅料，一起清蒸，辅料清蒸时间不得少于 30min。清蒸后的辅料，应单独存放，尽量当天用完。

④加水、扬晾、加曲：蒸后的红糁应趁热出甑并摊成长方形，泼入原料量30% 左右的冷水（最好为 18～20℃的井水），使原料颗粒分散，进一步吸水。随后翻拌，通风晾渣，一般冬季降温至入缸温度 2～3℃即可，其余季节散冷到与入缸温度一样就可下曲。下曲温度的高低影响曲酒的发酵，加曲温度过低，发酵缓慢；过高，发酵升温过快，醅子容易发酸。尤其在气温较高的夏天，料温不易下降，翻拌扬晾时间又长，翻拌次数又多，使杂菌有机可乘，在发酵时易于产酸，影响发酵正常进行。根据生产经验，加曲温度一般控制如下：春季 20～22℃，夏季 20～25℃，秋季 23～25℃，冬季 25～28℃。加曲量的大小关系到酒的出率和质量。用曲过多，既会增加成本和粮耗，还会使醅子发酵升温过快，引起酸败，也使有害副产物含量增多，以致酒味变得粗糙，造成酒质下降；用曲过少，有可能出现发酵困难、迟缓，顶温不足，发酵不彻底，影响出酒率。加曲量一般为原料的 9%～11%，可根据季节、发酵周期等加以调节。

⑤大渣入缸发酵：典型的汾香型曲酒是采用地缸发酵的，地缸系陶瓷，埋在地下，缸口与地面相平。渣子入缸前，应先清洗缸和缸盖，用 0.4% 的花椒水洗刷缸的内壁，使缸内留下一种愉快的香气。大渣入缸时，主要控制入缸温度和入缸水分，而淀粉浓度和酸度等都比较稳定。因为大渣醅子是用纯粮发酵，不配酒精，其入缸淀粉含量高达 38% 左右，但酸度较低仅在 0.2 左右。这种高淀粉低酸度的条件，酒醅极易酸败，因此更要坚持低温入缸、缓慢发酵，入缸温度常控制在 11～18℃，比其他香型的曲酒入窖温度要低，以保持它酿出的酒“清香纯正”。入缸温度也应根据气温变化而加以调整，在山西地区，一般 9～10 月份的入缸温度以 11～14℃为宜；11 月份以后 9～12℃为宜；寒冷季节，发酵室温约为 2℃，地温 6～8℃，入缸温度可提高到 13～15 ℃；3～4 月份气温均已回升，入缸温度可降到 8～12 ℃；5～6 月份开始进入热季，入缸温度应尽量降低，最好比自然气温低 1～2℃。大渣入缸水分以 53%～54% 为好，最高不超过 54.5% 。水分过少，醅子发干，发酵困难；水分过大，产酒较多，但因材料过湿，难以疏松，影响流酒，且酒味寡淡。大渣入缸后，缸顶要用石板盖子盖严，再用清蒸过的小米壳封口，还可用稻壳保温。

汾香型大曲酒的发酵周期一般为 21～28d（3～4 周），个别也有长达 30 余天的。发酵周期的长短是由大曲的性能、原料粉碎度等情况决定的，通过生产试验确定。发酵时间过短，糖化发酵不完全，影响出酒率，酒质也不够绵软，酒的后味寡；发酵时间太长，酒质绵软，但欠爽净。

在边糖化边发酵的过程中，应着重控制发酵温度的变化，使之符合“前缓、中挺、后缓落”的规律。

“前缓”要根据季节气温的变化，掌握好入缸的温度，前期升温过猛，生酸过多。但也不是前期升温越慢越好。升温过慢，不能适时顶火，说明入缸温度控制过低，醅子过凉，难以进行糖化发酵，同样影响正常发酵。要求“适时顶火”，入缸后 6～7d 能达到最高发酵温度。季节不同，时间也会有所差异，热季需要 5～6d，冬季需 9～10d。如发现升温过于缓慢，不能适时顶火，应加强保温，但升温过快，提前“顶火”，甚至超过“顶火温度”容易造成大量生酸，不但会减少大渣产酒，还影响二渣发酵，此时应设法降温并调整入缸温度，当品温逐步达到 25～30℃时，微生物生长繁殖会加快，糖化加剧，淀粉含量明显下降，还原糖量增多，酒精开始形成，酸度也会上升，每天增加 0.05%～0.1%。一般入缸后 3～4d，酒醅出现甜味是属于正常的，若 7d 后仍有甜味，说明入缸偏低，酵母难以繁殖，只能糖化，而后进行发酵。酒醅若由甜变微苦，最后为苦涩味，这是发酵良好的标志，酒醅色泽发暗，呈紫红色，发硬发糊都属于不正常现象。

“中挺”是指酒醅发酵到达“顶火温度”能保持一段时间，一般要求 3d 左右，这样可使醅子发酵完全。“中挺”时，醅温不再升高，但也不能迅速下降。要求做到“适温顶火”，大渣为 28～32℃，一般夏季不应超过 32℃，冬季为 26～27℃最好。整个主发酵阶段是曲酒发酵的旺盛时期，从入缸后第 7～8d 延续至第 17～18d，在这段时间内，微生物的生长繁殖和发酵作用均极旺盛，淀粉含量下降较快，酒精含量明显增加，80%的酒精量在这时形成，主发酵阶段酒精浓度最高可达 12%左右。酵母菌的旺盛发酵会抑制产酸菌的活动，所以醅子酸度增加缓慢。这时期要求温度挺足，保持一定的高温时间。品温过早过快地下降，发酵不完全，出酒率低而酒质差。但“中挺”时间也不宜过长，否则醅子酸度偏高，同样影响大渣产酒和二渣发酵。

“后缓落”指主发酵阶段结束到出缸前的阶段，即后发酵时期，此时，要求酒醅温度缓慢降低，每缸醅温下降 0.5℃以内为好，整个后酵阶段 11～12d，在此阶段，糖化发酵变得微弱，主要是酯化产香，到出缸蒸酒时，醅温在 23～24℃。如品温过快下降，酵母过早停止发酵，将不利于酯化产香。如品温不能及时下降，则酒精反而挥发过多，有害杂菌也会继续繁殖生酸，形成较多的有害副产物。

要做到“前缓、中挺、后缓落”，除了严格掌握入缸温度和入缸水分外，还要做好发酵容器的保温和降温，冬季可在缸盖上加稻皮实行保温，夏季可减少保温材料，甚至在缸周围土地上扎眼灌凉水，促使缸中酒醅降温。

在28d的发酵过程中，需隔天检查一次发酵情况，一般在入缸后1～12d内更要加强检查。发酵良好时，会出现苹果似的芳香，醅子也会逐渐下沉，下沉越多，产酒越好，一般约下沉1/4醅层高度。

随着大渣的糖化和发酵，水分会有所增加，入缸时水分为52%左右，到发酵结束，水分达72.2%。淀粉由于糖化酶的作用，由入缸时的31%，下降到14.8%，其中发酵7d左右时下降最快。由于曲酒是边糖化边发酵工艺，因此还原糖分的变化不大，酒精含量随着发酵的进行而逐步升高，入缸发酵15d左右，酒精含量达到最高，此后，可能由于酯化作用及挥发损失，酒精含量略有一些下降。醅的酸度入缸时只有0.2左右，由于发酵代谢和细菌的作用，酸度逐渐升高，到发酵结束，酸度可达2.2左右。发酵温度虽然开始较低，但由于发酵过程中产生热量，当发酵到7～8d时，醅温可高达30℃左右，后期由于发酵变弱，醅温逐渐下降，到出缸时，降到24℃左右。

⑥出缸、蒸大渣酒：把发酵成熟的大渣酒醅从缸中挖出，拌入18%～20%的填充料疏松。由于大渣酒醅黏湿，又由于清蒸操作，不添加新料，故上甑时要严格做到“轻、松、薄、匀、缓”，保证酒醅在甑桶内保持疏松，均匀，不压汽，不跑汽。上甑采用“材料两干一湿”操作，即铺甑蓖的辅料可适当多点，上甑到中间可少用点辅料，将要收甑口时，又可多加点辅料；也可采用“蒸汽两小一大”操作，开始装甑时进汽要小，中间因醅子较湿，阻力较大，可适当开大汽量，装甑结束时，甑内醅子汽路已通，可关小进汽，进行缓汽蒸酒，避免杂质因大火蒸馏而进入成品内影响酒的质量。流酒速度保持在3～4kg/min。开始的馏出液为酒头，酒度在75%以上，含有较多的低沸点物质，口味较冲辣，应单独接取存放，接回醅子重新发酵，摘取量为每甑1～2kg，酒头摘取要适量，接取太多会使酒的口味平淡，接取太少，会使酒的口味暴辣。接完酒头后，流出的为大渣酒，酸、酯含量都较高，香味浓郁，是需要的成品酒。当馏出液的酒度低于48.5%时，开始接取酒尾，酒尾可下次回馏复蒸，因酒尾中含有大量高沸点的香味成分和苦味物质，故复蒸时可将其尽量蒸出。在蒸尾酒时，可以加大蒸汽量，追尽酒醅中的尾酒。在流酒结束后，敞口排酸10min左右。蒸出来的大渣酒，酒精含量入库时应高于勾兑的基础酒1%～2%，汾酒入库酒酒度多控制在67%。

⑦二渣发酵：为了充分利用原料中的淀粉，蒸完酒的大渣酒醅需继续发酵一次，这称为二渣发酵。二渣发酵的操作大体上类同于大渣发酵，它是纯糟发酵，不加新料，发酵完了再蒸出二渣酒，酒糟作为扔糟排出。当大渣酒醅蒸完酒后，视醅子的干湿情况，趁热泼加大渣投料量2%～4%的温水于醅子中，水温控制在35～40℃，这称为“蒙头浆”。随后挖出醅子，扬冷到30～38℃，加投料量9%～10%的大曲粉，翻拌均匀，待品温降到22～28℃（春、秋、冬三季）或18～23℃（夏季）入缸进行二渣发酵。

二渣发酵主要控制入缸淀粉浓度，酸度，水分和温度四个因素。二渣入缸淀粉浓度主要取决于大渣发酵的情况，一般多在14%～20%；二渣入缸酸度比大渣时高，多在1.1～1.4，以不超过1.5为宜；二渣入缸水分多控制在60%～62%，其加水量应视大渣酒醅流酒多少而定，流酒多，底醅酸度不大，可适当多加新水，有利于二渣产酒；但加水过多，会造成水分流入缸底，浸泡酒醅，导致醅子过湿发黏，蒸酒时酒稍子会拉长，流酒反而减少。

入缸温度应视气候变化、醅子淀粉浓度和酸度不同而灵活掌握，关键要能“适时顶火”和“适温顶火”，在二渣发酵中酒醅温度变化要求“前紧、中挺、后缓落”。所谓“前紧”，即二渣入缸后4d品温要达到32～34℃的“顶火温度”。二渣发酵不应“前缓”，尤其酒醅酸度较大时，若前火过缓，则中间主发酵就无力，“中挺”不能保持；但也不能太紧，如入缸后2～3d就达到“顶火温度”，虽然中挺有力，挺火温度较高，但酒醅极易生酸，同样妨碍酒精发酵。“中挺”能在顶火温度下保持2～3d，就能让酒醅发酵良好。既不能太长，又不能很快落火，从入缸发酵7d后，发酵温度开始缓慢降落，这称为“后缓落”，直至品温降到发酵结束时24～26℃。

由于二渣醅子的淀粉含量比大渣低，糠含量大，酒醅比较疏松，入缸时会带入大量空气，对曲酒发酵不利，因此，二渣入缸时必须将醅子适度压紧，并喷洒少量尾酒，进行回缸发酵。二渣的发酵期为21～28d。

二渣发酵结束后，出缸拌入少量小米壳，即可上甑蒸酒得到二渣酒，酒糟作扔糟。如发酵不好，残余淀粉含量偏高，可进行三渣发酵，或加糖化酶，再进行发酵，使残余淀粉得到进一步利用。一般二渣酒醅发酵成熟后，理化成分见表2－13。

表2－13　**酒醅理化成分**　单位:%

项目	要求
水分	58.50～67.20
酒精浓度	5.20～5.80
淀粉	8.85～11.03
糖分	0.31～0.34
酸度	1.92～2.85

在清渣法发酵中，还常对发酵酒醅进行感观检查，判断发酵情况的如何，一般在大渣酒醅发酵旺盛阶段进行（入缸发酵的第7d和15d进行）。入缸7d，揭开缸盖，缸盖的塑料薄膜上应有水珠，表示发酵良好；如无水珠，说明发酵温度偏低。若取出酒醅口尝，酸甜适宜，醅子软熟无生饭味，属发酵正常；如果酸大时，取出醅子口尝呈苦涩微酸，无明显甜味，为发酵正常；若甜味大酸味小，无苦涩感，可能发酵温度偏低；若呈苦涩尖酸，大多是发酵温度过高造成。发酵成熟的大渣酒醅表面应呈暗褐色，中间紫鲜亮，无刺激性酸味，为发酵良好；表面

出现白色，大多是假丝酵母污染；酒醅呈甜味，且酸涩味小，多为醅子偏冷所致；醅子酸味大，则为生酸过多造成。随着发酵时间的延长，醅子会下沉，下沉越多，表明发酵越良好，产酒多而酒质好。

对二渣酒醅的检查，可以在入缸发酵第5d和第13d进行。发酵5d的酒醅颜色应呈黄褐色，闻有酱香，酒精味浓，发酵温度在32℃以上，表示良好；如果发现酒味不浓，热气较大，表示发酵温度过高。对入缸发酵13d的酒醅，品温在27～28℃，酒味较浓香，为发酵良好；酒醅黏湿，酒味不大，则发酵温度偏低，应加强保温；如果酒醅发湿，颜色发黄，鲜亮，且酸度较大，表示发酵温度偏高。

为了提高曲酒的质量，在汾型曲酒发酵中也可取回香醅重新发酵或回糟发酵，这样可以提高成品酒的总酸、总酯含量，优质品率可以提高25%～40%。

⑧贮存勾兑：蒸馏得到的大渣酒、二渣酒、合格酒和优质酒等，要分别贮存，一般存放三年，在出厂前进行勾兑，然后灌装出厂。

（四）浓香型大曲酒的生产工艺

浓香型大曲白酒也称泸香型、窖香型白酒。它的产量占我国大曲酒总量的一半以上。浓香大曲酒具有“窖香浓郁、绵柔甘洌、入口甜，落口绵，尾子净”的特点。浓香型大曲酒采用典型的混蒸续渣工艺进行酿造，酒的香气主要来源于优质窖泥和“万年糟”，尤其是窖泥中已酸菌对生成主体香已酸乙酯至关重要，各酒厂通过选育培养出多种已酸菌种，做成人工老窖，极大地推动了浓香型大曲酒产量和质量的提高。浓香型大曲酒生产的工艺操作主要有两种形式，一是以洋河大曲、古井贡酒为代表的老五甑操作法，二是以泸州老窖为代表的万年糟红粮续渣操作法。当然，各地酒厂常根据自身的产品特点，对工艺进行适当调整。现以泸香型为例介绍如下。

泸香型大曲酒把发酵好的粮醅称为母糟，母糟配粮后称为粮糟，粮糟发酵后蒸得的酒称为粮糟酒。母糟不配粮蒸酒称为红糟，蒸得的酒称为红糟酒，红糟蒸酒后不打量水，只加曲为面糟。

1. 工艺流程

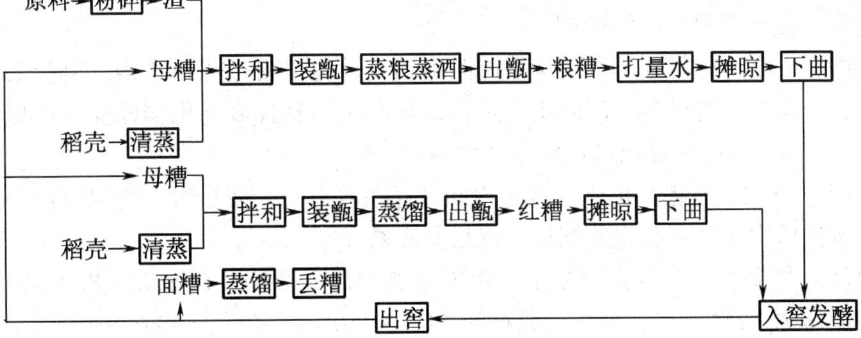

2. 操作要点

（1）原料处理　原料要先进行粉碎。目的是增加原料表面积，有利于淀粉颗粒的吸水膨胀和蒸煮糊化，糖化时增加与酶的接触，为糖化发酵创造良好的条件。但原料粉碎要适中，粉碎过粗，蒸煮糊化不透彻，影响出酒；原料粉碎过细，酒醅容易发腻或起疙瘩，蒸馏时容易压汽，必然会加大填充料用量，影响酒的质量。由于泸香型酒采用续渣法工艺，原料要经过多次发酵，所以不必粉碎过细，仅要求每粒高粱破碎4～6瓣即可，一般能通40目的筛孔，其中粗粉为50%左右。

为了增加曲子与粮粉的接触，大曲可加强粉碎，粒度如芝麻大小为宜。在固体白酒发酵中，稻壳是优良的填充剂和疏松剂，要求预先把稻壳清蒸30～40min，然后出甑晾干，使含水量在13%以下，备用。

（2）出窖

①取窖泥：用铁铲将窖面上窖泥取下，把窖泥黏附的糟子刷净，撮入窖泥坑内。

②取酒醅：先将面糟取出，运到堆糟坝（或晾堂上）堆成圆堆，拍紧，撒上一层稻壳，以减少酒精挥发，单独蒸酒做丢糟处理。面糟取完后接着取红糟，另起一堆，拍紧，撒稻壳少许，此糟蒸酒后只加曲，不加新料，入窖发酵即得新的面糟。其余母糟同样起到堆糟坝一角，分开堆积，当出现黄水时即停止，并将已出窖的母糟刮平，拍紧撒上一层稻壳。

③滴窖：停止取母糟后，在窖中或窖边挖一坑，深至窖底，随即将坑内黄水舀净。滴4～6h，边滴边舀，至少要4次（一般保持醅子水分在58%～59%为宜），再继续取糟，取完后，拍紧，拍光，撒稻壳一层。黄水是窖内酒醅向下层渗漏的黄色淋浆水，一般含酒精4.5%，以及醋酸、腐殖质和酵母菌体自溶物等。此外，还含有一些经过驯化的乙酸菌，多种白酒味成分的物质。所以黄水是用人工培窖的好材料。也有将黄水集中蒸馏取得黄水酒的。

（3）配料、拌料　据甑桶大小决定高粱粉的用量，母糟为高粱粉的4.5～5倍，稻壳25%～30%。蒸酒前40～45min，在堆糟坝挖出约够一甑的母糟，并刮平，倒入高粱粉，随机拌和一次，拌毕倒稻壳，连续拌2次，要求拌散、和匀、无疙瘩，此糟蒸酒后即为粮糟。

配料时，不可将稻壳和高粱粉同时倒入，以免粮粉进入稻壳内。翻拌要求低翻快拌，次数不可过多，时间不宜过长，以减少酒精挥发。根据经验，拌好后堆置30～35min，这种堆积过程称作“润料”。

（4）蒸酒、蒸粮　由于发酵窖内同时存在着粮糟、面糟等，所以蒸酒、蒸粮也就有先后次序，一般先蒸红糟，最后蒸面糟。

（5）打量水　一般先蒸粮糟，粮糟出甑后，立即拉平，加70～85℃的热水，这一操作称“打量水”，数量是原料的90%～110%（冬天为90%～95%）。一般窖底的一甑粮糟不打量水。一般操作是底层少，上层多，称作打梯度水，这种打法有利调节水分均匀。以打量水的多少，来控制窖内水分为55%左右为好。红糟不加料，蒸酒后不打量水，作封窖的面糟。

（6）摊晾下曲　将加过量水的粮醅，置于晾糟机上，均匀摊平，利用风机通风降温，至下曲温度。冬天17～20℃，夏天低于室温2～3℃。接触窖底一甑可高3～5℃。下曲量：冬天20%，夏天19%～20%。

（7）入窖发酵

①入窖条件：入窖条件包括入窖的温度、酸度、水分和淀粉浓度。泸香型大曲白酒的入窖条件见表2－14。

表2－14　泸香型大曲酒入窖条件

条件	冬季	夏季	春秋
入窖温度/℃	18～20	能低则低	13～14
入窖酸度/°	1.3～1.7	<2.0	1.7～1.9
入窖淀粉浓度/%	17～18	14～15	15～16
入窖水分/%	53～55	54～57	54～56
用曲量/%	20～22	19～20	19～21

②入窖要求：入窖后，粮糟适当踩紧和刮平，装入粮糟不得高于地面，加入面糟形成窖帽，高度不可超出窖面0.8～1m，铺出窖边不超过5cm。

③封窖：装好窖后，盖上篾席或撒稻壳，敷抹窖泥6～10cm厚，上部再盖上塑料布，四周敷上窖泥，保持窖泥湿润，不开裂。

④发酵期：分20、30、40、50、60、90d不等。视各厂及工艺要求而定。

（五）酱香型大曲酒生产工艺

酱香型大曲酒又称茅香型，以茅台酒为典型代表。四川古蔺县的郎酒、湖南常德的武陵酒、黑龙江哈尔滨市的龙滨酒、北京昌平县的华都酒等，都是酱香型白酒。茅台酒生产特点是：高温制曲，高温堆积，两次投料，8次发酵，7次流酒，一年一个生产周期，用曲量大，长期陈酿，精心勾兑等。

现以茅台酒为例介绍如下。

1. 工艺流程

2. 操作要点

（1）投料　茅台酒的生产强调季节。“伏天踩曲，重阳下沙”。第一次投料占总料量的50%，称为下沙，要求整粒高粱与破碎粒之比为8∶2，第二次投料用量为剩下的50%，称为糙沙，要求整粒与碎粒之比为7∶3。

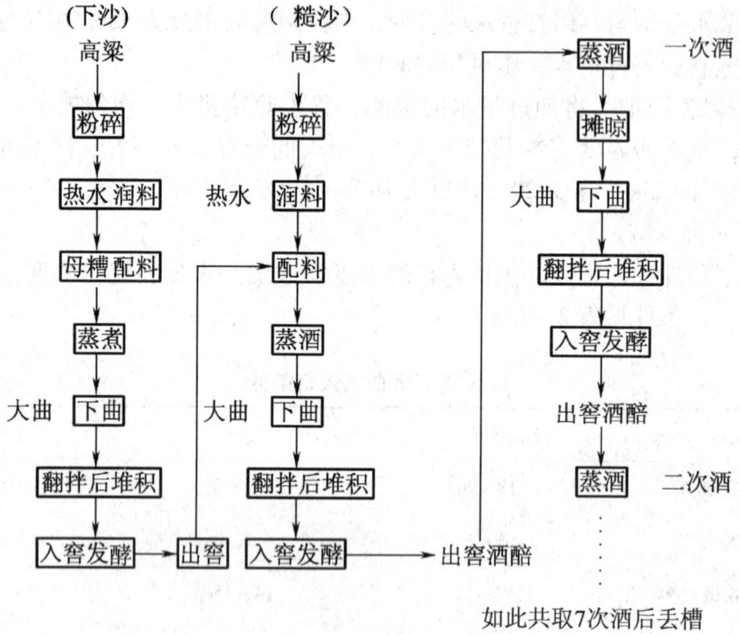

破碎后的高粱，先用90℃热水润料，继而加母糟拌匀。母糟是指去年最后一轮发酵出窖不蒸酒的优质酒醅。它含有酒精及大量的芳香成分，可以调节生沙的气味，母糟的酸度在3.1以上，可以增加生沙的酸度，以利于糊化和发酵；母糟中含有残余的淀粉和糖分，可供微生物的养料。进行混蒸，又称蒸生沙。出甑后在晾堂糟梗上再洒35℃以上的凉水补足水分。发粮水和凉水的总用量约占投料量的56%～60%。

（2）堆积发酵和入窖发酵　洒凉水后，经摊晾，加尾酒和曲粉，加曲量约为投料量的10%。掺拌均匀，即进行堆积发酵。冬季堆高，夏季堆矮。堆积时间视季节轮次而异，一般4～5d，待顶部品温达到要求后，就可以入窖发酵一个月，以上即为下沙操作。

糙沙高粱经粉碎、润料，加入等量的上述下沙酒醅进行混蒸。这种首次蒸馏所得的酒叫生沙酒，不作原酒入库，而是全部泼回醅子内再加曲入窖发酵，也叫“以酒养窖”，然后摊晾，加尾酒和曲粉，拌匀再堆积，再入窖发酵一个月，以上即为糙沙操作。

将糙沙酒醅取出蒸馏，量质接酒即得第1次原酒入库贮存，此酒称1次酒或叫糙沙酒，甜味好，但味冲，生涩味和酸味重。酒尾仍泼回醅子入窖发酵，这叫“回沙”。糙沙酒醅蒸酒后经摊晾，加大曲粉，拌匀堆积，再入窖发酵一个月，从此不再加新原料了。发酵后取出蒸馏，即得第2次原酒入库贮存，此酒叫2次酒或叫回沙酒，比1次酒香醇和，略有涩味。

以后的几个轮次操作同2次酒操作一样，仅在加曲量上有所不同，各轮次的加曲量应视气温、淀粉含量以及酒质情况而定，一般1、2轮次多加，3、4、5轮次适当多加，7、8轮次酌情减少。各轮次总加曲量与总投料量之比为1∶1左右。3、4、5次酒的香味浓，味醇厚，酒体丰满，没有什么邪杂味，出酒率也高，统称为大回酒。6次原酒醇和，糊香好，味长，也常称为小回酒。7次原酒醇和、有糊香，但微苦，糟味较大，因是最后一次取酒，故也称为丢糟酒。经8次发酵取7次原酒后，其酒糟即可作饲料或再综合利用。

（3）分型分等入库　7次酒分别入库贮存。茅台酒由酱香、醇甜、窖底香三种典型酒组成。一般酱香由窖的顶部、中部酒醅产生，窖底香型由窖底产生；醇甜型酒由中部酒醅产生。在蒸酒时这三部分的酒醅应分别蒸馏。各型酒又分为1、2、3三个等级。各次原酒分型、分等贮存3年以上，进行勾兑调配，然后再贮存一年，经检验合格方能出厂。

任务三 小曲白酒生产工艺

小曲白酒是我国主要的蒸馏酒品种之一。尤其在我国南部、西南地区较为普遍。根据所用原料和生产工艺的不同，小曲酒生产大致可分为两种类型：一类是固态法小曲酒生产工艺，在四川、云南、贵州等省盛行，以高粱、玉米等为原料，小曲箱式固态培菌、配醅发酵、固态蒸馏的小曲白酒；另一类是半固态法小曲酒生产工艺，在广东、广西、福建等地较为普遍，以大米为原料，采用小曲固态培菌糖化、半固态发酵、液态蒸馏的小曲白酒。

一、小曲白酒的特点

（1）适用的原料范围广，大米、高粱、玉米、稻谷、小麦、荞麦等整粒原料都能用来酿酒，有利于当地粮食资源的深度加工。

（2）以小曲为糖化发酵剂，用曲量少，发酵期短，出酒率高。

（3）小曲白酒酒质柔和，质地纯净、清爽，能让国内外消费者普遍接受，桂林三花酒、全州湘山酒、五华长乐烧和豉味玉冰烧等都是著名的小曲酒。

二、小曲白酒生产工艺

（一）半固态发酵法

小曲白酒生产工艺半固态发酵法生产小曲白酒，在我国已有悠久的历史，它与我国的黄酒生产工艺有些类同，特别在南方各省，产量相当大。半固态发酵法可分为先培菌糖化后发酵和边糖化边发酵两种传统工艺。

1. 先培菌糖化后发酵工艺

广西桂林三花酒是这种生产工艺的典型代表。它的特点是采用药小曲为糖化发酵剂，前期固态糖化，后期液态发酵，再用液态蒸馏。

（1）工艺流程

大米→加水浸泡→淋干→初蒸→泼水续蒸→二次泼水复蒸→摊晾→加曲粉→下缸培菌糖化→加水→入缸发酵→蒸酒

（2）操作要点

①原料：大米淀粉含量约为71% ~73%，水分含量小于14%，碎米淀粉含量71% ~72%，生产用水为中性软水，pH7.4，总硬度小于7度。水分小于14%。

②蒸饭：原料大米用50 ~60℃温水浸泡1h，淋干后倒入甑内，加盖蒸饭，圆汽后蒸20min，将饭粒搅松扒平，再圆汽蒸20min，至饭粒变色，再搅拌饭粒并泼水后续蒸，待米粒熟后再泼第二次水，再搅拌疏松饭粒，蒸至米粒熟透为止。蒸熟的饭粒饱满，含水为62% ~63%。

③拌料加曲：蒸熟的饭料，倒入拌料机中，将饭团搅散扬凉，再鼓风摊冷，冷到36 ~37℃，加入原料量0.8% ~1%的药小曲拌匀。

④下缸：拌匀后的饭料倒入饭缸内，传统每缸装料15 ~20kg，饭厚10 ~13cm，饭料中央挖一空洞，以便有足够的空气进行培菌和糖化。待品温下降到30 ~32℃，盖好缸盖，培菌糖化。随着培菌时间延长，根霉、酵母等微生物开始生长，代谢产生热量，品温逐渐上升，培菌20 ~22h，品温在37℃为最好，品温过高，可采取倒缸或其他降温措施。培菌糖化期间，为了供氧也可将米饭扒开，使饭心呈凹形，汁液留在中心，使四周饭粒接触氧气。糖化时，品温最高不得超过42℃，糖化总时间20 ~24h，糖化率70% ~80%。

⑤发酵：糖化24h后，结合品温和室温情况，加水拌匀，使品温约为36℃，夏季34 ~35℃，冬季36 ~37℃。加水量为原料量的120% ~125%，加水醅的含糖量应在9% ~10%，总酸小于0.7，酒精度2% ~3%（体积分数）。加水拌匀把醅转入醅缸，每个饭缸分装两个醅缸，发酵6 ~7d，并注意发酵温度的调节。成熟酒醅的残糖接近于零，酒度11% ~12%，总酸小于1.5g/100g。

⑥蒸馏：传统用土灶蒸馏锅，目前采用蒸馏釜。间歇蒸馏，掐头去尾。蒸馏釜是不锈钢板制成，容积为$6m^3$，间接蒸汽加热，压力初期0.4MPa，流酒时为0.05 ~0.15MPa，流酒温度在30℃以下。酒头掐量为10 ~5kg，若流出黄色或焦苦味酒液，立即停止接酒。酒尾另接转入下一釜蒸馏，酒身为成品酒。

⑦陈酿：三花酒存放在山洞内的大缸中，经1年以上方能勾兑灌装出厂。

2. 边糖化边发酵工艺

豉味玉冰烧酒是边糖化边发酵的半固态发酵工艺的典型代表，它是广东地方的特产，生产量和出口量均相当大。

（1）工艺流程

大米→蒸饭→摊晾→拌料→入埕发酵→蒸馏→肉埕陈酿→沉淀→压滤→包装→成品

（2）操作要点

①蒸饭：选用淀粉含量75%以上的优质大米，加入盛有经蒸汽加热煮沸的水泥锅中，每锅清水110～115L，装粮100kg，加盖煮沸时进行翻拌，并关蒸汽，使米饭吸水饱满，开小量蒸汽焖20min，便可出饭。要求饭粒熟透疏松，无白心。

②摊晾：蒸熟的饭块进入松饭机打松，摊在饭床上或用传送带鼓风冷却，降低品温，要求夏天35℃以下，冬天40℃左右。

③拌料：凉至适温，加曲拌料，酒曲用量为原料大米的18%～22%曲饼粉，拌匀入埕。

④入埕发酵：每埕装清水6.5～7kg，然后将饭5kg（以大米量计）分装入埕，封闭埕口，入发酵房进行发酵。控制室温26～30℃，前三天的发酵品温控制在30℃以下，不得超过40℃。夏季发酵15d，冬季发酵20d。

⑤蒸馏：发酵完毕，将酒醅转入蒸馏甑中蒸馏，掐头去尾，保证初馏酒的醇和。

⑥肉埕陈酿：将初馏酒装埕，每埕放酒20kg，肥猪肉2kg，浸泡陈酿3个月，使脂肪缓慢溶解，吸附杂质，并起酯化作用，提高老熟度，使酒味香醇可口，具有独特的豉味。

⑦压滤包装：陈酿后将酒倒入大池或大缸中，肥猪肉仍留在埕中，再次浸泡新酒。池中的陈酿酒自然沉淀20d以上，澄清后，取酒样鉴定合格，勾兑，装瓶即为成品。除去池面油质及池底沉淀物，用泵将中间酒液送入压滤机压滤。

⑧成品质量：色泽澄清透明，无色或略带黄色，入口醇滑味，酒度30%左右。

（二）固态发酵法小曲白酒生产工艺

固态发酵法小曲白酒生产工艺，因为使用整粒原料生产，它的工艺有独特之处，常在发酵前进行“润、泡、煮、焖、蒸”等操作。由于地区不同，工艺也不一样，如四川永川糯高粱小曲酒、粳高粱小曲酒、玉米酒等都有其工艺特殊性。现以贵州生产的玉米小曲酒为代表进行介绍。

1. 工艺流程

玉米→浸泡→初蒸→焖粮→复蒸→摊晾→加曲→入箱培菌→配糟→发酵→蒸馏→成品

2. 工艺操作

（1）泡粮：整粒玉米在池中用90℃以上热水浸泡，夏季泡5～6h，春冬泡

7～8h,泡好后放水。泡粮要求水温上下一致，吸水均匀，热水淹过粮面30～35cm。放水后让粮滴干，次日再以冷水浸透，除去酸水，滴干初蒸。

（2）初蒸：又称干蒸。浸后玉米放入甑内铺好扒平，大汽蒸料2～2.5h。干蒸时先以大汽干蒸，使玉米柔熟、不粘手。若汽小，外皮含水过重，以致焖水时发生淀粉流失。装甑时应轻倒匀撒，以利上汽均匀。干蒸是促使玉米颗粒及淀粉受热膨胀，增强吸水性，缩短煮粮时间和减少淀粉流失。干蒸好的玉米，外皮有0.5mm左右的裂口。

（3）焖粮：干蒸后加入40～60℃的蒸馏冷却水，水面淹过粮面35～50cm，先用小汽将水煮至微沸，待玉米有95%以上裂口，手捏内层已全部透心为止，即可放出热水，作为下次泡粮用。待其滴干后，将甑内玉米扒平，装入2～3cm谷壳，以防蒸汽冷凝水回滴在粮面上，引起大开花，同时除去谷壳的邪杂味，有利于提高酒质。煮焖粮时，要适当进行搅拌，焖粮时严禁大汽大火，防止淀粉流失。要求玉米透心不粘手，冷天稍软，热天稍硬。

（4）复蒸：煮焖好的玉米，停数小时，再围边上盖，小汽小火，达到圆汽，再大火大汽蒸煮，快出甑时，用大火大汽蒸排水。共蒸料3～4h，蒸好的玉米，手捏柔熟、起沙、不粘手，水汽干为好。蒸料时要防止小火小汽长蒸，这样会使玉米外皮含水过重，影响培菌糖化。

（5）出甑、摊晾、下曲：出甑、摊晾的温度因地区气候而不同，以纯种根霉曲为例，见表2－15。

表2－15　不同季节的下曲、摊晾条件

季节	第一次下曲	第二次下曲	培菌时间	用曲量	培菌箱温度
春冬季	38～40℃	34～35℃	30～32℃	0.35%～0.4%	30～32℃
夏秋季	27～28℃	25～26℃	25～26℃	0.3%～0.33%	25～26℃

（6）培菌：在晾渣机上倒入热糟6～16cm厚，扒平吹冷，撒上2～3cm厚的谷壳，再将熟粮倒入，扒平吹冷，分两次下曲，拌匀后按要求温度保温培养，保温材料用糟。

（7）发酵：熟粮经培菌糖化后，可吹冷配糟，入池（桶）发酵。预先在池底铺一定厚度的底糟，再将醅子倒入池内，拍紧或适当踩紧，盖上糟，再以塑料薄膜封池，四周以谷壳封边，或可泥封发酵7d左右，即可蒸酒。发酵分水桶和旱桶。水桶一般配糟较少，当发酵温度升到38～39℃时，投水、稀释降温，是代替配糟的方法之一。旱桶配的糟，其配糟用量大，代替了投水作用。

（8）蒸酒：蒸酒前先将发酵酒醅的黄水滴干，再拌入一定量的谷壳，边上汽边装甑，先装盖糟再装红糟，将黄水倒入底锅，上盖蒸酒。蒸馏时，先小火小气，再中火中气，最后大火大气追尾，分段摘酒，掐头去尾。

【习题】

1. 白酒如何分类？
2. 白酒酿造需要哪些原料？各主要原料与酿酒有什么关系？
3. 简述大曲酒的特点。
4. 大曲酒分几种类型？在培养和性能上有什么区别？
5. 大曲酒生产工艺有何特点？有哪些类型？
6. 写出典型的浓香、酱香、清香酒生产的工艺流程。
7. 白酒中有哪些主要成分？有哪些主要有害物质？
8. 白酒质量标准包括哪些内容？

项目三
啤酒生产技术

【知识目标】

1. 了解生产啤酒所用的原料及啤酒的种类。
2. 知道啤酒原辅料的检测和处理方法。
3. 能陈述麦芽及麦汁的制备过程。
4. 掌握啤酒的生产工艺及操作要点。
5. 知道啤酒发酵过程中的物质转化及啤酒后处理的方法。

【技能目标】

1. 能够完成啤酒酿造各个操作环节并进行工艺控制。
2. 会操作啤酒酿造中常见的设备。
3. 能够进行啤酒质量的基本检验与鉴定。
4. 会运用相关知识解决啤酒酿造过程中的质量问题，会进行成本分析。

【解决问题】

1. 啤酒发酵过程中常见的异常现象有哪些？造成的原因是什么？如何解决？
2. 如何对啤酒发酵的副产物进行综合利用？
3. 能够制定啤酒酿造的操作规范、整理改进措施。

【必备知识】

一、啤酒的成分及营养价值

（一）啤酒的定义

1. 传统定义

啤酒是以麦芽（包括特种麦芽）为主要原料，以大米或其他谷物为辅助原料，经麦汁的制备，加酒花煮沸，并经酵母发酵酿制而成的，含有二氧化碳、起泡的、低酒精度的（2.5%～7.5%）各类熟鲜啤酒。但在德国则禁止使用辅料，所以典型的德国啤酒，只利用大麦芽、啤酒花、酵母和水酿制而成。小麦啤酒则是以小麦为主要原料酿制而成的。

2. 广义定义

啤酒是以发芽的大麦或小麦，有时添加生大麦或其他谷物，利用酶工程制取谷物提取液，加入啤酒花进行煮沸，并添加酵母发酵而制成的一种含有二氧化碳、低酒精度的饮料。

3. 行业（国内）定义

在中国，啤酒的定义是于1998年由国家技术监督局（现国家质量监督检验检疫局）规定的，酿制而成的，含有二氧化碳的、气泡的、低酒精度［2.5%～7.5%（体积分数）］的发酵酒。

（二）啤酒的主要成分

啤酒是一种营养丰富的低酒精度的饮料酒。其化学成分比较复杂，也很难得出一个平均值，因为它随原料配比、酒花用量、麦汁浓度、糖化条件、酵母菌种、发酵条件以及糖化用水等诸多因素的变化而变化。

啤酒主要成分，以12°P啤酒为例：实际浓度为4.0%～4.5%。其中：80%为糖类物质、8%～10%为含氮物质、3%～4%为矿物质。此外，还含有12种维生素（尤其是维生素B_1、维生素B_2等B族维生素含量较多）、有机酸、酒花油、苦味物质和二氧化碳等。含有17种氨基酸（其中8种必需氨基酸分别为亮氨酸、异亮氨酸、苯丙氨酸、缬氨酸、苏氨酸、赖氨酸、蛋氨酸和色氨酸）。还含有钙、磷、钾、钠、镁等无机盐，各种微量元素以及啤酒中的各种风味物质。1L 12°P啤酒产生的热量达1779kJ，可与250g面包、5～6个鸡蛋、500g马铃薯或0.75L牛乳产生的热量相当。故啤酒有“液体面包”之美称。

（三）啤酒的营养价值

啤酒的营养价值主要由能发热的糖类和蛋白质及其分解产物、维生素和无机盐等组成。由于原辅料组成、配比、水质、菌种及生产工艺的不同，在啤酒发酵时所产生的物质以及溶解在啤酒中的物质的数量均不相同。

啤酒除具有以上营养价值外，还具有利尿、促进胃液分泌、缓解紧张及治疗结石的作用。适当饮用啤酒可以提高肝脏解毒作用，对冠心病、高血压、糖尿病和血脉不畅等均有一定效果。啤酒中丰富的二氧化碳和酸度、苦味，具有生津止渴、消暑、帮助消化、消除疲劳、增进食欲的功能。

适量饮酒，可引起兴奋，使皮肤血管扩张，产生温暖感。但若经常过量饮用，还会使人腹部发胖，出现熟称的“啤酒肚”；过量饮用啤酒还会使血液中的液体量增多，加大心脏负担。因此，高血压、冠心病患者应忌饮，肥胖病和糖尿病患者可少饮干啤酒。酒量的大小，因人而异，主要是乙醇氧化的中间产物——乙醛，会刺激人体产生恶心甚至呕吐。

二、啤酒的分类

啤酒是当今世界各国销量最大的低酒精度的饮料，品种很多，一般可根据生产方式、产品浓度、啤酒的色泽、啤酒的消费对象、啤酒的包装容器、啤酒发酵所用的酵母品种进行分类。一般可分为以下几种类型。

（一）按生产方式分类

1. 鲜啤酒

啤酒包装后，不经巴氏杀菌的啤酒称为鲜啤酒，也称为生啤酒。因其未经灭菌，保存期较短。其存放时间与酒的过滤质量、无菌条件和贮存温度关系较大，在低温下一般可存放7d。包装形式多为桶装，也有瓶装的。

2. 纯生啤酒

啤酒包装后，不经过巴氏灭菌或瞬时高温灭菌，而采用物理方法进行无菌过滤（微孔薄膜过滤）及无菌灌装，从而达到一定生物、非生物和风味稳定性的啤酒。此种啤酒口味新鲜、淡爽、纯正，啤酒的稳定性好，保质期可达半年以上。包装形式多为瓶装，也有听装的。

3. 熟啤酒

是指啤酒包装后，经过巴氏杀菌或瞬时高温灭菌的啤酒。此种啤酒保质期较长，可达三个月左右。包装形式多为瓶装或听装。

（二）按产品浓度分类

1. 高浓度啤酒

生产啤酒的原麦汁浓度为16%以上，酒精含量3.6%～5.5%（体积分数）。多为浓色或黑色啤酒。

2. 中浓度啤酒

生产啤酒的原麦汁浓度为8%～16%，淡色啤酒几乎均属此类。

3. 低浓度啤酒

生产啤酒的原麦汁浓度低于8%，酒精含量为0.8%～2.2%（体积分数）。

近些年来产量逐增，以满足低酒精度以及消费者对健康的需求。酒精含量少于2.5%（体积分数）的低醇啤酒，以及酒精含量少于0.5%（体积分数）的无醇啤酒应属此类型。

（三）按啤酒的色泽分类

1. 淡色啤酒

淡色啤酒的色泽呈淡黄或金黄色，淡色啤酒的色度在3～14EBC单位，酒精含量为3.3%～3.8%（体积分数）。其口感特点是：酒花香味突出，口味爽快、醇和。

2. 浓色啤酒

浓色啤酒的色泽呈红褐色或红棕色，浓色啤酒的色度在15～40EBC单位，酒精含量为4%～5%。这类啤酒麦芽香味突出，回味醇厚，苦味较轻。

3. 黑色啤酒

黑色啤酒的色泽多呈红褐色乃至黑褐色，黑啤酒的色度大于40EBC单位，酒精含量多为5%（体积分数）以上。这类啤酒麦芽香味突出，回味醇厚，泡沫细腻，苦味较重。

4. 白啤酒

白啤酒是以小麦芽为主要原料的啤酒，酒液呈白色，清凉透明，酒花香气突出，泡沫持久。

（四）按所用酵母性质分类

1. 上面发酵啤酒

上面酵母是指在发酵结束时酵母浮在发酵液上面的一类酵母，啤酒的发酵温度较高，用这类酵母发酵生产的啤酒叫上面发酵啤酒。

2. 下面发酵啤酒

下面酵母是指发酵结束时酵母凝聚沉于器底，形成紧密层的一类酵母，发酵温度较上面酵母低，用这类酵母发酵生产的啤酒叫下面发酵啤酒。

（五）其他分类

根据消费者的年龄、性别、健康状态以及对啤酒口味嗜好的不同，开发适合不同需求的特种啤酒。

1. 低（无）醇啤酒

酒精含量为0.6%～2.5%（体积分数）的淡色啤酒即为低醇啤酒，小于0.5%的为无醇啤酒。适宜于司机或不会饮酒的人饮用。

2. 干啤酒

是指啤酒的真正发酵度为72%以上的淡色啤酒。此啤酒残糖低，二氧化碳含量高。故具有口味干爽、杀口力强的特点。由于糖的含量低，属于低糖、低热量啤酒。适宜于糖尿病患者饮用。

3. 果味啤酒

在后酵中加入菠萝或葡萄或沙棘等提取液，使啤酒有酸甜感，富含多种维生素、氨基酸，酒液清亮，泡沫洁白细腻，属于天然果汁饮料型啤酒，适于妇女、老年人饮用。

三、啤酒生产的一般工艺流程

（一）麦芽制造

（二）啤酒酿造

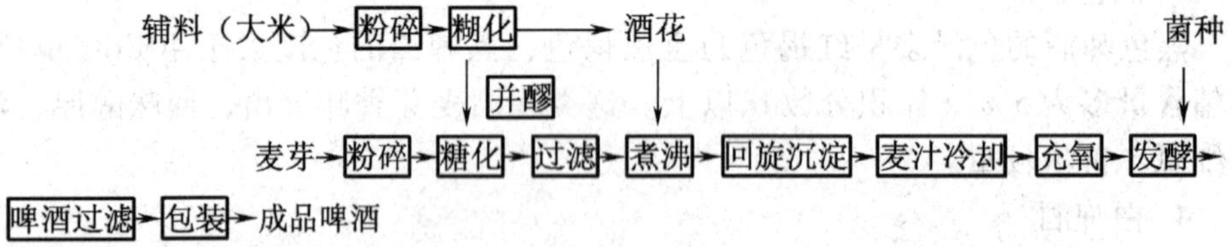

四、啤酒生产的原辅料

大麦是啤酒生产的主要原料，生产中先将大麦制成麦芽，再用来酿造啤酒。

根据大麦籽粒生长的形态，可分为六棱大麦、四棱大麦和二棱大麦。其中二棱大麦的麦穗上只有两行籽粒，籽粒皮薄、大小均匀、饱满整齐，淀粉含量较高，蛋白质含量适当，是啤酒生产的最好原料。

（一）大麦化学成分及在酿造上的作用

1. 淀粉

淀粉是大麦中主要的化学成分，贮藏在胚乳细胞中。大麦的淀粉含量占其干物质的58%～65%。大麦中的淀粉颗粒可分为大颗粒（直径10～25μm）和小颗粒（直径2～5μm）两种。大麦中蛋白质含量越高，小颗粒淀粉的数量越多。大麦淀粉中，直链淀粉一般占大麦淀粉含量的17%～24%，支链淀粉占大麦淀粉含量为76%～83%。

糖化时直链淀粉经水解几乎全部转化为葡萄糖和麦芽糖，支链淀粉被淀粉酶分解时，除了生成麦芽糖和葡萄糖外，还产生相当数量的糊精和异麦芽糖，而糊精和异麦芽糖在发酵时较难被酵母利用。

2. 蛋白质

大麦中蛋白质含量的高低，对大麦发芽、糖化、发酵以及成品酒的泡沫、风味、稳定性都有很大影响。啤酒酿造用大麦一般要求蛋白质含量为9%~12%。近年来，由于淀粉质辅料使用比例增加，利用蛋白质含量较高的大麦酿制啤酒也成为现实。

大麦中蛋白质主要可分成以下几种类型：

（1）麦白蛋白　溶于水、稀盐溶液和酸碱溶液，52℃开始凝固析出，等电点pH为4.6~5.8，占大麦蛋白质的3%~4%。

（2）球蛋白　溶于稀盐溶液和酸碱溶液，不溶于水，等电点pH为4.9~5.7，约占大麦蛋白质的31%，球蛋白90℃左右开始凝固，球蛋白可分为α、β、γ、δ四个组分，其中β-球蛋白等电点为pH4.9，在麦汁制备过程中不能完全析出沉淀，是啤酒混浊的主要原因之一。

（3）醇溶蛋白　不溶于水、盐溶液和无水酒精，溶于体积分数50%~90%的酒精溶液和酸碱溶液，等电点pH6.5，约占大麦蛋白质的36%，醇溶蛋白可分为α、β、γ、δ、ε五组，其中δ、ε组是造成啤酒冷混浊和氧化混浊的主要成分。

（4）谷蛋白　不溶于中性盐和纯水，溶于稀碱溶液，占大麦蛋白质的29%，谷蛋白和醇溶蛋白是构成麦糟蛋白质的主要成分。

3. 纤维素、半纤维素和麦胶物质

纤维素占大麦干物质质量的3.5%~7.0%。纤维素在啤酒酿造中不参与代谢作用。

半纤维素和麦胶物质占麦粒干物质的10%~11%，是胚乳细胞壁的构成物，也存在于谷皮中。半纤维素不溶于水而溶于稀碱溶液。谷皮中的半纤维素主要是戊聚糖及少量的β-葡聚糖和糖醛酸；胚乳中的半纤维素主要含β-葡聚糖及少量戊聚糖。

麦胶物质在成分组成上与胚乳中的半纤维素无甚差别，只是相对分子质量较半纤维素低，易溶于水。

半纤维素和麦胶物质中的β-葡聚糖的水溶液黏度极高。发芽过程中，溶解良好的麦芽，β-葡聚糖已大部分分解；溶解不良的麦芽，β-葡聚糖分解不完全，由此制出的麦汁黏度高，不利于麦汁过滤，还会造成啤酒口味不爽的感觉。β-葡聚糖也是引起啤酒混浊的成分之一。

4. 大麦酚类物质

多酚类物质主要存在于皮壳中，其含量占大麦干物质的0.1%~0.3%。大麦中的酚类物质含量虽少，但对啤酒的色泽、泡沫、风味和稳定性影响很大。

酚类物质包括小分子酚（如香草酸或香豆素等）、较大分子酚（如花色苷、儿茶酸等）。较大分子酚经过缩合和氧化后，具有单宁性质，易与蛋白质起交联作用而沉淀出来。

大麦中还含有2.4%~3.0%的灰分，2%~3%的脂肪以及少量的磷酸盐、维生素等。

（二）酿造用大麦的质量要求

1. 外观

麦粒有光泽，呈纯淡黄色，有新鲜麦草香味，籽粒饱满，均匀整齐，皮薄，有细密纹道。

2. 物理检验

（1）千粒质量 35 ~ 45g。

（2）麦粒均匀度　腹径 2. 5mm 以上麦粒占 85% 的为一级大麦，腹径 2. 2 ~ 2. 5mm 的为二级大麦，一级大麦、二级大麦均可作为酿酒原料用。腹径 2. 2mm 以下的为次大麦，不可用作酿酒。

（3）胚乳状态　胚乳断面为粉白色的粉质粒，淀粉含量高，吸水性好，易于分解。胚乳断面呈玻璃状或半玻璃状的，吸水性差，淀粉不易分解。

（4）发芽力和发芽率　发芽力是指 3d 内发芽的百分数，要求不低于 90% 。发芽率是指 5d 内发芽的百分数，要求不低于 95% 。

3. 化学检验

（1）水分含量　要求大麦水分含量在 13% 以下，否则难以贮存。

（2）浸出物质量分数　一般要求为 72% ~ 80% （绝干物质计）以上，与淀粉质量分数相差约 14. 7% 。

（3）蛋白质质量分数　一般要求 9% ~ 12% （绝干物质计），辅料用量多时可达 13. 5% 。

大麦的质量标准参照 GB/T 7416—2000 的要求。

（三）辅助原料的作用与要求

啤酒酿造中，常常添加一些富含淀粉的未发芽谷物、糖类或糖浆作为麦芽辅助原料。使用辅料的作用是：①以价廉而富含淀粉的谷物为麦芽辅助原料，可降低原料成本和啤酒粮耗；②使用糖类或糖浆为辅料，可以节省糖化设备的容量，同时可以调节麦汁中糖的比例，提高啤酒发酵度；③使用辅助原料，可以降低麦汁中蛋白质和多酚类物质的含量，降低啤酒色度，改善啤酒风味和非生物稳定性；④使用部分辅助原料（如小麦）可以增加啤酒中糖蛋白的含量，改进啤酒的泡沫性能。

原则上凡富含淀粉的谷物都可以作为辅料，但添加辅料后不应造成过滤困难，不影响酵母的发酵和产品卫生指标，不能带入异味，不影响啤酒的风味。谷类辅助原料用量一般控制在 10% ~50% ，常用的比例为 30% ~50% ；糖类或糖浆辅助原料用量为 10% 左右。

（四）常用辅助原料种类与酿造特性

1. 大米

大米是最常用的辅助原料。添加大米的啤酒，色泽浅、口味清爽、泡沫细腻、酒花香味突出、非生物性好。大米淀粉含量高，蛋白质、多酚类物质、脂肪含量较麦芽低。大米的化学成分为：水分11% ~13%，淀粉76% ~85%，浸出物90% ~95%，蛋白质6% ~11%，脂肪0.2% ~1.0%。国内一般添加量为25% ~50%。大米用量过大时，会造成麦汁α-氨基氮含量过低，影响酵母的繁殖和发酵。

2. 玉米

国外使用玉米为辅料比较普遍。玉米脂肪含量高，脂肪主要集中在胚中，所以一般先去胚，再用于啤酒生产。脂肪进入啤酒会影响啤酒的泡沫性能，同时脂肪容易氧化，会引起啤酒风味变坏。所以生产中要使用新鲜的玉米。

黄玉米（未脱胚）的化学成分为：水分11.8% ~13.5%，淀粉68.1% ~72.5%，浸出物（无水）80.7% ~85.3%，蛋白质10.5% ~11%，脂肪5.8% ~6.3%，粗纤维2.5% ~3%，灰分1.5% ~3.2%。低脂玉米用量为30% ~35%。

3. 小麦

使用小麦作辅料有以下特点：啤酒泡沫性能好；花色苷含量低，有利于啤酒非生物稳定性，且风味也较好；麦汁中可同化性氮含量高，发酵速度快，啤酒最终pH较低；小麦富含α-淀粉酶和β-淀粉酶，有利于快速糖化。小麦（或小麦芽）用量一般为20%左右。

4. 淀粉

采用淀粉的优点是：淀粉纯度高、杂质少，黏度低，无残渣，可以生产高浓度啤酒、高发酵度啤酒，麦汁过滤容易，啤酒风味和非生物稳定性能满足实际要求。

5. 糖类或淀粉水解糖浆

为调节麦汁中糖的比例，提高发酵度，可以在煮沸锅中直接添加糖类（蔗糖、葡萄糖）或淀粉水解糖浆（大麦糖浆、玉米糖浆等）。糖类缺乏含氮物质，为了保证酵母的营养，添加量一般为10%左右。糖浆的添加量可稍高，为30%左右。生产深色啤酒时也可添加部分焦糖，以调节啤酒色。

五、酒花和酒花制品

啤酒花简称酒花。啤酒生产中使用酒花的目的主要是利用其苦味、香味、防腐力和澄清麦汁的能力。

（一）酒花的主要有效成分及其在酿造上的作用

酿造上酒花的有效成分主要包括：酒花油、酒花苦味物质和酒花多酚类物质。

1. 酒花油

酒花中含有0.5% ~2.0%的酒花油。其组成成分很复杂。酒花油溶解度极小，易于挥发，容易氧化。酒花油的主要成分是萜烯类碳氢化合物、含氧化合物和微量的含硫化合物等。

酒花油不易溶于水和麦汁，大部分酒花油在麦汁煮沸或热、冷凝固物分离过程中被分离出去。尽管酒花油在啤酒中保存下来的很少，但却是啤酒中酒花香味的主要来源。

2. 酒花苦味物质

啤酒的苦味和防腐能力主要是由酒花中的苦味物质 α－酸和 β－酸提供的。

α－酸又称葎草酮，本身具有苦味和防腐能力，在弱碱溶液中易异构化转变成异 α－酸（异构化率可为 40%～60%）。异 α－酸在麦汁中的溶解度比 α－酸大得多，具有强烈的苦味，防腐能力也高于 α－酸，是啤酒苦味的主要来源。

β－酸又称蛇麻酮，溶解度小，苦味和防腐能力不如 α－酸，β－酸有一定的抑制革兰阳性菌和阴性菌的能力。

α－酸和 β－酸容易氧化转变成软树脂和硬树脂，硬树脂在啤酒酿造中无任何价值。

3. 酒花多酚类物质

酒花中含有 4%～10% 的多酚类物质，主要是花色苷、花青素和单宁等，其中花色苷占 80%。酒花中的多酚含量比大麦中多酚含量要高得多，是影响啤酒风味和引起啤酒混浊的主要成分。酒花中的多酚在麦汁煮沸时有沉淀蛋白质的作用，但这种沉淀作用在麦汁冷却、发酵、甚至过滤装瓶后仍在继续进行，从而会导致啤酒混浊。因此酒花中多酚对啤酒既有有利的一面，也有不利的一面，需要在生产中很好地控制。

（二）酒花制品的种类及其使用方法

新鲜酒花干燥后制成的全酒花，具有不易保管、不便运输、有效成分利用率不高等缺陷。而酒花制品则普遍受到欢迎。常用酒花制品有颗粒酒花、酒花浸膏、酒花油等。

1. 颗粒酒花

颗粒酒花是把粉碎后的酒花压制成颗粒，密闭冲惰性气体保藏的酒花制品。具有体积小，不易氧化，运输、使用控制和保管都比较方便的优点。

2. 酒花浸膏

酒花浸膏是利用萃取剂将酒花中 α－酸萃取出的树脂浸膏，是以 α－酸为主体成分的酒花制品。酒花浸膏的主要优点是提高了 α－酸的利用率。按萃取剂的不同可分为有机溶剂（乙醚、石油醚、乙醇等）萃取浸膏和二氧化碳萃取浸膏。

3. 异构化酒花浸膏

酒花先通过异构化再进行二氧化碳萃取制成异 α－酸浸膏。异 α－酸浸膏应和颗粒酒花、酒花浸膏等配合使用，可以在发酵后或滤酒前添加，添加量根据产品苦味要求确定。

二氧化碳萃取还可以制备多种其他浸膏，如还原异构化浸膏、四氢异构化浸膏等。

4. β－酸酒花油

在二氧化碳萃取制备 α－酸浸膏的废液中，存在大量的 β－酸和酒花油。在适当的条件下进行萃取，可获得一种含20%左右的酒花油和70% β－酸及其衍生物、α－酸、多酚物质含量极少的固体树脂浸膏，即 β－酸酒花油。β－酸酒花油替代麦汁煮沸中最后一次添加的酒花，可提供新鲜的酒花香气，添加的数量可通过试验确定。

六、酿造用水

啤酒酿造用水是指糖化用水、洗糟用水、啤酒稀释用水。可以使用地表水和地下水，其水质必须符合酿造用水质量要求。酿造用水质量要求见表3－1。

表3－1 啤酒酿造用水质量要求

项目	理想要求	最高极限	超过极限时引起的缺点
1. 色	无色	无色	有色水是污染的水，不能使用
2. 透明度	透明，无沉淀	透明，无沉淀	影响麦汁浊度，啤酒容易混浊
3. 味	20、50℃无异味，无异臭	20、50℃无异味，无异臭	污染啤酒，口味恶劣，有异味水不能用来酿制啤酒
4. 总溶解盐类含量/mg/L	150～200	500以下	含盐过高的水用来酿制啤酒，口味苦涩粗糙
5. pH	6.8～7.2	6.5～7.8	造成糖化困难，啤酒口味不佳
6. 有机物（高锰酸钾耗氧量）含量/mg/L	0～3	10以下	超过极限的水是严重污染的水
7. 碳酸盐硬度/mmol/L 非碳酸盐硬度/mmol/L 总硬度/mmol/L	0～0.71 0.71～1.78 0.71～2.50	1.78以下 2.50以下 4.28以下	使麦芽醪降酸，造成糖化困难等一系列缺点，浓度过高，影响口味 过量则引起啤酒口味粗糙
8. 铁盐（以Fe计）含量/mg/L 锰盐（以Mn计）含量/mg/L	0.3以下 0.1以下	0.5以下 0.5以下	铁腥味，麦汁色度深，影响酵母生长发酵，引起单宁氧化及啤酒混浊
9. 氨态氮（以N计）含量/mg/L	0	0.5	啤酒缺少光泽，口味粗糙，表明水源受严重污染

续表

项　目	理想要求	最高极限	超过极限时引起的缺点
10. 硝酸根态氮（以N计）含量/mg/L	0.2以下	0.5	部分硝酸根能还原为亚硝酸根
亚硝酸根态氮（以N计）含量/mg/L	0	0.05	酵母变异，口味改变，并有致癌作用
11. 氯化物（Cl^-计）含量/mg/L	20～60	80	过量，引起酵母早衰，啤酒有咸味
12. 硅酸盐（SiO_2计）含量/mg/L	30以下	50以下	麦汁不清，影响酵母发酵和啤酒过滤，引起啤酒混浊，口味粗糙
13. 细菌总数	无	达饮用水标准	有害人体健康
大肠杆菌和八叠球菌	无		

若酿造用水某些项目达不到要求，必须对酿造用水进行适当处理。水处理方法有机械过滤、活性炭过滤、砂滤、加酸法、煮沸法、添加石膏法、离子交换法、电渗析法、紫外线消毒等。

任务一 麦芽制备

把原料大麦制成麦芽，称为制麦。发芽后制得的新鲜麦芽叫绿麦芽，经干燥和焙焦后的麦芽称为干麦芽。

麦芽制备的主要目的是使大麦生成各种酶，并使大麦胚乳中的成分在酶的作用下，达到适度的溶解；去掉绿麦芽的生腥味，产生啤酒特有的色、香和风味成分。

一、大麦预处理

（一）大麦的后熟与贮藏

新收获的大麦有休眠期，发芽率低，只有经过一段时间的后熟期才能达到应有的发芽力，一般后熟期需要6～8周。

贮藏期间，大麦的生命及呼吸作用仍在继续。为减少呼吸消耗，大麦水分应控制在12.5%以下，温度在15℃以下。贮藏大麦还应按时通风，防止虫、鼠及霉变的危害，严格防潮，按时倒仓、翻堆。

（二）大麦的清选和分级

原料大麦含有各种杂质，在投料前需经处理。

1. 粗选和精选

粗选的目的是除去各种杂质和铁屑。大麦粗选使用去杂、集尘、脱芒、除铁等机械。精选的目的是去除与麦粒腹径大小相同的杂质，包括荞麦、野豌豆、草籽和半粒麦等。大麦精选可使用精选机（又称杂谷分离机）。

2. 分级

分级是把粗、精选后的大麦，按颗粒大小分级。目的是得到颗粒整齐的大麦，为发芽整齐、粉碎后获得粗细均匀的麦芽粉以及提高麦芽的浸出率创造条件。

二、浸麦

（一）浸麦的目的

（1）提高大麦的含水量，达到发芽的水分要求。

麦粒含水25%～35%时就可萌发。对酿造用麦芽，还要求胚乳充分溶解，所以含水必须保持43%～48%。浸麦后的大麦含水率叫浸麦度。

（2）通过洗涤，除去麦粒表面的灰尘、杂质和微生物。

（3）在浸麦水中适当添加一些化学药剂，可以加速麦皮中有害物质（如酚类等）的浸出。

（二）大麦吸水过程及测定

1. 大麦的吸水过程

在正常水温（12～18℃）下浸麦，水的吸收可分三个阶段：

第一阶段：浸麦6～10h，吸水迅速，麦粒中水分质量分数上升至30%～35%。胚部吸水快，胚乳吸水慢。胚中酶活性随着吸水量的增加而上升。但6h后如不换水或不使麦粒与空气接触，则酶活性又下降。

第二阶段：浸麦10～20h，麦粒吸水很慢，几乎停止。吸入的水分渗入胚乳中使淀粉膨胀。

第三阶段：浸麦20h后，麦粒膨胀吸水，在供氧充足的情况下，吸水量与时间成直线关系上升，麦粒中水分质量分数由35%增加到43%～48%。整个麦粒各部分吸水均匀。

2. 浸麦与通风

大麦浸渍后，呼吸强度激增，需消耗大量的氧，而水中溶解氧远不能满足正常呼吸的需要。因此，在整个浸麦过程中，必须经常通入空气，以维持大麦正常的生理需要。

3. 浸麦用水及添加剂

浸麦水必须符合饮用水标准。为了有效地浸出麦皮中的有害成分，缩短发芽周期，达到清洗和卫生的要求，常在浸麦用水中添加一些化学药剂，如石灰乳、Na_2CO_3、NaOH、KOH、过氧化氢、甲醛、赤霉素等。

4. 浸麦度的测定

浸麦度多用朋氏测定器测定。在测定器内装入100g大麦样品，放入浸麦槽中，与生产大麦一同浸渍。浸渍结束时，取出大麦，拭去表面水分，称其质量，按下式计算：

$$浸麦度/\% = \frac{(浸麦后质量—原大麦质量) + 原大麦水分}{浸麦后质量} \times 100\%$$

生产中检查浸麦度的方法是：

(1) 浸麦度适宜的大麦握在手中软有弹性。如果水分不够，则硬而弹性小；如果浸麦过度，手感过软无弹性。

(2) 用手指捻开胚乳，浸渍适中的大麦具有省力、润滑的感觉，中心尚有一白点，皮壳易脱离。浸渍不足的大麦，皮壳不易剥下，胚乳白点过大，咬嚼费力。浸渍过度的大麦，胚乳呈浆泥状，呈微黄色。

(3) 观察浸渍大麦的萌芽率又称露点率。萌芽率表示麦粒开始萌发而露出根芽的百分数，检测方法是：在浸麦槽中任取浸渍大麦200~300粒，分开露点和未露点麦粒，计算出露点麦粒的百分数，重复测定2~3次，求其平均值。萌芽率70%以上为浸渍良好，优良大麦一般超过70%。

5. 影响大麦吸水速度的因素

(1) 温度　浸麦水温越高，大麦吸水速度越快，达到相同的吸水量所需要的时间就越短，但麦粒吸水不均匀，易染菌和发生霉烂。水温过低，浸麦时间延长。浸麦用水温度一般在10~20℃，最好在13~18℃。

(2) 麦粒大小　麦粒大小不一，吸水速度也不一样。为了保证发芽整齐，麦粒整齐程度很重要。

(3) 麦粒性质　粉质粒大麦比玻璃质粒大麦吸水快；含氮量低、皮薄的大麦吸水快。

(4) 通风　通风供氧可增强麦粒的呼吸和代谢作用，从而加快吸水速度，促进麦粒提前萌发。

(三) 浸麦方法及控制

浸麦方法很多，常用的方法有间歇浸麦法、喷雾（淋）浸麦法。

1. 间歇浸麦法（浸水断水交替法）

此法是浸水和断水交替进行。即大麦每浸渍一定时间后就断水，使麦粒接触空气。浸水和断水交替进行，直至达到要求的浸麦度。在浸水和断水期间需通风供氧。根据大麦的特性、室温、水温的不同，常采用浸二断六、浸四断四、浸六断六、浸三断九等方法。

现以浸四断四法为例介绍操作要点。

（1）浸麦槽先放入12～16℃清水，将精选大麦称量好，把浸麦度测定器放入浸麦槽，边投麦，边进水，边用压缩空气通风搅拌，使浮麦和杂质浮在水面与污水一道从侧方溢流槽排出。不断通过槽底上清水，待水清为止，然后按每立方米水加入1.3kg生石灰的浓度加入石灰乳（也可加入其他化学药剂）。

（2）浸水4h后放水，断水4h，此后浸四断四交替进行。

（3）浸渍时每1h通风一次，每次10～20min。

（4）断水期间每1h通风10～15min，并定时抽吸二氧化碳。

（5）浸麦度达到要求，萌芽率达70%以上时，浸麦结束，即可下麦至发芽箱。此时应注意浸麦度与萌芽率的一致性，如萌芽率滞后应延长断水时间，反之，应延长浸水时间。

2. 喷雾（淋）浸麦法

此法是浸麦断水期间，用水雾对麦粒淋洗，既能提供氧气和水分，又可带走麦粒呼吸产生的热量和放出的二氧化碳。由于水雾含氧量高，通风供氧效果明显，因此可显著缩短浸麦时间，还可节省浸麦用水（比断水浸麦法省水25%～35%）。

操作方法如下。

（1）洗麦同浸断法，然后浸水2～4h，每隔1～2h通风10～20min。

（2）断水喷雾8～12h，每隔1～2h通风10～20min（最好每1h通风10min）。

（3）浸水2h，通风一次10min。每次浸水均通风搅拌10～20min。

（4）再断水喷雾8～12h，反复进行，直至达到浸麦度，停止喷淋，控水。2h后出槽，全过程约48h。

生产中还有一些其他浸麦方法，如温水浸麦法、快速浸麦法、长断水浸麦法等。

常用的浸麦设备有传统的柱体锥底浸麦槽、新型的平底浸麦槽等。

三、发芽

（一）大麦发芽的目的

发芽目的是使麦粒生成大量的各种酶类，并使麦粒中一部分非活化酶得到活化增长。随着酶系统的形成，胚乳中的淀粉、蛋白质、半纤维素等高分子物质得到逐步分解，可溶性的低分子糖类和含氮物质不断增加，整个胚乳结构由坚韧变为疏松，这种现象称为麦芽溶解。

（二）发芽的方法与发芽工艺技术条件的确定

1. 发芽的方法

发芽方法主要有地板式发芽和通风式发芽两种。发芽设备有间歇式和连续式等多种不同的形式。古老的地板式发芽由于劳动强度大、占地面积大、受外界温度影响大等缺点，已被淘汰。现在普遍采用通风式发芽。通风式发芽是厚层发芽，以机械通风的方式强制向麦层通入调温、调湿的空气，以控制发芽的温度、湿度、氧气与二氧化碳的比例，达到发芽的目的。

2. 发芽工艺技术条件

（1）发芽水分　大麦经过浸渍以后水质量分数在43% ~48%，制造深色麦芽宜提高至45% ~48%，而制造浅色麦芽一般控制在43% ~46%。在发芽过程中，由于呼吸产生热量以及麦粒中水分蒸发等原因，发芽室必须保持一定的相对湿度。通风式发芽法，室内的空气相对湿度一般要求在95%以上。

（2）发芽温度　发芽温度一般分为低温、高温、低高温结合等几种情况。

①低温发芽：一般为12 ~16℃。低温发芽，根叶芽生长缓慢而均匀，呼吸缓慢，麦层升温幅度小，容易控制，麦粒的生长和细胞的溶解是一致的，酶活性也比较高，麦芽溶解较好，适宜制造浅色麦芽。但温度也不能过低，否则会延长发芽时间。

②高温发芽：一般为18℃以上，22℃以下，根芽、叶芽生长迅速，呼吸旺盛，酶活性开始形成较快，后期不及低温发芽的高，麦芽生长不均匀，制麦损耗大，浸出率低，淀粉细胞溶解较好，但蛋白溶解度低，适宜制造深色麦芽。

③低高温结合发芽：对蛋白质含量高、玻璃质粒、难溶的大麦，宜采用低高温结合发芽。开始3 ~4d麦层温度保持12 ~16℃，后期维持18 ~20℃，这样可制得溶解良好而酶活性高的麦芽。也有采用先高温后低温的控制方法，也可制出较好的麦芽。

（3）氧气与二氧化碳浓度　发芽初期麦粒呼吸旺盛，品温上升，二氧化碳浓度增大，这时需通入大量新鲜空气，提供氧气，以利于麦芽生长和酶的形成。通风过度，麦粒内容物消耗过多，发芽损失增加；通风不足，麦堆中二氧化碳不能及时排出，会抑制麦粒呼吸作用。特别要防止因麦粒内分子间呼吸造成麦粒内容物的损失，或产生毒性物质使麦粒窒息。

在发芽后期，应减少通风，使二氧化碳在麦层中适度积存，以抑制麦粒的呼吸，控制根芽生长，促进麦芽溶解，减少制麦损失。

（4）发芽时间　发芽时间是由多种条件决定的。发芽温度越低，水分越少，麦层含氧越贫，麦芽生长和溶解便越慢，发芽时间也就越长。另外，发芽时间也与大麦品种和所制麦芽类型有关，难溶的大麦发芽时间长，制造深色麦芽的时间也较长。

浅色麦芽发芽时间一般控制在6d左右，深色麦芽为8d左右。如浸麦时添加赤霉素，以及改进浸麦方法等，发芽时间还可以缩短。

（5）光线　发芽过程中必须避免光线直射，以防止叶绿素的形成。叶绿素的形成会有损啤酒的风味。发芽室的窗户宜安装蓝色玻璃。

（三）对发芽质量的判断

发芽操作结束得到的麦芽称为绿麦芽。对发芽的质量主要从两方面来判断：一是物质的转化，主要表现在根芽、叶芽的生长以及胚乳的溶解上；二是物质的消耗，要求在合理的物质转化条件下，尽量减少物质的消耗。

1. 根芽和叶芽的判断

浅色麦芽的根芽较短，一般为麦粒长度的1～1.5倍；深色麦芽的根芽较长，一般为麦粒的2～2.5倍。根芽生长强壮、发育均匀是发芽旺盛和麦粒溶解均匀的象征。

叶芽的长度视麦芽种类不同而异。在生产正常的条件下，叶芽长度不足，麦芽溶解度低，粉状粒少，酶活力低；如果叶芽过长，麦芽溶解过度，则麦芽浸出率低。浅色麦芽叶芽平均长度应相当于麦粒长度的0.7左右，3/4者应占75%以上；深色麦芽平均长度应相当于麦粒长度的0.8以上，3/4～1者应占75%以上。

2. 溶解度的判断

（1）感官判断　将绿麦芽的皮剥开，以拇指和食指将胚乳搓开，如呈粉状散开，且感觉细腻者即为溶解良好的麦芽；虽能碾开但感觉粗重者为溶解一般；不能碾开而成胶团状者为溶解不良。

将干麦芽切断，其断面为粉状者为溶解良好；呈玻璃状者为溶解不良；呈半玻璃状者介于两者之间。用口咬干麦芽，疏松易碎者为溶解良好；坚硬不易咬断者为溶解不良。

（2）理化测定　见表3－2。

表3－2　常用的麦芽溶解度理化测定方法

方法		说明
物理方法	沉浮试验	利用麦芽不同溶解度的不同相对密度来判断
	千粒质量	利用大麦和麦芽千粒质量之差来判断
	勃氏硬度计测定	利用测出麦芽的硬度值来判断
	脆度测定器试验	利用测定麦芽的脆度情况来判断
化学方法	粗细分浸出率差	利用粗粉与细粉的浸出物差来判断细胞溶解情况
	麦汁黏度	利用麦汁的黏度来判断细胞溶解的情况
	蛋白质溶解度	利用麦汁的可溶性氮与总氮之比来判断蛋白质分解情况
	45℃哈同值	利用45℃糖化麦汁的浸出率判断麦芽细胞溶解情况

任务二　麦汁制备

麦汁制备（也叫糖化），是指利用麦芽本身所含有的各种水解酶（或外加酶制剂），在适宜的条件（温度、pH、时间等）下，将麦芽和辅助原料中的不溶性高分子物质（淀粉、蛋白质、半纤维素等）分解成可溶性的低分子物质（如糖类、糊精、氨基酸、肽类等）的过程。由此制得的溶液就是麦汁。麦汁中溶解于水的干物质称为浸出物，麦汁中的浸出物含量与原料中所有干物质的质量比称为无水浸出率。

一、原料、辅料的粉碎

（一）粉碎的目的与要求

1. 粉碎的目的

原料、辅料粉碎后，增加了比表面积，糖化时可溶性物质容易浸出，有利于酶的作用。

2. 粉碎的要求

麦芽皮壳应破而不碎。如果过碎，麦皮中含有的苦味物质、色素、单宁等会过多地进入麦汁中，使啤酒色泽加深，口味变差；还会造成过滤困难，影响麦汁收得率。胚乳粉粒则应细而均匀。

辅助原料（如大米）粉碎得越细越好，以增加浸出物的收得率。

（二）粉碎方法与设备

1. 麦芽粉碎方法

麦芽粉碎有干法粉碎、湿法粉碎和回潮粉碎三种方法。

（1）干法粉碎　干法粉碎是传统的粉碎方法，要求麦芽水分在6%～8%，其缺点是粉尘较大，麦皮易碎。

（2）湿法粉碎　湿法粉碎是先将麦芽用50℃水浸泡15～20min，使麦芽含水质量分数达25%～30%之后，再用湿式粉碎机粉碎，并立即加入30～40℃水调浆，泵入糖化锅。优点是麦皮较完整，对溶解不良的麦芽，可提高浸出率1%～2%；缺点是动力消耗大。

（3）回潮粉碎　回潮粉碎又叫增湿粉碎。可用0.05MPa蒸气处理30～40s，增湿1%左右。也可用水雾在增湿装置中向麦芽喷雾90～120s，增湿1%～2%，可达到麦皮破而不碎的目的。蒸气增湿时，应控制麦芽品温在50℃以下，以免引起酶的失活。

2. 粉碎设备

麦芽粉碎常用辊式及湿式粉碎设备。辊式设备根据辊的数量又可分为对辊式、四辊式、五辊式、六辊式等。锤式粉碎机极少使用。

对辊式粉碎机是最简单的粉碎机，主要由一对平行安装的拉丝辊，以相反转向运转来将麦芽粉碎。对辊式粉碎机存在着粉碎度较难控制的缺陷。

以对辊式粉碎机为基础发展起来的四辊式、五辊式、六辊式等类型的麦芽粉碎机，粉碎性能有了极大的提高，可适用于各种麦芽的粉碎，并可使粉碎度更能符合酿造需要。

辅料粉碎多用对辊式粉碎机，也有采用磨盘式磨米机。

3. 粉碎度的调节

粉碎度是指麦芽或辅助原料的粉碎程度。通常是以谷皮、粗粒、细粒及细粉的各部分所占料粉质量的质量分数表示。一般要求粗粒与细粒（包括细粉）的比例为1:(2.5~3.0)为宜。麦芽的粉碎度应视投产麦芽的性质、糖化方法、麦汁过滤设备的具体情况来调节。

（1）麦芽性质　对于溶解良好的麦芽，粉碎后细粉和粉末较多，易于糖化，因此可以粉碎得粗一些。而对溶解不良的麦芽，玻璃质粒多，胚乳坚硬，糖化困难，因此应粉碎得细一些。

（2）糖化方法　不同的糖化方法对粉碎度的要求也不同。采用浸出糖化法或快速糖化法时，粉碎应细一些；采用长时间糖化法或煮出糖化法，以及采用外加酶糖化法时，粉碎可略粗些。

（3）过滤设备　采用过滤槽法，是以麦皮作为过滤介质，要求麦皮尽可能完整，因此麦芽应粗粉碎。采用麦汁压滤机，是以涤纶滤布和皮壳作过滤介质，粉碎应细一些。

麦芽及辅料的粉碎度可通过对糖化收得率、过滤时间、麦汁浊度以及碘液颜色反应的分析检验结果来调节。

操作时，可用厚薄规和调节手柄调整辊的间距，并通过取样，感观检查麦皮的粗粒和细粉的比例，判断粉碎度的好坏。湿粉碎还可通过漂浮在过滤麦汁中的颗粒数量的多少来判断粉碎度的大小。

二、糖化

（一）糖化的目的

糖化的目的就是要将原料和辅助原料中的可溶性物质萃取出来，并且创造有利于各种酶作用的条件，使高分子的不溶性物质在酶的作用下尽可能多地分解为低分子的可溶性物质，制成符合生产要求的麦汁。

糖化过程是一项非常复杂的生化反应过程，也是啤酒生产中的重要环节。糖化的要求是麦汁的浸出物收得率要高，浸出物的组成及其比例符合啤酒发酵生产的要求。而且要降低生产费用，降低成本。

（二）糖化时酶的作用、主要物质的变化及影响糖化的因素

1. 糖化时主要酶的作用

糖化过程中的酶主要来自麦芽本身，有时也用外加酶制剂。这些酶以水解酶为主，包括淀粉分解酶（α-淀粉酶、β-淀粉酶、界限糊精酶、R-酶、α-葡萄

糖苷酶、麦芽糖酶和蔗糖酶等)；蛋白质分解酶（内肽酶、羧肽酶、氨肽酶、二肽酶等)；β－葡聚糖分解酶（内－β－1，4 葡聚糖酶、内－β－1，3 葡聚糖酶、β－葡聚糖溶解酶等）和磷酸酶等。糖化时主要酶作用的最适条件见表 3－3。

表 3－3　糖化时主要酶作用的最适 pH、温度

酶	最适 pH	最适温度/℃	失活温度/℃
酸性磷酸酶	4.5～5.0	50～53	70
α－淀粉酶	5.6～5.8	70～75	80
β－淀粉酶	5.4～5.6	60～65	70
麦芽糖酶	6.0	35～40	>40
界限糊精酶	5.1	55～60	>65
R－酶	5.3	40	>70
内－β－葡聚糖酶	4.5～5.0	40～45	>55
外－β－葡聚糖酶	4.5～5.0	27～30	>40
β－葡聚糖溶解酶	6.6～7.0	60～65	72
内肽酶	5.0～5.2	50～60	80
羧肽酶	5.2	50～60	70
氨肽酶	7.2～8.0	40～45	>50
二肽酶	7.8～8.2	40～50	>50
多酚氧化酶	—	—	95

（1）淀粉分解酶　淀粉分解酶是可以水解淀粉为糊精、寡糖和单糖等产物的酶的总称。

α－淀粉酶是液化型淀粉酶，对热较稳定。作用于直链淀粉时，生成麦芽糖、葡萄糖和小分子糊精；作用于支链淀粉时，生成界限糊精、麦芽糖、葡萄糖和异麦芽糖。

β－淀粉酶是一种耐热性较差，作用较缓慢的糖化型淀粉酶，作用于淀粉时，生成较多的麦芽糖和少量的糊精。

R－酶又称异淀粉酶，它能将支链淀粉分解为直链淀粉。

（2）β－葡聚糖分解酶　β－葡聚糖分解酶可将黏度很高的β－葡聚糖降解，从而降低醪液的黏度。

（3）蛋白质分解酶　蛋白质分解酶作用于原料中的蛋白质，分解产物为胨、多肽、低肽和氨基酸。

2. 糖化时主要物质的变化

麦芽中可溶性物质很少，占麦芽干物质的 18%～19%，为少量的蔗糖、果

糖、葡萄糖、麦芽糖等糖类和蛋白胨、氨基酸以及果胶质和各种无机盐等。麦芽中不溶性和难溶性物质占绝大多数，如淀粉、蛋白质、β-葡聚糖等。辅助原料中的可溶性物质更少。麦芽和辅料在糖化过程中的主要物质变化如下。

（1）淀粉的分解　麦芽的淀粉含量占其干物质的50%～60%，辅料大米的淀粉含量为干物质的90%左右。麦芽淀粉颗粒在发芽过程中，因受酶的作用，其外围蛋白质层和细胞壁的半纤维素物质已逐步分解，更容易受酶的作用而分解。

淀粉的分解分为三个彼此连续进行的过程，即糊化、液化和糖化。

糊化：胚乳细胞在一定温度下吸水膨胀、破裂，淀粉分子溶出，呈胶体状态分布于水中而形成糊状物的过程称为糊化。在淀粉酶的参与下，糊化温度可降低20℃左右，这是在辅料中添加少量麦芽粉或淀粉酶的原因之一。

液化：经糊化的淀粉，在α-淀粉酶的作用下，将淀粉长链分解为短链的低分子的α-糊精，并使黏度迅速降低的过程称为液化。生产过程中，糊化与液化两个过程几乎是同时发生的。

糖化：淀粉经糊化、液化后，被淀粉酶进一步水解成糖类和糊精的过程称为糖化。

①辅料的糊化与液化：在啤酒生产中，辅料的糊化与液化是在糊化锅中进行的。辅助原料主要是淀粉质原料（如大米、玉米淀粉等），没有经过发芽，其淀粉颗粒被外围的蛋白质层和细胞壁包围。为了提高糊化、液化的效果，生产上通常在辅料中加入15%～20%麦芽或少量的α-淀粉酶（6～8U/g原料），配以适量的水，使其在55℃起就开始糊化、液化。有时还将辅料升温到105～110℃，保温一段时间，促进胚乳细胞破裂和淀粉的溶出。

辅料糊化要注意避免出现淀粉的老化（或称回生）现象。老化现象是指糊化后的淀粉糊，在温度降至50℃以下时，产生凝胶脱水，使其结构又趋紧密的现象。

②淀粉的糖化：在啤酒生产中，淀粉的糖化是指辅料的糊化醪和麦芽中的淀粉受到淀粉酶的作用，产生以麦芽糖为主的可发酵性糖和以低聚糊精为主的非发酵性糖的过程。在糖化过程中，随着可发酵性糖的不断产生，醪液黏度迅速下降，碘液颜色反应由蓝色逐步消失至无色。

可发酵性糖是指麦汁中能被啤酒酵母发酵的糖类，如果糖、葡萄糖、蔗糖、麦芽糖、麦芽三糖和棉子糖等。非发酵性糖是指麦汁中不能被啤酒酵母发酵的糖类，如低聚糊精、异麦芽糖、戊糖等；非发酵性糖，虽然不能被酵母发酵，但它们对啤酒的适口性、黏稠性、泡沫的持久性以及营养等均起着有益的作用。

在淀粉分解时，应控制好麦汁中可发酵性糖与非发酵性糖的比例。一般浓色啤酒可发酵性糖与非发酵性糖之比应控制在1∶(0.5～0.7)，浅色啤酒控制在1∶(0.23～0.35)。必须指出在成品麦汁中不允许有淀粉和高分子糊精存在，因为它们容易引起啤酒混浊。

(2) 蛋白质的水解　糖化时，蛋白质的水解主要是指麦芽中蛋白质的水解。蛋白质水解很重要，其分解产物影响着啤酒的泡沫、风味和非生物稳定性等。糖化时蛋白质的水解也称蛋白质休止。

在糖化过程中，麦芽蛋白质继续分解，但分解的程度远不及制麦时分解得多。因此，蛋白质溶解不良的麦芽，靠糖化时的蛋白质休止来弥补其不足是难以达到要求的。但这并不意味着不需要进行蛋白质的继续水解。

麦汁中含氮物质可分为：高分子氮、中分子氮和低分子氮，它们对啤酒的影响是不同的。高分子氮含量过高，煮沸时凝固不彻底，极易引起啤酒早期沉淀；中分子氮含量过低，啤酒泡沫性能不良，过高也会引起啤酒混浊沉淀；低分子氮含量过高，啤酒口味淡薄，过低则酵母的营养不足，影响酵母的繁殖。因此麦汁中高、中、低分子氮组分要保持一定的比例。据研究，三者比例25:15:60较为合适。应当指出的是，这个比例随大麦种类不同而有所变动。对溶解良好的麦芽，蛋白质分解时间可短一些；对溶解不良的麦芽，蛋白质分解时间应延长一些，特别是增加辅料用量时，更需要加强蛋白质的分解。

(3) β－葡聚糖的分解　在制麦过程中，已有80%左右的β－葡聚糖被分解，但在麦芽中，特别是在溶解不良的麦芽中仍有相当数量的高分子β－葡聚糖未被分解，糖化中它们在35～50℃时溶出，会提高麦汁的黏度。因此，糖化时要创造条件，通过麦芽中β－葡聚糖分解酶的作用，促进β－葡聚糖降解为糊精和低分子葡聚糖。糖化过程中，控制醪液pH在5.6以下，在37～45℃休止，都有利于促进β－葡聚糖的分解和降低麦汁的黏度。当然，β－葡聚糖不可能、也不需要完全被分解，适量的β－葡聚糖也是构成啤酒酒体和泡沫的主要成分。

(4) 酸的形成　糖化时，由于麦芽所含的有机磷酸盐（植酸钙镁）的分解和蛋白质分解形成的氨基酸等缓冲物质的溶解，使醪液的pH下降。

(5) 多酚类物质的变化　溶解良好的麦芽，游离的多酚物质较多，在糖化时溶出的多酚也多。糖化中，多酚物质通过游离、沉淀、氧化和聚合等多种形式不断地变化。

游离出的多酚，在较高温度（50℃以上），易与高分子蛋白质结合而形成沉淀；另外在某些氧化酶的作用下，多酚物质不断氧化和聚合，也容易与蛋白质形成不溶性的复合物而沉淀下来。因此，在糖化操作中，减少麦汁与氧的接触、适当调酸降低pH、让麦汁适当的煮沸使多酚与蛋白质结合形成沉淀等，都有利于提高啤酒的非生物稳定性。

3. 影响糖化的因素

(1) 麦芽的质量及粉碎度　溶解良好的麦芽，酶的含量高，内容物易受酶的作用。使用这种麦芽时，糖化时间短，生成可发酵性糖多，可采用较低的糖化温度。但在蛋白质休止时，应予以适当限制，避免麦芽中的中分子肽类被过多分解成α-氨基氮，导致啤酒泡持性降低。溶解度差、玻璃质粒多的麦芽，糖化力低，酶的活性也低，麦芽粉碎后粗粒多，内容物不易受到酶的作用。使用这种麦芽时，糖化时间长，过滤困难，制得的麦汁透明度及色泽都差，最好采用二段法糖化，并延长蛋白质休止时间，尽量提高麦汁的收得率。

麦芽的粉碎必须适度，不能太细，否则细粉太多，麦芽与水混合时易结块，增加糖化的困难。

（2）温度的影响　温度是糖化过程的重要影响因素。各种酶的活性都对温度很敏感。温度的影响不仅表现在高低上，还表现在升温速度的快慢上。

①在蛋白质休止时，蛋白酶作用的最适温度为40～65℃。当蛋白质休止温度较高（50～65℃）时，可溶性高、中分子氮含量增多，但影响非生物稳定性的高分子氮也相应增加，这类高分子氮在低温时容易形成细小凝固物，悬浮于麦汁中，影响发酵与酒液的澄清；当休止温度偏低（45～50℃）时，有利于形成较多的α-氨基氮，但中分子肽类物质也随之减少。休止时间越长，高分子蛋白质的残留量越少，α-氨基氮的积累越多，啤酒的稳定性越好，但不利于啤酒的泡沫形成。

在麦芽溶解较好的情况下，通常采用较高的休止温度（例：52℃，10～15min，再升至63℃，30min）和较短的休止时间；如果麦芽溶解较差，只能采用较低休止温度（45～50℃）和较长休止时间（1h）。

蛋白质休止时，pH比温度更具有重要性。通常将麦芽醪调至pH5.2～5.4，以得到合适的麦汁组分。

②α-淀粉酶作用的最适温度是60～65℃，β-淀粉酶作用的最适温度是45～52℃。在淀粉水解时，由于糖化醪中有糊精、糖类、蛋白质分解物的存在，增加了淀粉酶的耐热性，所以，实际上α-淀粉酶的适宜温度为65～70℃，β-淀粉酶是60～65℃。当糖化温度高，升温迅速时，α-淀粉酶起主要作用，产生较多的糊精和少量的麦芽糖，产生可发酵性糖较少；当温度低，升温缓慢时，则有利于β-淀粉酶的作用，产生较多的麦芽糖和少量的糊精，产生的可发酵性糖较多。所以可通过改变糖化温度来调节麦汁中可发酵性糖和非发酵性糖成分的比例。

另外从麦汁收得率考虑，糖化温度为60～70℃时，麦汁浸出物含量最高。所以实际生产中，糖化温度确定为60～70℃。

（3）pH的影响　蛋白分解酶的pH范围集中在5.0～5.4。当pH高于5.4时，酶活性受到抑制，可溶性氮下降。pH低时，产生的低分子氮就多。考虑到各方面影响因素，确定蛋白分解酶的最适pH为5.2～5.4。淀粉分解酶的pH范围集中在5.1～5.8，实际生产中还受到温度等因素的影响，通常在63～70℃的糖化温度范围内，淀粉酶的pH在5.2～5.6比较理想。如果pH较高，α-淀粉酶将受到抑制；β-淀粉酶会因钝化而降低活性。

实际生产中，多采用加酸调节糖化的 pH，以增加各种酶的活性。通常选用磷酸或乳酸调节 pH。磷酸是中强酸，略有涩味，酸味小，调节效果明显，形成的磷酸盐可作为酵母繁殖所需磷源。乳酸安全可靠，并对啤酒口味有利，但添加量大，成本较高。可采取添加一定量的磷酸，辅以一定量的乳酸来调酸。

（4）糖化醪浓度的影响　对淀粉而言，糖化醪浓度增加则黏度变大，影响酶对基质的渗透，使淀粉的水解速度降低；浓度越低越有利于糖化，生成的可发酵性糖越多。对蛋白质水解而言，浓醪因酸性物质溶解增加、pH 降低、酶与基质的浓度提高、相互接触机会多而有利于蛋白休止。所以在糖化中，糖化料水比为 1:（3～4）（即 100kg 原料用水的升数，下同），糊化料水比为 1:（5～6）。

（三）糖化方法

糖化方法很多，传统的糖化方法可分为煮出糖化法和浸出糖化法。

煮出糖化法是兼用生化作用和物理作用进行糖化的方法。其特点是将糖化醪液的一部分，分批地加热到沸点，然后与其余未煮沸的醪液混合，使全部醪液温度分阶段地升高到不同酶分解所需要的温度，最后达到糖化终了温度。煮出糖化法可以弥补一些麦芽溶解不良的缺点。根据醪液的煮沸次数，煮出糖化法可分为一次、二次和三次煮出糖化法，以及快速煮出法等。

浸出糖化法是纯粹利用酶的作用进行糖化的方法，其特点是将全部醪液从一定的温度开始，缓慢分阶段升温到糖化终了温度。浸出糖化法需要使用溶解良好的麦芽。应用此法，醪液没有煮沸阶段。

糖化方法是很灵活的，从传统的煮出法和浸出法，还可以衍生出许多新的糖化方法。现举几例予以说明。

1. 全麦芽煮出糖化法

（1）一次煮出糖化法　一次煮出糖化法的特点有：①起始温度为 30～35℃，然后加热至 50～55℃，进行蛋白质休止。也可以开始即进行 50～55℃的蛋白质休止；②50～55℃直接升温至 65～68℃，进行糖化；③前两次升温（35→50℃，50→65℃）均在糖化锅内进行，糖化终了，麦糟下沉，将 1/3～1/2 容量的上清液加入糊化锅，加热煮沸，然后混合，使混合后的醪温达 76～78℃。一次煮出糖化法的示例图解如图 3－1 所示。

（2）二次煮出糖化法　二次煮出糖化法的特点有：①二次煮出糖化法适宜处理各种性质的麦芽和制造各种类型的啤酒；②以淡色麦芽用此法制造淡色啤酒比较普遍。根据麦芽的质量，下料温度可低（35～37℃）可高（50～52℃）；③整个糖化过程可在 3～4h 内完成。二次煮出糖化法的示例图解和糖化曲线如图 3－2 所示。

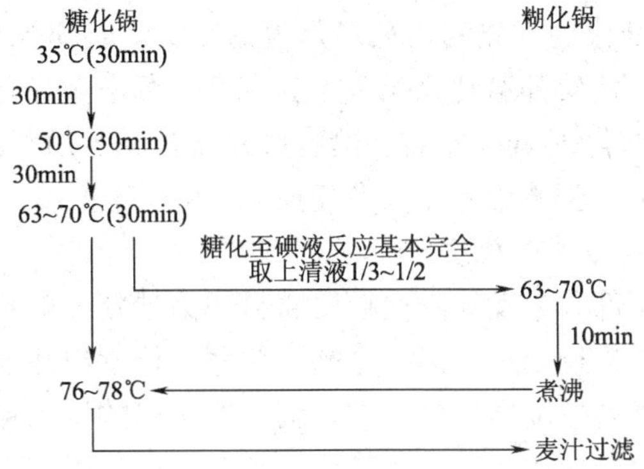

图3－1　一次煮出糖化法示例图解

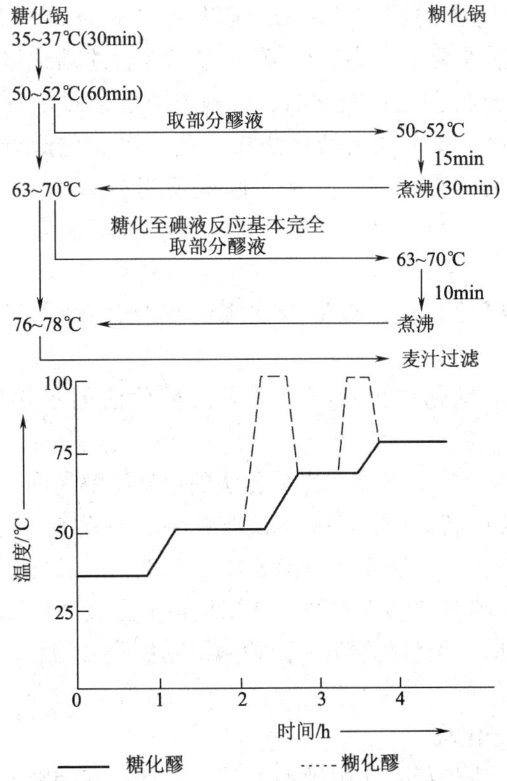

图3－2　二次煮出糖化法示例图解和糖化曲线

2. 全麦芽浸出糖化法

（1）恒温浸出糖化法　粉碎后的麦芽，投入水中搅匀，65℃保温1.5～2.0h，然后把糖化完全的醪液加热到75～78℃，或添加95℃左右的热水，使醪液温度升到75~78℃，终止糖化，送入过滤槽过滤。

（2）升温浸出糖化法　先利用低温水浸渍麦芽，时间为0.5~1.0h，促进麦芽软化和酶的活化，然后升温到50℃左右进行蛋白质分解，保持30 min，再缓慢升温到62~63℃，糖化30 min左右，然后再升温至68~70℃，使α-淀粉酶发挥作用，直到糖化完全（遇碘液不呈蓝色反应），再升温至76~78℃，终止糖化。

3. 双醪糖化法（复式糖化法）

双醪糖化法采用部分未发芽的淀粉质原料作为辅料，麦芽和淀粉质辅料分别在糖化锅和糊化锅中进行处理，然后兑醪。兑醪后按煮出法操作进行的，即为双醪煮出糖化法；兑醪后按浸出法操作进行的，即为双醪浸出糖化法。国内大多数啤酒厂采用双醪浸出糖化法生产淡色啤酒；制造浓色啤酒或黑色啤酒可采用双醪煮出糖化法。

（1）双醪煮出糖化法

①双醪煮出糖化法的特点有：a. 辅助添加量为20%~30%，最高可达50%。对麦芽的酶活性要求较高。b. 第一次兑醪后的糖化操作与全麦芽煮出糖化法相同。c. 辅助原料在进行糊化时，一般要添加适量的α-淀粉酶。d. 麦芽的蛋白分解时间应较全麦芽煮出糖化法长一些，以避免低分子含氮物质含量不足。e. 因辅助原料粉碎得较细，麦芽粉碎应适当粗一些，尽量保持麦皮完整，防止麦汁过滤困难。f. 本法制备的麦汁色泽浅，发酵度高，更适合于制造淡色啤酒。

②双醪一次煮出糖化法：双醪一次煮出糖化法的示例图解和糖化曲线见图3-3。

③双醪二次煮出糖化法：双醪二次煮出糖化法的示例图解和糖化曲线如图3-4。

（2）双醪浸出糖化法：双醪浸出糖化法的示例图解见图3-5。

双醪浸出糖化法的特点有：①由于没有兑醪后的煮沸，麦芽中多酚物质、麦胶物质等溶出相对较少，所制麦汁色泽较浅、黏度低、口味柔和、发酵度高，更适合于制造浅色淡爽型啤酒和干啤酒。②糊化料水比大（1∶5以上），辅料比例大（占30%~40%），均采用耐高温α-淀粉酶协助糊化、液化。③操作简单，糖化周期短，3h内即可完成。

4. 外加酶制剂糖化法

外加酶制剂糖化法是指麦芽用量小于50%；使用双辅料：其中大麦占25%~50%，大米或玉米占25%；并添加适量酶制剂制备麦汁的方法。外加酶制剂糖化法示例图解见图3-6。此法可以大幅度降低成本，生产的啤酒质量与正常啤酒相近。此法要注意的工艺问题有：选用优质麦芽，糖化力≥250°WK，α-氨基氮≥140mg/100g干麦芽。大麦和麦芽占总料的55%~70%，以保证麦汁过滤时有适当的滤层厚度。

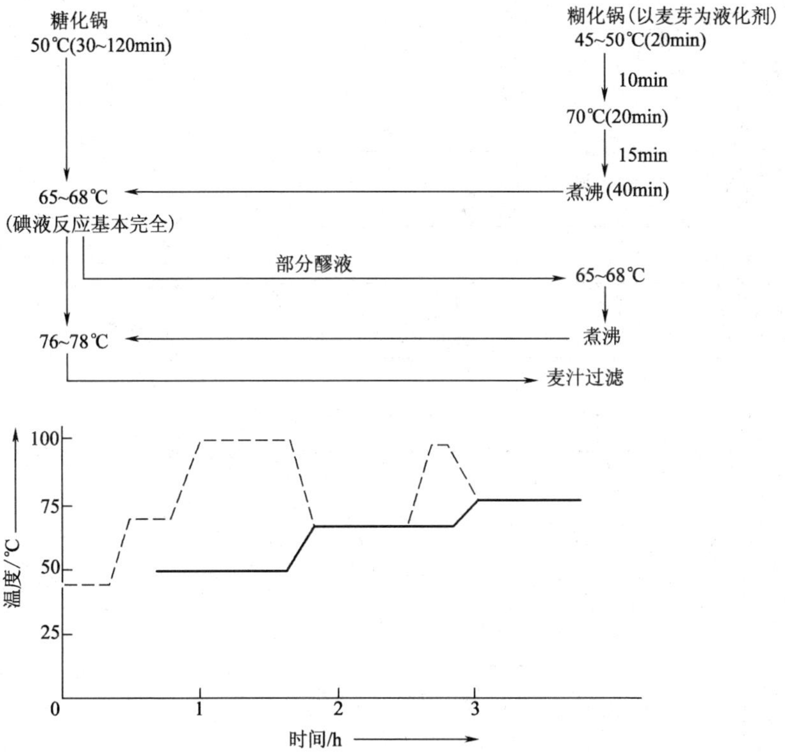

图3-3 双醪一次煮出糖化法示例图解和糖化曲线

大麦粉碎方法，可用45℃热水浸渍大麦20min，吸水25%左右后湿法粉碎。也可采用对辊式粉碎机干粉碎，大麦粒压扁，裂开，麦皮基本完整不碎，粗细粉得当。

用大麦替代麦芽应外加β-葡聚糖酶、α-淀粉酶和蛋白酶。麦汁过滤在120min内完成。

糊化锅加耐高温α-淀粉酶（酶活力20000U/g），每1t大米用0.5kg。麦芽及大麦粉投入糖化锅预浸时，加入α-淀粉酶6~7U/g大麦，中性细菌蛋白酶60~80U/g大麦，β-葡聚糖酶（酶活力200BGU/g）2kg/t大麦及少量糖化酶。

糖化锅配料：50%大麦粉，22%麦芽粉，52℃热水［（大麦粉+麦芽粉）∶热水=1∶3.5］，乳酸150mg/kg，pH5.3，复合酶0.3%（大麦量）。

糊化锅配料：大米粉25%，麦芽粉3%，47℃热水［（大米粉十麦芽粉）∶热水=1∶5］，α-淀粉酶4U/g大米，pH6.0~6.2。

5. 糖化方法选择的依据

生产实际中，采取什么样的糖化方法，取决于原料的质量、产品的类型和生产设备条件。糖化方法的选择应考虑以下因素。

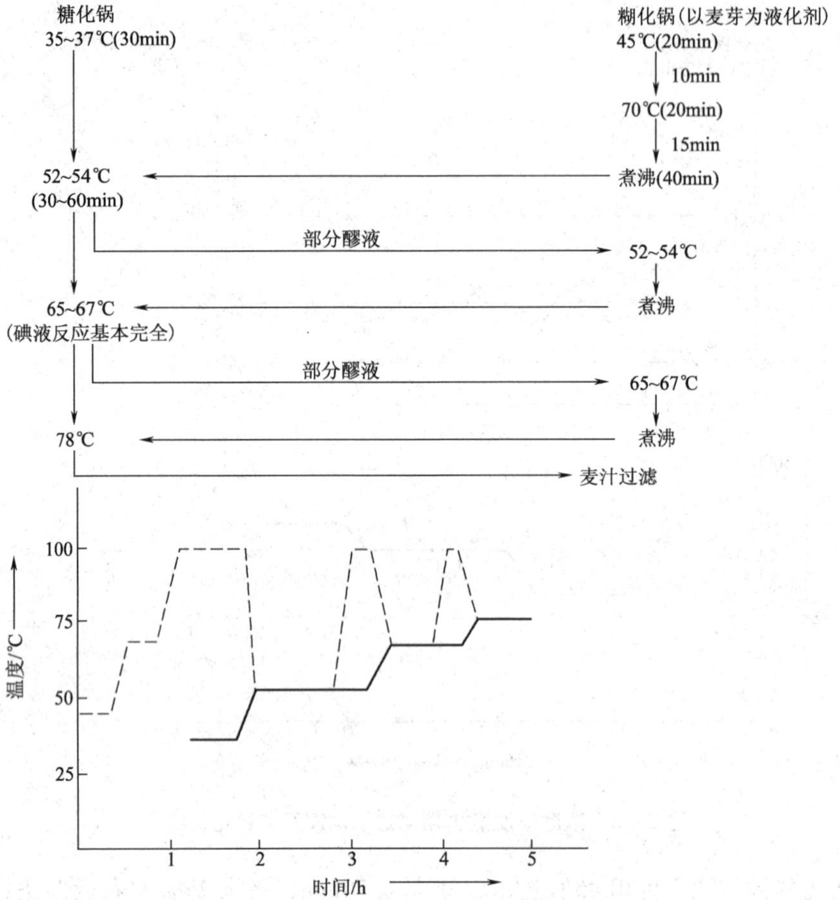

图3-4　双醪二次煮出糖化法示例图解和糖化曲线

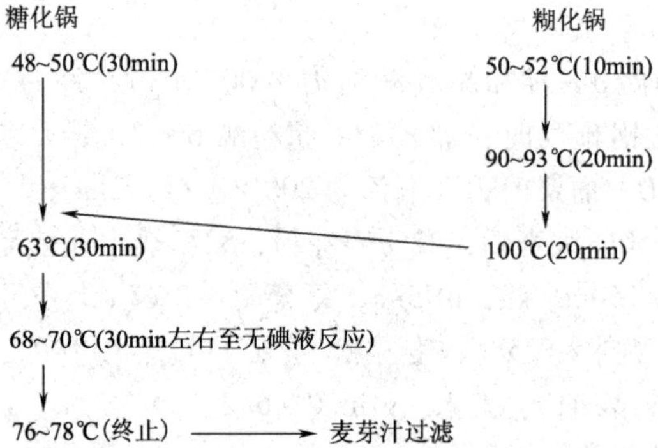

图3-5　双醪浸出糖化法示例图解

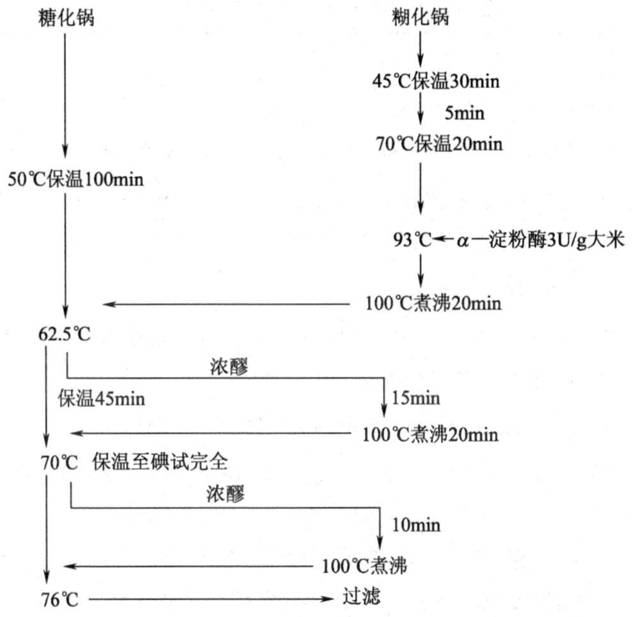

图3-6 外加酶制剂糖化法示例图解

(1) 原料 ①使用溶解良好的麦芽，可采用双醪一次或二次糖化法，蛋白分解温度适当高一些，时间可适当控制短一些；②使用溶解一般的麦芽，可采用双醪二次糖化法，蛋白分解温度可稍低，延长蛋白分解和糖化时间；③使用溶解较差、酶活力低的麦芽，采用双醪三次糖化法，控制谷物辅料用量或外加酶，以弥补麦芽酶活力的不足。

(2) 产品类型 ①上面发酵啤酒多用浸出法，下面发酵啤酒多用煮出法；②酿造浓色啤酒，选用部分深色麦芽、焦香麦芽，采用三次糖化法；酿造淡色啤酒采用双醪浸出糖化法或双醪一次煮出糖化法；③制造高发酵度的啤酒，糖化温度要控制低一些（62~64℃），或采用两段糖化法（62~63℃，67~68℃），应适当延长蛋白分解时间，若添加辅料，麦芽的糖化力应要求高一些。

(3) 生产设备 ①浸出法只需有加热装置的糖化锅，双醪糖化法或煮出法，应有糊化锅和糖化锅；②复式糖化设备可穿插投料，合理调节糖化方法，具有较大的灵活性，以达到最高的设备利用率。

(四) 糖化工艺技术条件

1. 糖化温度

糖化时温度的变化通常是由低温逐步升至高温，以防止麦芽中各种酶因高温而被破坏。

(1) 糖化温度及其相应温度下的酶效应 见表3-4。

表 3-4 各种酶在不同条件下的作用效应

温度/℃	效应
35~37	浸出各种酶，提高酶的活力
40~45	有机磷酸盐分解，β-葡聚糖的分解，蛋白质的分解，R-酶对支链淀粉的解支作用
45~52	蛋白质的分解形成多量的低分子含氮物质，β-葡聚糖继续分解，R-酶和界限糊精酶对支链淀粉的解支作用，有机磷酸盐的分解
50	有利于甲醛氮的形成
55	有利于内肽酶的作用，形成大量的可溶性氮，内β-葡聚糖酶和氨肽酶等逐渐失活
53~62	有利于β-淀粉酶的作用，形成大量麦芽糖
63~65	蛋白酶的分解能力下降，β-淀粉酶的作用最强，形成最高量麦芽糖
65~67	有利于α-淀粉酶的作用，β-淀粉酶的作用减弱，糊精生成量相对增加，麦芽糖生成量相对减少，界限糊精酶失去活力
70	α-淀粉酶的最适温度，生成大量短链糊精，β-淀粉酶，内肽酶和磷酸酯酶等失活
70~75	α-淀粉酶的反应速度加快，形成大量糊精，可发酵性糖的生成减少
76~78	α-淀粉酶等耐高温的酶仍起作用，浸出率开始降低
80~85	α-淀粉酶开始失活
85~100	麦芽中的酶基本都被破坏

（2）糖化温度的阶段控制　浸渍阶段：此阶段温度通常控制在35~40℃。在此温度下有利于酶的浸出和酸的形成，并有利于β-葡聚糖的分解。

蛋白分解阶段：此阶段温度通常控制在45~55℃。温度偏向下限，低分子氮含量较高，反之，则高分子氮含量较高。溶解良好的麦芽，可采用高温短时间蛋白质分解；溶解不良的麦芽，可采用低温长时间蛋白质分解；麦芽溶解特好，可省略蛋白分解阶段。在45~55℃温度范围内，β-葡聚糖继续分解。

糖化阶段：此阶段温度通常控制在62~70℃。温度偏高，有利于α-淀粉酶的作用，可发酵性糖减少；温度偏低，有利于β-淀粉酶的作用，可发酵性糖增多。

糊精化阶段：此阶段温度为75~78℃。在此温度下，α-淀粉酶仍起作用，残留的淀粉可进一步分解，而其他酶则受到抑制或失活。

2. 糖化时间

广义的糖化时间是指从投料至麦汁过滤前的时间；狭义的糖化时间是指麦芽醪温度达到糖化温度起至糖化完全，即碘试反应完全的这段时间。

广义的糖化时间与糖化方法密切相关，见表3-5。

表3-5　糖化方法与糖化时间的关系

糖化方法	糖化时间/h	糖化方法	糖化时间/h
三次煮出糖化法	4~6	高温快速糖化法	2左右
二次煮出糖化法	3~4	浸出糖化法	3左右
一次煮出糖化法	2.5~3.5		

注：添加辅料的糖化时间较全麦芽的糖化时间相对延长。

3. pH

pH是糖化过程中酶反应的一项重要条件，麦芽中的各种主要酶的最适pH都较糖化醪的pH低，为了改善酶的作用，有时需要调节糖化醪的pH。

（1）对残留碱度较高的酿造用水进行处理，方法有加石膏、加乳酸、磷酸及其他水处理方法，使醪液的pH有所下降。也可以添加1%~5%的乳酸麦芽。

（2）适当调低糖化醪的pH，可以达到：①淀粉酶分解淀粉作用更快、更完全，麦汁收得率比较高；②有利于蛋白酶的作用，麦汁的可溶氮较多，麦汁澄清好，啤酒的非生物稳定性也比较好；③多酚物质浸出少，麦汁色泽浅，啤酒口味柔和，不苦；④β-葡聚糖分解比较好，有利于麦汁过滤。pH降低后，酒花树脂浸出率低，α-酸的异构也较低，影响酒花的利用率，但酒花的苦味比较柔和。

（3）糖化过程的最适pH　见表3-6。

表3-6　糖化过程的最适pH

项　　目	最适pH
最高的蛋白酶活力	4.6~5.0（糖化醪）
最高的α-淀粉酶活力（Ca^{2+}存在）	5.3~5.7（糖化醪）
最高的β-淀粉酶活力	5.3（糖化醪）
最短的糖化时间	5.3~5.6（麦汁）
最高的永久性可溶氮含量	4.6左右（糖化醪），4.9~5.1（麦汁）
最高的甲醛氮含量	4.6左右（糖化醪），4.9~5.1（麦汁）
最高的可发酵性糖含量	5.3~5.4（糖化醪）
最高浸出率（浸出法）	5.2~5.4（糖化醪）
最高浸出率（煮出法）	5.3~5.9（糖化醪）

4. 糖化用水

糖化用水是指直接用于糖化锅和糊化锅，使原、辅料溶解，并进行化学和生物转化所需的水。糖化用水的多少决定醪液的浓度，并直接影响酶的作用效果。

麦芽糖化的用水量通常用料液比表示，即每100kg原料用水的升数。一般根据啤酒类型来确定糖化用水量。淡色啤酒的料液比为1:(4~5)，浓色啤酒的料液比为1:(3~4)，黑啤酒的料液比为1:(2~3)。

糖化的用水量可按下式计算：

$$w_p = \frac{100m}{m+V}$$

$$V = \frac{m\ (100 - w_p)}{w_p}$$

式中 w_p——第一麦汁浓度（即过滤开始时的麦汁浓度），%

m——100kg原料中含有的可溶性物质的重量（麦芽的浸出率），kg

V——100kg原料所需的糖化用水体积，L

辅料糊化时的料水比一般控制在1:5.0左右，稀醪有利于淀粉的糊化与液化。

5. 洗糟用水

第一批麦汁滤出后，用水将残留在麦糟中的糖液洗出所用的水称为洗糟用水。洗糟用水量主要根据糖化用水量来确定，这部分水约为煮沸前麦汁量与第一麦汁量之差，其对麦汁收得率有较大的影响。制造淡色啤酒，糖化醪液浓度较稀，洗糟用水量则少；制造浓色啤酒，糖化醪液较浓，相应地洗糟用水量大。

洗糟用水温度为75~80℃，残糖质量分数控制在1.0%~1.5%。酿造高档啤酒，应适当提高残糖质量分数在1.5%以上，以保证啤酒的高质量。混合麦汁浓度，应低于最终麦汁质量分数（1.5%~2.5%）。过分洗糟，会延长煮沸时间，对麦汁质量产生不利影响，而且也是不经济的。

三、麦汁过滤

糖化结束后，应尽快地把麦汁和麦糟分开，以得到清亮和较高收得率的麦汁。

麦汁过滤分两步进行：一是以麦糟为滤层，利用过滤的方法提取出麦汁，称第一麦汁或过滤麦汁；二是利用热水冲洗出残留在麦糟中的麦汁，称第二麦汁或洗涤麦汁。

麦汁过滤最常用的是过滤槽法，如图3-7所示。过滤槽的槽身内安装有过滤筛板、耕刀等，槽身与若干管道、阀门以及泵组成可循环的过滤系统，利用液柱静压为动力进行过滤。

影响麦汁过滤速度的因素有以下几点：（1）麦汁的黏度越大，过滤速度越慢；（2）过滤层厚度越大，过滤速度越低；（3）过滤层的阻力大，过滤则慢。

过滤层的阻力大小取决于孔道直径的大小、孔道的长度和弯曲性、孔隙率。滤层阻力是由过滤层厚度和过滤层渗透性决定的。

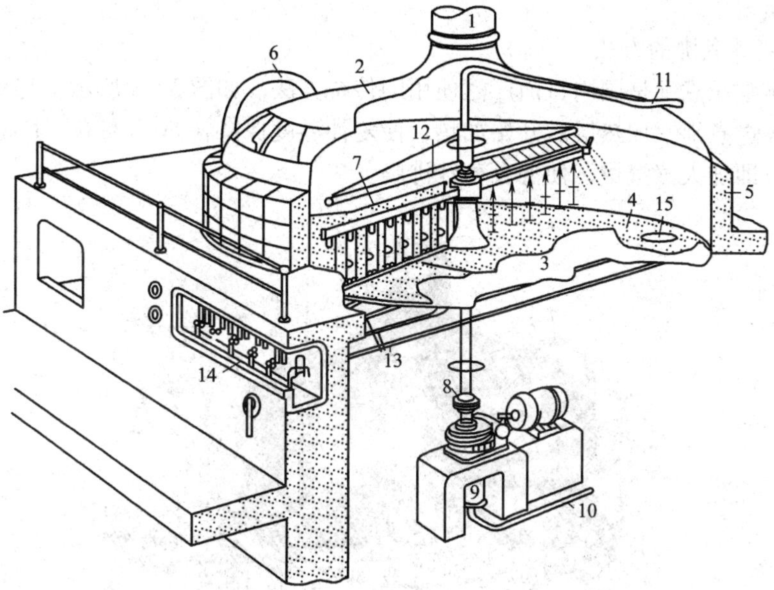

图3-7 老式过滤槽

1—排气筒 2—槽盖 3—槽底板 4—筛板 5—保温层 6—进醪管 7—带耕刀的耕糟机 8—耕糟机驱动元件 9—耕糟机的升降装置 10—压力水进入管 11—洗槽水进管 12—洗槽水喷水管 13—过滤管 14—麦汁收集槽 15—麦糟排出

四、麦汁煮沸与酒花添加

（一）麦汁煮沸

1. 麦汁煮沸的目的和作用

（1）蒸发多余水分，使麦汁浓缩到规定的浓度。

（2）破坏全部酶的活性，稳定麦汁组分；消灭麦汁中存在的各种微生物，保证最终产品的质量。

（3）浸出酒花中的有效成分，赋予麦汁独特的苦味和香味，提高麦汁的生物和非生物稳定性。

（4）析出某些受热变性以及与多酚物质结合而絮状沉淀的蛋白质，提高啤酒的非生物稳定性。

（5）煮沸时，水中钙离子和麦芽中的磷酸盐反应，使麦汁的 pH 降低，有利于β-球蛋白的析出和成品啤酒 pH 的降低，有利于啤酒的生物和非生物稳定性的提高。

（6）让具有不良气味的碳氢化合物，如香叶烯等随水蒸气的挥发而逸出，提高麦汁质量。

2. 麦汁煮沸的方法

间歇常压煮沸是国内目前广泛使用的传统方法。如图3－8所示，它是让麦汁的容量盖过煮沸锅加热层后开始加热，使麦汁温度保持在80℃左右，待麦槽洗涤结束后，即加大蒸汽量，使混合麦汁沸腾。

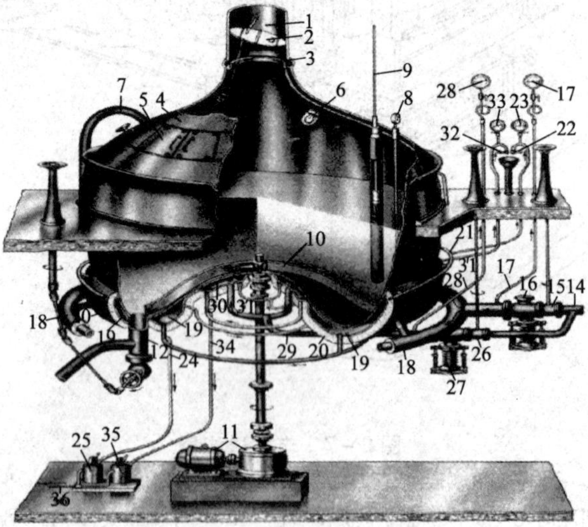

图3－8　两个加热区的老式煮沸锅

1—排汽筒　2—排汽筒风门　3—冷凝水排出管　4—锅盖　5—人孔　6—照明灯　7—麦汁进入管
8—温度表　9—浮式测量标尺　10—搅拌器　11—搅拌传动装置　12—打出麦汁阀
13—进入酒花添加器的麦汁阀　14—蒸汽入管　15—外区蒸汽阀　16—外区减压阀
17—外区的蒸汽压力表及支管　18—外区的绝热蒸汽环管　19—外部蒸汽夹套
20—绝热保温层　21—外区排气管　22—外区排气阀　23—外区压力表
24—外区冷凝水排出管　25—外区汽水分离器　26—内区蒸汽阀
27—内区减压阀　28—内区蒸汽压力表及支管　29—内区蒸汽入管
30—内区蒸汽夹套　31—内区排气管　32—内区排气阀
33—内区压力表　34—内区冷凝水排出管
35—内区汽水分离器
36—流入收集罐的冷凝水排出管

麦汁在煮沸过程中，必须始终保持强烈的对流状态，以使蛋白质凝固得更多些。同时要检查麦汁蛋白质凝固情况，尤其是在酒花加入后，蛋白质必须凝固良好，呈絮状，麦汁清亮透明，达到要求后，即可停汽，并测量麦汁浓度。

除传统煮沸方法外，还有内加热式煮沸法和外加热煮沸法等。如图 3－9、图 3－10 所示。

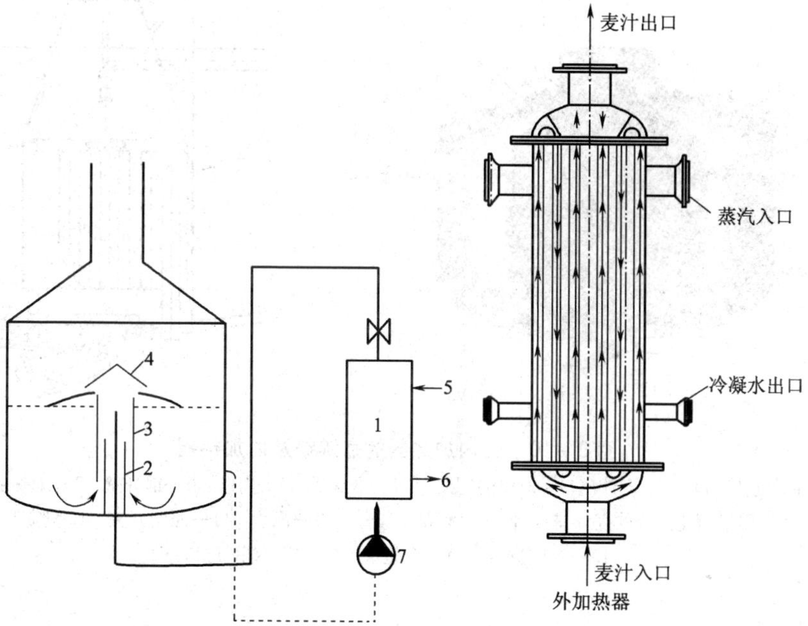

图 3－9 带外加热器的煮沸锅

1—外加热器 2—热麦汁管 3—套管 4—伞形分布罩
5—蒸汽 6—冷凝水 7—麦汁泵

3. 麦汁煮沸的技术条件

（1）麦汁煮沸时间 煮沸时间是指将混合麦汁蒸发、浓缩到要求的定型麦汁浓度所需的时间。

一般来讲煮沸时间短，不利于蛋白质的凝固以及啤酒的稳定性。合理地延长煮沸时间，对蛋白质凝固、α－酸的利用及还原物质的形成是有利的。但过分地延长煮沸时间，会使麦汁质量下降。如淡色啤酒的麦汁色泽加深、苦味加重、泡沫不佳。超过 2h，还会使已凝固的蛋白质及其复合物被击碎进入麦汁而难以除去。

常压煮沸，淡色啤酒（10%～12%）的煮沸时间一般控制为 60～120min，浓色啤酒可适当延长一些，内加热或外加热煮沸时间为 60～80min。

（2）煮沸强度 煮沸强度是麦汁在煮沸时，每小时蒸发水分的百分率。按下式计算：

$$\text{煮沸强度/（\%/h）} = \frac{\text{混合麦芽汁量}-\text{最终麦汁量}}{\text{混合麦芽汁量}\times\text{煮沸时间}}\times 100\%$$

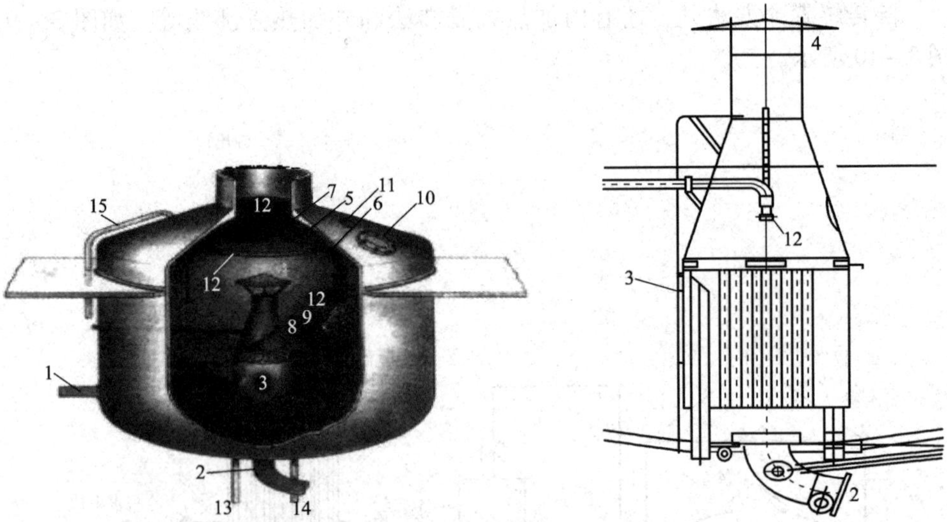

图3-10　带内加热器的煮沸锅及内加热器

1—麦汁入口　2—麦汁出口　3—内加热器　4—伞形罩　5—内壁　6—锅外壁　7—绝热层　8—用于酒花混合的麦汁排出管　9—酒花添加管　10—视镜　11—照明开关　12—喷头　13—蒸汽进口　14—冷凝水出口　15—CIP进口

煮沸强度是影响蛋白质凝结的决定因素，对麦汁的透明度和可凝固性氮含量有显著影响。麦汁煮沸强度与可凝固氮的关系见表3-7。

表3-7　麦汁煮沸强度与可凝固氮的关系

煮沸强度/（%/h）	麦汁煮沸后外观情况	12%麦汁的凝固性氮含量/（mg/100mL）
4~6	麦汁不够清亮，蛋白质凝结差	2~4
6~8	麦汁清亮，蛋白质凝结物呈絮状沉淀	1.8~2.5
8~10	麦汁清亮透明，蛋白质凝结物呈絮状，颗粒大，沉淀快	1.2~1.7
10~12	麦汁清亮透明，蛋白质凝结物多，颗粒大，沉淀快	0.8~1.2

煮沸强度越大，翻腾越强烈，蛋白质凝结的机会就越多，越有利于蛋白质的变性而形成沉淀。煮沸强度一般控制在8~10（%/h），可凝固性氮的质量浓度达1.5~2.0 mg/100mL，即可满足工艺要求。煮沸强度的高低与煮沸锅的加热方式、加热面积，导热系数和蒸汽压力等密切相关。要求最终麦汁清亮透明，蛋白质絮状凝结、颗粒大、沉淀快。

（3）pH　麦汁煮沸时的pH通常为5.2~5.6，最理想为5.2。此时有利于蛋白质及其与多酚物质的凝结，但会稍稍降低酒花的利用率。pH的调节可通过加酸或生物酸化进行处理。

（二）酒花添加

1. 酒花添加的目的

（1）赋予啤酒特有的香味　这种香味来自酒花油蒸发后的存留成分。

（2）赋予啤酒爽快的苦味　这种苦味主要来自异 α - 酸和 β - 酸氧化后的产物等。

（3）增加啤酒的防腐能力　酒花中的 α - 酸、异 α - 酸和 β - 酸都具有一定的防腐作用。

（4）提高啤酒的非生物稳定性　酒花的单宁、花色苷等多酚物质能与麦汁中蛋白质形成复合物而沉淀出来，有利于提高啤酒的非生物稳定性。

2. 添加方法

酒花的添加一般采用多次添加的方法。添加的原则一般为：①香型、苦型酒花并用时，先加苦型酒花，后加香型酒花；②使用同类酒花时，先加陈酒花，后加新酒花；③分几次添加酒花时，先少后多。酒花制品的添加原则与酒花添加原则大体相同。

（1）三次添加法　初沸 5 ~ 10min 后，加入总量的 20% 左右，压泡，使麦汁多酚和蛋白质充分作用：煮沸 40min 左右，加入总量的 50% ~ 60%，萃取 α - 酸，促进异构化；煮沸结束前 5 ~ 10min，加剩余量，最好是香型花，萃取酒花油。

（2）四次添加法　一般在麦芽汁初沸 5 ~ 10min 后加酒花总量的 5% ~ 10%；沸腾 30 ~ 40min 后，加酒花的 30% 左右；煮沸 60 ~ 70min，加酒花总量的 30% ~ 35%；煮沸结束前 5 ~ 10min 加剩余的好酒花。

（3）二次添加法　初沸 5 ~ 10min 后加酒花 60%，煮沸结束前 30min 左右加酒花 40%。

3. 添加数量

传统的酒花添加量通常以每 100L 麦汁或啤酒所需添加的酒花质量表示。酒花的添加量可参考表 3 - 8。近年来，消费者饮酒喜欢淡爽型、超爽型、干啤、超干啤及味香的啤酒，所以国内外酒花添加量有下降的趋势。

表 3 - 8　不同类型啤酒的酒花添加量

啤酒类型	100L 麦汁的酒花添加量/g	100L 啤酒的酒花添加量/g
淡色啤酒（11 ~ 14°P）	170 ~ 340	190 ~ 380
浓色啤酒（11 ~ 14°P）	120 ~ 180	130 ~ 200
比尔森淡色啤酒（12°P）	300 ~ 500	350 ~ 550
慕尼黑浓色啤酒（14°P）	160 ~ 200	180 ~ 220
国产淡色啤酒（11 ~ 12°P）	160 ~ 240	180 ~ 260

注：国际上多以酒花的 α - 酸含量，来确定酒花添加量。

五、麦汁冷却

1. 冷却的目的与要求

麦汁煮沸定型后，必须立即冷却处理，其目的是：①降低麦汁温度，使之达到适合酵母发酵的温度；②使麦汁吸收一定量的氧气，以利于酵母的生长增殖；③析出和分离麦汁中的冷、热凝固物，改善发酵条件和提高啤酒质量。

2. 冷却的作用

(1) 形成热凝固物　热凝固物又称煮沸凝固物或粗凝固物。麦汁冷却开始后，在60℃以上的范围内，热凝固物仍继续析出。

热凝固物主要成分（以干物质计）为：蛋白质50% ~60%、酒花树脂16% ~20%、灰分2% ~3%、多酚及其他有机物20% ~30%。

大量的热凝固物若带入发酵麦汁中，会影响酵母的正常发酵以及色泽、口味和稳定性等。麦汁中热凝固物可采用回旋沉淀槽法、离心分离法或硅藻土过滤机法等进行分离。

(2) 析出冷凝固物　冷凝固物又称冷混浊物或细凝固物，是指麦汁在60℃以下冷却时凝聚析出的混浊物质，25 ~35℃时析出最多。麦汁中冷凝固物的组成（以干物质计）为：多肽45% ~65%、多酚30% ~45%、多糖2% ~4%、灰分1% ~3%。

冷凝固物若保留在麦汁中，会给啤酒发酵带来不良的影响。冷凝固物的分离方法有酵母繁殖罐（槽）法、锥形发酵罐分离法、浮选法、离心分离法和麦汁过滤法（可靠的凝固物分离方法）。通常采用锥形发酵罐分离法和浮选法。

锥形发酵罐分离法是将冷麦汁泵入锥形发酵罐加酵母发酵，满罐24h后，从锥底排放冷凝固物和部分酵母，以后还要定时排放。

(3) 麦汁的充氧　麦汁中适度的溶解氧有利于酵母的生长和繁殖。

麦汁充氧大多选用文丘里管或气流混合器。麦汁流动中，一小段麦汁管道变窄而使麦汁流速提高，可将除菌过滤后的压缩空气吸入麦汁。一般以使麦汁含氧达到8 ~12mg/L即可。

3. 冷却的方法

麦汁冷却的方法现均采用密闭法。首先利用回旋沉淀槽分离出热凝固物，然后用薄板换热器进行冷却。如图3 -11所示。

过去常采用两段法冷却，即先用自来水（或井水）冷却，再用体积分数20%酒精水（或盐水）冷却。也可用低温生产用水在预冷区先将麦汁降温至16 ~18℃，再用1 ~2℃的冰水冷却至接种温度6 ~8℃。

目前我国啤酒行业多采用一段冷却法。即先将酿造水冷至1 ~2℃作为冷媒，

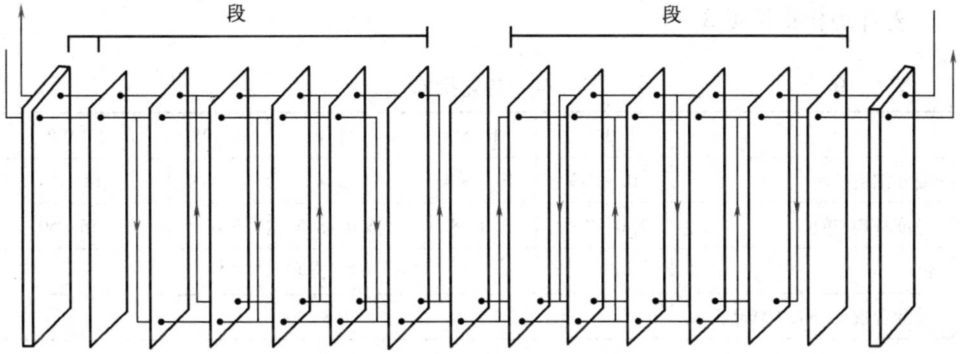

图 3－11 薄板换热器工作原理

与热麦汁在板式换热器中进行热交换，结果使 95 ~98℃麦汁冷却至 6 ~8℃去发酵，而1 ~2℃酿造水升温至 80 ~88℃，进入热水箱，作糖化用水。其优点是冷耗可节约 30%左右，冷却水可回收使用，节省能源。

六、麦汁浸出物收得率及理化指标

1. 浸出物收得率

每 100kg 原料糖化的麦汁中，获得浸出物的百分数，即为麦汁浸出物收得率。麦汁浸出物收得率可根据下式计算：

$$E = \frac{Vw_p d \times 0.96}{m} \times 100\%$$

式中 E——麦汁浸出物收得率，%

V——定型麦汁最终体积，L

w_p——麦汁在 20℃时的糖度表（plato）浓度，%

d——麦汁在 20℃时的相对密度

m——投料量，kg

0.96——常数，100℃麦汁冷却到 20℃时的容积修正系数

2. 原料利用率

原料利用率是用来评价糖化收得率的一种方法，一般应保持在 98% ~ 99.5%。可用下式计算：

$$M = \frac{E}{E_1} \times 100\%$$

式中 M——原料利用率，%

E——糖化浸出物收得率，%

E_1——实验室标准协定法麦汁的浸出物收得率，%

3. 麦汁理化指标

麦汁理化指标见3－9。

表3－9 麦汁理化指标

	10°P	10.5°P	11°P	12°P	13°P
麦汁浓度/°P	10±0.3	10.5±0.3	11±0.3	12±0.3	13±0.3
色度/EBC单位	5.0～8.0	5.0～8.0	5.0～8.5	5.0～9.0	15～50
pH	5.2～5.4				
总酸含量/（mL/100mL） ≤	1.8				
α－氨基氮含量/（mg/L）$^{-1}$	160	160 180	160 180	180	190
最终发酵度/% ≥	75～82	75～85	78～85	63～75	
麦芽糖含量/% ≥	7.5～8.2		8.5～9.0	9.0～9.6	
苦味质/BM	25～32		25～35	25～38	

4. 影响糖化麦汁收得率的因素

（1）麦芽质量 麦芽水分含量和蛋白质含量高，麦芽溶解不良，麦汁收得率降低。

（2）麦芽粉碎度 麦芽粉碎不当，会影响麦芽的分解和麦汁的过滤，导致收得率下降。

（3）糖化方法不当 糖化温度高，糖化时间短等，会导致麦芽的有效成分分解不完全，糖化收得率降低。

（4）麦汁过滤 操作不当会使过滤和洗糟发生困难，导致糟层中残留浸出物较多，糖化收得率下降。

任务三 啤酒发酵

麦汁经啤酒酵母发酵后，便酿制成啤酒。啤酒生产中主要利用纯培养的啤酒酵母。

一、啤酒酵母

（一）啤酒酵母的类型和种类

根据啤酒酵母的发酵类型和凝聚性的不同，可分为上面酵母与下面酵母，凝聚性酵母与粉状酵母。上面酵母与下面酵母主要区别见表3－10，凝聚性酵母与粉状酵母的区别见表3－11。

表 3-10 上面酵母与下面酵母的区别

区别内容	上面酵母	下面酵母
细胞形态	多呈圆形，多数细胞集结在一起	多呈卵圆形，细胞较分散
发酵时生理现象	发酵终了，大量细胞悬浮在液面	发酵终了，大部分酵母凝集而沉淀器底
发酵温度	15~25℃	5~12℃
对棉籽糖发酵	能将棉籽糖分解蜜二糖和果糖，只能发酵1/3果糖部分	能全部发酵棉籽糖
对蜜二糖发酵	缺乏蜜二糖酶，不能发酵蜜二糖	含有蜜二糖酶，能发酵蜜二糖
37℃培养	能生长	不能生长
利用酒精生长	能	不能

表 3-11 凝聚性酵母与粉状酵母的区别

区别内容	凝聚性酵母	粉状酵母
发酵时情况	酵母易于凝集沉淀（下面酵母）或凝集后浮于液面（上面酵母）	不易凝集
发酵终了	很快凝集，沉淀密致，或于液面形成密致的厚层	长时间地悬浮在发酵液中，很难沉淀
发酵液澄清情况	较快	不易
发酵度	较低	较高

下面酵母发酵法虽出现较晚，但较上面酵母更盛行。世界上多数国家采用下面酵母发酵啤酒，我国也是全部采用下面酵母发酵啤酒。

（二）啤酒酵母的主要特性要求

啤酒工厂使用的啤酒酵母是由野生酵母经有系统的长期驯养，经反复使用和考验，具有正常生理状态和特性，适合啤酒生产要求的培养酵母。对啤酒酵母的基本要求是：发酵力高，凝聚力强、沉降缓慢而彻底、繁殖能力适当、生理性能稳定、酿制出的啤酒风味好。啤酒酵母的主要特性要求如下。

1. 细胞和菌落形态

不同菌株的啤酒酵母有着不同的形态。优良健壮的啤酒酵母细胞，具有均匀的形状和大小，平滑而薄的细胞膜，细胞质透明均一。

啤酒酵母在麦汁固体培养基上菌落呈乳白色至微黄褐色，表面光滑但无光泽，边缘整齐或呈波状。

2. 主要的生理特性要求

（1）凝聚性不同，酵母的沉降速度不同，发酵度也有差异。啤酒生产一般选择凝聚性比较强的酵母。

（2）发酵度反应酵母对麦芽汁中各种糖的利用情况，正常的啤酒酵母能发酵葡萄糖、果糖、蔗糖、麦芽糖和麦芽三糖等。一般啤酒酵母的真正发酵度应为50%～68%。

（3）酵母死亡温度是指一定时间内使酵母死灭的最低温度，可作为鉴别菌株的内容之一。一般啤酒酵母的死灭温度在52～53℃，若死灭温度增高，则说明酵母变异或污染野生酵母。

（4）一般啤酒酵母生产菌种都不能产生孢子或产孢能力极弱，而某些野生酵母能很好产孢。根据此特性，可判别啤酒酵母是否混入野生酵母。

野生酵母是指不为生产所能控制利用的、与培养酵母形态不一样的酵母。这些酵母妨碍啤酒正常发酵，对啤酒生产有很大危害。啤酒酵母与野生酵母的主要区别见表3－12。

表3－12　啤酒酵母与野生酵母的主要区别

区别内容		啤酒酵母	野生酵母
细胞形态		圆形或卵圆形	有圆形、椭圆形、柠檬形等多种形态
抗热性能		在水中53℃，10min死亡	能耐比培养酵母较高的温度
孢子形成		较难形成	较易形成。有的野生酵母不形成孢子，但可从细胞形态区别
糖类发酵		对葡萄糖、半乳糖、麦芽糖、果糖等均能发酵，能全部或部分发酵棉子糖	绝大多数野生酵母不能全部发酵左述的糖类
对选择性培养基的生长情况	含放线菌酮（Actidione）培养基	放线菌酮含量达0.2mg/kg时，不能生长	非酵母属的野生酵母可耐此酮
	以赖氨酸为唯一碳源的培养基	不能生长	非酵母属的野生酵母可以生长
	含结晶紫（Crystal violet）的培养基	结晶紫含量达20mg/kg时，不能生长	酵母属的野生酵母可以生长
免疫荧光试验		可以区别	

（三）啤酒酵母扩大培养

啤酒酵母纯正与否，对啤酒发酵和啤酒质量有很大影响。生产中使用的酵母来自保存的纯种酵母，在适当的条件下，经扩大培养，达到一定数量和质量后，供生产现场使用。每个啤酒厂都应保存适合本厂使用的纯种酵母，以保证生产的稳定性和产品的风格质量。啤酒酵母扩大培养是指从斜面种子到生产所用的种子的培养过程，这一过程又分为实验室扩大培养阶段和生产现场扩大培养阶段。

1. 实验室扩大培养阶段

（1）斜面试管　一般为工厂自己保藏的纯粹原菌或由科研机构和菌种保藏单位提供。

（2）富氏瓶（或试管）培养　富氏瓶或试管装入10mL优级麦汁，灭菌、冷却备用。接入纯种酵母在25～27℃保温箱中培养2～3d，每天定时摇动。平行培养2～4瓶，供扩大时选择。

（3）巴氏瓶培养　取500～1000mL的巴氏瓶（也可用大三角瓶或平底烧瓶），加入250～500mL优级麦汁，加热煮沸30min，冷却备用。在无菌室中将富氏瓶中的酵母液接入，在20℃保温箱中培养2～3d。

（4）卡氏罐培养　卡氏罐容量一般为10～20L，放入约半量的优级麦汁，加热灭菌30min后，在麦汁中加入1L无菌水，补充水分的蒸发，冷却备用。再在卡氏罐中接入1～2个巴氏瓶的酵母液，摇动均匀后，置于15～20℃下保温3～5d，即可进行扩大培养，或可供1000L麦汁发酵用。

（5）实验室扩大培养的技术要求主要有：①应按无菌操作的要求对培养用具和培养基进行灭菌；②每次扩大稀释的倍数为10～20倍；③每次移植接种后，要镜检酵母细胞的发育情况；④随着每阶段的扩大培养，培养温度要逐步降低，以使酵母逐步适应低温发酵；⑤每个扩大培养阶段，均应做平行培养：试管4～5个，巴氏瓶2～3个，卡氏罐2个，然后选优进行扩大培养。

2. 生产现场扩大培养阶段

卡氏罐培养结束后，酵母进入现场扩大培养。啤酒厂一般都用汉生罐、酵母罐等设备来进行生产现场扩大培养。

（1）麦汁杀菌　取麦汁200～300L加入杀菌罐，通入蒸汽，在0.08～0.10MPa汽压下保温灭菌60min，然后在夹套和蛇管中通入冰水冷却，并以无菌压缩空气保压。待麦汁冷却至10～12℃时，先从麦汁杀菌罐出口排出部分沉淀物，再用无菌压缩空气将麦汁压入汉生罐内。

（2）汉生罐空罐灭菌　在麦汁杀菌的同时，用高压蒸汽对汉生罐进行空罐灭菌1h，再通无菌压缩空气保压，并在夹套内通冷却水冷却备用。

（3）汉生罐初期培养　将卡氏罐内酵母培养液以无菌压缩空气压入汉生罐，通无菌空气5～10min。然后加入杀菌冷却后的麦汁，再通无菌空气10min，保持品温10～13℃，室温维持13℃。培养36～48h，在此期间，每隔数小时通风10min。

（4）汉生罐旺盛期培养　当汉生罐培养液进入旺盛期时，一边搅拌，一边将85%左右的酵母培养液移植到已灭菌的一级酵母扩大培养罐，最后逐级扩大到一定数量，供现场发酵使用。

（5）汉生罐留种再扩培　在汉生罐留下的约15%左右的酵母培养液中，加入灭菌冷却后的麦汁，待起发后，准备下次扩大培养用。保存种酵母的室温一般控制在2~3℃，罐内保持正压（0.02~0.03MPa），以防空气进入污染。

在下次再扩培时，汉生罐的留种酵母最好按上述培养过程先培养一次后再移植，使酵母恢复活性。

汉生罐保存的种酵母，应每月换一次麦汁，并检查酵母是否正常，是否有污染、变异等不正常现象。正常情况下此种酵母可连续使用半年左右。

（6）生产现场扩大培养的注意点：①每一步扩大后的残留液都应进行有无污染、变异的检查；②每扩大一次，温度都应有所降低，但降温幅度不宜太大；③每次扩大培养的倍数为5~10倍。

3. 啤酒酵母的质量检验

（1）形态检验　液态培养中的优良健壮的酵母细胞应具有均匀的形状和大小，平滑而薄的细胞壁，细胞质透明均一；年幼少壮的细胞内部充满细胞质；老熟的细胞出现液泡，内贮细胞液，呈灰色，折光性强；衰老细胞中液泡多，内容物颗粒多，折光性较强。

生产上使用的酵母一般死亡率应在3%以下，新培养的酵母死亡率应在1%以下。镜检中，不应有杂菌污染。

（2）发酵度检验　酵母的发酵度可用下式计算：

$$w_r = \frac{w - w_1}{w} \times 100\%$$

式中　w——发酵前麦汁浓度,%

w_1——发酵后，排除酒精后的发酵液浓度,%

w_r——真正发酵度,%

$$w_a = \frac{w - w_2}{w} \times 100\%$$

式中　w——发酵前麦汁浓度,%

w_2——发酵后，不排除酒精后的发酵液浓度（也称外观浓度）,%

w_a——外观发酵度,%

在正常情况下，外观发酵度一般为75%~87%，真正发酵度为60%~70%，外观发酵度一般比真正发酵度约高20%，可按下式粗略换算：$w_r = w_a \times 0.819$。淡色啤酒发酵度的区分可按表3-13来划分。

表3-13　　淡色啤酒高、中、低发酵度区分

啤酒酵母类别	淡色啤酒	
	外观发酵度/%	真正发酵度/%
低发酵度酵母	68~74	55~59
中发酵度酵母	75~82	60~66
高发酵度酵母	82以上	66以上

另外还有凝聚性、发酵速度、死灭温度、出芽率、耐酒精度、产酸、产酯等生理特性检验。

（四）啤酒活性干酵母的应用方法（以湖北安琪酵母股份有限公司生产的“安琪”牌啤酒活性干酵母为例）

1. 低温发酵

发酵起始温度为9℃或更低（7～8℃），主发酵最高温度控制在11～12℃。啤酒活性干酵母必须活化1.5～2h，用量为0.5‰。

复水活化材料要求：容器必须洁净、可密封；活化用水必须是无菌的凉开水；麦芽汁必须经煮沸后取用。

复水活化步骤：制备4～6°Bx麦芽汁：取煮沸后的10～12°Bx的麦芽汁，加等量的凉开水，迅速冷却至30～32℃，加入可密封的洁净容器中；然后取所需用量的啤酒活性干酵母加入到4～6°Bx麦芽汁中，麦芽汁用量为啤酒活性干酵母用量的5～10倍。复水活化过程中，每隔10min摇动2min，活化1.5～2h。该工艺发酵4～5d可开始保压，此时糖度在4.5°Bx左右。

2. 中温发酵

发酵起始温度为11℃，主发酵最高温度为13～14℃。啤酒活性干酵母用量为0.4‰，复水活化方法同上述低温发酵。发酵48～72h可开始保压，糖度在4.5°Bx左右。其他控制条件根据工艺要求而定。

3. 高温发酵

发酵起始温度为17℃，主发酵最高温度控制在为19～20℃。在此温度下，啤酒活性干酵母可不活化直接入罐，用量为0.3‰。发酵36～48h可开始保压，糖度在4.5°Bx左右。

二、啤酒发酵过程的主要物质变化

冷却的麦芽汁添加酵母后，便开始发酵。啤酒酵母在发酵过程中利用麦芽汁中的可发酵成分，形成生长代谢所需的能量、合成菌体及产生一定的代谢产物（乙醇、CO_2和其他一系列的代谢产物）。

（一）糖的变化

冷麦芽汁接种酵母后，酵母在有氧条件下，同化麦芽汁中的可发酵性糖获得能量，进行生长繁殖，菌体数量增加。在氧逐渐消耗后，便进入无氧发酵阶段，酵母细胞把可发酵性糖转化为乙醇和CO_2等。发酵过程中麦汁浸出物浓度的下降称为降糖。酵母在发酵时先利用葡萄糖、果糖，再利用蔗糖、麦芽糖，最后利用麦芽三糖等难发酵性糖。

在啤酒发酵过程中，可发酵糖约有96%发酵为乙醇和CO_2，是代谢的主产物；2.0%～2.5%转化为其他发酵副产物；1.5%～2.0%作为碳骨架合成新酵母细胞。

发酵副产物主要有：甘油、高级醇、羰基化合物、有机酸、酯类、硫化合物等。

（二）含氮物质的变化

啤酒发酵中，酵母对麦汁中的蛋白质分解作用很弱，但对麦芽汁中的氨基酸、氨态氮、氨、短肽、嘌呤、嘧啶等可同化氮存在着复杂的同化作用。发酵初期，酵母吸收麦芽汁中可同化氮（氨基酸、二肽、三肽等）用于合成酵母细胞物质进行繁殖；发酵后期，酵母细胞特别是衰老的酵母细胞又向发酵液分泌多余的氨基酸。另外，由于 pH 和温度的降低，引起一些凝固性蛋白质和多酚物质复合而产生沉淀；酵母细胞表面也吸附少量的蛋白质颗粒，这些都是麦汁中含氮量下降的原因。

在正常的发酵过程中，麦芽汁中含氮物质约下降 1/3，主要是约 50% 的氨基酸和低分子肽为酵母所同化。酵母分泌出的含氮物质的量较少，约为酵母同化氮的 1/3。

啤酒中残存含氮物质对啤酒的风味有重要影响。含氮物质量大于450 mg/L 的啤酒显得浓醇，含氮量为 300 ~ 400 mg/L 的啤酒显得爽口，含氮物质量小于 300 mg/L 的啤酒则显得寡淡。

（三）其他发酵产物

1. 高级醇类

高级醇（俗称杂醇油）是啤酒发酵代谢产物的主要成分，对啤酒风味有重大影响，超过一定含量时有明显的杂醇味。对于一般的啤酒，多量的高级醇是不受欢迎的。啤酒中的绝大多数高级醇是在主发酵期间酵母繁殖过程中形成的。

2. 酯类

啤酒中的酯含量很少，但对啤酒风味影响很大，啤酒含有适量的酯，香味丰满协调，但酯含量过高，会使啤酒有不愉快的香味或异香味。酯类大都在主发酵期间形成。

3. 连二酮

连二酮是双乙酰和 2，3 – 戊二酮的总称，其中对啤酒风味起主要作用的是双乙酰。双乙酰被认为是衡量啤酒成熟与否的决定性的指标，双乙酰的味阈值为 0. 1 ~ 0. 15 mg/L，在啤酒中超过阈值会出现馊饭味。淡爽型成熟啤酒，双乙酰含量以控制在 0. 1mg/L 以下为宜；高档成熟啤酒最好控制在 0. 05mg/L 以下。

4. 硫化物

挥发性硫化物对啤酒风味有重大影响，这些成分主要有硫化氢、二甲基硫、甲基和乙基硫醇、二氧化硫等。其中硫化氢、二甲基硫对啤酒风味的影响最大。啤酒中的挥发性硫化氢大都是在发酵过程中形成的。啤酒中的硫化氢应控制在 0 ~ 10μg/L的范围内；啤酒中二甲基硫浓度超过 100μg/L 时，啤酒就会出现硫磺臭味。

5. 乙醛

乙醛是啤酒发酵过程中产生的主要醛类，乙醛是酵母代谢的中间产物。当啤酒中乙醛浓度在10mg/L以上时，则有不成熟的口感、腐败性气味；当乙醛浓度超过25mg/L，则有强烈的刺激性辛辣感。成熟啤酒的乙醛正常含量一般小于10mg/L。

（四）苦味物质

发酵过程中，麦汁中近1/3的苦味物质损失掉。主要是由酵母细胞的吸附、发酵时间增长等原因造成的。

（五）pH的变化

麦汁发酵后，pH降低很快。下面发酵啤酒，发酵终了时，pH一般为4.2～4.4。pH下降主要是由于有机酸的形成，同时也由于磷酸盐缓冲溶液的减少。

三、传统啤酒发酵

传统的下面发酵，分主发酵和后发酵两个阶段。主发酵一般在密闭或敞口的主发酵池（槽）中进行，后发酵在密闭的卧式发酵罐内进行。

传统下面发酵的工艺特点是：主发酵温度比较低，发酵进程缓慢，发酵代谢副产物较少；主发酵结束时，大部分酵母沉降在发酵容器底部；后发酵和贮酒期较长，酒液澄清良好，二氧化碳饱和稳定，酒的泡沫细微，风味柔和，保存期较长。

（一）主发酵

主发酵又称前酵。现以敞口12°P麦芽汁发酵为例说明。

1. 一般工艺过程

（1）麦芽汁冷却至接种温度（6℃左右），流入增殖槽，将所需的酵母量[为麦芽汁量的0.5%（体积分数）左右]加入，混合均匀。通入无菌空气，使溶解氧含量在8mg/L左右。

（2）酵母经繁殖20h左右，待麦芽汁表面形成一层泡沫时，将增殖槽中的麦芽汁泵入发酵槽内，进行厌氧发酵。

（3）发酵2～3d，温度升至发酵的最高温度，进行冷却，先维持最高温度2～3d。以后控制发酵温度逐步回落，主发酵结束时，发酵液温度控制在4.0～4.5℃。

（4）主发酵最后一天急剧冷却，使大部分酵母沉降槽底，然后将发酵液送至贮酒罐进行后发酵。

2. 主发酵过程的现象和要求

主发酵阶段酵母代谢旺盛，大量可发酵性物质被快速转换，代谢产物主要也在此阶段形成。主发酵阶段一般分为酵母繁殖期、起泡期、高泡期、落泡期和泡盖形成期。

①酵母繁殖期：麦芽汁添加酵母8～16h以后，液面上出现二氧化碳小气泡，逐渐形成白色、乳脂状的泡沫，酵母繁殖20h以后立即进入主发酵池，与增殖槽底部沉淀的杂质分离。

②起泡期：入主发酵池4～5h后，在麦汁表面逐渐出现更多的泡沫，由四周渐渐向中间扩散，泡沫洁白细腻，厚而紧密，如花菜状，发酵液中有二氧化碳小气泡上涌，并将一些析出物带至液面。此时发酵液温度每天上升0.5～0.8℃，每天降糖0.3～0.5°P，维持时间1～2d，不需人工降温。

③高泡期：发酵后2～3d，泡沫增高，形成隆起，高达25～30cm，并因发酵液内酒花树脂和蛋白质－单宁复合物开始析出而逐渐变为棕黄色，此时为发酵旺盛期，需要人工降温，但是不能太剧烈，以免酵母过早沉淀，影响发酵。高泡期一般维持2～3d，每天降糖1.5°P左右。

④落泡期：发酵5d以后，发酵力逐渐减弱，二氧化碳气泡减少，泡沫回缩，酒内析出物增加，泡沫变为棕褐色。此时应控制液温每天下降0.5℃左右，每天降糖0.5～0.8°P，落泡期维持2d左右。

⑤泡盖形成期：发酵7～8d后，泡沫回缩，形成泡盖，应及时撇去泡盖，以防沉入发酵液内。此时应大幅度降温，使酵母沉淀。此阶段可发酵性糖已大部分分解，每天降糖0.2～0.4°P。

3. 主发酵技术条件

主发酵技术条件见表3－14。

表3－14　主发酵技术条件

项　目	技术条件
冷麦汁pH	5.2～5.6
冷麦汁溶解氧含量/（mg/L）	8左右
接种温度/℃	5～7
酵母添加量/%	0.4～0.6泥状酵母
酵母浓度/（细胞数/mL）	（1.0～1.5）$\times 10^7$
酵母使用代数	不超过7代
酵母增殖时间/h	20左右
发酵过程中酵母最高浓度/（细胞数/mL）	（5～7）$\times 10^7$
主发酵最高温度/℃	7.5～9.0
冷却水温/℃	0.5～1.5
降糖量/（°P/d）：起泡期	0.3～0.5
高泡期	1.5左右
落泡期	0.5～0.8
泡盖形成期	0.2～0.4

续表

项目	技术条件
发酵终了温度/℃	4~5
主发酵时间/d	8~10
下酒时外观发酵度与最终发酵度之差/%	3~5（添加高泡酒） 约10（不加高泡酒）
下酒酵母浓度/（细胞数/mL）	（5~10）$\times 10^5$ （添加发酵度20%~25%的高泡酒10%左右） （10~15）$\times 10^6$（不加高泡酒）
主发酵终了时的pH	4.2~4.4
发酵室、酵母室空气	无菌过滤
嫩啤酒生物稳定性（25℃保温无杂菌生长）/d	3~5

（二）后发酵

主发酵结束后的发酵液称为嫩啤酒，要转入密封的后发酵罐（也称贮酒罐），进行后发酵。后发酵的目的是：残糖继续发酵、促进啤酒风味成熟、增加 CO_2 的溶解量、促进啤酒的澄清。后发酵的工艺要求和操作如下。

1. 下酒

将嫩啤酒输送到贮酒罐的操作称下酒。下酒方法多用下面下酒法，即发酵液由已灭菌的贮酒罐下部出口处送入。贮酒罐可一次装满，也可分2、3次装满。如是分装，应在1~3d内装满。入罐后，液面上应留出10~15cm空距，有利于排除液面上的空气，尽量减少与氧的接触。如果嫩啤酒含糖过低，不足以进行后发酵，可添加发酵度为20%的起泡酒，促进发酵。

2. 密封升压

下酒满桶后，正常情况下敞口发酵2~3d，以排除啤酒中的生青味物质。以后封罐，罐内二氧化碳气压逐步上升，压力达到50~80kPa时保压，让酒中的二氧化碳逐步饱和。

3. 温度控制

后发酵多控制先高后低的贮酒温度。前期控制3~5℃，而后逐步降温至-1~1℃，降温速度视啤酒的不同类型而定。有些新工艺，前期温度控制范围很大（3~13℃），以保持一定的高温尽快还原双乙酰，促进啤酒成熟。

4. 后发酵时间

淡色啤酒一般贮酒时间较长，浓色啤酒贮酒时间较短；原麦芽汁浓度高的啤酒较浓度低的啤酒贮酒期长；低温贮酒较高温贮酒的贮酒时间长。国内传统啤酒生产的酒龄参见表3-15。

表 3 - 15　　国内传统啤酒生产酒龄

啤酒种类	原麦汁浓度/°P	酒龄/d	啤酒种类	原麦汁浓度/°P	酒龄/d
鲜啤酒	10 ~ 12	30 ~ 40	黑鲜啤酒	13 ~ 15	40 ~ 50
熟啤酒	11 ~ 14	50 ~ 75	黑啤酒	13 ~ 18	75 ~ 90
出口啤酒	12 ~ 14	75 ~ 90	出口黑啤酒	16 ~ 18	75 ~ 100

5. 加入添加剂

为了改善啤酒的泡沫、风味和非生物稳定性，可在食品卫生标准允许的范围内，加入适量的添加剂。这些添加剂多在贮酒、滤酒过程中或清酒罐内添加。常用的添加剂见表 3 - 16。

表 3 - 16　　后发酵中常用的添加剂

名称	作用	用量
鱼胶	澄清剂	0.2 ~ 0.3L 鱼胶澄清剂/100L 啤酒
鹿角菜（carragheen）	澄清剂	3.6g/100L 啤酒
海藻酸钠	泡沫稳定剂	40 ~ 80mg/L 啤酒
硅胶	非生物稳定剂（蛋白质吸附剂）	0.1%
聚乙烯聚吡咯烷酮	非生物稳定剂（多酚吸附剂）	10 ~ 25g/100L 啤酒
蛋白酶制剂（木瓜酶等）	非生物稳定剂（蛋白质分解剂）	根据酶活力使用
抗坏血酸（维生素 C）	风味稳定剂（抗氧化剂）	1 ~ 3g/100L 啤酒

四、啤酒大型发酵罐发酵

采用大容量发酵罐生产啤酒是啤酒工业的发展趋势。现将圆柱锥底发酵罐的生产技术简介如下。

圆柱锥底发酵罐是大型啤酒发酵罐的一种，我国自 20 世纪 70 年代中期开始采用。目前国内新建啤酒厂几乎全部采用圆柱锥底罐的发酵方法。

1. 圆柱锥底发酵罐的特点

（1）底部为锥形，便于生产过程中随时排放沉积于罐底的酵母。

（2）罐身设有冷却装置，便于发酵温度的控制。罐体外设有保温装置，可将罐体置于室外，减少建筑投资，节省占地面积。

（3）采用密闭发酵，便于 CO_2 洗涤和 CO_2 回收；既可做发酵罐，也可做贮酒罐。

（4）罐内发酵液由于液体高度而产生CO_2梯度，并通过冷却方位的控制，可使发酵液进行自然对流，罐体越高对流越强。有利于酵母发酵能力的提高和发酵周期的缩短。

（5）发酵罐可采用仪表或微机控制，操作、管理方便。可采用 CIP 自动清洗系统，清洗方便。

（6）设备容量大，国内采用的罐容一般为 100 ~ 600m^3。

圆柱锥底发酵罐的示意图见图 3 – 12。

2. 圆柱锥底发酵罐一罐法发酵工艺

一罐法发酵是指主、后发酵和贮酒成熟全部生产过程在一个罐内完成。现介绍一些典型情况。

（1）酵母添加　锥形罐容量较大，麦汁一般需分几次陆续追加满罐。满罐时间一般为 12 ~ 24h，最好在 20h 以内。酵母的添加可采用在前一半批次的麦汁中添加酵母，以后批次的麦汁中不再加酵母的方法，也有一次性添加酵母的。酵母接种量要比传统发酵法大些，接种温度一般控制在满罐时较拟定的主发酵温度低 2 ~ 3℃。添加到发酵罐的酵母应很快与麦汁混合均匀，一般采用边加麦汁边加酵母的方法。

（2）通风供氧　冷麦汁溶解氧的控制可根据酵母添加量和酵母繁殖情况而定，一般要求混合冷麦汁溶解氧不低于 8mg/L 即可。

（3）主发酵温度　各厂采用的主发酵温度是不一样的。多数厂采用低温（6 ~ 7℃）接种，前低温（9 ~ 10℃）后升温（12 ~ 13℃）的发酵工艺，主要是为了既不形成过多的代谢产物，又有利于加速双乙酰的还原。为了加速发酵，缩短酒龄，国际上有提高发酵温度的倾向。

（4）双乙酰还原　双乙酰还原是啤酒成熟和缩短酒龄的关键。酵母在接近完成主发酵时（外观发酵度达 60% ~ 65%），其代谢过程已接近尾声，此时提高发酵温度一段时间，不会影响啤酒正常风味物质的含量，而有利于双乙酰的还原。双乙酰还原温度的确定各厂控制不一，一般控制在 10 ~ 14℃，使连二酮浓度降至 0.08mg/L 以下时，即开始降温。

（5）冷却降温　当双乙酰还原到要求指标时，酒液开始冷却降温。降至 5 ~ 6℃时，保持 24 ~ 48h，减压回收酵母。最后再降温至 –1 ~ 0℃，贮酒 7 ~ 14d。

回收的酵母如可作为下一次发酵用的种子，则需进行处理。回收酵母吸附了较多的苦味物质、单宁、色素等，回收后应通入无菌空气，以排除酵母泥中的CO_2，再以无菌水洗涤数次。回收酵母在低温无菌水中，只能保存 2 ~ 3d。也可在 2 ~ 4℃下低温缓慢发酵，以保存酵母。

（6）罐压控制　发酵开始，采用无压发酵；二氧化碳回收时，采用微压（0.01 ~ 0.02 MPa）发酵；至发酵后期，外观发酵度达 70% 以上时，封罐，逐渐升压至 0.07 ~ 0.08 MPa，减少由于升温所造成的代谢副产物过多的现象，有利于双乙酰的还原，并使二氧化碳逐渐饱和酒内。图 3－13 为一例一罐法发酵工艺曲线。

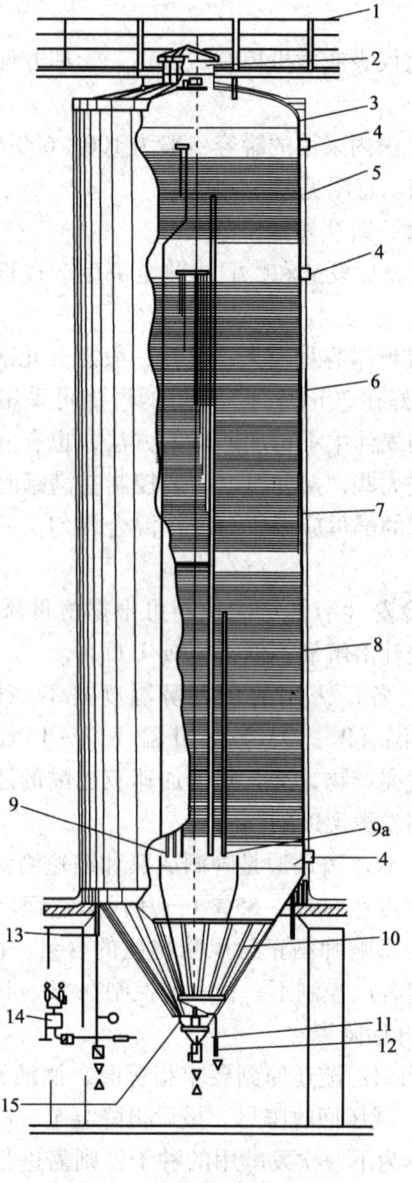

图 3－12　圆柱锥底发酵罐示意图

锥形罐（保温层部分未画出）

1—操作平台　2—带有附件的罐顶　3—带有绝缘的电缆管和排水管　4—温度计（表）连接口

5—用于贮酒的较小冷却区　6、8—用于发酵的冷却区　7—保温层　9—液氨流入管的接口和阀门

9a—氨气出口　10—锥底冷却区　11—带有人孔锁闭的锥底套管 DN450　12—取样阀

13—与罐顶连接的进管和出管（CO_2、空气、CIP），它们均绝缘安装

14—保压装置　15—内容物容积测量装置、空罐探头

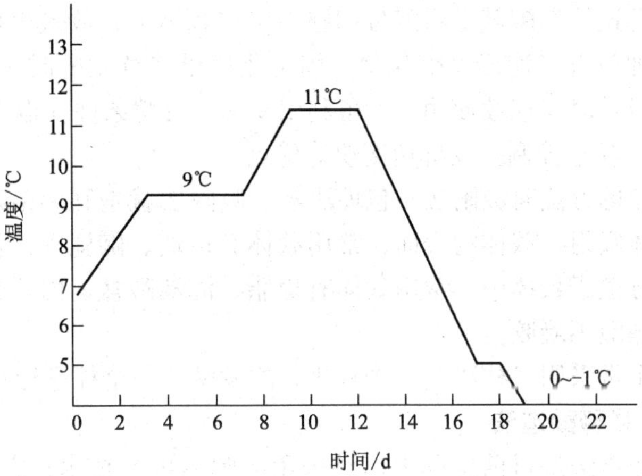

图3－13 一罐法发酵工艺曲线（举例）

五、其他发酵方法

（一）连续发酵

连续发酵与分批发酵相比，具有发酵效率高、操作方便、生产周期短、啤酒损失少、设备利用率高、酵母繁殖量少等优点。

啤酒连续发酵的形式有：多罐式连续发酵、塔式连续发酵和固定化酵母连续发酵等。

1. 多罐式连续发酵

多罐式连续发酵系统可分为四罐系统和三罐系统。其操作是将三个或四个发酵罐串联起来，麦汁和酵母首先进入第一发酵罐均匀混合，进行酵母繁殖。然后第一罐的麦汁缓慢流入第二（第三）发酵罐进行主发酵，主发酵结束后进入最后一个锥底发酵罐分离酵母，目前这种连续发酵方式已很少采用。

2. 塔式连续发酵

塔式发酵罐为一垂直的管柱体。无菌麦汁由泵分批经塔底送入塔内，稍加通风，麦汁在塔内一边上升，一边发酵，直到放满发酵塔为止。发酵中，温度由塔身冷却系统控制。塔底形成沉积的酵母层，发酵液在达到要求的酵母浓度梯度后，用泵继续泵入无菌麦汁，调节麦汁流量，使麦汁上升达塔顶时，恰好达到所要求的发酵度。

塔式连续发酵要求采用高凝聚型酵母，以便保持较高的酵母浓度，在塔底部分形成一个浓集的塞柱。生产中要经常在塔底通入 CO_2，以使酵母层（塞柱部分）保持多孔流动性。

3. 固定化酵母连续发酵

固定化酵母连续发酵就是将酵母细胞固定在载体上，放入生化反应器进行连续发酵，其原理与塔式连续发酵相似。固定化酵母连续发酵时具有酵母浓度高、活性强、酵母可长时间连续使用、设备利用率高、发酵条件（温度、pH、发酵时间、发酵终点）易于控制、发酵速度快等优点。

酵母固定化的方法有吸附法、包埋法等。吸附法就是利用菌种和载体之间的静电引力使菌体吸附在载体的表面，常用载体有玻璃、陶瓷等；包埋法就是将酵母细胞均匀地分散于载体中，常用载体有琼脂、海藻酸盐、丙烯酰胺等，使用效果较好的是海藻酸钙凝胶。

实际应用中常采用二柱法（一个柱进行主发酵、一个柱进行双乙酰还原）。

（二）高浓稀释酿造法

高浓稀释酿造法是目前国际上广泛采用的啤酒生产技术，方法一般有三种：麦汁稀释（高浓度糖化、麦汁稀释后再进行发酵）、前稀释（高浓度糖化、主发酵，后发酵时进行稀释）、后稀释（在啤酒主发酵、贮酒结束后再进行稀释）。稀释越向后，经济效益越高，但对稀释用水的要求越高。该法的最大优点是在不增加设备的基础上大幅度提高产量，提高设备利用率，并且可以降低生产成本，提高啤酒的风味和非生物稳定性。不足之处是糖化的原料利用率低、酒花利用率低。

啤酒高浓度稀释，除了需要制取高浓度的麦汁和控制好高浓度发酵外，还需要制备符合要求的稀释水和精确的混合加水比。高浓度啤酒稀释水处理系统是高浓度啤酒稀释中不可缺少的关键设备，其中最关键的是稀释水的脱氧问题。要求稀释水中含氧量小于0.3mg/L。水脱氧的方法有：热法真空脱氧、CO_2 置换法、冷却真空脱氧等。

【习题】

1. 啤酒酿造对大麦质量要求有哪些？
2. 大麦浸渍的目的是什么？浸渍的方法有几种？
3. 酒花的成分有哪些？这些成分在啤酒酿造中的作用是什么？
4. 发酵过程中影响啤酒质量的因素有哪些？
5. 简述糖化时的操作步骤。
6. 什么是啤酒风味的稳定性？包括哪些内容？
7. 啤酒的质量标准有哪些？如何进行质量评定？

项目四 葡萄酒生产技术

【知识目标】

1. 掌握酿酒葡萄品种的特点。
2. 学会并掌握白葡萄酒和红葡萄酒的生产工艺。
3. 了解葡萄酒的再加工工艺。

【技能目标】

1. 能够完成葡萄酒生产中原料处理、成分调整、发酵控制等基本操作。
2. 熟悉葡萄酒的种类及生产工艺，能根据市场需求制作创新型果酒。
3. 学会对葡萄酒进行质量评定。
4. 掌握葡萄酒的生产工艺及质量控制。
5. 掌握鉴别优劣葡萄酒的基本方法。

【解决问题】

1. 可不可以利用鲜食葡萄品种酿酒，为什么？
2. 为什么红葡萄酒与白葡萄酒主发酵阶段的温度不同？
3. 葡萄酒主发酵及后发酵（贮存）过程中应注意哪些问题？

【必备知识】

一、葡萄酒的分类

（一）按葡萄酒的颜色分类

1. 红葡萄酒

红葡萄酒颜色一般为宝石红、紫红、紫色、深红、棕红色等。它是用皮红肉白或皮肉皆红的葡萄带皮发酵而成。由于酒体中含有果皮或果肉中的天然色素物质，所以酒体呈现以红色调为主的色泽。

2. 白葡萄酒

白葡萄酒颜色一般为无色、微黄带绿、浅黄、禾秆黄、金黄色等。它是以白葡萄（或红皮白肉葡萄）经过破碎压榨取葡萄汁，纯汁发酵而制成的。酒体呈现以黄色调为主的色泽。

3. 桃红葡萄酒

桃红葡萄酒颜色一般为粉红、淡玫瑰红色等，它的颜色介于红葡萄酒和白葡萄酒之间。它是用皮红色葡萄经部分浸渍出果皮中的色素物质发酵而成，或将红白葡萄品种混合发酵而成。

（二）按葡萄酒的含糖量分类

1. 干酒

含糖量小于或等于4g/L的葡萄酒，根据色泽不同，有干红、干白。

2. 半干酒

含糖量大于干酒，含糖量4～12g/L的葡萄酒。

3. 半甜酒

含糖量大于半干酒，含糖量12～50g/L的葡萄酒。

4. 甜酒

含糖量大于50g/L的葡萄酒。

（三）按葡萄酒的二氧化碳含量（以压力表示）分类

1. 平静葡萄酒

在20℃时，二氧化碳压力小于0.05MPa，倒在酒杯中没有明显泡沫产生的葡萄酒。

2. 起泡葡萄酒

在20℃时，二氧化碳压力等于或大于0.05MPa的葡萄酒为起泡葡萄酒。起泡葡萄酒又可分为：①低起泡葡萄酒：在20℃时，当瓶中的二氧化碳压力在0.05～0.25 MPa时，称低起泡葡萄酒或者叫葡萄汽酒。②起泡葡萄酒：有两种类型，一种二氧化碳气泡全部来源于瓶内或罐中密闭自然发酵产生的，我们称为起泡葡萄酒。另一种是人为加入二氧化碳的叫加气起泡葡萄酒。③高起泡葡萄酒：当二氧化碳压力等于或大于0.35MPa时，称为高起泡葡萄酒。

（四）特殊种类葡萄酒

1. 加香葡萄酒

以葡萄酒为酒基，浸泡芳香物质调配而成的，酒精度为11%～24%（体积分数）的葡萄酒。如干味美思。

2. 利口葡萄酒

在葡萄原酒中，加入白兰地、食用蒸馏酒精或葡萄酒精以及葡萄汁、浓缩葡萄汁、含焦糖葡萄汁等，酒精度在15%～22%（体积分数）的葡萄酒。

3. 白兰地

白兰地一词分狭义和广义之说，从广义上讲，所有以水果为原料发酵蒸馏而成的酒都称为白兰地。但现在已经习惯把以葡萄为原料，经发酵、蒸馏、贮存、调配而成的酒称作白兰地。若以其他水果为原料制成的蒸馏酒，则在白兰地前面冠以水果的名称，例如苹果白兰地、樱桃白兰地等。用水果皮渣蒸馏的白兰地则只能叫皮渣白兰地，如葡萄皮渣白兰地等。我们通常饮用的白兰地酒的酒精度多为40%（体积分数），在法国又以葡萄蒸馏酒在橡木桶中的陈酿时间长短被分为XO、VSOP、VO、VS等，这样可使橡木桶的香气、色素等物质能更多地进入酒中，故其价位也非常高。

4. 香槟

法国法律规定只有在法国香槟地区出产的起泡葡萄酒才能称为香槟酒，法国其他地区出产的同类酒只能称为“起泡葡萄酒”。香槟是受保护的原产地名称。

5. 冰葡萄酒

《中国葡萄酿酒技术规范》中对冰葡萄酒的定义是：将葡萄推迟采收，当气温低于-7℃以下，使葡萄在树枝上保持一定时间，结冰，然后采收、压榨，获取葡萄汁经发酵酿成的甜型葡萄酒。冰酒最初于1794年诞生在德国的弗兰克尼（Franconia）。当时人们就发现，留在葡萄树上直至第一次大的霜冻的葡萄在经过了冰冻和解冻过程之后，葡萄的糖分和风味得到浓缩。经过二百多年的发展，冰酒已经成为酒中极品，且真正的冰酒只有在德国、奥地利和加拿大才有生产。加拿大安大略省的尼亚加拉地区是目前世界上最著名的冰酒产区。冰酒强调的是自然冰冻，绝不允许人工冷冻。

6. 贵腐葡萄酒

贵腐葡萄酒是指由看上去像腐败的干葡萄状、糖度非常高的葡萄（贵腐葡萄）发酵制成的最高级的甜口葡萄酒。葡萄颗粒因受到一种叫做Botrytis Cinerea（葡萄孢）的霉菌感染，被蛀出我们肉眼看不见的小孔，使得葡萄里的水分蒸发，逐渐变得干瘪，且表皮上形成一层薄薄的黑灰色茸毛。这种细菌是一种自然界存在的腐性寄生物，经常寄生在水果皮上，对人体无害。这样的感染过程不仅能使原本已经很甜的葡萄果实变得更甜，而且产生了让口感更圆滑滋润的甘油，并形成格外动人饱满的香气。

二、葡萄酒的贮存

后发酵（贮存）阶段残糖能进一步分解发酵，原酒中还残留 3 ~ 5g/L 的糖分，这些糖分在少量酵母的作用下继续转化成酒精和二氧化碳；澄清作用前发酵得到的原酒中还残留部分酵母，在后发酵期间发酵残留糖分，后发酵结束后，酵母自溶或随温度降低形成沉淀。残留在原酒中的果肉、果渣随时间的延长自行沉降，形成酒脚；原酒在后发酵过程中进行缓慢的氧化还原作用，促使醇酸酯化，使酒的口味变得柔和，风味更成熟、完善。

依据葡萄品种，单宁等风味物质含量不同，决定贮藏陈酿时间的长短。有些品种不适合贮存时间过长，如玫瑰香、美乐酿造的葡萄酒，这些品种适合于酿造新鲜葡萄酒，贮存时间太长，反而酒质口感下降。有些品种如赤霞珠、西拉等品种适合酿造陈酿型葡萄酒，这类品种适合较长时间的贮存陈酿，长时间的贮存陈酿才能显现出该品种葡萄酒的最佳风味。

（一）葡萄酒贮存的化学反应

葡萄酒在贮存过程中，温度越高，酯的含量就越高，酯化反应的速度与温度成正比。酯的含量高，会完善葡萄酒的风味，这就是葡萄酒进行热处理的根据；但当温度过高时，葡萄酒会变质。随着贮存时间的延长，会发生氧化还原反应，由果香转变成醇香并变浓。最浓郁的还原醇香是在氧化还原电位降至最低时达到的。醇香的形成主要源于葡萄的果香或其前体物质；以及适当氧化，产生一些还原性物质，利于装瓶后瓶内的还原作用。在陈酿贮存过程中，混浊悬浮在酒中的果胶、果皮、果肉、种子等的残屑，还有一些酵母和一些溶解在酒液中的分子大小不等的物质可能转化成盐类物质等。在稳定温度条件下静置会逐渐缓慢的下沉于罐底，这些沉淀物称为酒脚或酒泥。酒泥可以抑制氧化反应，酒泥中有重要的甘露蛋白，能改善感官质量，提高稳定性，并与芳香物质相互作用，使香气更持久，使高单宁的葡萄酒柔和。单宁色素除了氧化和形成复合物外，还能够与蛋白质、多糖聚合，花色素苷还能与酒石酸形成复合物，导致酒石酸沉淀。

（二）贮存容器

贮存葡萄酒的设备经历了从橡木桶（oakbarrels）、水泥池、碳钢罐到不锈钢罐的发展历程。水泥池造价低、投资少，在我国早期普遍使用，因受内壁保护涂层处理、对酒体产生不良风味、维护费用高及卫生处理不便等原因目前也被淘汰。传统生产葡萄酒的国家，如法国、美国等国家，贮存红葡萄酒以及一些白葡萄（霞多丽等）酒时利用橡木桶贮存，橡木桶是一种古老的传统酿酒容器。利用橡木桶贮存，木桶的微透气性和木桶特殊香味成分，会增加葡萄酒的风味，使葡萄酒的口感变得更加成熟。经过橡木桶贮藏陈酿的葡萄酒，除了葡萄本身特有的品种香和酒香外，酒在橡木桶贮藏过程中，通过橡木的浸渍可给葡萄酒增添更多的香味，如香草、可可、咖啡等怡人的香气。葡萄酒汲取橡木中有益成分，更适合人的口感味觉，使葡萄酒更柔和、圆润、肥硕完美。对高档红葡萄酒的陈酿老熟及白兰地的陈酿，橡木桶是最理想的设备。

不锈钢含铬镍是当前使用最普遍的葡萄酒发酵与贮藏罐体的所用材料，具有良好的机械性，表面光滑耐腐蚀，卫生条件好，特别容易清洗，相对体积轻，使用寿命长，维护也方便，不易与酒产生化学变化。不锈钢贮酒罐的大小依据酒的产量而定。不锈钢贮酒罐是现代生产葡萄酒企业中常采用的设备，在罐中贮存，会增加葡萄酒的稳定性，使葡萄酒口感变得成熟。

橡木桶贮存葡萄酒的成本较高，所以现在出现很多新技术来替代橡木桶并能起到增香的作用，比如利用橡木板，橡木块等放入贮存阶段的葡萄酒中。酒厂常采用不锈钢罐、橡木片以及微氧技术，对葡萄酒进行贮存。

（三）贮存时间

葡萄酒是有生命的酒，葡萄酒的贮存时间很关键，一般白葡萄原酒贮存 1～3 年，干白葡萄酒时间更短一般 6～10 个月，红葡萄酒 2～4 年。一些特殊品种的葡萄酒可长时间贮存，一般为 5～10 年，有的甚至 10 年以上。

（四）贮存条件

贮酒室的温度一般以 8～18℃为佳，干葡萄酒 10～15℃，白葡萄酒 8～11℃，红葡萄酒 12～15℃，甜葡萄酒 16～18℃；相对湿度 85%～90%为宜；通风室内有通风设施，保持室内空气新鲜；贮存室内保持清洁。

（五）贮存期间的管理

葡萄酒在贮存期间常常要换桶、满桶。换桶就是将酒从一个橡木桶换入另一个橡木桶的操作，也称为倒桶。这么做主要是分离酒脚，去除桶底的酵母、酒石等沉淀物质；还能使酒接触空气，溶解适量的氧，促进酵母最终发酵的结束；还可以使过量的挥发性物质挥发逸出，桶中产生的饱和的二氧化碳也会随之逸出，此时及时的添加亚硫酸溶液调节酒中二氧化硫的含量。换桶的次数取决于葡萄酒的品种、葡萄酒的内在质量和成分。干白葡萄酒换桶必须与空气隔绝，以防止氧化，保持酒的原果香。目前许多厂家采用气体封闭的方法，最好的气体是氮气，氮气是一种惰性气体，不会溶于葡萄酒；有的厂家用二氧化碳气体，二氧化碳可溶于酒，如果酒中二氧化碳含量过高，会影响酒的感官质量；有的则用二氧化碳和氮气混合封闭。

贮存温度降低，葡萄酒容积收缩；溶解在酒中的二氧化碳逸出以及温度的升高产生蒸发使酒逸出等原因会造成橡木桶中葡萄酒不满的现象，要及时添桶。倒桶之后要保证满桶，这是为了避免菌膜及醋酸菌的生长；必须随时使贮酒桶内装满葡萄酒，用来添加的葡萄酒要选用优质的、澄清稳定的、同品种、同酒龄的葡萄酒，不能用较新的酒添加到老龄酒中，更不能添加不健康的葡萄酒，最好要进行微生物检验后证明确属健康酒方可添入。添桶目的是不让它的表面与空气接触，又不降低桶中酒的品质。一般第一次倒酒后冬季每周 1 次添桶，夏季每周 2 次；第二次倒酒后，每月添酒 1～2 次。葡萄酒在贮存期要保持卫生，定期杀菌。贮存期要不定期对葡萄酒进行常规检验，发现不正常现象，及时处理。

葡萄酒从发酵开始要绘制发酵记录表，记录表包括的内容：原料的品种、清洗卫生状况、葡萄浆的糖酸含量、体积、质量、相对密度及发酵罐里果浆的温度、发酵过程中的温度、相对密度的变化，并绘制出发酵温度、相对密度变化曲线；还要记录发酵过程的各种处理，如装罐时间、发酵开始和结束时间；加入 SO_2 的时间、浓度、使用量；温度的控制，如温度的升降情况及调控温度的方法；加入酵母的时间、加入量，加糖量及调酸的数量与时间；倒罐的时间、次数、方法，出罐的时间、去向等。

三、葡萄酒的后处理和灌装

（一）葡萄酒的下胶澄清

葡萄酒通过贮存陈酿，酒泥通过倒桶除去，但还有一些大分子物质较快的沉淀，有的小分子物质因为在酒中有一定的溶解度，随陈酿时间及温度降低会不断地析出沉降。在装瓶前必须使葡萄酒达到澄清、稳定，不能在装瓶后的瓶内发生混浊、析出、沉降等影响葡萄酒的商品外观。所以，要通过人工的方法下胶澄清，使酒体澄清稳定。

下胶澄清是在葡萄酒中添加一种有机或无机的不溶性成分，使它在酒液中产生胶体沉淀物，将悬浮在葡萄酒中的大部分浮游物，包括有害微生物在内一起固定在胶体沉淀上，下沉到容器底部，使酒液澄清。下胶澄清是在葡萄酒中加入亲水性胶体，使之与葡萄酒中胶体物质、单宁、蛋白、金属复合物、色素等发生絮凝反应，然后澄清过滤把它们除去。常用于下胶澄清的有机物有明胶、蛋清、鱼胶等，无机物有膨润土、硅藻土等。

1. 膨润土

膨润土属自然硅酸盐。它可以吸收水分、增加自身的体积，在电解质溶解中可以吸附蛋白和色素而产生胶体的凝聚。成品膨润土为白色、乳白色、淡黄色的粉末或颗粒状物质。使用方法是先用少量热水（50℃）使膨润土吸水膨胀，最好能溶解一段时间，再加纯水充分搅拌，使成为乳状，然后加入酒中通过导泵的循环使之与酒混合均匀，小规模酿酒则可通过搅拌使之混匀。使用膨润土进行下胶澄清，葡萄酒的颜色会受到一定的影响，颜色会变淡。但是膨润土的成本较低，下胶澄清的效果较好，所以生产厂家常采用膨润土下胶澄清。

2. 明胶

明胶是用动物的皮、结缔组织加工获得的产品，处理葡萄酒的明胶有片状、颗粒状，无色透明微黄，必须是无味无杂质，必须是食品级用胶。使用方法是将明胶用冷水浸泡后使其膨胀并除去杂质，而后将明胶中的水除去再加10～15倍的水使其溶解，然后倒入要处理的葡萄酒中并混合均匀。使用明胶进行下胶澄清，要注意避免下胶过量，否则会造成葡萄酒混浊，所以在使用明胶的时候要配合使用单宁，避免过度下胶。

3. 鱼胶

鱼胶是用鱼鳔，特别是鲟鱼鳔制成的，无色透明或略带黄色。鱼胶只能允许在冷水中膨胀，不能用热水。鱼胶与明胶比较有以下优点：用量少，澄清效果好，葡萄酒具光泽，它的沉淀所需的单宁少，不会造成下胶过量。缺点是絮块相对密度小，酒脚体积大，沉淀速度慢。

4. 蛋清

鸡蛋清经过加工干燥得到的呈白色细末状的干蛋清粉。干蛋清粉只用水溶解。溶解不完全时，需要加入少量碱液使其全溶。使用方法：先将蛋清粉调成浆状，再用含有少量碳酸钠的水进行稀释使之全溶，然后加入要处理的葡萄酒中并混合均匀。也可以使用鲜鸡蛋去黄，其效果与蛋清粉相同，使用时先将鸡蛋清调匀，而后逐渐加水，一般2个鸡蛋用100g水加1g NaCl。也有使用牛血清蛋白进行下胶澄清，但成本相对较高。

在下胶澄清前要先做试验，试验的目的是选择最佳下胶量，下胶澄清试验容器可用750mL量筒。下胶澄清试验一定要充分搅拌或摇动使下胶物质均匀分布，要观察记录絮凝出现所需要的时间、絮凝物沉淀速度、下胶后葡萄酒的澄清度、酒脚在容器中所占容器体积的高度等。在下胶过程中必须要在最短时间内使下胶材料与葡萄酒快速混合均匀，如果混合速度慢，不均匀部分会出现絮凝物，这样下胶物质絮凝反应就会提前结束，使一部分葡萄酒无下胶材料而影响澄清。注意绝对不能用葡萄酒去稀释下胶材料，否则这部分葡萄酒很快产生絮凝物沉淀使大部分葡萄酒失去下胶意义。

（二）葡萄酒的热处理

葡萄酒的热处理的作用是：一方面加速红葡萄酒的成熟，促进氧化反应、酯化反应和水解反应。另一方面，热处理能提高葡萄酒的稳定性。热处理能引起蛋白质的凝絮沉淀，可使过多的铜离子变成胶体而除去，可使葡萄酒中保护性胶体粒子变大，加强其保护作用；可以破坏结晶核，不容易发生酒石沉淀；加热有杀菌作用，可防止微生物引起的混浊沉淀；还能破坏葡萄酒中的多酚氧化酶，防止葡萄酒的氧化混浊。

常用热处理67℃，15min或70℃，10min。

（三）葡萄酒的冷处理

葡萄酒的低温处理，一方面能改善和提高葡萄酒的质量，越是酒龄短的新酒，冷却改善感官质量的效果就越明显。另一方面，冷却对提高葡萄酒的稳定性，效果特别显著，是提高瓶装葡萄酒稳定性最重要的工艺手段。冷处理提高葡萄酒稳定性的作用，主要表现在以下几方面：冷却可以加速葡萄酒中酒石的结晶，通过过滤或离心，可把沉淀的酒石分离掉；冷却可使红葡萄酒中不稳定的胶体色素沉淀，趁冷过滤可分离掉；冷却能促进正价铁的磷酸盐、单宁酸盐，蛋白质胶体及其他胶体的沉淀。经过低温冷却的葡萄酒，在低温下过滤澄清后，其稳定性要显著提高。

目前人工冷却葡萄酒通常有两种方法。一是把葡萄酒放在冷却桶里，冷却降温，使温度高于其冰点0.5～1℃，在该温度下保温5～7d，趁冷过滤，即达到冷却目的。二是用速冷机冷冻葡萄酒，使葡萄酒瞬间达到冰点，即可趁冷过滤，也有冷冻效果。一般酒精度数小于13%的葡萄酒的冰点温度值为酒精值的一半。如11%的葡萄酒，其冰点为－5.5℃。那么冷处理的温度为－4.5～－5℃。

（四）葡萄酒的过滤

过滤方法有筛析过滤、吸附过滤、筛析－吸附过滤。葡萄酒的过滤分三个时期进行：第一次为粗过滤，在苹果酸－乳酸发酵后，多采用层积过滤，滤前下胶效果更好；第二次在贮存葡萄酒的澄清阶段，目的是使葡萄酒稳定，可用硅藻土过滤和板框过滤；第三次装瓶前过滤，目是避免瓶内沉淀、混浊和微生物病害，选用板式过滤或膜过滤。各次对过滤的要求不一样，过滤材料孔径也不同。过滤是葡萄酒酿造工艺中不可缺失的重要组成部分，是澄清和稳定葡萄酒的重要手段。

（五）葡萄酒的灌装

要装瓶的葡萄酒应进行检验，包括感官、理化、微生物与稳定性指标的检验。葡萄酒要符合GB/T 15037—1994国家标准。要测定的理化指标主要有酒度、滴定酸、挥发酸、总SO_2、游离SO_2、干浸物、铁、铜、细菌总数、大肠杆菌数等；对灌装设备要进行卫生检查，检查有无异味、颜色，以确定过滤材料是否还可以继续使用，否则应进行更换达到无菌标准，正式灌装用少量葡萄酒试过滤，然后排除掉后再正式灌装。

灌装葡萄酒采用的瓶子，应选择对葡萄酒有保护作用的瓶子，瓶子的颜色可以透过瓶对光线进行过滤。一般情况下红葡萄酒应选择绿色或棕色瓶子为好。绿色的瓶子可以阻止紫外线和紫光，酒在棕色瓶子中能够更好成熟。瓶子灌装前要经过选瓶、洗瓶处理。洗瓶一般采用1% NaOH溶液浸泡10min，再用清水冲洗备用。灌装前，还需用无菌纯净水冲洗。冲洗后的瓶子要将里面水控净，及时使用或充入CO_2气体，防止空气带入杂菌污染。现代化的大型自动化灌装线，瓶子的清洗都是机械化自动进行的。瓶子在自动化灌装线上装满酒后会立即压盖，压盖后要经过杀菌。葡萄酒的杀菌采用的是巴氏灭菌，保证瓶中心的温度达到65～68℃，灭菌30min。

（六）葡萄酒的瓶贮

葡萄酒的瓶贮主要目的是：葡萄酒在瓶中陈酿，是在无氧状态下即还原状态下进行的。酒在装瓶几个月后，其氧化还原电位达到最低值，而葡萄酒的香味物质只有在低电位下形成，并且香味物质只在还原型时才有愉快的香味。所以经过瓶贮的葡萄酒显示出特有风格；葡萄酒在装瓶时带入的氧消耗后促进香味形成，软木塞的密封防止酒的氧化；瓶贮时酒应卧放，并定期旋转，使酒浸泡软木塞，起到类似于橡木桶的作用，改善酒的风味。

瓶贮期因酒的品种、酒质要求不同而异，最少4～6个月。某些高档名贵葡萄酒瓶贮时间可达1～2年。

四、葡萄酒的再加工

可利用原酒为基础酒再生产出其他种类的酒。著名的再加工酒有香槟酒、白兰地等。

（一）香槟酒

最早的香槟出现在17世纪末期，由Dom Perignon修士偶然发现。Dom Perignon修士用软木塞成功地将酒的气泡封闭在酒瓶之内，酿造出品质稳定的冒泡葡萄酒。

香槟是法文Champagne的音译。在巴黎以东，法国北部的马恩、奥布和埃纳省的一部分被统称为香槟地区。根据法国法律只有香槟地区出产的起泡葡萄酒才能称为香槟酒，法国其他地区出产的同类酒只能称为“发泡葡萄酒”。香槟地区采用的葡萄品种多为红葡萄的黑比诺（Pinot Noir），白葡萄的霞多丽（Chardonnay），一般在开花之后的100天收获葡萄。相关的法律规定，收获葡萄只能手工采摘。每年收获的9月，是葡萄园一年中最为热闹的时节。香槟的生产耗费人工较多，生产效率低，产品酒质细腻，气泡细而洁白，泡沫持久，价格较高。

香槟一般为淡黄色、金黄色，也有粉红香槟，但产量很少。主要是以白葡萄酒为基础酒，在低温条件下储存两年多的基础酒中加入砂糖溶液和人工酵母，然后将酒、糖、酵母的混合原料一瓶瓶地装入香槟酒瓶中。封好口的香槟酒瓶被放入地窖里，头尾相间，水平放置。窖内保持恒温12～14℃，进行缓慢低温发酵。经过80d左右，瓶内生成大量二氧化碳，香槟酒的发泡过程完成了。发酵好的香槟酒还要在贮藏室里贮存二年乃至更长时间，让瓶内的二氧化碳慢慢地、完全地溶解在酒中。完全发酵好的香槟酒又被移置于地面特制的木架上，木架成60度斜角，瓶底朝上，瓶口向下斜放，每天转瓶、嗑瓶一次，连续进行一个月以上。工人将瓶口小心地浸在冰冷的盐水里（冰浴的方法），使瓶口处少量的葡萄酒结冰，打开瓶塞，瓶中的压力将瓶口处的沉淀推出，剩下的就是澄清的香槟酒。这样可以去除二次发酵产生的沉淀，当香槟开启时，气泡会由下而上地升到瓶口，如果没有去除酵母残渣，气泡就会把这些沉淀翻腾起来，葡萄酒变得混浊，失去了诱人的外观。

（二）白兰地

利用白葡萄酒作为基础酒，蒸馏制作白兰地。原料酒的发酵工艺与传统法生产的白葡萄酒相同。当发酵完全停止时，残糖已达到0.3%以下，在罐内进行静止澄清，然后将上部清酒与酒脚分开，取出清酒即可进行蒸馏（酒脚要单独蒸馏）。白兰地是一种具有特殊风格的饮料酒，它对于酒度的要求不高，一般在60%～70%（体积分数），能保存它固有的芳香，因此白兰地的蒸馏方法至今停留在壶式蒸馏机上，采用壶式蒸馏的另一益处就是壶是用铜制成的，在加热蒸馏过程中，生成了铜的丁酸、乙酸、辛酸、癸酸、月桂酸盐。这些盐是不溶性的，所以就除去了味道不够好的这些酸，有利于白兰地的质量。

用葡萄皮或葡萄渣作原料可以制作皮渣白兰地。将皮渣装在桶中，将容器密闭，使其发酵，因皮渣本身都带有酵母菌，可以不另外加入酵母。容器装满后，将口密闭，顶部留一气孔，使CO_2逸出。发酵时间一般需要10～15d，温度适宜，只需7～8d。发酵完毕后，即可放入蒸馏器进行蒸馏。

优质白兰地的高雅芳香还有一个来源，并且是非常重要的来源，那就是橡木桶。原白兰地酒贮存在橡木桶中，要发生一系列变化，从而变得高雅、柔和、醇厚、成熟，这叫"天然老熟"。在这过程中，发生两方面的变化：一是颜色的变化，二是口味的变化。原白兰地都是白色的，它在贮存时不断地提取橡木桶的木质成分，加上白兰地所含的单宁成分被氧化，经过五年、十年以至更长时间，逐渐变成金黄色、深金黄色到浓茶色。新蒸馏出来的原白兰地口味暴辣，香气不足，它从橡木桶的木质素中抽取橡木的香气，与自身单宁成分氧化产生的香气结合起来，形成一种白兰地特有的奇妙的香气。

调配也称勾兑，是白兰地生产的点睛之笔，它使葡萄酒的感观、香气和口感实现高度的和谐统一。如何调配是各葡萄酒厂家的秘密，各厂都有自己的配方和自己的调配专家。作为白兰地调配大师，不仅需要精深的酿酒知识，丰富的实践经验，而且需要异常灵敏的嗅觉、味觉和艺术鉴赏能力。勾兑的白兰地酒精度在国际上一般标准是42%～43%（体积分数）。

任务一 葡萄酒生产准备

一、酿酒用葡萄品种

酿酒葡萄的特点是有高的糖、酸含量，高的色素、单宁含量，色泽均一、果穗松散、果粒小而均一、皮厚、多核，具有典型酒的芳香物质，风味浓郁，风格突出。在果粒上也往往选择小粒而不是大粒，成熟期大多数选择中晚熟。大部分鲜食品种不适于酿酒或不能酿造出好酒。常见的酿酒葡萄品种有黑比诺、品丽珠、佳美酿、赤霞珠、长相思、霞多丽、雷司令等。

二、酿酒葡萄的采收

葡萄质量的好坏直接影响到葡萄酒质量好坏。葡萄酒的质量应当说先天在葡萄，后天在工艺。也有人认为原料与工艺的关系是原料占七成，工艺占三成，这说明葡萄的好坏是影响葡萄酒的第一要素。这一理论是现在被人们普遍认可的。葡萄浆果本身的采收期、浆果成熟度、果梗、果肉、果的色泽、果实的糖酸含量等都与葡萄酒的质量与风格有着密不可分的关系。酿造优质的葡萄酒就要确定合理的采收期。葡萄的成熟期由于气候原因，各个年份之间常有差异，葡萄糖酸含量也不完全一致，因此必须科学合理地确定葡萄的最佳采收期。通常情况下，葡萄果实要求总糖含量达到 180g/L 以上，滴定酸度在 6.0 ~ 10.0g/L（特殊品种除外）。

三、葡萄汁（浆）的制备与葡萄汁（浆）成分的调整

优良的葡萄品种，如在栽培季里一切条件合适，常常可以得到满意的葡萄汁。但由于气候条件、栽培管理等因素，使压榨出的葡萄汁成分不一。一般若葡萄成熟度不够会出现糖偏低，酸偏高的结果，因此葡萄的改良主要是糖度、酸度的调整。使酿成的酒成分接近，质量较好。尽量选择糖酸适宜的葡萄原料，避免对原料加糖、调酸。

（一）糖度的调整

在葡萄发酵过程中是葡萄汁中的糖转化为酒精。如果葡萄汁的含糖量不足，所酿造出的葡萄酒的酒精度就达不到对葡萄酒酒度的要求。所以在发酵前需要对葡萄原料的糖度进行调整。含糖量不足的时候通常加入浓缩葡萄汁，或者在葡萄浆中加入人工白砂糖，使酿造原料含糖量提到所需的水平，以达到葡萄酒需要的酒精度。在发酵时加糖提高原料糖度，这是国际标准所允许的，但这类原料所酿的酒通常属中档以下的酒。每升酒中每增加 1% 酒精度，白葡萄酒需要加入 17g/L 糖，带皮发酵的红葡萄酒需加入 18g/L 的糖。

（二）酸度的调整

1. 酸度过高

葡萄酸度太高酿制出的葡萄酒的含酸量也高。葡萄酒含酸量高，饮用时刺激感太强、不协调，并影响葡萄酒的结构和香味物质的平衡。通过添加碳酸钙

（$CaCO_3$）降酸。

2. 酸度过低

葡萄酒酸度不足时饮用起来会感觉平淡无味，缺乏醇厚度和骨架感；酸度不足还可能引起发酵过程中杂菌的污染。酸度过低要进行增酸，在葡萄酒发酵前对破碎后的葡萄汁（浆）里添加酒石酸或者柠檬酸，酸度调整到 pH3.3 ~ 3.6。

四、二氧化硫的作用与添加

SO_2 几乎是葡萄酒工艺师所能使用的唯一的细菌抑制剂，生产葡萄酒加入二氧化硫主要起到的作用：选择性杀菌作用、澄清作用、抗氧化作用、增酸作用、溶解作用和改善风味的作用。细菌对 SO_2 最敏感，SO_2 可杀死一些细菌，其次是杀死或抑制会导致葡萄酒出现病变的一些杂菌。但葡萄酒酵母抗 SO_2 能力较强，SO_2 对葡萄酒酵母的作用几乎没有。在发酵前添加一定量的 SO_2，可防止其他杂菌感染，便于葡萄酒酵母发酵起动，保证葡萄酒酵母发酵活动不受杂菌干扰。葡萄原料在破碎压榨过程中极易氧化，其中最主要是酪氨酸酶和漆酶的氧化作用，酪氨酸酶会造成白葡萄汁出现酶促褐变，会影响成品葡萄酒的色泽与质量，SO_2 可以有效的防止原料氧化。SO_2 在葡萄酒中与水等结合形成亚硫酸，可以促进细胞中的有机酸等溶解，具有一定的增酸作用，同时也可以促进葡萄浆中色素和酚类物质的溶解，使葡萄酒的色泽营养物质更加丰富。

SO_2 添加不当或使用过量，可造成葡萄酒产生怪味，主要是因为 SO_2 过多会形成具有臭鸡蛋气味的硫化氢。生产白兰地的时候，是不允许添加二氧化硫的。SO_2 用量受多种因素影响，如果浆的含糖量、含酸量、温度、微生物的含量及葡萄酒的类型。葡萄浆含糖量高时，会形成较多的结合态 SO_2，降低了 SO_2 的有效含量，因此要适当多加些 SO_2；葡萄浆的含酸高，可提高活性 SO_2 含量，便可适当降低 SO_2 的使用量。生产中多使用含 6% SO_2 的商品亚硫酸，其中有约 1/3 SO_2 为化合态，有约 2/3 SO_2 为游离态，只有游离态才有杀菌效果。

添加 SO_2 常用：液态 SO_2、亚硫酸、偏重亚硫酸盐等。直接燃烧硫磺生成二氧化硫，这是一种最古老的方法，目前有些葡萄酒厂用此法来对贮酒室、发酵和贮酒容器进行杀菌；也可将气体 SO_2 在加压或冷冻下形成液体，贮存于钢瓶中，可以直接使用，或间接将之溶于水中成亚硫酸后再使用，使用方便而准确；也可以使用偏重亚硫酸钾（$K_2S_2O_5$）固体，又名双黄氧、焦亚硫酸钾，白色结晶，理论上含二氧化硫 57.6%（实际按 50% 计算），需保存在干燥处，目前国内葡萄酒厂普遍使用。

在发酵以前添加 SO_2 30～80mg/L，SO_2 处理应在发酵触发以前进行。但对于酿造红葡萄酒的原料，应在葡萄破碎除梗后泵入发酵罐时立即进行，并且一边装罐一边加入 SO_2。装罐完毕后进行一次倒罐，以使所加的 SO_2 与发酵基质混合均匀。切忌在破碎前或破碎除梗时对原料进行 SO_2 处理，造成 SO_2 不能与原料混合均匀；由于挥发和固体部分的固定而损耗部分 SO_2，达不到保护发酵基质的目的；在破碎除梗时，SO_2 气体可腐蚀金属设备。对于酿造白葡萄酒的原料，SO_2 处理应在取汁以后立即进行，以保护葡萄汁在发酵以前不被氧化。严格避免在破碎除梗后、葡萄汁与皮渣分离以前进行 SO_2 处理，因为部分 SO_2 被皮渣固定，从而降低其保护葡萄汁的效应；SO_2 的溶解作用可加重皮渣浸渍现象，影响葡萄酒的品质。

在葡萄酒陈酿和贮藏时添加 SO_2 60～100mg/L，因为在葡萄酒陈酿和贮藏过程中，必须防止氧化作用和微生物的活动，以保护葡萄酒不变质。因此，必须使葡萄酒中的游离 SO_2 含量保持在一定水平上。在贮藏过程中，葡萄酒中游离 SO_2 的含量不断地变化。因此，必须定期测定，调整葡萄酒中游离 SO_2 的浓度。在进行调整前，应取部分葡萄酒在室内观察其抗氧化能力。

五、葡萄酒酵母

优良的葡萄酒酵母应产生良好的果香与酒香；能将葡萄汁中所含糖完全降解；具有较高的对二氧化硫的抵抗力；具有较高的发酵能力；具有较好的凝聚力和较快的沉降速度；能在低温或酒液适宜温度下发酵，以保持果香和新鲜清爽的口味。

葡萄酒酵母的来源有天然野生酵母以及选育改良的酵母：葡萄成熟时，在葡萄皮、果柄及果梗上，生长有大量天然酵母，当葡萄被破碎、压榨后，酵母进入葡萄汁中，进行发酵。此酵母为天然酵母或野生酵母；用于葡萄酒酿造的酵母有柠檬形克勒克酵母、酿酒酵母、贝酵母、罗氏酵母等。

任务二 葡萄酒的酿造

一、白葡萄酒的酿造工艺

白葡萄酒是以白葡萄（或红皮白肉葡萄）经过破碎压榨取葡萄汁发酵而制成的。白葡萄酒颜色一般为无色、微黄带绿、浅黄、禾秆黄、金黄色等。酒体呈现以黄色调为主的色泽。常见的白葡萄品种有：霞多丽（Chardonnay）、雷司令

(Riesling)、长相思（Sauvignon Blanc）、白诗南葡萄（Chenin blanc）、白比诺（Pinot Blanc）等。

（一）工艺流程

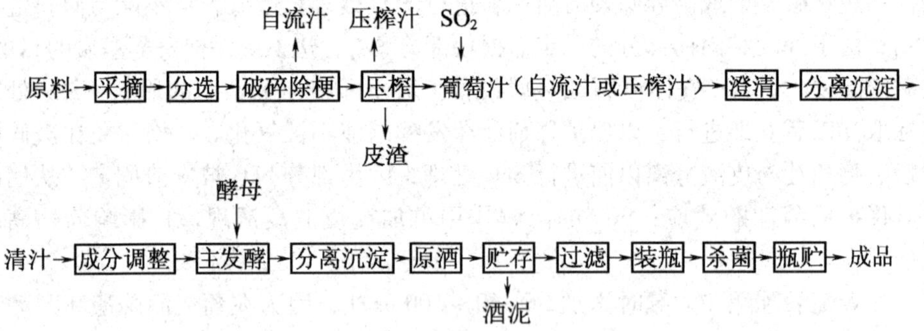

其工艺流程图见图4－1。

（二）原料及其处理

白葡萄（或红皮白肉葡萄）从采摘时间上讲，要比生产红葡萄酒的葡萄采摘时间早些。葡萄的含糖量在20%较为理想。葡萄入厂后，先进行分选，分选一般进行两次，先粗选再精选。分选后破碎，立即压榨，迅速使果汁与皮渣分离，尽量减少皮渣中色素等物质的溶出。当酿造高档优质干白葡萄酒时，多选用自流葡萄汁作为酿酒原料。压榨汁酿造的葡萄酒酒体略显粗糙，经常用来发酵继续生产白兰地，压榨后除去的皮渣大多单独发酵生产白兰地。

白葡萄经破碎压榨后果汁分离，纯汁单独进行发酵。果汁分离是白葡萄酒的重要工艺，其分离方法有如下几种：螺旋式连续压榨机分离果汁、气囊式压榨机分离果汁、果汁分离机分离果汁、双压板（单压板）压榨机分离果汁。果汁分离时应注意葡萄汁与皮渣分离速度要快，缩短葡萄汁的氧化时间。果汁分离后，需立即进行二氧化硫处理，以防果汁氧化。

果汁澄清的目的是在发酵前将果汁中的杂质尽量减少到最低含量，以避免葡萄汁中的杂质因参与发酵而产生不良成分，给酒带来异味。二氧化硫的使用可用一定程度的澄清葡萄汁，生产中常使用果胶酶，果胶酶可以软化果肉组织中的果胶质，使之分解成半乳糖醛酸和果胶酸，使葡萄汁的黏度下降，原来存在于葡萄汁中的固形物失去依托而沉降下来，以增强澄清效果，同时也可加快过滤速度，提高出汁率。

葡萄汁在发酵前要进行糖度以及酸度的调整。有时由于当年的积温、降水量、光照等原因，造成葡萄原料糖分不足时要在发酵前补充糖分，酸度调整到pH3.3～3.6最宜。

（三）主发酵

白葡萄酒的发酵为控温发酵，发酵温度一般控制在16～22℃为宜，主发酵期一般为15d左右。根据生产目的确定主发酵时间，如生产干白葡萄酒，主发酵结束后残糖降低至5g/L以下，即可转入后发酵。后发酵温度一般控制在15℃以下。在缓慢的后发酵中，葡萄酒残糖继续下降至2g/L以下，酒体变得成熟、完善，后发酵约持续一个月左右。

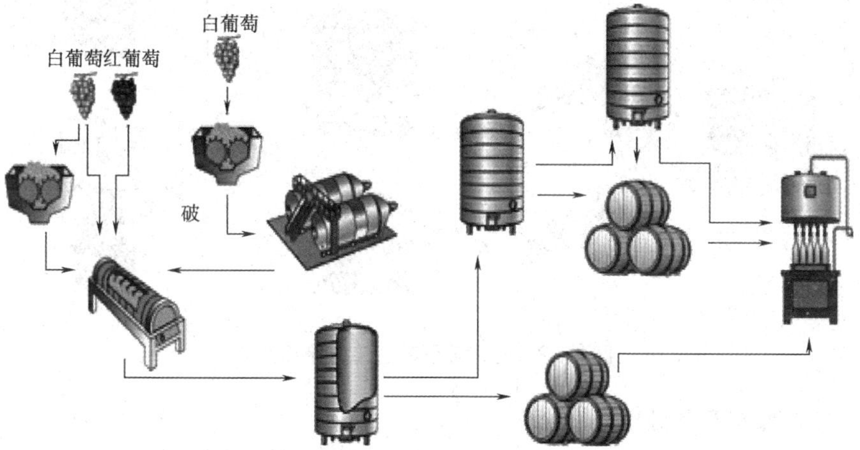

图4-1 白葡萄酒酿造工艺流程图

二、红葡萄酒的酿造工艺

红葡萄酒是用皮红肉白或皮红肉红的葡萄带皮发酵而成。红葡萄酒颜色一般为宝石红、紫红、紫色、深红、棕红色等，由于酒体中含有果皮或果肉中的天然色素物质，所以酒体呈现以红色调为主的色泽。常见的红葡萄品种有：赤霞珠（Cabernet Sauvignon）、黑比诺（Pinot Noir）、美乐（Merlot）、佳美酿（Carmenere）等。

（一）工艺流程

SO_2、果胶酶 ↓（加入葡萄浆）；酵母 ↓（加入浸渍发酵）；皮渣 ↑（由压榨排出）

原料→采摘→分选→破碎除梗→葡萄浆→调整成分→浸渍发酵→分离→压榨→

分离 ↓ 自流酒　压榨 ↓ 压榨酒

苹果酸→乳酸发酵→原酒→贮存→倒桶→过滤→装瓶→杀菌→瓶贮→成品

原酒→贮存 ↓ 酒泥

其工艺流程图见图4-2。

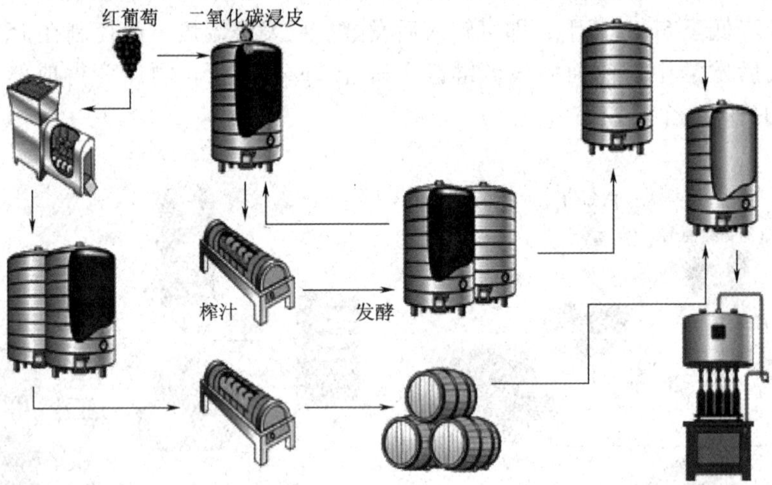

图4-2 红葡萄酒酿造工艺流程图

（二）原料及其处理

确定葡萄完全成熟后进行采摘，并在较短的时间内运到葡萄加工车间。经分选剔除青粒、烂粒葡萄后立即送去破碎除梗，时间较长的话，梗中的不良味道会进入到葡萄浆中，影响成品葡萄酒的质量。值得注意的是，盛装葡萄浆的容器应避免使用铜质、铁质的容器。

（三）浸渍发酵

浸渍发酵阶段完成酒精发酵的同时，浸提色素物质及芳香物质。影响浸渍的因素主要有：原料破碎强度和机械作用；浸渍时间长短的影响，时间越长，浸渍作用越强，浸出的香气物质越多；低温发酵有利于保持香气物质，较高的温度仅适宜于酿造果香味浓、单宁含量低的并在较短时间内饮用的新鲜葡萄酒；SO_2 处理可起到破坏果皮细胞促进浸渍的作用；香气物质、单宁和色素在酒精中的溶解度比在水中高，酒度越高浸渍越快；使用果胶酶及特性酵母也有利于浸渍；葡萄原料含糖量高、上色好，适宜高浸渍酿造陈酿型葡萄酒，反之不宜高浸渍，宜酿造新鲜葡萄酒；倒罐是发酵过程中的重要环节。

根据需要将发酵罐底部葡萄酒通过导泵将其倒到罐的上部，使发酵基质混匀，有利于各类物质的浸渍。葡萄皮、汁进入发酵池（罐）后，发酵时产生二氧化碳，葡萄皮、渣往往浮在葡萄汁表面，形成很厚的泡盖（生产中称“酒盖”或“皮盖”）。这种皮盖与空气直接接触，容易感染有害杂菌，败坏葡萄酒的质量。在生产中需将皮盖压入醪中，以便充分浸渍皮渣上的色素及香气物质，这一过程叫压盖。压盖的方式有两种：一种是人工压盖，用木棍搅拌，将皮渣压入汁中，也可用泵将汁从发酵池底部抽出，喷淋到皮盖上，其循环时间视发酵池容积而定；另一种是在发酵池四周制作卡口，装上压板，压板的位置恰好使皮盖浸于葡萄汁中。

发酵温度是影响红葡萄酒色素物质含量的主要因素。红葡萄酒发酵温度一般控制在26～30℃。控制发酵温度是发酵管理的重要环节。超过一定时间的高温，酵母菌会停止繁殖并且死亡，发酵就会停止。控制方法有外循环冷却法、循环倒池法和池内蛇行管冷却法。为防止细菌繁殖，二氧化硫应在葡萄破碎后，发酵醪产生大量酒精以前添加。在发酵过程中，酵母在分解果浆的同时会使基质温度上升，葡萄果皮中的颜色不断地被浸渍出来，酒的颜色变浓，酒味和口感不断增加，各类糖不断地被分解，甜度不断地降低，酒精度不断地提高，由于酒精轻于水，所以相对密度下降。

（四）出池与压榨

当残糖降至5g/L以下，发酵液面只有少量二氧化碳气泡，皮盖已经下沉，液面较平静，发酵液温度接近室温，并伴有明显的酒香时表明主发酵已经结束，可以出池。一般主发酵时间为4～6d。出池时先将自流原酒由排汁口放出，放出自流酒后清理皮渣进行压榨。皮渣的压榨靠使用专用设备压榨机来进行。压榨出的酒进入后发酵，皮渣可蒸馏制作皮渣白兰地。

（五）苹果酸－乳酸发酵（MLF）

苹果酸－乳酸发酵酒精发酵结束后的原酒远未达到成熟，口感不好、粗糙、酸涩，这主要是苹果酸含量高。苹果酸属于二元酸，通过苹果酸－乳酸发酵可以使二元强酸转化成一元弱酸。苹果酸－乳酸发酵是一种生物降酸，可使葡萄酒的总酸下降1～3mg/L。苹果酸－乳酸发酵是红葡萄酒及某些白葡萄酒要进行的发酵，不是生产所有葡萄酒都要进行的。发酵就是在乳酸细菌的作用下将苹果酸分解为乳酸和CO_2的过程，红葡萄酒经过苹果酸－乳酸发酵可使酸度降低，使葡萄酒变酸涩粗糙为柔软肥硕，果香浓郁，结构感强，提高酒的质量，还可以增强葡萄酒的生物稳定性。

引起苹果酸－乳酸发酵的乳酸细菌分属于明串珠菌属、乳杆菌属、片球菌属和链球菌属。明串珠菌属的酒明串珠菌能耐较低的pH，较高的SO_2和酒精，是苹果酸－乳酸发酵的主要启动者和完成者。苹果酸－乳酸发酵温度应控制在18～20℃的稳定温度。进行苹果酸－乳酸发酵的酒液内不再添加SO_2，因为乳酸菌对SO_2很敏感，添加SO_2将杀死乳酸菌或使苹果酸－乳酸发酵失败。苹果酸－乳酸发酵一般在1个月左右即可完成。经过这一发酵过程还可以避免装瓶后乳酸菌在瓶内进行二次发酵，从而造成爆瓶和酒质败坏。

任务三 葡萄酒的品评与鉴定

人们运用感觉器官（视、嗅、味、触）来评定酒的质量，区分优劣，划分等级，判断酒的风格特征，称为品评，人们习惯地称为评酒，又称为品尝、感官检查、感官尝评等。对酒类品质优、次、劣的确定，仅根据理化分析指标是不够的。因为至今为止，尚未出现能够全面正确地判断香味的仪器，理化检验还不能代替感官尝评。酒是一种味觉品，它们的色、香、味是否为人们所喜爱，或为某个国家、地区的人民、民族所喜爱，必须通过人们的感觉进行品评鉴定。

一、葡萄酒变质有以下几条主要特征

1. 葡萄酒的清澈度

如果酒色混浊，飘着雪花，应该认定这酒已经变质了。但是老年的红酒有沉淀是正常的，因为经过一段时间，酒的色素和单宁等物质会结合，产生沉淀物。另外，有些年份只有一到三年的酒如果瓶底有结晶物，基本上没坏，这是酒厂在进行冷冻处理的时候没处理完善而造成的，但并不影响酒的品质。

2. 木塞味

这种气味类似于腐烂的木塞所发出的腐臭气，让人闻起来不舒服，觉得酒不干净。如果酒倒入杯子里一刻钟后木塞味消散，问题基本不大；如果一直不消散，说明酒变质了。木塞味的产生有多种原因，可能是木塞消毒处理不干净或木塞在潮湿环境里变质等。

3. 氧化味

这也是一种不愉快的、像旧衣服的气味，是由于葡萄酒泄气造成的发霉腐败。氧化酒基本上是坏酒，然而雪莉（SHERRY）、波特（PORTO）以及葡萄牙的马德拉（MADERIZED）等加强葡萄酒，如果有氧化口味则是正常的。

4. 二氧化硫味

闻起来像固体燃料炉废气味，有的时候比酒的气味要轻。这种气味的产生大多是因为酿造过程中的 SO_2 添加过度。这种气味经常出现在便宜的甜酒里，这种酒喝起来让喉咙发干，不舒服。

5. 臭鸡蛋和橡皮味

这种气味混合了硫化氢的味道，往往出现在环境温度较高条件下的红葡萄酒里，如果不加处理会发展成为明显的污水般的气味。只要加入一点点 SO_2 就可以驱散这种气味了。这种酒虽然不好闻，还刺激鼻喉，但 SO_2 作为防腐剂还是很常见，也用它来清洗橡木桶和瓶子，不少年轻的酒里都有一点这种味，不过无害，一般倒杯后很快就散去了。

6. 醋酸

它在口感上有尖锐酸涩的感觉。酒开瓶后，长时间和空气接触，会受醋杆菌的侵蚀，使酒变酸。如果酒在高温发酵，入瓶不小心，也会有醋酸形成。酒在桶里或瓶里漏损，如木塞生虫、干缩，渗入空气，酒就会变坏或有此味。

7. 金属味和老鼠味

在酿酒过程中，或在木桶储存和入瓶时，受到金属的污染，酒就会有铁罐味。如果气味明显，酒的颜色加深，酒中有茶色沉淀物，则属铜污染。老鼠味，味如鼠臭，是细菌感染的迹象，这种细菌通常只感染木桶中的酒。

8. 天竺葵和山梨酸

酒在发酵过程中产生了微生物，会造成此味。这类酒一般质地粗糙而且加了山梨酸防腐剂，闻起来带点蒜味，比如中国国内带甜口味的酒（如味美思）一般都是加入山梨酸的。

二、酒的鉴定

1. 对酒品色泽的鉴定

红葡萄酒分紫红或石榴红、深红、宝石红、红微带棕色，桃红葡萄酒应为桃红、淡玫瑰红、浅红色，加香葡萄酒应为深红、棕红、浅黄、金黄色，接近原品种果实的真实色泽。强光照射酒身稍带反光，总体上红润剔透，澄清透明，不应有明显的悬浮物。白葡萄酒色泽淡黄，酒液澄清，透明，无杂质。凡液面呈深褐色的质量较差。对这些色泽标准要求，必须利用肉眼来看酒的外观、色泽、澄清度、异物等。对酒的观看方法是：当酒注入杯中后，将杯举起，白纸作底，对光观看；也可将杯上口与眼眉平视，进入观看。正常的酒品，应符合上述标准要求，反之，为不合格的酒品。

2. 对酒品香气的鉴定

人的嗅觉器官是鼻腔。嗅觉是有气味物质的气体分子或溶液，在口腔内受体温热蒸发后，随着空气进入鼻腔的嗅觉部位而产生的。

葡萄酒含有芳香气味成分，其气味成分是酿造过程中由微生物发酵产生的代谢产物，如各种酶类等。酒进入口腔时的气味所挥发的分子进入鼻咽后，与呼出的气体一起通过两个鼻孔进入鼻腔，这时，呼气也能感到酒的气味。而且酒经过咽喉时，下咽至食管后，便发生有力的呼气动作，带有酒气味分子的空气，便由鼻咽急速向鼻腔推进，此时，人对酒的气味感觉会特别明显。这是气味与口味的复合作用。酒的气味不但可以通过咽喉到鼻腔，而且咽下以后还会再返回来，一般称为回味。回味有长短，并可分辨出是否纯净（有无邪、杂气味），有无刺激性。人的嗅觉是极容易疲劳的，对酒的气味嗅的时间过长，就会迟钝不灵。古人云：“入芝兰之室，久而不闻其香；入鲍鱼之肆，久而不闻其臭”，指的就是嗅觉易于迟钝。所以人们嗅闻酒的香气时，不宜过长；要有间歇，每品评两种红葡萄酒之间应用清水ıH口，藉以保持嗅觉的灵敏度。

3. 对酒品滋味的鉴别

红葡萄酒应有干爽、醇厚、绵长、圆润感。各种口味均衡统一，恰到好处，凡串味或与典型口味不符的均为质量欠佳。

三、快速鉴定红葡萄酒的方法

1. 鉴定原理

勾兑的劣质红葡萄酒中含有人工合成的色素，而经过长时间酿造发酵的红葡萄酒中含有的是天然的色素：花色苷。

花色苷是花色素与糖以糖苷键结合而成的一类化合物，广泛存在于植物的花、果实、茎、叶和根器官的细胞液中，使其呈现由红、紫红到蓝等不同颜色。花色苷是类黄酮——以黄酮核为基础的一类物质中能呈现红色的一族化合物。

花色苷溶于水和乙醇，不溶于乙醚、氯仿等有机溶剂；遇醋酸铅试剂会沉淀，并能被活性炭吸附；其颜色随 pH 不同而改变，在酸性条件下显色较好，呈红色，在中性、近中性条件下呈无色，在碱性条件下呈蓝色；花色苷是葡萄酒中最主要的呈色物质。

2. 鉴定方法

用折好的纸巾检验，具体做法是：将纸巾折成四折，用干净的筷子蘸被检验的红葡萄酒并滴入折好的纸巾上，过一会儿，纸巾上就会呈现出红葡萄酒的颜色，接着将食用碱和水按 1∶5 的比例调成水溶液，将此碱液滴在刚滴过葡萄酒的纸巾处，纸巾呈现蓝绿色的就是优质真红葡萄酒，否则就是劣质酒。

【习题】

1. 葡萄酒的种类有哪些？
2. 红葡萄酒与白葡萄酒的生产工艺有何异同？
3. 什么是下胶澄清？常用于下胶澄清的物质有哪些？
4. 葡萄酒要如何进行过滤？
5. 起泡葡萄酒的生产工艺？
6. 如何鉴定红葡萄酒的优劣？

项目五
黄酒生产技术

【知识目标】

1. 了解黄酒的特点以及种类。
2. 了解黄酒的质量及感官标准。
3. 了解酿造黄酒的原料、辅料，掌握其处理方法。
4. 了解黄酒发酵的基本原理。

【技能目标】

1. 能够完成黄酒生产过程中原料处理、发酵剂制备、发酵及发酵后处理等基本操作。
2. 熟练掌握各种黄酒的酿造工艺。
3. 熟悉黄酒酿造过程中质量控制的关键环节。
4. 能够根据质量标准评定黄酒的质量。

【解决问题】

1. 黄酒麦曲中有哪些微生物？有什么影响？
2. 制备淋饭酒母时，应掌握哪些要点？
3. 黄酒的糖化发酵剂有哪些？制作工艺及流程是怎样的？黄酒有哪几种生产方式？

【必备知识】

一、黄酒的分类

（1）按含糖量多少分类　分为干黄酒（含糖分 $<10g/L$，以葡萄糖计）、半干黄酒（$10\sim30g/L$）、半甜黄酒（$30\sim100g/L$）、甜黄酒（$100\sim200g/L$）和浓甜黄酒（$\geq200g/L$）五类。

（2）按生产原料分类　分为稻料黄酒和非稻料黄酒两大类。稻料黄酒可细分为糯米黄酒、粳米黄酒、籼米黄酒等；非稻料黄酒也可细分为黍米黄酒、玉米黄酒等。

（3）按糖化发酵剂分类　分为麦曲酒、红曲酒、乌衣红曲酒、小曲酒等。

（4）按生产工艺分类　分为传统工艺黄酒和新工艺黄酒。在传统生产工艺中，主要有淋饭法、摊饭法和喂饭法三种生产方式，故所生产的酒分别称淋饭酒、摊饭酒（如绍兴加饭酒、元红酒等）和喂饭酒（如嘉兴黄酒等）。

二、黄酒生产原料

黄酒生产的主要原料是米类和水。米类主要为大米（糯米、粳米或籼米），少数厂家用黍米（大黄米）或玉米等。我国南方都用大米，北方以前仅用黍米和粟米（小米），现在也开始使用糯米、粳米或玉米酿酒。

（一）大米

1. 大米的结构

稻谷加工脱壳后成为糙米，糙米由四部分组成。

（1）谷皮由果皮、种皮复合而成，主要成分是纤维素、无机盐，不含淀粉。

（2）糊粉层与胚乳紧密相连。糊粉层含有丰富的蛋白质、脂肪、无机盐和维生素，占整个谷粒的质量分数为4%～6%。常把谷皮和糊粉层统称为米糠层，米糠中含有20%左右的脂肪。

（3）胚乳位于糊粉层内侧，是米粒的最主要的部分，其质量约为整个谷粒的70%左右。

（4）胚是米的生理活性最强的部分，含有丰富的蛋白质、脂肪、糖分和维生素等。

2. 大米的酿造特点

（1）糯米　糯米在北方也称江米，可分为粳糯和籼糯两类。粳糯米粒较短，一般呈椭圆形，所含淀粉几乎全部都是支链淀粉；籼糯米粒较长，一般呈长椭圆形或细长形，所含淀粉绝大多数也是支链淀粉，直链淀粉只有0.2%～4.6%。

糯米由于所含淀粉几乎都是支链淀粉，在蒸煮过程中很容易完全糊化，糖化发酵后酒中残留的糊精和低聚糖较多，酒味香醇，是传统的酿制黄酒的原料，也是最好的原料，尤其以粳糯的酿酒性能最优。现今的名优黄酒大多都是以糯米为原料酿造的。

（2）粳米　粳米粒形较宽，呈椭圆形，透明度高；直链淀粉含量为15% ~ 23%；亩产量比糯米的高。直链淀粉含量高的米粒，蒸饭时饭粒显得蓬松干燥，色暗，冷却后变硬，熟饭伸长度大；另外，浸米吸水及蒸饭糊化较为困难，在蒸煮时需要喷淋热水，使米粒充分吸水和糊化彻底，以确保糖化发酵的正常进行。

粳米因直链淀粉含量较高，质地较硬，浸米时的吸水率较低，蒸饭技术要求较高，用作酿黄酒原料也有不少优点，即糖化分解彻底，发酵正常而出酒率较高，酒质量稳定等，加上粳米亩产量较糯米高，因而，粳米已成为江苏、浙江两省生产普通黄酒的主要用米，部分粳米黄酒产品可以达到高档糯米黄酒的水平。

（3）籼米　籼米米粒呈长椭圆形或细长形，直链淀粉含量较高，一般为23% ~28%，有的高达35%。杂交晚籼米可用来酿制黄酒。杂交晚籼如军优2号、汕优6号等品种，直链淀粉含量在24% ~25%，蒸煮后米饭黏湿而有光泽。但过熟会很快散裂分解。这类杂交晚籼既能保持米饭的蓬松性，又能保持冷却后柔软性，其品质特性偏向粳米，较符合黄酒生产工艺的要求。一般的早、中籼米酿酒性能要差一些。

3. 大米质量要求

黄酒酿造用米，应淀粉含量高，蛋白质、脂肪含量少；米粒大、饱满整齐，碎米少；精白度高；米质纯，糠秕等杂质少。另外，应尽量使用新米，陈米对酒的质量有不利的影响。

直链淀粉含量是评定大米蒸煮品质的重要指标，应尽量使用直链淀粉含量低、支链淀粉含量高的大米品种。

（二）其他原料

1. 黍米和粟米

黍米俗称大黄米，是我国北方人喜爱的主食之一，且能用来酿酒和制作糕点。

黍米的淀粉质量分数为70% ~73%，粗蛋白质质量分数为8.7% ~9.8%，还含有少量的无机盐和脂肪等。从颜色来区分大致分为黑色、白色、梨色（黄油色）三种。其中以大粒黑脐的黄色黍米酿酒品质最好，它俗称为龙眼黍米，是黍米中的糯性品种，蒸煮时容易糊化，出酒率较高。其他品种则米质较硬，蒸煮困难，出酒率较低。黍米亩产量较低，供应不足，现在我国仅少数酒厂用黍米酿制黄酒。代表性的黍米黄酒有山东省的即黑黍米黄酒和兰陵美酒，以及辽宁省的大连黄酒等。

2. 玉米

近年来，国内有的厂家开始用玉米为原料酿制黄酒，一方面开辟了黄酒的新原料，另一方面为玉米的深加工找到了一条很好的途径。

玉米与大米相比，除淀粉含量稍低于大米外，蛋白质和脂肪含量都超过了大米，特别是脂肪含量丰富。淀粉中直链淀粉占10%～15%，支链淀粉为85%～90%；黄色玉米的淀粉含量比白色的高。玉米所含的蛋白质大多为醇溶性蛋白，不含β－球蛋白，这有利于酒的稳定。玉米所含脂肪多集中于胚芽中（胚芽干物质中脂肪含量高达30%～40%），它给糖化、发酵和酒的风味带来不利的影响，因此，玉米必须脱胚，加工成玉米碴后才适于酿制黄酒。另外，与糯米、粳米相比，玉米淀粉结构致密坚硬，呈玻璃质的组织状态，糊化温度高，胶稠度硬，较难蒸煮糊化。因此，要十分重视对颗粒的粉碎度、浸泡时间和水温、蒸煮温度和时间的选择，防止因没有达到蒸煮糊化的要求而老化回生，或因水分过高饭粒过烂而不利发酵，导致糖化发酵不良和酒度、酸度高的后果。

（三）水

黄酒中水分含量达80%以上，是黄酒的主要成分。黄酒生产用水量很大，其中制曲、浸米和发酵用水为酿造用水，直接关系到黄酒质量。

酿造用水应基本符合我国生活饮用水的标准，某些项目还应符合酿造黄酒的专业要求：

（1）无色、无味、无臭、清亮透明、无异常。

（2）pH理想值为6.8～7.2，最高极限6.5～7.8。

（3）总硬度理想要求0.71～2.50mmol/L。

（4）铁含量要求在0.5mg/L以下。

（5）锰含量要求在0.1mg/L以下。

（6）黄酒酿造水必须避免重金属的存在。

（7）有机物含量是水污染的标志，常用高锰酸钾耗用量来表示，超过5mg/L为不洁水。不能用作酿酒。

（8）硝酸态氮理想要求在0～2mg/L。

（9）酿造水中不得检出NO_2^-，NO_3^-质量浓度应小于0.2 mg/L。

（10）硅酸盐（以SiO_{2-3}计）<50 mg/L。

（11）细菌总数大肠菌群的量应符合生活饮用水卫生标准，不得存在产酸细菌。

（四）小麦

小麦是制作麦曲的原料。小麦中含有丰富的淀粉和蛋白质，以及适量的无机盐等营养成分，并有较强的黏延性以及良好的疏松性，适宜霉菌等微生物的生长繁殖，使之产生较高活力的淀粉酶和蛋白酶等酶类，并能给黄酒带来一定的香味成分。小麦蛋白质含量比大米高，大多为麸胶蛋白，氨基酸中以谷氨酸为最多，它是黄酒鲜味的主要来源。制曲小麦应尽量选用皮层薄、胚乳粉状多的当年产的红色软质小麦。在制曲麦时，可在小麦中配10%～20%的大麦，以改善曲块的透气性，促进好氧微生物的生长繁殖，提高麦曲的酶活力。

三、黄酒发酵基本原理

黄酒发酵主要是酵母的糖代谢过程：酵母消耗还原为糖，一部分通过异化和同化作用，合成酵母本身物质，而大部分通过代谢后释放出能量，作为酵母生命活动的原动力，并排出二氧化碳、乙醇等代谢产物。

（一）黄酒发酵的主要特点

黄酒发酵的特点是开放式发酵，糖化与发酵同时进行，酒醅的高浓度，低温、长时间发酵及生成高浓度酒精等。

1. 开放式发酵

黄酒发酵是不专门进行灭菌的开放型发酵。发酵中，曲、水和各种用具都存在着大量的杂菌，空气中的有害微生物也会侵入酒醅。但传统的操作法却能保证黄酒的安全酿造，其措施主要有：

① 低温发酵，可有效地减轻各种有害杂菌的干扰。

② 在生产传统的淋饭酒或淋饭酒母时，通过搭窝操作，使酒药中大量有益微生物（如根霉、酵母等）在有氧的条件下迅速繁殖，并在初期就生成大量的有机酸，合理地提高了酒醅的pH，有效地抑制了有害杂菌的生成。

③ 在传统的摊饭法发酵中，除选用优良的淋饭酒醅作酒母外，还可用浆水作配料，既可调节酸度，抑制产酸菌的繁殖生长，又增加了生长素，促使酵母迅速繁殖。

④ 在喂饭酒发酵中，采用分批加饭，醪液酸度和酵母浓度不至于一下稀释得太低，同时还可使酵母多次获得新鲜养分，保持发酵的旺盛状态，阻碍了杂菌的繁衍。

⑤ 合理的开耙在传统工艺中也是做好黄酒的关键。合理的开耙除能调节品温、混匀醪液外，更重要的是输送了溶解氧，强化了酵母的活性，阻止了产酸杂菌的生长。

2. 典型的边糖化边发酵工艺

在黄酒酿造过程中，淀粉糖化和酒精发酵是同时进行的。为使酒醅中酒精体积分数最终达到16%以上，就必须要有约30%可发酵性糖分。若醪中一开始就含这么高的糖分，酵母则很难在此环境中进行发酵。只有采用边糖化边发酵，才能使糖液浓度不至于积累太高，而逐步发酵产生酒精。为保持糖化与发酵的平衡，不使任何一方过快或过慢，在生产上通过合理的落罐条件和恰当的开耙进行调节，保证酒醅的正常发酵。

3. 酒醅的高浓度发酵

黄酒发酵时，酒醅中的大米与水质量体积比为1∶2左右，是所有酿酒中浓度最高的。这种高浓度的醪液，发热量大，流动性差，同时由于原料大米是整粒的，发酵时易浮在上面形成醪盖，热量不易散发。所以，对发酵温度的控制就显得很重要，关键是要掌握好开耙调节温度的操作，尤其是第一耙的时机对酒质的影响很大。

适当地降低醪液浓度是有利于发酵的，也有利于出酒率的提高。新工艺黄酒发酵有增大醪液给水量的趋势。

4. 低温长时间发酵和高酒精度醪液的形成

黄酒酿造中不仅需要产生乙醇，而且还要产生多种香味物质，并使酒香协调，因此必须经过长时间的低温后发酵。在此阶段进行缓慢的糖化发酵作用，酒精及各种副产物，如高级醇、有机酸、酯类、醛类、酮类、含氮物等还在继续形成，有些挥发性成分逐步消失，酒味变得柔和细腻。一般低温长时间发酵的酒比高温短时间发酵的酒香气和口味都好。由于在高浓度下进行低温长时间的边糖化边发酵，并且酒醅中酵母的浓度高达6亿~8亿个/mL，以及其他因素的影响，形成了醪液16%左右的高酒精含量。

（二）发酵过程中的物质变化

酒醅在发酵过程中的物质变化主要是指淀粉的水解、酒精的形成，并伴随着其他副产物的生成。

1. 淀粉的分解

淀粉的分解是在淀粉酶、糖化酶的作用下将淀粉转化为糊精和可发酵性糖。在发酵中，淀粉大部分被分解为葡萄糖。随着酵母的酒精发酵，糖含量逐步降低，到发酵终了时还残存少量的葡萄糖和糊精，使黄酒具有甜味和黏稠感。还有一部分糖被分解为麦芽三糖、异麦芽糖等非发酵性低聚糖，增加了酒的醇厚性。

淀粉酶经长时间的发酵，活性降低，其中耐酸性的糖化型淀粉酶的活性仍部分地保存下来，经压榨大部分进入酒液，起到较弱的后糖化作用，但酶的存在也能引起蛋白质混浊。可通过煎酒将酶破坏，以稳定酒质。

2. 酒精发酵

黄酒发酵分为前发酵、主发酵和后发酵三个阶段。在前发酵阶段，大约下缸或下罐10~12h，主要是酵母增殖期，发酵作用弱，温度上升缓慢。当醅中的溶解氧基本被消耗完，酵母细胞浓度相当高时，则进入主发酵期，此阶段酒精发酵旺盛，酒醅温度和酒精浓度上升较快，而酒醅中的糖分逐渐减少。经主发酵，醪液中代谢产物积累较多，酵母的活性变弱，即开始进入缓慢的后发酵阶段，后发酵主要是继续分解残余的淀粉和糖分，发酵作用微弱，温度逐渐降低。待发酵结束榨酒时，酒醅中的酒精体积分数可达16%以上。

3. 有机酸的变化

黄酒中的有机酸部分来自原料、酒母、曲和浆水，但大部分是在发酵过程中由酵母的代谢产生，如琥珀酸等；也有些是因杂菌污染所致，如醋酸、乳酸、丁酸等。这些酸都是由可发酵性糖转化而成。在正常的黄酒发酵醅中，有机酸以琥珀酸和乳酸为主，此外尚有少量的柠檬酸、延胡索酸和醋酸等。这些有机酸对黄酒的香味和缓冲作用很重要。因此，在生产过程中要有目的地加以控制。酸败变质的酒醅含醋酸和乳酸特别多，而琥珀酸等减少。黄酒的总酸控制在0.35g/100mL左右较好，过高或过低都会影响酒的质量。

4. 蛋白质的变化

大米和小麦都含有一定量的蛋白质，在发酵过程中，蛋白质受曲和酒母中蛋白酶的分解作用，形成肽和氨基酸。还有一部分氨基酸是从微生物菌体中溶出的。黄酒酒醅中的氨基酸可达18种以上，且含量居各类酒之首。形成的氨基酸一部分被酵母同化，成为合成酵母蛋白质的原料，同时生成高级醇，再加上氨基酸本身的滋味，这些物质赋予黄酒特有的醇香和浓厚感。

5. 脂肪的变化

原料中的脂肪在发酵过程中，被微生物中的脂肪酶作用，分解成甘油和脂肪酸。甘油赋予黄酒甜味和黏稠性。脂肪酸是形成酯的前体物质，酯与高级醇一起形成黄酒特有的芳香味。

四、黄酒酿造过程中的主要微生物

1. 霉菌

酒曲中的霉菌主要有以下几种。

（1）曲霉菌　麦曲、米曲中的曲霉菌，在黄酒酿造中起糖化作用，其中以黄曲霉为主，还有较少的黑曲霉等微生物。黄酒生产中一般应以黄曲霉为主，适当添加少量黑曲霉或食品级糖化酶，以提高糖化能力，进一步提高出酒率。

（2）根霉　根霉菌是酒药中主要糖化菌。其糖化力强，几乎使淀粉全部水解生成葡萄糖，还能分泌乳酸、琥珀酸和延胡索酸等有机酸，降低培养基的pH，抑制产酸菌的侵袭，并使黄酒口味鲜美丰满。

（3）红曲霉　红曲霉是生产红曲的主要微生物。红曲霉菌不怕湿度大，耐酸，最适温度32～35℃，最适pH为3.5～5.0，在pH3.5时，能抑制其他霉菌而旺盛生长，红曲霉菌所耐最低pH为2.5，能耐10%的酒精，能产生淀粉酶、蛋白酶等，水解淀粉最终生成葡萄糖，并能产生柠檬酸、琥珀酸、乙醇，还分泌红色素或黄色素等。

2. 酵母

传统法黄酒酿造中使用的酒药中含有许多酵母，有些起发酵酒精的作用，有些起产生黄酒特有香味物质的作用。新工艺黄酒使用的是优良纯种酵母菌。

3. 黄酒酿造的有害细菌

黄酒发酵是霉菌、酵母、细菌的多菌种发酵。如果发酵条件控制不当和消毒不严格等，会造成有害细菌的大量繁殖，导致黄酒发酵醪的酸败。常见的有害微生物主要有醋酸菌、乳酸菌和枯草芽孢杆菌。它们大多来自曲和酒母及原料、环境、设备。

五、黄酒传统酿造工艺

（一）干型黄酒的酿造

干型黄酒含糖质量浓度在0.1g/L以下，酒的浸出物较少，口味比较淡薄。

1. 摊饭酒

绍兴元红酒是干型黄酒中具有典型代表性的摊饭酒。采用糯米为原料酿制而成。

（1）配料　元红酒每缸用糯米144kg，配入麦曲22.5kg，水112kg，酸浆水84kg，淋饭酒母5～6kg。加入酸浆水与清水的比例为3∶4，即“三浆四水”。

（2）浸米　摊饭酒的浸米时间较长，达18～20d，浸渍过程中，要注意及时换水。

（3）蒸饭和摊晾　摊饭酒的米，浸渍后不经淋洗，保留附在米上的浆水进行蒸煮。蒸熟后的米饭，必须经过冷却，迅速把品温降至适合微生物繁殖发酵的温度。对米饭降温要求是品温下降迅速而均匀，不产生热块，并根据气温掌握冷却后温度，一般应为60～65℃。

（4）落缸　落缸前，应把发酵缸及一切用具先清洗和用沸水灭菌，在落缸前一天，称取一定量的清水置缸中备用。落缸时分两次投入冷却的米饭，打碎饭块后，依次投入麦曲、淋饭酒母和浆水，搅拌均匀，使缸内物料上下温度均匀，糖化发酵剂与饭料均匀接触。注意勿使酒母与热饭块接触，以免引起“烫酿”，造成发酵不良，引起酸败。落缸的温度根据气温高低灵活掌握，一般控制在27～29℃。并及时做好保温工作，使糖化、发酵和酵母繁殖顺利进行。

（5）糖化和发酵　物料落缸后便开始糖化和发酵，前期主要是酵母的增殖，品温上升缓慢，应注意保温，随气温高低不同，保温物要有所增减。一般经过10h左右，醅中酵母已大量繁殖，进入主发酵阶段，温度上升较快，缸内可听见嘶嘶的发酵响声，并产生大量的二氧化碳气体，把酒醅顶上缸面，形成厚厚的米饭层，必须及时开耙。开耙时以测量饭面下15～20cm的缸心温度为依据，结合气温高低灵活掌握。开耙温度的高低，影响成品酒的风味。高温开耙（头耙35℃以上），酵母易早衰，发酵能力减弱，使酒残糖含量增多，酿成的酒口味较甜，俗称热作酒；低温开耙（头耙温度不超过30℃），发酵较完全，酿成的酒甜味少而酒精含量高，俗称冷作酒。

开头耙后品温一般下降4～8℃，此后，各次开耙的品温下降较少。实际操作中，头耙、二耙主要依据品温高低进行开耙，三、四耙则主要根据酒醅发酵的成熟程度，及时捣耙和减少保温物，四耙以后，每天捣耙2～3次，直至品温接近室温。主发酵一般3～5d结束。注意防止酒精过多的挥发，应及时灌坛进行后发酵。此时酒精体积分数一般达13%～14%。

（6）后发酵（养醅） 灌坛操作时，先在每坛中加入1～2坛淋饭酒母（俗称窝醅），搅拌均匀后，将发酵缸中的酒醅分盛于酒坛中，每坛约装20kg，坛口上盖一张荷叶。2～4坛堆一列，堆置室外。最上层坛口除盖上荷叶外，加罩一小瓦盖，以防雨水进入坛内。

后发酵使一部分残留的淀粉和糖分继续发酵，进一步提高酒精含量，并使酒成熟增香，风味变好。

后发酵的品温常随自然温度而变化。所以前期气温较低的酒醅，要堆放在向阳温暖的地方，以加快后发酵的速度；在后期天气转暖时的酒醅，则应堆放在阴凉的地方，防止温度过高，产生酸败现象，一般控制室温在20℃以下为宜。后发酵一般需2个月以上的时间。

2. 喂饭酒

喂饭法发酵是将酿酒原料分成几批，第一批先做成酒母，在培养成熟阶段，陆续分批加入新原料，扩大培养，使发酵继续进行的一种酿酒方法。

（1）浸渍 室温20℃左右时，浸渍20～24h；室温5～15℃时，浸渍24～26h；室温5℃以下时，浸渍48～60h。投入米时，水面应高出米面10～15cm，米要吸足水分。浸渍后用清水冲洗，洗去黏附在米粒上的黏性浆液后蒸煮。

（2）蒸饭 “双淋双蒸”是粳米蒸饭质量的关键。所谓“双淋”即在蒸饭过程中两次用40℃左右的温水淋洒米饭，翻拌均匀，使米粒吸足水分，保证糊化；“双蒸”即同一原料经过两次蒸煮。

蒸饭要求是“饭粒疏松不糊，成熟均匀一致，内无白心生粒”。

（3）淋水 淋水温度和数量要根据气候和下缸品温灵活掌握。气温低时，要接取淋饭流出的温水，重复回淋到饭中，使饭粒内外温度一致，保证拌药所需的品温。

（4）拌药、搭窝 蒸饭淋水后，沥干，落缸。一般每缸为粳米50kg的米饭，搓散饭块，拌入酒药0.2～0.25kg搭窝。拌药品温26～32℃，根据气温适当调节。做好保温工作，经18～22h开始升温，24～36h品温略回降出现酿液，此时品温为29～33℃。以后酿液逐渐增多，趋于成熟时，呈白玉色，有正常的酒香。

（5）翻缸放水 一般在搭窝48～72h后，酿液高度已达2/3的醅深，糖度达20%以上，酵母细胞数在1亿个/mL左右，酒精体积分数在4%以下，即可翻转酒醅加入清水。加水量按总控制量的30%计算。

（6）第一次喂饭　翻缸24h后，第一次加曲，其数量为总用曲量的1/2，喂入原料米50kg的米饭，捏碎大的饭块，喂饭后品温一般在25～28℃，略拌匀。

（7）开耙　第一次喂饭后13～14h，缸底的酿水温度在24～26℃，缸面品温为29～30℃，甚至高达32～34℃，开头耙。

（8）第二次喂饭　第一次喂饭后约24h，加入余下的一半麦曲，再喂入原料米25kg的米饭。喂饭前后的品温一般在28～30℃，随气温和酒醅温度的高低，适当调整喂入米饭的温度。

（9）灌坛、养醅　第二次喂饭以后的5～10h，酒醅从发酵缸灌入酒坛，露天堆放，养醅60～90d，进行缓慢的后发酵，然后压榨、澄清、煎酒、灌坛。

（二）半干型黄酒的酿造

半干型黄酒含糖量在1.0%～3.0%。这类黄酒的许多品种，酒质优美，风味独特，特别是绍兴加饭酒，酒液黄亮、呈有光泽的琥珀色，香气浓郁芬芳，口味鲜美醇厚，甜度适口，是绍兴酒中的上品，在国内外久负盛名。下面以绍兴加饭酒为代表，介绍半干型黄酒的酿造。

加饭酒，顾名思义，是在配料中增加了饭量，实际上是一种浓醪发酵酒，采用摊饭法酿制而成。比干型的元红酒更为醇厚，与元红酒有不同之处。

（1）加饭酒操作基本与元红酒相同，但因减少了放水量，原料落缸时拌匀比较困难，应将落缸经搅拌过的饭料，再翻到靠近的空缸中，以进一步拌匀，俗称“盘缸”。空缸上架有大孔眼筛子，饭料用挽斗捞起倒在筛中漏入缸内，随时将大饭块用手捏碎，以达到曲饭均匀，温度一致。

（2）因酒醅浓厚，主发酵期间品温降低缓慢，可安排在严寒季节生产。落缸品温不宜过高，一般在26～28℃，并根据气温灵活掌握；同时发酵温度比元红酒低1～2℃。

（3）加饭酒的发酵不仅要求酒精、酸度增长符合要求，而且保持一定的糖分。因此开耙很关键，主要靠开耙技工的实践经验灵活掌握。加饭酒采用热作开耙，即头耙温度较高，一般在35～36℃，这样有利于糖化发酵迅速进行，使酒精含量增长快，发酵后糟粕少。当发酵升温高潮到来后，根据主发酵酒醅的成熟程度，及时捣冷耙，降低品温。

（三）半甜型黄酒的酿造

半甜型黄酒的糖分在3.0%～10.0%，这是由发酵方法和酿酒操作所形成的。绍兴善酿酒是半甜型黄酒的代表，是用元红酒代水酿制而成的酒中之酒。以酒代水使得发酵一开始就有较高的酒精含量，对酵母形成一定的抑制作用，使酒醅发酵不彻底，从而残留较高的糖分和其他成分，再加上配入芬芳浓郁的陈酒，形成绍兴善酿酒特有的芳香，酒度适中而味甘甜的特点。下面介绍绍兴善酿酒的酿造工艺。

1. 工艺流程

善酿酒是采用摊饭法酿制而成的，其酿酒操作与元红酒基本相同，不同之处是落缸时以陈元红酒代水酿制。为适应加酒后发酵缓慢的特点，增加了块曲和酒母的用量，同时使用一定量的浆水，浆水的酸度要求在0.3～0.5g/100mL，目的是为了提高糖化、发酵的速度。

2. 酿酒操作

善酿酒在米饭落缸时，以陈元红酒代水加入，酒精体积分数已在6%以上，酵母的生长繁殖受到抑制，发酵速度缓慢。为了在开始促进酵母的繁殖和发酵作用，要求落缸品温比元红酒稍高2～3℃，一般在30～31℃，并做好保温工作。落缸后20h左右，随着糖化发酵的进行，品温升到30～32℃，便可开耙。耙后品温下降4～6℃，继续保温，再经10～14h，品温恢复到30～31℃，开二耙。再经4～6h，开三耙并做好降温工作。此后要注意捣冷耙降温，避免发酵太老，糖分降低太多。一般发酵2～4d，便可灌醅后发酵，经过70d左右即可榨酒。

（四）甜型黄酒的酿造

甜型黄酒的糖分在10.0%以上，一般采用淋饭法酿制，即在饭料中拌入糖化发酵剂，当糖化发酵达到一定程度时，加入酒精体积分数为40%～50%的白酒，抑制酵母菌的发酵作用，以保持酒醅中有较高的含糖量。同时由于酒醅中加入白酒后，酒精含量较高，不致被杂菌污染，所以生产不受季节限制。具有代表性的品种有绍兴的香雪酒、福建省的沉缸酒、江苏丹阳和江西九江的封缸酒等产品，下面着重介绍绍兴香雪酒的酿造工艺。

香雪酒是用白酒代水酿制而成的，酒醅经陈酿后，既无白酒的辣味，又有绍兴酒特有的浓郁芳香，上口香甜醇厚，深受国内外消费者欢迎。

（1）香雪酒是先用淋饭法制成酒酿，再加麦曲继续糖化，然后加入白酒（糟烧）浸泡，再经压榨、煎酒而成。冲缸以前的操作与淋饭酒母相同。

（2）酿制香雪酒时，关键是蒸饭要熟透而不糊，酿窝甜液要满，窝内加麦曲（俗称窝曲）、投酒要及时。

首先，米饭要蒸熟，吸水多，糊化彻底，有利于糖化；但不要蒸得太烂，否则淋水困难，搭窝不疏松，影响糖化菌生长，糖分形成少。窝曲是为了补充酶量，加强淀粉的液化和糖化，同时也赋予酒液特有的色、香、味。窝曲后，当糖化作用达到一定程度，必须及时加入白酒来提高酒醅的酒精含量，抑制酵母的发酵作用。白酒加入要及时，一般掌握在酿窝糖液满至90%，糖液口味鲜甜时，投入麦曲，充分拌匀，保温糖化12～14h，待固体部分向上浮起，形成醪盖，其下面积聚醅液15cm左右高度时，便可加入白酒，充分搅拌均匀，加盖静置发酵1d，即灌醅转入后发酵。

（3）酒醅的堆放和榨煎　加白酒后的酒醅，经1d静置，灌坛。灌坛时，用耙将缸中的酒醅充分捣匀，使灌坛固液均匀。灌坛后，坛口包扎好荷叶箬壳。3～4 坛为一列堆于室内，在上层醅压坛口，封上少量湿泥。如用缸封存，则加入白酒后，每隔 2～3d 捣醅一次，经捣拌 2～3 次后，便可用洁净的空缸覆盖，两缸口衔接处，用荷叶衬垫，并用盐卤拌泥封口。

香雪酒的后发酵时间长达 4～5 个月之久，经后发酵后，酒醅已无白酒气味，各项理化指标均已达到规定标准，便可进行压榨。由于黏性大、酒糟厚，榨酒时间比元红酒要长。香雪酒由于酒精含量和糖分都比较高，无杀菌必要，但经煎酒后，胶体物质被凝结，维持酒液清澈透明和酒体的稳定性，可进行短时间杀菌。

任务一 生产原料的预处理

一、大米原料的处理

未经加工的糙米需经精白、洗米、浸米，然后再蒸煮。

（一）米的精白

糙米的糠层含有较多的蛋白质、脂肪，会给黄酒带来异味，降低成品酒的质量；糠层的存在，妨碍大米的吸水膨胀，米饭难以蒸透，影响糖化发酵；糠层所含的丰富营养会促使微生物旺盛发酵，容易引起生酸菌的繁殖而使酒醪的酸度升高。因此，对糙米或精白度不足的原料应进行精白，以消除上述不利的影响。

精白米占糙米的百分率称为精米率，也称出白率，反映米的精白度。

（二）洗米

大米中附着一定数量的糠秕、米粞和尘土及其他杂物。处理的方法有：用洗米机清洗，洗到淋出的水无白浊为度；洗米与浸米同时进行；取消洗米而直接浸米。

（三）浸米

1. 浸米的目的

（1）大米吸水膨胀以利蒸煮　大多数厂采用浸渍后用蒸气常压蒸煮的工艺。适当延长浸渍时间，可以缩短蒸煮时间。

（2）获取含乳酸的浸米浆水　在传统摊饭法酿制黄酒的过程中，浸米的酸浆水是发酵生产中的重要配料之一。操作中，浸米的时间可长达 16～20d，米中有 6% 左右的水溶性物质被溶入浸渍水中，由于米和水中的微生物的作用，这些水溶性物质被转变或分解为乳酸、肌醇和磷酸等。抽取浸米的酸浆水作配料，在黄酒发酵一开始就形成一定的酸度，可抑制杂菌的生长繁殖，保证酵母的正常发酵；酸浆水中的氨基酸、维生素可提供给酵母利用；多种有机酸带入酒醪，可改善酒的风味。

2. 浸米过程中的物质变化

浸米开始，米粒吸水膨胀，含水量增加；浸米 4 ~ 6h，吸水达 20% ~ 25%；浸米 24h，水分基本吸足。浸米时，米粒表面的微生物利用溶解的糖分、蛋白质、维生素等营养物质进行生长繁殖。浸米 2d 后，浆水略带甜味，米层深处会冒出小气泡，乳酸链球菌将糖分逐渐转化为乳酸，浆水酸度慢慢升高。数天后，水面上将出现由产膜酵母形成的乳白色菌膜，与此同时，米粒中所含的淀粉、蛋白质等高分子物质受到微生物分泌的淀粉酶、蛋白酶等的作用而水解，其水解产物提供给乳酸链球菌等作为转化的基质，产生有机酸，使浸米水的总酸达 0.5% ~ 0.9%。酸度的增加促进了米粒结构的疏松，并出现“吐浆”现象。

浸米过程中，由于溶解作用和微生物的吸收转化，淀粉等物质有不同程度的损耗。浸米 15d，测定浆水所含固形物达 3% 以上，原料总损失率达 5% ~ 6%，淀粉损失率为 3% ~ 5%。

配料所需的酸浆水，应是新糯米浸后从中间抽出的洁净浆水。当酸度大于 0.5% 时，可加清水调整至 0.5% 上下，经澄清，取上清液使用。

3. 影响浸米速度的因素

浸米时间的长短由生产工艺、水温、米的性质等决定。需以浆水作配料的传统工艺浸米时间较长；目前的一般工艺浸米时间都比较短，只要达到米粒吸足水分颗粒保持完整，手指捏米能碎即可，吸水量为 25% ~ 30%（吸水量是指原料米经浸渍后含水百分数的增加值）。

浸米时吸水速度的快慢，与米的品质有关，糯米比粳米、籼米快；大粒米、软粒米、精白度高的米，吸水速度快，吸水率高。用软水浸米，水容易渗透；用硬水浸米，水分渗透慢。浸米时水温越高，吸水速度越快，但有用成分的损失也多。为避免环境气温的影响，可采用控温浸米。当气温降低时，可适当提高浸米水温，使水温控制在 30℃或 35℃以下。

（四）蒸煮

1. 蒸煮的目的

（1）淀粉糊化　浸米以后，淀粉颗粒膨胀，淀粉链之间变得疏松。对浸渍后的大米进行加热，生淀粉受热膨胀，破坏了原来淀粉的结晶构造，使植物组织和细胞破裂，水分渗入到淀粉粒内部，淀粉链得以舒展，淀粉分子之间的组合程度受到削弱，形成单个分子而呈溶解状态，这就是糊化。糊化后的淀粉易受淀粉酶的水解作用而转化为糖或糊精。

（2）原料灭菌　通过加热杀灭大米所带有的各种微生物，保证发酵的正常进行。

（3）挥发掉原料的怪杂味，使黄酒的风味纯净。

2. 蒸煮的质量要求

黄酒酿造采用整粒米饭发酵，是典型的边糖化边发酵工艺，发酵时的醪液浓度高，呈半固态，流动性差。为了既有利于酵母的增殖和发酵，使发酵彻底，又有利于压榨滤酒，在操作时特别要注意保持饭粒的完整。蒸煮时，要求米饭蒸熟蒸透，熟而不糊，透而不烂，外硬内软，疏松均匀。

为了检验米饭的糊化程度，可用刀片切开饭粒，观察饭心，不得有白心存在。

蒸煮时间由米的种类和性质、浸米后的含水量、蒸饭设备以及蒸气压力所决定，一般糯米与精白度高的软质粳米，常压蒸煮 15～25min；而硬质粳米和籼米应适当延长蒸煮时间，并在蒸煮过程中淋浇 85℃以上的热水，促进饭粒吸水膨胀，达到更好的糊化效果。

（五）米饭的冷却

米饭蒸熟后必须冷却到微生物生长繁殖或发酵的温度，才能使微生物很好地生长并对米饭进行正常的生化反应。冷却的方法有淋饭法和摊饭法。

1. 淋饭法

在制作淋饭酒、喂饭酒和甜型黄酒及淋饭酒母时，使用淋饭冷却。此法用清洁的冷水从米饭上面淋下，以降低品温，如果饭粒表面被冷水淋后品温过低，还可接取淋饭流出的部分温水（40～50℃）进行回淋，使品温回升。淋饭法冷却迅速方便，冷却后温度均匀，并可调节至所需要的品温。淋饭冷却还可适当增加米饭的含水量，使饭粒表面光洁滑爽，便于拌药搭窝，颗粒间分离透气，有利于好氧微生物的生长繁殖。

大米经淋饭冷却后，饭粒含水量有所提高。

2. 摊饭法

将蒸熟的热饭摊放在洁净的竹簟或磨光的水泥地面上，依靠风吹使饭温降至所需温度。可利用冷却后的饭温调节发酵罐内物料的混合温度，使之符合发酵要求。摊饭冷却，速度较慢，易感染杂菌和出现淀粉老化现象，尤其是含直链淀粉多的籼米原料，不宜采用摊饭冷却，否则淀粉老化严重，出酒率低。一般摊饭冷却温度为 50～80℃。

二、其他原料的处理

以黍米、玉米生产黄酒，因原料性质与大米相差甚大，其处理的方法也截然不同。

1. 黍米

（1）烫米　黍米谷皮厚，颗粒小，吸水困难，胚乳难以糊化。必须采用烫米的方法，使谷皮软化开裂，然后再浸渍，使水分向内部渗透，促进淀粉松散。烫米前，先用清水洗净黍米，沥干，再用沸水烫米，并快速搅动，使米粒稍有软化，稍微裂开即可。如果烫米不足，煮糜时米粒易爆跳。

（2）浸渍　烫米时随着搅拌的散热，水温降至 35 ~ 45℃，开始静止浸渍。冬季浸渍 20 ~ 22h，夏季 12h，春秋两季为 20h。

（3）煮糜　煮糜的目的是使黍米淀粉充分糊化而呈黏性，并产生焦黄色素和焦米香气，形成黍米黄酒的特殊风格。煮糜时先在铁锅中放入黍米质量二倍的清水并煮沸，依次倒入浸好的黍米，搅拌或翻铲使淀粉充分糊化；也可利用带搅拌设备的蒸煮锅，在 0. 196 MPa 表压蒸气下蒸煮 20min，闷糜 5min，然后放糜散冷至 60℃，再添加麦曲或麸曲，拌匀，堆积糖化。

2. 玉米

（1）浸泡　玉米淀粉结构细密坚固，不易糖化。应预先粉碎、脱胚、去皮、淘洗干净，选用 30 ~ 35 粒/g 的玉米粕用于酿酒。可先用常温水浸泡 12h，再升温到 50 ~ 65℃ ，保持浸渍 3 ~ 4h，再恢复常温浸泡，中间换水数次。

（2）蒸煮、冷却　浸后的玉米粕，经冲洗沥干，进行蒸煮，并在圆汽后浇洒沸水或温水，促使玉米淀粉颗粒膨胀，再继续蒸熟为止，然后用淋饭法冷却到拌曲下罐温度，进行糖化发酵。

（3）炒米　炒米的目的是形成玉米黄酒的色泽和焦香味。把玉米粕总量的 1/3，投入到五倍的沸水中，中火炒 2h 以上，待玉米粕已熟，外观呈褐色并有焦香时，将饭出锅摊晾，再与经蒸煮淋饭冷却的玉米粕饭粒糅合，加曲，加酒母，入罐发酵。下罐的品温常在 15 ~ 18℃。

任务二 糖化发酵剂的制备

酿制黄酒用的糖化发酵剂有酒药、曲、酒母等几种。

一、酒药

酒药又称小曲、酒饼、白药等，主要用于生产淋饭酒母或以淋饭法酿制甜黄酒（如丹阳封缸酒和九江封缸酒、福建沉缸酒、绍兴香雪酒等）。

酒药作为黄酒生产的糖化发酵剂，它含有的主要微生物有根霉、毛霉、酵母菌及少量的细菌和梨头霉等，其中以根霉和酵母菌最为重要。酒药具有药粒制造简单、储存使用方便、糖化发酵力强而量少的优点。目前，酒药的制造方法有传统法和纯种法两种，酒药种类包括传统的白药（蓼曲）和药曲，以及纯粹纯养的根霉曲等几种。

1. 白药（蓼曲）

白药是用新收获的早籼米粉、辣蓼草粉末和水为原料，用质量好的上一年酒药作种母接种，经过自然培育繁殖而制成的。

（1）工艺流程　白药制造分成成形、保温培养和晒药入库等几个过程，流程如下：

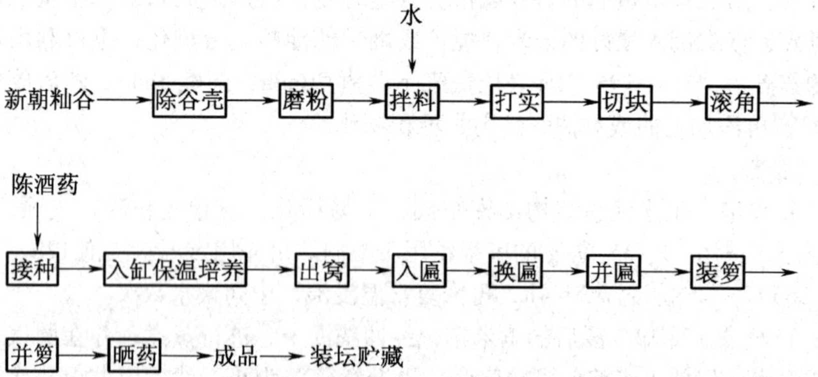

（2）工艺操作　白药一般在立秋前后制造，此时环境气温30℃左右，适合发酵微生物的生长繁殖，另外，此时早籼稻谷也收割登场，辣蓼草的采集和加工也已完成。

配方：糙米粉∶辣蓼草粉∶水＝20∶（0.4～0.6）∶（10.5～11）

①上臼、过筛：将称好的米粉及辣蓼粉倒入石臼内，充分拌匀，加水后充分拌匀，加水再充分拌和，然后用石槌捣拌数十下，以增强它的可塑性。取出，在谷筛上搓碎，移入打药木框内。

②打药：每臼料（20kg）分3次打药。木框长70～90cm，宽50～60cm，高10cm，上覆盖软席，用铁板压平，去框，再用刀沿木条（俗称划尺）纵横切开成方块，分3次倒入悬空的大竹匾内，将方形滚成圆形，然后加入3%的种母粉（娘药），再行回转打滚，过筛使药粉均匀黏附在新药上。

③摆药培养：培养采用缸窝法，即先在缸内放入新鲜谷壳，距离缸口沿约0.3m左右，铺上新鲜稻草芯，将药粒分行，留出一定间距，摆上一层，然后加上草盖，盖上麻袋，进行保温培养。气温在30～32℃时，经14～16h品温升到36～37℃时，可以去掉麻袋。再经6～8h手摸缸沿有水气，并放出香气，可将缸盖揭开，观察此时药粒是否全部、均匀地长满白色菌丝。如还能看到辣蓼粉的浅草绿色，这说明药胚还嫩，不能将缸盖全部打开，应逐步移开，使菌丝继续繁殖生长。用移开缸盖大小的方法来调节培养的品温，以促进根霉的生长，直至药粒菌丝用手摸不粘手，像白粉小球一样，方将缸盖揭开以降低温度。经3h可出窝，凉至室温，再经4～5h使药坯结实，即可出窝并匾。

④出窝并匾：将酒药移至匾内，每匾盛药为3～4缸的数量，不要太厚，防止

升温过高而影响质量。主要应做到药粒不重叠而粒粒分散。

⑤进保温室：将竹匾移入不密闭的保温室内。室内有木架，每架分档，档距为30cm左右，并匾后移在木架上。气温在30～34℃，品温保持在32～34℃（不得超过35℃）。装匾后经4～5h进行第一次翻匾（翻匾是将药胚倒入空匾内），至12h，上下调换位置。再经7h左右，做第二次翻匾和调换位置。再经7h后倒入竹簟上先摊2d，然后装入竹箩内，挖成凹形，并将箩搁高通风以防升温，早晚倒箩各一次，2～3d移出保温室，随即移至空气流通的地方，再培养1～2d。每早晚各倒箩一次。自投料开始培养6～7d即可晒药。

⑥晒药入库：正常天气在竹簟上需晒3d。第一天晒药时间为上午6～9点，品温不超过36℃，第二天为上午6～10点，品温为37～38℃，第三天晒药时间和品温与第一天一样。然后趁热装坛密封备用。坛要先洗干净晒干，坛外要粉刷石灰。

2. 药曲

在酒药生产中还有一种生产方式是添加中药，添加中药的酒药称为药曲。酒药中加入的中药对酿酒菌类的营养和杂菌的抑制都起到一定的作用，能使酿酒过程发酵正常并产生特殊香味。

3. 纯种根霉曲

以上的传统酒药采取自然培养制造而成，除了培育较多的根霉和酵母菌外，其他多种菌（包括有益的和有害的）同时生长，故是多种微生物的共生体。而纯种根霉曲则是采用人工培育纯粹根霉菌和酵母菌制成的小曲。用它生产黄酒能节约粮食，减少杂菌污染，发酵产酸低，成品酒的质量均匀一致，口味清爽，还可提高5%～10%的出酒率。

二、曲

黄酒曲随各地的习惯和制作方法不同而种类繁多。按生产原料分类有麦曲和米曲两类。

1. 麦曲

麦曲是以小麦为原料制成，是比较重要的黄酒生产糖化剂。麦曲可用于干黄酒、半干酒、半甜黄酒、甜黄酒和浓甜黄酒各类黄酒的生产。

传统法生产麦曲通常在夏末、秋初进行，生产的麦曲主要是块曲，包括踏曲、挂曲和草包曲等。其中主要的微生物有黄曲霉（或米曲霉）、根霉、毛霉和少量的黑曲霉、灰绿曲霉、青霉、酵母菌等。

纯种麦曲则采用纯粹的黄曲霉（或米曲霉）进行培养而制成的，为散曲，种类包括生麦曲、爆麦曲、熟麦曲等。按培养方法不同，可分为地面曲、帘子曲和通风曲。与自然培育麦曲相比，纯种麦曲具有酶活力高、液化力强、用曲量少和适合机械化新工艺黄酒生产的优点，其不足之处是酶类及其代谢产物不够丰富多样，不能像自然培养麦曲那样赋予黄酒特有的风味。

下面仅以踏曲生产为例，介绍传统法麦曲生产工艺。

（1）踏曲制作工艺流程　踏曲又称闹箱曲，常在农历八九月间制作。工艺流程如下：

水（加入拌曲）

过筛→轧碎→拌曲→成型→堆曲→保温培养→通风干燥→成品

（2）踏曲制作工艺操作

①过筛轧碎：原料小麦经过筛除杂后，入轧麦机破碎成3～5片，使呈梅花形，麦皮破裂，胚乳内含物外露。

②加水拌曲：轧碎的麦粒放入拌曲箱中，加入10%～20%的清水，迅速拌匀。要避免白心或水块，防止产生黑曲或烂曲。拌曲时也可以进少量的优质陈麦曲作种子，以稳定麦曲的质量。

③踩曲面成型：为了确保麦曲质量，培菌过程中的最高品温可控制50～55℃，继续培养20d左右，品温也逐步下降，曲块随水分散失而变得坚硬，将其按井字形叠起，通风干燥后使用或入库贮存。

成品麦曲应该具有正常的曲香味，白色菌丝均匀密布，无霉味或生腥味，无霉烂夹心，含水量为14%～16%，糖化力较高，在30℃时每克曲每小时能产生700～1000mg葡萄糖。

2. 米曲

米曲是在整粒熟米饭上培养微生物而制成的（酒药则是在米粉生料上培养微生物而制成）。黄酒生产中常用的米曲有红曲、乌衣红曲和黄衣红曲等几类。

（1）红曲　红曲是以大米为原料，配以曲种和上等醋，在一定的温度、湿度下培养而成的紫红色米曲，可分为库曲、轻曲和色曲三个品种。红曲中主要含有红曲霉和酵母菌等微生物。红曲除作糖化发酵剂用于酿酒外，还可用作食品着色剂、酿造红腐乳、配制酒类和中医药等方面。我国红曲主要产地在福建、浙江、台湾等省，其中以福建古田县的红曲最为有名。红曲黄酒主要产于福建省和浙江省，以福建产的糯米红曲黄酒和粳米红曲黄酒比较有名，福建老酒是红曲酒中之优品，它属于半甜黄酒，酒呈红褐色。

（2）乌衣红曲　乌衣红曲以粒米为原料，接入黑曲霉及红糟（又名“糟娘”，是红曲霉和酵母菌的扩大培养产物），经培养而制成。乌衣红曲中，主要含有红曲霉、黑曲霉和酵母菌等微生物。乌衣红曲具有糖化发酵力强、耐高温、耐酸等特点，与红曲一样，是我国黄酒酿造中特有的糖化发酵剂。用乌衣红曲酿酒出酒率高，色泽鲜红，酒味醇厚，但苦涩味较重。

乌衣红曲制曲方法相当繁琐，管理复杂，不易实现机械化生产，故未能被各地酒厂所推广。目前，用乌衣红曲酿制黄酒仅局限在浙江南部和邻近的福建部分地区。

三、酒母

酒母即“制酒之母”，是由少量酵母逐渐扩大培养形成的酵母醪液，以提供黄酒发酵所需的大量酵母（传统的绍兴酒发酵时，发酵醪液中酵母细胞数达6亿～8亿个/mL）。

黄酒的酒母根据培养方法不同可分为两类：一是传统的自然培养法，用酒药通过淋饭酒的制造自然繁殖培养酵母菌，这种酒母称为淋饭酒母，又叫“酒娘”，因米饭采用冷水淋冷的操作而得名。二是用纯粹黄酒酵母菌通过逐步扩大培养而成，称之为纯种培养酒母，常用于大罐发酵的黄酒新工艺生产，按制备方法的不同，又分为速酿酒母和高温糖化酒母。

淋饭酒母和纯种酒母各有优缺点。淋饭酒母集中在酿酒前一段时间酿造，利用酒药中根霉和毛霉生成的乳酸等酸类物质，使酒母在较短时间就形成低于pH4.0的酸性环境，从而发挥驯育酵母及筛选、淘汰微生物的作用，使淋饭酒母仍能做到纯粹培养；特别是酵母菌以外的微生物生成的糖、酒精、有机酸等成分，赋予成品酒浓醇的口味；还可以对酒母择优选用，质量较差的酒母可加到黄酒后发酵醪用，以增加后发酵的发酵力。但淋饭酒母培养时间长，与大罐发酵的黄酒生产周期相当，操作复杂，劳动强度大，不易实现机械化；在整个酿酒期内，所用酒母前嫩后老，质量不一，影响黄酒发酵速度和质量。纯种酒母操作简便，劳动强度低，占地面积少，酿造过程易控制，可机械化操作。但由于使用单一酵母菌，培养时间短，成熟后的酒母香气较差，口味淡薄，影响成品酒酿感。因此，除部分传统黄酒仍保留淋饭酒母工艺外，一般黄酒都用纯种酒母。为了改进纯种酒母酿酒的风味，也有采用多种风味好、发酵力强、抗污染力强的优良黄酒酵母混合使用的方法。

任务三 黄酒后处理工艺

黄酒经过后发酵，酒醅酒精体积分数升高2%～4%，并生成多种代谢产物，使酒质更趋协调，但酒液和固体糟粕仍混在一起，必须及时把固体和液体加以分离，进行压滤。之后还要进行澄清、煎酒、包装、贮存等一系列操作，才成为黄酒成品。

一、压滤

发酵成熟酒醅中的酒液和糟粕的分离操作称为压滤。压滤前，应检测后发酵酒醅是否成熟，以便及时处理，防止产生“失榨”现象（压滤不及时）。

（一）酒醅成熟检测

酒醅是否成熟可以通过感官检测和理化分析来鉴别。

（1）酒色　成熟酒醅的糟粕完全下沉，上层酒液澄清透明，色泽黄亮。若色泽仍淡而混浊，说明还未成熟或已变质。如色发暗，有熟味，表示由于气温升高而发生“失榨”现象。

（2）酒味　成熟酒醅酒味较浓，口味清爽，后口略带苦味，酸度适中。如有明显酸味，应立即压滤。

（3）酒香　应有正常的新酒香气而无异杂气味。

（4）理化检测　成熟酒醅，经化验酒精含量已达指标并不再上升，酸度在0.4%左右，并开始略有上升趋势；经品尝，基本符合要求，可以认为酒醅已成熟，即可压滤。

（二）压滤基本原理

黄酒酒醅具有固体部分和液体部分密度接近，黏稠成糊状，糟粕要回收利用，不能添加助滤剂，最终产品是酒液等特点，因此不能采用一般的过滤、沉降方法取出全部酒液，必须采用过滤和压榨相结合的方法完成。

黄酒酒醅的压滤过程一般分为两个阶段，酒醅开始进入压滤机时，由于液体成分多，固体成分少，主要是过滤作用，称为“流清”；随着时间延长，液体部分逐渐减少，酒糟等固体部分的比例慢慢增大，过滤阻力越来越大，必须外加压力，强制地把酒液从黏湿的酒醅中榨出来，这就是压榨或榨酒阶段。

1. 压滤要求

压滤时，要求生酒要澄清，糟粕要干燥，压滤时间要短，要达到以上要求，必须做到以下几点：

（1）滤布选择要合适，对滤布要求：一是要流酒爽快，又要使糟粕不易黏在滤布上，容易与滤布分开；二是牢固耐用，吸水性能差。在传统的木榨压滤时，都采用生丝绸袋，而现在的气膜式板框压滤机，通常选用36号锦纶布等化纤布做滤布。

（2）过滤面积要大，过滤层要薄而均匀。

（3）加压要缓慢，不论哪种形式的压滤，开始时应让酒液依靠自身的重力进行过滤，并逐渐形成滤层，待酒液流速减慢时，才逐渐加大压力，最后升到最大压力，维持数小时，将糟板榨干。

2. 压滤操作

（1）检查和开动输醪泵，认为机器运转正常方可操作。

（2）安装和连接好输醪管道后，开启压滤机进醪阀门和发酵罐出醪阀门，开动输醪泵将酒醅逐渐压入压滤机。

（3）进醪压力为0.196～0.49MPa，进料时间为3h。

（4）进醪完毕，关闭输醪泵、进醪阀门和发酵罐阀门。

（5）打开进气阀门，前期气压0.392～0.686MPa，后期气压0.588～0.686MPa。

（6）进醪时检查混酒片号，进气后检查漏气片号，发现漏片用脸盆接出，倒入醪罐，并做好标记，出糟时进行调换。

（7）进气约4h，酒已榨尽。酒液入澄清池，即可关闭进气阀门，排气松榨，准备出糟。出糟务必将糟除净，防止残糟堵塞流酒孔。

（8）排片时应将进料孔、进气孔、流酒孔逐片对直，畅通无阻。滤布应整齐清洁。

（9）澄清池已接放70%的清酒时，加入糖色（或称酱色），搅拌均匀，并依据标准样品调正色度。糖色的一般规格为30°Be。其用量因酒的品种而异，一般普通干黄酒每吨加3～4kg，甜型和半甜型黄酒可少加或不加。使用时用热水或热酒稀释后加入。

（10）压滤后的生酒必须进行澄清，并在灭菌前进行过滤。

二、澄清

压滤流出的酒液为生酒，俗称“生清”。生酒应集中到贮酒池（罐）内静置澄清3～4d，澄清设备多采用地下池或在温度较低的室内设置澄清罐。通过澄清，沉降出酒液中微小的固形物、菌体、酱色里的杂质。同时在澄清过程中，酒液中的淀粉酶、蛋白酶继续对淀粉、蛋白质进行水解，变为低分子物质；挥发掉酒液中低沸点成分，如乙醛、硫化氢、双乙酰等，改善酒味。

为了防止酒液再出现泛浊现象及酸败，澄清温度要低，时间不宜过长。同时认真做好环境卫生和澄清池（罐）、输酒管道的消毒灭菌工作，防止酒液污染生酸。每批酒液出空后，必须彻底清洗灭菌，避免发生上、下批酒之间的杂菌感染。

经澄清的酒液中大部分固形物已沉到池底，但还有部分极细小、相对密度较轻的悬浮粒子没有沉下，仍影响酒的清澈度。所以经澄清后的酒液必须再进行一次过滤，使酒液透明光亮，过滤一般采用硅藻土粗滤和纸板精滤来加快酒液的澄清。

三、煎酒

把澄清后的生酒加热煮沸片刻，杀灭其中所有的微生物，破坏酶的活性，改善酒质，提高了黄酒稳定性，便于贮存、保管，这一操作过程称灭菌，俗称煎酒。

1. 煎酒温度

煎酒温度与煎酒时间、酒液 pH 和酒精含量的高低都有关系。如煎酒温度高、酒液 pH 低、酒精含量高，则煎酒所需的时间可缩短，反之，则需延长。

煎酒温度高，能使黄酒的稳定性提高，但会加速形成有害的氨基甲酸乙酯，据测试，煎酒温度越高，煎酒时间越长，形成的氨基甲酸乙酯越多。同时，由于煎酒温度的升高，酒精成分挥发损失加大，糖和氨基化合物反应生成的色素物质增多，焦糖含量上升，酒色加深。因此在保证微生物被杀灭的前提下应适当降低煎酒温度。目前各酒厂的煎酒温度普遍在 85～95℃。煎酒时间，各厂都凭经验掌握，没有统一标准。

在煎酒过程中，酒精的挥发损耗为0.3%～0.6%，挥发出来的酒精蒸气经收集、冷凝成液体，称作“酒汗”。酒汗香气浓郁，可用于酒的勾兑或甜型黄酒的配料，也可单独出售。

2. 煎酒设备

目前，大部分黄酒厂采用薄板换热器进行煎酒，薄板换热器高效卫生。如果采用两段式薄板换热交换器，还可利用其中的一段进行热酒冷却和生酒的预热，充分利用热量。

要注意煎酒设备的清洗灭菌，防止管道和薄板结垢，阻碍传热，甚至堵塞管道，影响正常操作。

四、包装、贮存

（一）包装

灭菌后的黄酒，应趁热灌装，入坛贮存。黄酒历来采用陶坛包装，因陶坛具有良好的透气性，对黄酒的老熟极其有利。但新酒坛不能用来灌装成品酒，一般用装过酒醅的旧坛灌装。黄酒灌装前，要做好空酒坛的挑选和清洗工作。要检查是否渗漏，空酒坛清洗好后，倒套在蒸气消毒器上，用蒸气冲喷的方法对空酒坛进行灭菌，灭菌好的空坛标上坛重，立即使用。热酒灌坛后用灭菌过的荷叶箬壳扎紧封口，以便在酒液上方形成一个酒气饱和层，使酒气冷凝液回到酒里，形成一个缺氧近似真空的保护空间。

传统的绍兴黄酒，常在封口后套上泥头，泥头大小各厂不同，一般平泥头高

8～9cm，直径18～20cm。用泥头封口的作用是隔绝空气中的微生物，使其在贮存期间不能从外界浸入酒坛内，并便于酒坛堆积贮存，减少占地面积。目前，部分泥头已用石膏代替，使黄酒包装显得卫生美观。

（二）黄酒的贮存

新酒成分的分子排列紊乱，酒精分子活度较大，很不稳定，其口味粗糙欠柔和，香气不足缺乏协调，因此必须经过贮存。贮存的过程，就是黄酒的老熟过程，常称“陈酿”。经过贮存，黄酒的色、香、味及其他成分会发生变化，酒体醇香、绵软、口味协调，在香气和口味等各方面与新酒大不相同。

1. 黄酒贮存过程中的变化

（1）色的变化　通过贮存，酒色加深，这主要是酒中的糖分与氨基酸结合，产生类黑精所致。酒色变深的程度因黄酒的含糖量、氨基酸含量、酒液的pH高低而不同。甜型黄酒、半甜型黄酒因含糖分多而比干型黄酒的酒色容易加深；加麦曲的酒，因蛋白质分解力强，代谢的氨基酸多而比不加麦曲的酒色泽深；贮存时温度高，时间长，酒液pH高，酒的色泽就深。贮存期间，酒色变深是老熟的一个标志。

（2）香气的变化　黄酒的香气是酒液中各种挥发成分对嗅觉综合反应的结果。黄酒在发酵过程中，除产生乙醇外，还形成各种挥发性和非挥发性的代谢副产物，包括高级醇、酸、酯、醛、酮等，这些成分在贮存过程中，发生氧化反应、缩合反应、酯化反应，使黄酒的香气得到调和和加强。

黄酒的香气包含曲的香气，大曲在制曲过程中，经历高温化学反应阶段，生成各种不同类型的氨基羰基化合物，带入黄酒中，增添了黄酒的香气。

（3）口味的变化　黄酒的口味是各种呈味物质对味觉综合反应的结果。有酸、甜、苦、辣、涩。新酒的刺激辛辣味，主要是由酒精、高级醇及乙醛等成分构成。糖类、甘油等多元醇及某些氨基酸构成甜味；各种有机酸、部分氨基酸形成酸味；高级醇、酪醇等形成苦味；乳酸含量过高有涩味。经过长时间陈酿，酒精、醛类的氧化、乙醛的缩合、醇酸的酯化，酒精与水分子的缔合以及其他各种复杂的物理化学变化，使黄酒的口味变得醇厚柔和，诸味协调，恰到好处。

2. 贮存管理

（1）贮存时间　黄酒贮存时间的长短，没有明确的界限，但不宜过长，否则，酒的损耗加大，酒味变淡，色泽过深，还会给酒带来焦糖的苦味，使黄酒过熟，质量降低。所以要根据酒的种类、贮酒条件、温度变化掌握适宜的贮存期，既保证黄酒色、香、味的改善，又能防止有害成分生成过多。一般普通黄酒要求陈酿1年，名、优黄酒陈酿3～5年。贮存后判断酒的老熟目前主要还是靠感官品尝来决定。

（2）贮存的条件　黄酒是低度酒，长期贮酒的仓库温度最好保持在5～20℃，不宜过冷或过热。过冷会减慢陈酿的速度，过热会使酒精挥发损耗以及发生混浊变质的危险。另外，仓库要高大、宽敞、阴凉、通风良好，堆叠好的酒应避免日光辐射或直接照射，酒坛之间要留一定距离，以利通风和翻堆。

【习题】

1. 糯米、粳米、籼米这三种米的性能与黄酒生产工艺的关系如何？
2. 蒸饭的质量要求是什么？
3. 麦曲、酒药等含有哪些主要微生物？各起到什么作用？
4. 制备淋饭酒母时，应掌握哪些要点？
5. 干型黄酒与半干型黄酒生产的主要特点是什么？
6. 对压滤有哪些要求？压滤效果的好坏取决于哪些因素？
7. 为什么要煎酒？它和温度关系如何？

项目六 酱油生产技术

【知识目标】

1. 了解酱油的基本分类、发展趋势及生产新技术。
2. 了解酱油风味物质的形成机理，熟悉酱油酿造过程中的主要微生物。
3. 熟悉种曲制备及成曲制备的工艺及标准。
4. 熟悉低盐固态发酵法、高盐稀态发酵法酱油酿造工艺及酱油半成品与成品的处理方法。

【技能目标】

1. 熟悉并掌握酱油生产原辅料的选择及处理方法。
2. 能够完成酱油生产中原料处理、制曲管理、发酵控制及酱油的浸出、配制等基本操作。
3. 能够进行酱油质量的基本检验与品质鉴定。

【解决问题】

1. 能够运用相关知识解决酱油酿造中常见的质量问题。
2. 能分析出酱油生产过程中酱油生霉（长白）的原因。
3. 试设计一条分酿固稀发酵法生产酱油的技术路线，并说明其生产特点。
4. 能够制定酱油生产的操作规范、整理改进措施。

【必备知识】

一、酱油分类

（一）按生产方法分类

1. 酿造酱油

酿造酱油是以大豆和（或）脱脂大豆、小麦和（或）麸皮为原料，经微生物发酵制成的具有特殊色、香、味的液体调味品。

酿造酱油按发酵工艺分为两类：高盐稀态发酵酱油和低盐固态发酵酱油。

（1）高盐稀态发酵酱油

①高盐稀态发酵酱油：以大豆和（或）脱脂大豆、小麦和（或）小麦粉为原料，经蒸煮、曲霉菌制曲后与盐水混合成稀醪，再经发酵制成的酱油。

②固稀发酵酱油：以大豆和（或）脱脂大豆、小麦和（或）小麦粉为原料，经蒸煮、曲霉菌制曲后，在发酵阶段先以高盐度、小水量固态制醅，然后在适当条件下再稀释成醪，再经发酵制成的酱油。

（2）低盐固态发酵酱油　以脱脂大豆及麦麸为原料，经蒸煮、曲霉菌制曲后，盐水混合成固态酱醅，再经发酵制成的酱油。

2. 配制酱油

配制酱油是以酿造酱油为主体，与酸水解植物蛋白调味液、食品添加剂等配制成的液体调味品。

注意：配制酱油中酿造酱油比例（以全氮计）不得少于50%；配制酱油中不得添加味精废液、胱氨酸废液和用非食品原料生产的氨基酸液。

3. 再制酱油

再制酱油是酱油经过浓缩、喷雾等工艺制成的其他形式的酱油，如酱油粉、酱油膏等。这是为了满足酱油的贮存、运输，以及适于边疆、山区、勘探、部队等野外生活的需要。

（二）按酱油滋味、色泽分类

1. 生抽酱油

生抽酱油也称为本色酱油，以大豆、面粉为主要原料，人工接入种曲，经天然露晒，发酵而成。其产品色泽红润，滋味鲜美协调，豉味浓郁，体态清澈透明，风味独特。

颜色：生抽颜色比较淡，呈红褐色。

味道：生抽是供一般的烹调用的，吃起来味道较咸。

用途：生抽用来调味，因颜色淡，故做一般的炒菜或者凉菜的时候用得多。

2. 老抽酱油

老抽酱油也称为浓色酱油，是在生抽酱油的基础上，把榨制的酱油再晒制2~3个月，经沉淀过滤即为老抽酱油。

颜色：因加入了焦糖色，故颜色很深，呈棕褐色，有光泽。

味道：吃到嘴里有种鲜美微甜的感觉。

用途：一般用来给食品着色。比如做红烧肉等需要上色的菜时使用较好。

3. 花色酱油

添加了各种风味调料的酿造酱油或配制酱油。如：海带酱油、海鲜酱油、香菇酱油、草菇老抽、鲜虾生抽、佐餐鲜酱油等，品种很多。适用于烹调及佐餐。

二、酱油风味物质与形成机理

（一）酱油中风味物质的来源

酱油不仅仅是色、香、味俱佳的调味品，而且也是一种营养丰富的发酵食品。其风味物质十分复杂，其来源主要有原料中的蛋白质、淀粉等大分子物质经微生物酶水解后生成的各种次级产物和小分子最终产物，微生物在发酵过程中产生的代谢产物，以及这些物质之间所产生的十分复杂的生物化学、化学反应的产物。

1. 蛋白质的水解

原料中的蛋白质经米曲霉等微生物分泌的蛋白酶和肽酶的作用而分解成蛋白胨、多肽、二肽等中间产物，最终生成各种氨基酸。其中有些氨基酸，如谷氨酸、天冬氨酸等有鲜味，是酱油鲜味的重要成分，而酪氨酸、色氨酸和苯丙氨酸氧化后可生成黑色素，是酱油色素的来源之一。

2. 淀粉的分解

原料中的淀粉经米曲霉等微生物产生的液化型淀粉酶和糖化型淀粉酶作用后，生成糊精、麦芽糖，最终生成葡萄糖。葡萄糖经酵母菌、乳酸菌等微生物发酵，又可产生多种低分子物质，如乙醇、乙醛、乙酸、乳酸等。这些物质既是酱油中的成分，又可与其他物质作用生成色素、酯类等香气成分。

3. 脂肪的分解

原料中少量的脂肪可经微生物产生的脂肪酶水解成甘油和脂肪酸，脂肪酸又通过各种氧化作用生成各种短链脂肪酸。这些短链脂肪酸是构成酱油中酯类的原料来源之一。

4. 纤维素的分解

有些微生物可产生纤维素酶，纤维素酶可将原料中的纤维素水解为可溶性的纤维素二糖和β-葡萄糖，并进一步生成其他低分子物质或高分子物质。如与氨基酸作用生成色素等。

（二）酱油中色、香、味物质的生成机理

在酱油中不仅含有多种人体必需氨基酸和糖分等营养物质，还含有复杂的风味物质、香气成分和色素。这些成分赋予了酱油醇厚的鲜美滋味、浓郁的酱香、酯香和鲜艳的红褐色泽。酱油不是单一的物质，而是由几十种甚至几百种复杂的化合物混合在一起，才使酱油具备了特殊的风味。

1. 基础物质的形成

酱油发酵过程中所产生一系列极其复杂的化学变化，与微生物学和生物化学有着密切的关系，主要有以下反应：

（1）原料中的蛋由质在蛋白质水解酶的作用下，水解生成胨、肽及氨基酸；

（2）蛋白质原料中游离出的谷氨酰胺被曲霉分泌的谷氨酰胺酶水解，产生谷氨酸；

（3）淀粉质在淀粉酶作用下水解成小分子糊精、麦芽糖、葡萄糖等糖类；

（4）葡萄糖在乳酸菌的作用下，进行乳酸发酵产生乳酸。

2. 酱油色素的产生

酱油色素形成的主要途径是氨基－羟基反应——美拉德反应，是一种非酶褐变反应。这是由原料中的淀粉经曲霉淀粉酶水解为葡萄糖的羟基与酱醪中的氨基置换，经复杂化学反应，最终生成含氧化合物——类黑素。

（1）美拉德反应过程（分为初期、中期和后期三个阶段）

①葡萄糖和氨基酸反应生成 *N*－葡萄糖基胺，在酸的催化作用下，再经过酮糖化，生成果糖基胺；

②*N*－葡萄糖基胺经进一步分解及脱水等反应生成了羟甲基糠醛、3－脱氧葡萄糖醛酮及 3，4－二脱氧葡萄糖醛酮；

③上述物质与氨基化合物（以氨基酸为主）作用，并经过聚合酶反应，最终生成类黑素。类黑素是组成酱油色素的重要色素。

（2）影响反应的因素　影响美拉德反应进行的因素很多，主要有参加反应的羰基化合物和氨基化合物的种类以及结构、温度、水分、阳光等。

①五碳糖比六碳糖的反应强，戊糖褐变速度平均为已糖的 10 倍；

②氨基化合物的褐变速度为：氨基酸 > 肽 > 蛋白质，氨基酸中以色氨酸、苯丙氨酸和脯氨酸等含有苯环和苯环结构的褐变速度最快；

③温度对反应速度的影响最明显，温度越高，反应速度越快。温度每提高 10℃，褐变速度可成倍增加；

④美拉德反应速度在 pH 大于 3 时，随着 pH 增大而反应速度加快；

⑤水分在 10% ~13% 时，美拉德反应最容易发生。

（3）色素形成的其他途径——酶褐变反应　一般是由大豆蛋白质中的酪氨酸在曲霉生成的酚羟基酶、多酚氧化酶等的作用下生成的。酶褐变反应需要有酪氨酸、酚羟基酶、多酚氧化酶和氧的同时存在下才能正常进行，缺一则不能产生此反应。

①在酱油生成过程中，酶褐变反应主要在发酵后期进行。如果在此期间缺乏氧气，pH又低及发酵时间又短，就会阻碍酪氨酸氧化聚合成黑色素，因此，酶褐变反应生成色素的能力比美拉德反应弱。

②其次，酱油色素的形成与原料配比、制曲时的温度、发酵酱醅（醪）的水分、品温及生酱油加热的温度等因素有关。原料配比中麦麸的用量大，生成的戊糖多，酱油色素生成也多。若采用高温制曲，使麸皮中的阿拉伯糖与木糖分解为戊糖也易生成色素。

③发酵时正常水分在50%～65%，水分少发酵温度高，美拉德反应速度快，也利于酱油色素的形成。

3. 酱油香气的产生

酱油香气主要是通过后期发酵形成，它们在酱油的组成中，虽然含量极微，但对酱油风味却影响很大。

（1）香气主要成分　酱油中香气的主要成分是酱油中的挥发性组分，其成分十分复杂，它是由数百种化学物质组成的。

①按其化合物的性质可以分为：醇、酯、醛、酚、有机酸、缩醛等。

②按其香型可分为：焦糖香、水果香、花香、醇香等。

（2）香气物质的形成

①与酱油香气组成关系密切的是醇类中的乙醇，它是由酵母菌发酵己糖生成的，具有醇和的酒香气。

②有机酸与醇类物质经曲霉和酵母酯化酶的酯化作用，可生成各种酯。酱油中有机酸和醇类物质还可通过非酶化学反应途径的酯化反应生成酯。酯类物质是构成酱油香气成分的主体，具有特殊的芳香气味。

③组成酱油香气的另一类主要物质为酚类化合物，小麦种皮中木质素，经曲霉及球拟酵母的作用，可产生酚类物质。因此，原料配比中应适当增加小麦用量。

（3）香气形成的其他途径　采用多菌种制曲也是提高酱油风味的措施之一。发酵过程中适当降低发酵温度，延长发酵周期，添加有益微生物（如耐盐乳酸菌、鲁氏酵母等）也可提高酱油的香气。

此外酱油的加热过程中，由于复杂的化学和生物化学变化也增加了芳香气味，称为“火香”。

4. 酱油呈味物质的产生

酱油的味觉是咸而鲜，稍带甜味，且有醇和的酸味而不苦。而其成分中则包括咸、鲜、甜、酸、苦五味，作为调味料，以鲜味为主。

（1）酱油鲜味

①酱油鲜味来源于米曲霉分泌的蛋白酶、肽酶及谷氨酰胺酶的作用后水解生成氨基酸，其中以谷氨酸含量最多，鲜味浓厚，赋予酱油特殊调味作用。酱油中氨基酸含量见表6－1。

表6－1　酱油中各种氨基酸含量　单位：mg/mL

名称	含量	名称	含量
赖氨酸	3.68	谷氨酸	12.08
组氨酸	1.42	脯氨酸	6.97
精氨酸	6.60	甘氨酸	2.90
半胱氨酸	0.26	色氨酸	0.61
天冬氨酸	4.73	蛋氨酸	1.99
苏氨酸	3.06	异亮氨酸	3.83
酪氨酸	0.72	亮氨酸	6.78
丝氨酸	9.40	苯丙氨酸	1.79

②糖代谢时，在转氨酶的作用下也能产生谷氨酸，增加了酱油的鲜味。某些低肽，如谷氨酸－天冬氨酸、谷氨酸－丝氨酸、L－型氨基酸的二肽也具有鲜味。

③在酱油中添加鸟甘酸、肌苷酸等核苷酸与谷氨酸钠盐起协调作用，也可提高酱油的鲜味。

（2）酱油的甜味　酱油的甜味主要来源于淀粉质水解的糖，包括葡萄糖、麦芽糖、半乳糖以及部分呈甜味的氨基酸，如甘氨酸、丙氨酸、苏氨酸、丝氨酸、脯氨酸等。此外，米曲霉分泌脂肪酶能将油脂水解成甘油和脂肪酸，甘油也有甜味。

（3）酱油的酸味　酱油的酸味主要来源于有机酸，如乳酸、琥珀酸、醋酸等。

①酱油酸味是否柔和取决于有机酸与其他固形物之间比例是否合理。例如，当酱油的总酸为1.40g/100mL，其中乳酸为1076.4mg/100mL，琥珀酸为48.6mg/100mL，醋酸为173.6mg/100mL，柠檬酸为12.9mg/100mL，pH为4.6～4.8呈微酸性，其酸度为最适量，它增加了酱油的风味，产生爽口的感觉。

②当总酸超过2.0g/100mL，如果其他无盐固形物不相应提高，则酱油酸味突出，影响酱油质量。

（4）酱油的苦味　酱油不应有明显的苦味，但微量的苦味物质能给酱油以醇厚感。酱油中呈苦味的物质主要有亮氨酸、酪氨酸、蛋氨酸、精氨酸等氨基酸类。

此外，谷氨酸－酪氨酸、谷氨酸－苯丙氨酸等及食盐中的氯化钙与硫酸镁过多时也会带有苦味。

（5）酱油的咸味　酱油咸味的唯一来源是食盐的氯化钠成分。酱油的咸味比较柔和，这是由于酱油中含有大量的有机酸、氨基酸、糖等呈味物质。酱油中氯化钠含量一般为18g/100mL左右，如果含量过高，则有咸苦感，从而影响产品质量。发酵过程中及成品中食盐还有防腐作用。

三、酱油酿造中的主要微生物

1. 曲霉菌

酱油酿造中应用的曲霉菌是米曲霉和酱油曲霉。

（1）形态 米曲霉菌丛一般为黄绿色，成熟后变为黄褐色，分生孢子头呈放射形、顶囊球形或瓶形，小梗一般为单层，分生孢子呈球形，平滑，少数有刺。

（2）培养温度 最适培养温度为30℃左右，最适 pH6.0 左右。

（3）菌种 我国酱油厂制曲大都是使用3.402 米曲霉。

（4）酶系 米曲霉有复杂的酶系统，米曲霉酶系的强弱，决定着原料利用率、酱醪发酵成熟的时间以及成品的味道和色泽。发酵时，18%的食盐对蛋白酶系的影响较小，但对其他酶系影响则较大。

2. 酵母菌

形态：基本形态是圆形、卵圆形、椭圆形。

培养条件：酵母菌的最适培养温度为30℃左右，最适 pH 为4.5 ~5。

主要作用：酵母菌在酱油酿造中，与酒精发酵作用、酸类发酵作用及酯化作用等有直接或间接的关系，对酱油的香气影响最大。

（1）鲁氏酵母（简称S酵母） 鲁氏酵母与酱油质量的关系最为密切，占酵母总数的45%，是常见的嗜盐酵母菌。能在含18%食盐的基质中繁殖。它出现在主发酵期，是发酵型酵母。在含食盐量24%时生长缓慢，甚至在饱和食盐的条件下仍不能完全抑制它的生长。它们主要的作用是发酵葡萄糖生成乙醇、甘油等。乙醇是酯类的前驱物质，是构成酱油香气的重要组分。鲁氏酵母能发酵葡萄糖和麦芽糖，不能发酵半乳糖、乳糖及蔗糖。在麦芽汁中培养3d后，形成小圆形或卵圆形的细胞。

（2）球拟酵母（简称T酵母） 球拟酵母和鲁氏酵母都属于耐高浓度食盐的酵母菌，也是在酱油和酱的发酵中产生香气的重要菌种，随着发酵温度的增高，发酵型酵母自溶，而促进了易变球拟酵母的生长，主要产生4－乙基愈创木酚，4－乙基苯酚等香气成分。

鲁氏酵母在酱油的发酵前期起作用，而球拟酵母在发酵后期起作用。为了提高酱油的风味，有些工厂人工添加鲁氏酵母和球拟酵母，收到良好的效果。

（3）毕赤氏酵母 毕赤氏酵母也是比较耐盐的一类酵母，不过它们不是酿造用的菌种，而是酿造业中的有害菌，经常在酱醪或醋醅表面形成黏稠的白膜，并产生不愉快的气味。其不仅影响发酵的正常进行，还能在酱油成品的表面形成白花，消耗酱油中的糖分、氨基酸和乙醇，形成难闻的气味，破坏酱油的品质。

3. 乳酸菌

酱油乳酸菌是指在高盐稀态发酵的酱醪中生长的并参与酱醪发酵的耐盐性乳酸菌。从酱醪中分离出的细菌有6个属18个种，有的对酱油酿造是有益的，有的则是有害的。

（1）种类与形态　与酱油发酵关系最密切的乳酸菌是酱油四联球菌和嗜盐球菌，他们是形成酱油良好风味的主要因素。形态多为球形，微好氧或厌氧，在pH为5.5的条件下生长良好。

（2）发酵特点　在酱醪发酵过程中，前期球菌多，后期酱油四联球菌多些。如发酵1个月的酱醪，乳酸菌的最大含量约为10^8个/g醪，其90%是酱油球菌，10%为酱油四联球菌。它们能耐18%~20%的食盐，嗜盐球菌能耐24%~26%的食盐。

（3）乳酸菌的作用　乳酸菌的作用是利用糖产生乳酸，乳酸和乙醇生成的乳酸乙酯，香气很浓。当发酵酱醪pH降至5.0左右时，促进鲁氏酵母的繁殖，和酵母菌联合作用，赋予酱油特殊香味。

（4）品质的影响　一般经验，酱油中乳酸含量为1.5mg/mL，则酱油质量较好，乳酸含量在0.5mg/mL时，则酱油质量较差。乳酸菌若在酱醅发酵的早期大量繁殖、产酸，则对发酵过程有不利影响，因为pH过早降低，破坏了蛋白酶的活性，影响蛋白质的利用率。

此外，在酱油生产中污染的有害细菌主要是芽孢杆菌，一旦在制曲或发酵过程中污染了这类杂菌，会严重的损坏酱油产品的质量，而一般的加热方法灭菌对它是无济于事的，这类杂菌是酱油酿造中的一大有害菌，它不仅会降低酱油生产的原料利用率，还会大大败坏酱油的风味。

四、酱油生产的原料与辅料

（一）原料的选择

酱油生产的原料可分为主要原料（蛋白质原料、淀粉质原料、食盐和水）和辅助原料（如增色剂、助鲜剂、防腐剂等）。

主要原料是以大豆和小麦为主。为合理利用资源，目前我国大部分酱油酿造企业已普遍采用大豆脱脂后的豆粕或豆饼作为主要的蛋白质原料，以麸皮、小麦或面粉等作为淀粉质原料，再加食盐和水生产酱油。实践证明，采用不同的原料将会使产品具有不同的风味。原料质量优劣决定着酱油产品的质量，所以原料选择一定要慎重。具体可依据以下标准：

（1）蛋白质含量较高，碳水化合物适量，有利于制曲和发酵；

（2）无毒无异味，酿制出的酱油质量好；

（3）资源丰富，价格低廉，就地取材，有利于原料的综合利用；

（4）容易收集，便于运输和保管。

（二）蛋白质原料

蛋白质原料是构成酱油成品中氮素成分及鲜味的主要来源，也是构成酱曲色素的基质之一。酱油的蛋白质原料长期以来以大豆为主，目前大豆逐渐被豆粕、豆饼所代替，既节约了粮食和油脂，又降低了成本。

1. 大豆

大豆是黄豆、青豆及黑豆的统称，一年生草本植物，种子椭圆形至近球形，有黄、青、褐、黑和双色。我国各地均可种植，其中以东北地区产量最大，大豆质量最优，平均千粒质量约为165g，最大者千粒质量在200g以上。大豆是酱油生产的主要原料，酱油中的含氮成分（如氨基酸、肽等）主要来自大豆。大豆中的绝大部分含氮物质是蛋白质。大豆的一般成分如表6－2所示。

表6－2　大豆的一般成分　单位：%

名称	水分	粗蛋白质	粗脂肪	碳水化合物	纤维素	灰分
含量	7～12	35～40	12～20	21～31	4.3～5.2	4.4～5.4

2. 豆粕

豆粕是大豆先经适当的热处理，调节其水分到8%～9%，再经过轧坯机轧扁，然后加入有机溶剂浸泡或喷淋，提取其中的油脂，然后用烘干法等除去豆粕中溶剂而得到。一般颗粒为片状，有时有少部分结成团块。豆粕中脂肪含量低，水分也很少，蛋白质含量很高，约为大豆全氮量的1.2倍，而豆粕价格比大豆便宜，容易破碎，其他成分与大豆相同。实践证明，豆粕是制作酱油的理想原料。豆粕的一般成分如表6－3所示。

表6－3　豆粕的一般成分　单位：%

名称	水分	粗蛋白质	粗脂肪	碳水化合物	灰分
含量	7～10	46～51	0.5～1.5	19～22	5.0

3. 豆饼

豆饼是大豆用压榨法提取油脂后的产物，习惯上统称为豆饼。根据压榨工艺条件不同，豆饼有几种不同的名称。豆饼的一般成分如表6－4所示。

表6－4　豆饼的一般成分　单位：%

项目	水分	粗蛋白质	粗脂肪	碳水化合物	纤维素	灰分
冷榨豆饼	12	44～47	6～7	18～21		5～6
热榨豆饼	11	45～48	3～4.6	18～21		5.5～6.5
红车饼	3.3～4.45	46.2～47.94	3.1～3.06	22.8～28.92	5.50	5～6.31
方车饼	10.77	42.06	5.51	31.6	4.99	5.37

（1）按加热程度不同分类

①冷榨豆饼：压榨前未经高温处理，将未经任何处理的大豆送入压榨机压油出来的豆饼，此法压榨出油率低，但蛋白质基本没有任何变性，可用来做豆制品。

②热榨豆饼：经较高温度处理后（即炒熟）再经压榨而得到的豆饼，此法含水分较少，含蛋白质较高，质地疏松，易于破碎，非常适合酿制酱油。

（2）按压榨机的形式及压榨压力的不同分类

①圆车饼：制作方式是先将大豆加热，再压榨成扁平形，入蒸锅蒸煮后用油草包好，经初压成型再经压榨机压榨，大豆受压力为10～14MPa，经3～5h压完，属热榨豆饼。

②方车饼：用板式及盒式压榨机从低油压（表压3.5MPa）至高油压（表压28MPa），压榨时间30～50min，制成的长方形饼板。

③红车饼：此饼是用动力连续作用的螺旋榨油机所榨出的油饼，压前经过一定温度的热炒，对料坯压榨的压力最高可达70MPa，压榨时间只需2～3min，压榨过程中温度在125～140℃，所以蛋白质变性程度随温度不同而异，基本已达适度变性。

4. 蚕豆、豌豆

蚕豆，也称胡豆、罗汉豆、佛豆或寒豆，我国西南、华中和华东各地栽培最多，种子富含蛋白质和淀粉，江浙地区常作为酱油原料。豌豆，也称小寒豆、淮豆或麦豆，我国各地均有栽培，我国西南地区常作为酱油原料。

5. 其他蛋白质原料

只要蛋白质含量高，脂肪含量少，没有异味，不含有毒成分即可。如含有毒物质应先经处理后再使用。常用的花生饼、菜籽饼、芝麻饼等各种油料作物的饼粕和玉米浆干、豆渣等均可酿造酱油，鱼粉或蚕蛹等也可用于制酱油。

（三）淀粉质原料

淀粉是酱油中碳水化合物的主要成分，是构成酱油香气、色素的主要原料。酿造酱油用淀粉原料传统上以小麦和面粉为主，多年的生产实践表明，小麦和麸皮是比较理想的淀粉质原料，也可因地制宜选用其他淀粉质原料。

1. 小麦

小麦是世界上分布最广、种植面积最大的主要粮食之一，因品种、产地等不同而外形及成分各有差异。按照粒色可分为红皮小麦和白皮小麦，以质粒可分为硬质小麦、软质小麦和中间质小麦，国外一般可分为白皮和硬皮小麦。酿造酱油，应选用红皮及软质小麦。

小麦中的碳水化合物除含70%淀粉外，还含有2%～3%的糊精和2%～4%的蔗糖、葡萄糖和果糖。小麦含有10%～14%的蛋白质，其中麸胶蛋白质和谷蛋白质丰富，麸胶蛋白质中的氨基酸以谷氨酸最多，是产生酱油鲜味的主要因素之一。

2. 麸皮

麸皮又称麦皮，是小麦制面粉时的副产品，也是目前酱油生产的主要淀粉质原料。麸皮中的木质素经过酵母发酵后生成4-乙基愈创木酚，它是酱油香气的主要成分之一。

麸皮质地疏松、体轻、表面积大，含有丰富的多缩戊糖和一定量的蛋白质。此外，还含有多种维生素、钙、铁等无机盐，营养成分适于促进米曲霉的生长和产酶，既有利于制曲，又有利于淋油，能提高酱油的原料利用率和出品率。

麸皮粗淀粉中多缩戊糖含量高达20%~24%，它与蛋白质的水解产物氨基酸相结合，产生酱油色素；另外麸皮本身还含有α-淀粉酶和β-淀粉酶。据测定，每克麸皮含α-淀粉酶10~20U（60℃碘比色法测定），含β-淀粉酶2400~2900U（40℃碘量法测定）。

由于麸皮资源丰富、价格低廉、使用方便，又有上述多种优点，因此目前国内酱油厂大多以麸皮作为生产酱油的主要淀粉质原料。为了提高酱油质量，尤其是要改善风味，以适当补充些含淀粉较多的原料为宜，如淀粉不足，必然使糊精和糖分减少，影响酒精发酵，造成酱油香气差和口味淡薄。

3. 其他淀粉质原料

（1）米糠和米糠饼　米糠是碾米后的副产品，米糠饼则是米糠榨油后的饼渣。两者均含有丰富的粗淀粉，尤其米糠饼更甚。它们均可作为生产酱油的淀粉质原料。米糠及米糠饼的成分见表6-5。

表6-5　米糠及米糠饼成分　单位：%

项目	水分	粗蛋白质	粗脂肪	粗纤维素	无氮浸出物	灰分
米糠	13.80	11.60	15.30	6.40	42.00	10.90
米糠饼	11.20	16.80	7.70	8.10	46.40	9.80

（2）其他粮谷物　凡是含有淀粉而又无毒、无怪味的谷物，如玉米、甘薯、碎米、小米等均可作为生产酱油的淀粉质原料。碎米及玉米的成分见表6-6和表6-7。

表6-6　碎米成分　单位：%

水分	粗蛋白质	粗淀粉	粗脂肪	粗纤维素	灰分
9~12	6.0~8.5	70~75	0.7	0.5	0.5

表6-7　玉米成分　单位:%

水分	粗蛋白质	粗脂肪	无氮浸出物	粗纤维素	灰分
10~15.7	6~9	3.8~5.3	70~75	1~2.5	1.3~2

酿造酱油所用的淀粉质和蛋白质原料中还含有许多微生物所必需的脂肪、无机盐、维生素、氨基酸等营养物质，这些物质对酿制成的酱油也有一定影响。

(四) 食盐和水

1. 食盐

生产酱油的食盐宜选用氯化钠含量高、颜色白、水分及夹杂物少、卤汁（氯化钾、氯化镁、硫酸钠等的混合物）少的。食盐若含卤汁过多，会给酱油带来苦味，使品质下降。最简单的去除卤汁的方法是将食盐置于盐库中，让卤汁自然吸收空气中的水分进行潮解而脱苦。食盐在运输和保管过程中，要防止雨淋、受潮、漏撒及杂质混入，保管的地方必须清洁干燥。

纯食盐的相对密度为2.161（25℃），在溶解食盐水时应不断搅拌，生产实践经验是每100kg水中加入1.5kg食盐即约为1°Bé的盐水。食盐的溶解度与温度的关系不大，因此在溶解食盐时可以不必加热。一般27°Bé即达到饱和状态。

2. 水

酱油生产中对水的要求虽不及酿酒工业严格，但也必须符合食用标准。凡是符合卫生标准能供饮用的水如自来水、深井水、清洁的江水、河水、湖水等均可使用。一般要求含铁少、硬度小，因为含铁过多会影响酱油的香气和风味，而硬度大的水不仅对酱油发酵不利，而且还会引起蛋白质沉淀。

酿造酱油用水量很大，一般生产1t酱油需用水6~7t，包括蒸料用水、制曲用水、发酵用水、淋油用水、设备容器洗刷用水、锅炉用水以及卫生用水等。专就产品而言，水的消耗量也是很大的，酱油成分中水分占70%左右，发酵生成的全部调味成分都要溶于水才能成为酱油。

(五) 辅料及添加剂

1. 增色剂

(1) 红曲米　红曲米是将红曲霉接种在大米上培养而成的。其色素特点是对pH稳定，耐热，不受金属离子和氧化剂、还原剂的影响，无毒，无害。在酱油生产中如果添加红曲米与米曲霉混合发酵，其色泽可提高30%，氨基酸态氮提高8%，还原糖提高26%。

(2) 酱色　酱色是用淀粉水解物用氨法或非氨法生产的色素。其中氨法酱色中含有一种4-甲基咪唑（$C_4H_5K_2$），具有毒性，已被禁用。而非氨法生产的酱色，没有毒性，可用于酱油产品增色。

(3) 红枣糖色　利用大枣所含糖分、酶和含氮物质，进行酶褐变和美拉德反应，经过红枣蒸煮-分离-浓缩-熬炒制成成品。枣糖色率高，香气正，无毒害并含有还原糖、氨基酸态氮等营养成分，是一种安全的天然食用色素。也可用于酱油增色。

2. 助鲜剂

（1）谷氨酸钠　俗称味精，它是谷氨酸的钠盐，并含有一分子结晶水，是一种白色结晶粉末。在 pH 为 6 左右时，其鲜味最强。谷氨酸钠是酱油中一种主要的鲜味成分，一般在发酵中自然产生。

（2）呈味核苷酸盐　呈味核苷酸盐有肌苷酸盐、鸟苷酸盐等。肌苷酸钠呈无色结晶状，均能溶解于水，一般用量在 0.01% ~0.03% 时就有明显的增鲜效果。为了防止米曲霉分泌的磷酸单酯酶分解核苷酸，通常将酱油灭菌后加入。

任务一 种曲的制备

种曲即种子。优良的种曲能使曲菌充分繁殖，不仅直接影响酱油曲的质量，而且影响酱醪的成熟速度和成品的质量。因此对种曲制造的要求十分严格，以保证曲菌的纯正和具有良好的性能。制种曲的目的是要获得大量纯菌种，要求菌丝发育健壮、产酶能力强、孢子数量多、孢子的耐久性强、发芽率高、细菌的混入量少，为制成曲提供优良的种子。

一、菌种选择与培养

（一）菌种选择的标准

菌种选择十分重要，关系到酱油生产的成败和产品质量的好坏。在选择菌种时应该按照下列标准：

（1）酶的活力强，菌株分生孢子大、数量多、繁殖快的菌种；

（2）发酵时间短；

（3）适应能力强，对杂菌的抵抗能力强；

（4）产品香气和滋味优良；

（5）不产生黄曲霉毒素和其他有毒物质。

目前我国酱油生产上以使用米曲霉为主，常用的酿造菌株有沪酿 3.042，即 As3.951。该菌种具备上述特点，如分泌的蛋白酶和淀粉酶活力很强，本身繁殖非常快，发酵时间仅为 24h；对杂菌有非常强的抵抗能力；用其制造的酱油质量十分优良；不会产生黄曲霉毒素等；不易变异。此外，近年来还出现了一些性能优良的菌株，也逐渐地被酿造厂采用，如上海酿造科学研究所的 UE336，重庆市酿造科学研究所的 3.811，江南大学的 961 等。

（二）菌种的培养及保藏

1. 试管菌种培养（以沪酿 3.042 米曲霉为例）

斜面培养基配方：豆汁 1000mL，硫酸镁 0.5g，可溶性淀粉 20g，磷酸二氢钾 1g，硫酸铵 0.5g，琼脂 20g。

（1）豆汁制备　豆粕或豆饼加水 5 倍煮沸（小火煮）1h，边煮边搅拌，然后过滤。每 100g 豆粕或豆饼可制成 5°Bé 豆汁 100mL（多则浓缩，少则补水）。

（2）灭菌　采用 0.1MPa 加压灭菌 30min，灭菌完毕，缓慢降压，灭菌后趁热将试管摆成斜面，冷却检验无菌后备用。

2. 试管菌种保藏

（1）保藏每月接种一次，接种后置于 30℃ 恒温箱内 3d，待菌株发育繁殖，长满孢子呈黄绿色后取出。

（2）菌株可保藏在冰箱内，维持 4℃ 左右，接种时间就可延长至 3 个月移植一次。

二、纯种三角瓶培养

（1）原料配比　麸皮 80g，面粉 20g，水 80mL。

（2）混合　将上述原料混合均匀，并用筛子将粗粒筛去。

（3）装瓶　一般采用容量为 250mL 或 300mL 的三角瓶。将瓶先塞好棉花塞，以 150～160℃ 干热灭菌，然后将料装入，料层厚度以 1cm 左右为宜。

（4）灭菌　蒸汽加压灭菌，0.1MPa，维持 30min，灭菌后趁热把曲料摇匀。

（5）接种及培养　待冷却后，在无菌接种橱内接入试管原菌。摇匀后置于 30℃ 恒温箱内，18h 左右，三角瓶内曲料已稍发白结饼，摇瓶 1 次，将结块摇碎，继续置于 30℃ 恒温箱内培养，再经 4h 左右，有发白结饼，再摇瓶 1 次。经过 2d 培养后，把三角瓶轻轻的倒置过来（也可不倒置），继续培养 1d，全部长满黄绿色孢子，即可使用。若需放置较长时间，则应置于阴凉处，或置于冰箱中备用。

三、种曲的制备

1. 工艺流程（以培养沪酿 3.042 米曲霉为例）

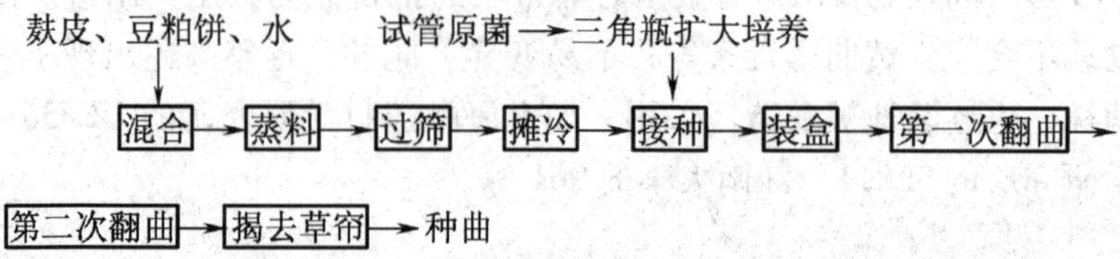

2. 灭菌工作

种曲制作必须尽量防止杂菌污染，因此曲室及一切工具在使用前需经洗刷后消毒灭菌。制种曲用的各种工具每次使用后要洗刷干净，然后放入曲室待灭菌，曲盘也应移入曲室品字形堆叠，灭菌前将曲室门窗及地沟等洞孔密闭好，按种曲室的空间计算出灭菌剂用量。具体灭菌方法如下：

（1）硫磺灭菌　硫磺量25g/m³，硫磺放于小铁锅内加热，使硫磺燃烧产生蓝色火焰，即二氧化硫（SO_2）气体。反应方程式如下：

$$S + O_2 \longrightarrow SO_2 \uparrow$$

$$SO_2 + H_2O \longrightarrow H_2SO_3$$

其中的 H_2SO_3 有灭菌作用，由上式可知采用硫磺灭菌时，曲室及木盒必须呈潮湿状态。燃烧硫磺时，为了产生足够多的 H_2SO_3，必须保持密封状态20h以上。同时把曲室暖气开放，提高室温，可提高灭菌效果，又可将木盘烘干。

（2）蒸汽灭菌　草帘用清水冲洗干净，100℃蒸汽灭菌1h。

（3）使用甲醛　甲醛对细菌及酵母的杀灭力较强，但对霉菌的杀灭力较弱，甲醛或硫磺两者可混合使用或交替使用效果更佳。

（4）操作人员的手以及不能灭菌的器件　首先清洗干净，然后用75%的酒精擦洗灭菌。

3. 原料处理

（1）种曲原料配比（水分占原料总量的百分比/%）

① 麸皮80，面粉20，水占前两者70左右；

② 麸皮85，豆粕15，水占前两者90左右；

③ 麸皮80，豆饼粉20，水占前两者100～110；

④ 麸皮100，水占95～100。

（2）原料处理方法

①浸泡：豆粕加水浸泡，水温85℃以上，浸泡时间30min以上，搅拌要均匀一致，然后加入麸皮拌匀，入蒸料锅蒸熟达到灭菌目的及蛋白质适度变性。

②灭菌：如采用常压蒸料，一般保持蒸汽从原料面层均匀地喷出后，再加盖蒸1h，再关汽焖30min。加压蒸料一般保持0.1MPa蒸30min，蒸料出锅黄褐色，柔软无浮水，出锅后过筛使之迅速冷却，要求熟料水分为52%～55%。

采用一次加润水法的熟料团块较多，过筛困难，耗劳动力大，可改用两次加润水法。在混合原料中，先加水40%～50%，蒸熟后过筛，熟料疏松容易筛，过筛后再加30%～45%的冷开水，为防止杂菌污染，可在此冷水中添加0.2%～0.3%食用冰醋酸或0.5%～1.0%醋酸钠拌匀。

4. 接种

接种温度夏天为38℃，冬天在42℃，接种量0.1%～0.5%。接种时先将三角瓶外壁用75%酒精擦拭，拔去棉塞后，用灭菌的竹筷（或竹片）将纯种去除，置于少量冷却的曲料上，拌匀（分三次撒布于全部曲料上）。如用回转式加压锅蒸料，可用真空直接冷却到接种温度，并在锅内接种及回转拌匀，以减少与空气中杂菌的接触。

5. 装盒入室培养

（1）堆积培养　将曲料摊平于盘中央，每盘装料（干料计）0.5kg，然后将曲盘竖直堆叠放于木架上，每堆高度为 8 个盘，最上层应倒盖空盘一个，以保温保湿。装盘后品温应为 30～31℃，保持室温 29～31℃（冬季室温 32～34℃），干湿球温度计温差 1℃，经 6h 左右，上层品温达 35～36℃可倒盘一次，使上下品温均匀，这一阶段为沪酿 3.042 的孢子发芽期。

（2）搓曲、盖湿草帘　继续保温培养 6h，上层品温达 36℃左右。这时曲料表面生长出呈微白色菌丝，并开始结块，这个阶段为菌丝生长期。此时即可搓曲，即用双手将曲料搓碎、摊平，使曲料松散，然后每盘上盖灭菌湿草帘一个，以利于保湿降温，并倒盘一次后，将曲盘改为品字形堆放。

（3）第二次翻曲　搓曲后继续保温培养 6～7h，品温又升至 36℃左右，曲料全部长满白色菌丝，结块良好，即可进行第二次翻曲，或根据情况进行划曲，用竹筷将曲料划成 2cm 的碎块，使靠近盘底的曲料翻起，利于通风降温，使菌丝孢子生长均匀。翻曲或划曲后仍盖好湿草帘并倒盘，仍以品字形堆放。此时室温为 25～28℃，干湿球温度计温差为 0～1℃，这一阶段菌丝发育旺盛，大量生长蔓延，曲料结块，这个阶段称为菌丝繁殖期。

（4）洒水、保湿、保温　划曲后，地面应经常洒冷水保持室内温度，降低室温使品温保持在 34～36℃，干湿球温度计温差达到平衡，相对湿度为 100%，这期间每隔 6～7h 应倒盘一次。这个阶段已经长好的菌丝又长出孢子，这个阶段称为孢子生长期。

（5）去草帘　自盖草帘后 48h 左右，将草帘去掉，这时品温趋于缓和，应停止向地面洒水，并开天窗排潮，保持室温（30±1）℃，品温 35～36℃，中间倒盘一次，至种曲成熟为止。这一阶段孢子大量生长并老熟，称为孢子成熟期。

自装盘入室至种曲成熟，整个培养时间共计 72h。在种曲制造过程中，应每 1～2h 记录一次品温、室温及操作情况。

6. 种曲制作过程中注意事项

（1）种曲室要经常保持清洁卫生，必要时需彻底消毒灭菌；

（2）设备及用具使用后要清洗干净，并妥善保管；

（3）严格按工艺操作要求生产，控制好温、湿度；

（4）加强生产联系，保证使用新鲜种曲；

（5）加强对种曲质量的检查并做好记录。

7. 种曲质量检验

（1）感官特性检验　菌丝整齐健壮，孢子丛生。呈新鲜黄绿色并有光泽，无夹心，无杂菌，无异色。

（2）理化检验

① 孢子数：用血球计数板法测定米曲霉种曲，种曲中孢子数应在 6×10^9 个/g（以干基计）以上；米曲霉种曲中细菌数不超过 10^7 个/g；

② 孢子发芽率：用悬滴培养法测定发芽率，要求达到 90% 以上；

③ 蛋白酶活力：新制曲在 5000U 以上，保存制曲在 4000U 以上；

④ 水分：新制曲水分 35% ~40%，保存制曲水分在 10% 以下。

种曲质量关系到生产用曲的质量，因此必须严格控制。如果发现种曲色泽不符，或杂菌丛生，或孢子数少，或细菌数多，或孢子发芽率低，必须停止使用该批种曲；彻底清洗一切工具与设施，并进行消毒灭菌；与此同时还应对菌种及三角瓶扩大曲进行认真检查，找出其中的原因。

任务二 制曲原料处理

一、原料轧碎与润水、加水

原料处理包括两个方面：在原料上的杂菌，一是通过机械作用将原料粉碎成为小颗粒或粉末状；二是经过充分润水和蒸煮，使原料中蛋白质适度变性、淀粉充分糊化，以利于米曲霉的生长繁殖和酶类的分解作用。

原料的处理因设备、原料、工艺而不同，但原则上应做到：颗粒细而均匀，润水充分，适当的蒸煮压力和时间，迅速地减压和冷却。

（一）豆饼（豆粕）轧碎

1. 轧碎的作用和要求

豆饼坚硬而块大，必须予以轧碎。豆粕颗粒虽不太大，但不符合要求，也要适当进行破碎。

（1）轧碎的作用　轧碎为豆饼（豆粕）润水、蒸熟创造条件，使原料充分地润水、蒸熟，达到蛋白质一次变性，从而增加米曲霉生长繁殖及分泌酶的总面积，提高酶的活力。

（2）轧碎的要求　豆饼（豆粕）轧碎程度以细而均匀为宜，颗粒大小为 2 ~3mm，粉末量小于 20%。

2. 细碎度与制曲、发酵、原料利用率的关系

（1）颗粒太大，不但不易吸收水和蒸熟，减少曲霉生长繁殖的总面积，降低酶活力，而且影响发酵时酶对原料的作用程度，导致发酵不良，影响酱油的产量和质量。

（2）但粉碎过细，麸皮比例又少，则润水时易结块，蒸后难免产生夹心，制曲时曲料太实，会造成通风不畅，发酵时酱醅发黏，给控温和淋油带来一定难度，反而影响酱油质量和原料利用率。

因此，原料破碎细度要适当，特别要注意颗粒均匀。

（二）润水及加水

豆粕或豆饼由于其原形已被破坏，加水浸泡就会将其中的成分浸出而损失，因此必须有润水工序，使需要加入的水分充分而均匀地吸收入原料内部，以利于进一步加工处理。润水需要一定的时间。

1. 润水的目的

使原料中蛋白质含有适量的水分，以便在蒸料时受热均匀，迅速达到蛋白质的一次变性；使原料中的淀粉吸水膨胀，易于糊化，以便溶解出米曲霉生长所需要的营养物质；供给米曲霉生长繁殖所需要的水分。

2. 原料配比与加水量

目前各厂生产酱油，豆饼与麸皮的配比不同，有7∶3、6∶4或5∶5，麸皮用量越大，加水量越大；反之，则可适当减少。加水量的确定必须考虑到诸多因素，原料不同，其含水量不同，即使同一种原料因加工方法不同，含水量也不一样。加水量注意以下情况。

（1）季节和地区　夏季，风大，温度相对高，应多加水；一些地区气候干燥，加水量也应该相应增加；反之，则应减少用水量。

（2）蒸料方法　一般常压蒸料蒸汽流畅，原料增加水分较少；而加压蒸料时，水分较多。

（3）冷却和送料方式　在夏季，有时为了使蒸料迅速冷却，要大力翻扬或用风扇吹，水分散发较快、较多，应注意加水量的调节。

（4）曲室保温及通风情况　当曲室保温及通风设备良好，可以自由控制室温时，加水量应该适当增加。

生产上应严格控制加水量。生产实践证明，以豆粕数量计算加水量在80%～100%较合适。但加水量的多少主要依据曲料水分为准，一般冬天掌握在47%～48%，春天、秋天要求48%～49%，夏天以49%～51%为宜。

二、原料蒸煮

（一）蒸煮的目的和要求

蒸煮在原料处理中是个重要的工序，蒸煮是否适度，对酱油质量和原料利用率影响极为明显。

1. 蒸煮的目的

（1）蒸煮使原料中的蛋白质完成适度的变性，便于被米曲霉发育生长所利用，并为以后酶分解提供基础；

（2）蒸煮使原料中的淀粉吸水膨胀而糊化，并产生少量糖类，这些成分是米曲霉生长繁殖的营养物质，而且易于被酶所分解；

（3）蒸煮能消灭附在原料上的微生物，提高制曲的安全性，给米曲霉正常生长发育创造有利条件。

2. 蒸煮的要求

达到一熟、二软、三疏松、四不粘手、五无夹心、六有熟料固有的色泽和香气。加压蒸料操作时应注意：

（1）经常检查，压力不得超出规定范围；

（2）操作时要严格遵守操作规程；

（3）出料时锅内残余蒸汽必须排尽；

（4）装卸锅盖时，应对称地上紧螺栓，使各螺丝及锅盖承受比较均匀的力量。

（二）蒸熟程度与蛋白质变性

1. N 性蛋白（原料未蒸熟）

未蒸熟的蛋白质称为 N 性蛋白，其不变性，能溶于盐水中，但不能被米曲霉中的酶系所分解。含有 N 性蛋白的酱油经稀释或加热后会产生混浊物质（这是通过检验酱油，了解蒸料质量的简便方法）。

2. 适度变性

适度变性的蛋白质能为米曲霉分泌的蛋白酶所分解。

3. 过度变性（褐变）

蒸煮过度后，蛋白质色泽增深，蛋白质中氨基酸与糖结合，形成褐变，就很难被米曲霉分泌的蛋白酶所分解。

4. 蒸料压力（温度）与时间的关系

生产实践表明，在一定范围内，蒸汽压力越高，时间越短，全氮利用率也越高。

5. 冷却速度和消化率的关系

冷却速度和消化率也有相当大的关系。生产实践证明，排气脱压冷却快，则消化率高；排气脱压冷却慢，则消化率低。

（三）旋转式蒸煮锅蒸料的方法

国内已采用旋转式蒸煮锅（简称转锅，日本称 NK 罐）蒸料，罐体以立式双头锥为主，也有球形的。容量一般为 $5 \sim 6m^3$，在蒸料式转锅可不断地做 360°的旋转运动。新式的转锅附有减压冷却装置（水力喷射器）。水力喷射器配有离心水泵，利用高速水流从喷嘴喷出，在蒸料出料时，锅内形成减压，水分在低压下蒸发吸收热量，使曲料冷却，转锅的上端设有投料出口，锅身的下面设有接种绞龙和输送机，可直接送入曲池。罐的蒸料量以不超过 70% 的容量为宜，使转锅的原料能够混匀，压力、温度均衡。旋转式蒸煮锅蒸煮装置如图6－1如示，操作要点如下：

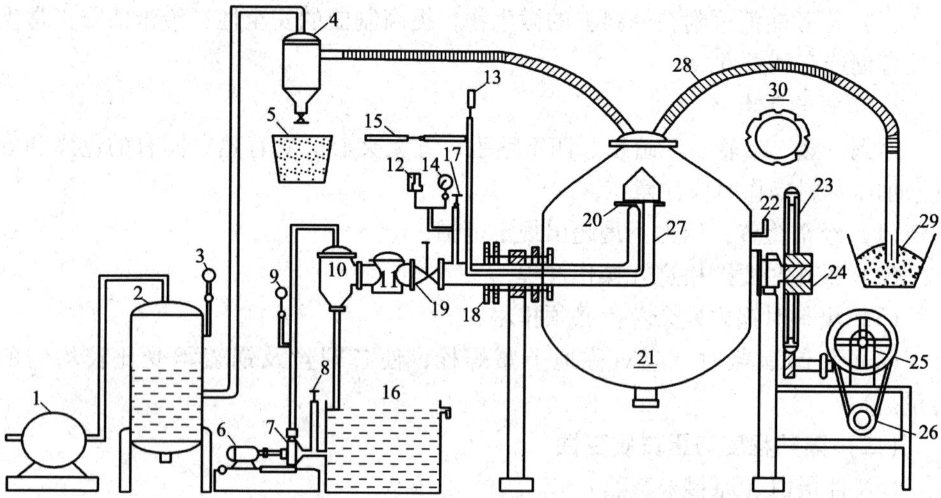

图6－1　旋转式蒸煮锅蒸煮装置示意图

1—真空泵　2—水过滤器　3、14—真空表　4—旋风分离器　5—贮尘桶　6、26—电动机　7—水泵　8—给水阀门　9—压力表　10—水力喷射器　11—单向阀　12—安全阀　13—加水管　15—蒸汽管　16—贮水池　17—排气管阀　18—空心轴及轴封　19—闸门阀　20—喷水及进气管　21—转锅体　22—温度计　23—正齿轮　24—实心轴　25—变速器　27—冷却排气管　28—进料软管　29—进料斗　30—蒸料锅盖

（1）开始蒸料时，先排除气管中的冷凝水，当升压时先用排气阀将空气排出，如锅内空气未排尽，会使锅内形成虚假气压，会降低蒸料温度和蒸料的效果。

（2）等排气阀连续喷出饱和蒸汽时，再关闭排气阀，使锅内压力升高，当压力升到0.03～0.05MPa，再打开排气阀，将残余空气排除干净。

（3）然后关闭排气阀继续通入蒸汽使压力上升达到所规定的压力，一般为0.1～0.15MPa，时间为30～40min。在蒸熟过程中转锅不停旋转。

（4）蒸料完毕，开启排气阀使压力降到零位，然后关闭排气阀，开动水泵供给水力喷射器冷却水进行减压冷却，锅内形成真空蒸发，品温快速下降，达到接种温度即可出料，一般降至40℃。

（四）连续蒸煮装置蒸料方法

采用连续蒸煮装置蒸料的压力比旋转式蒸煮锅更高，蒸煮时间更短，蒸料结束可直接进行真空冷却。这种方法蒸料均匀，原料蛋白质利用率可提高到85%以上。常用的连续蒸煮装置为网络式（FM式），其结构由给料槽、洒水绞龙、预热罐、蒸煮罐和连续冷却机等部分组成。操作步骤如下。

1. 加水和润水

在洒水绞龙中，原料和70℃热水混合，润水6min。然后进入预热罐预热至95℃，预热时间5~6min。

2. 蒸料

蒸煮罐内设有一个用不锈钢丝编织的金属网，原料落在金属网上，厚度为20cm以下，随着金属网而移动。加压蒸汽由原料的上、下两面导入，罐内蒸汽压力0.17MPa，蒸料时间为3min，由于内部的网状传送带结构复杂不易清洗。

3. 冷却

在两端装有旋转阀的减压室以水力喷射泵进行真空冷却，由于不用外部空气冷却，可避免冷却时细菌污染。FM式连续蒸煮装置原料处理量4t/h，蛋白质利用率可达85%~87%。

（五）熟料质量标准

1. 感官特性

（1）外观 黄褐色，色泽不过深；

（2）香气 具有豆香味，无煳味及其他不良气味；

（3）手感 松散、柔软、有弹性、无硬心、无浮水，不黏。

2. 理化标准

（1）水分（入曲池取样）在45%~50%为宜；

（2）蛋白消化率在80%以上。

三、其他原料的处理

由于地区和条件的不同，还有许多蛋白质原料和淀粉原料被用来酿制酱油，因为原料性质不同，其处理方法也各不相同。

（一）小麦、大麦、高粱

用小麦、大麦、高粱作原料时，一般要先经过焙炒，使淀粉糊化增加色泽与香气，同时杀灭附在原料上的微生物。焙炒后含水量显著减少，便于粉碎，能增加辅料的吸水能力。要求焙炒后的小麦或大麦呈金黄色，其中焦煳粒不超过5%~20%，每汤匙熟麦投水试验下沉，生粒不超过4~5粒，大麦爆花率为90%以上，小麦咧嘴为90%以上。

为了节约用煤，减轻焙炒劳动强度和改善劳动条件，可直接将原料轧碎，与豆饼、豆粕原料混合拌匀（或分先后润水）后再进行蒸煮。

日本使用小麦时的处理如下。

（1）前处理 同大豆一样要进行筛选处理，目的是除去杂质，其方法与大豆基本相同。

（2）焙炒　由于焙炒小麦的水分被蒸发，同时小麦膨胀，变成易于破碎的状态。经过焙炒，除去了小麦的水分，在制曲时就能起到调节蒸煮大豆的水分的重要作用，同时还可以杀死附在生小麦表面的微生物。此外焙炒使小麦淀粉糊化，使之容易受到曲霉菌淀粉酶的作用。

普通炒麦机：在轴承上安装着一只两端直径不同的圆筒并可旋转，由圆筒直径小的一端投入原料小麦，圆筒在明火上旋转而使小麦得到焙炒，焙炒小麦的沙子与小麦一起送进去，由于小麦与加热的沙子是混合起来的，因此在流动中同时存在。沙子用金属网筛去，落入圆筒外面的螺旋状管内并回到入口，再次与进入的小麦混合。炒完的小麦温度约为150℃，质量为原来的80%～90%。

（3）破碎　经过焙炒的小麦冷却后进行破碎，目的是使之有利于曲霉菌的繁殖及容易受酶的作用，这样就需增大其表面积和调节蒸煮大豆表面的水分，以利于制曲。破碎的程度为四瓣，且需要拌有一定量的粉末。这样，当进行通风制曲的时候，小麦就将易于繁殖细菌的大豆表面覆盖住，从而将有助于曲霉菌丝的生长。

破碎机是滚柱式的，滚柱的直径为100～150mm，长200～350mm，是用硬铜制作的。在滚柱的表面上有沟槽，由于两个滚柱的旋转方向是不同的，因此小麦被粉碎。

（二）其他原料

1. 以其他饼粕类作原料

以其他油料作物榨油后的饼、粕类作为代用原料时，其处理方法基本上与豆饼相同。

2. 以米糠作原料

用米糠时，使用方法与麸皮相同，若用榨油后的米糠饼，要先经过粉碎。

3. 以面粉或麦粉作原料

以面粉或麦粉为原料时，除老法生产直接将生粉拌入制曲外，一般可采用酶法液化糖化，将淀粉水解成糖液后参与发酵，不需经过蒸料、制曲工艺操作。

四、液化及糖化

酿造酱油中应用液化和糖化方法是最近十年来才发展起来的一门新技术，是利用微生物酶制剂使淀粉水解成还原糖，再拌入成曲中发酵的一种方法，可以节约粮食、劳动力及制曲设备，达到增产节约的目的。液化糖化法应用于酱油生产中的优点如下：

（1）减少淀粉损耗，提高淀粉原料利用率。

（2）节约蒸料及制曲设备。

（3）有利于机械化、连续化生产，提高了原料在发酵前加工的劳动生产率。

（一）酶法的应用

在制曲过程中，米曲霉的生长发育需要消耗大量的淀粉，原料中加水量越大，淀粉消耗越多；制曲时间越长，淀粉消耗也越多。如果采用液化糖化工艺，在制曲时可大幅度地减少淀粉质原料用量，将所减少的淀粉质原料的一部分，利用酶解成糖后直接加入到发酵酱醅中，可使淀粉质原料较充分地被利用。

原料中的淀粉颗粒一般直径在0.002～0.15mm。淀粉的化学结构是由很多葡萄糖分子连接起来形成的大分子。按连接的方式：一为直链淀粉，二为支链淀粉。淀粉颗粒在热水中能大大膨胀，水温达到一定温度时，淀粉颗粒比原来体积膨胀50～100倍，淀粉颗粒被解体而糊化。

α－淀粉酶能在一定的条件下使逐渐已糊化的淀粉的化学结构破坏，将直链淀粉和支链淀粉都切成短分子的糊精和少量糖分，使淀粉发生液化。此时淀粉黏度显著降低，再利用麸皮中的β－淀粉酶（或其他糖化剂）进行糖化，继而可使短分子的糊精全部变成麦芽糖（或葡萄糖）。在酱油生产中，利用α－淀粉酶和β－淀粉酶可以取代淀粉质原料的制曲工序，从而大大节约粮食和方便生产。

（二）液化及糖化工艺

1. 工艺流程

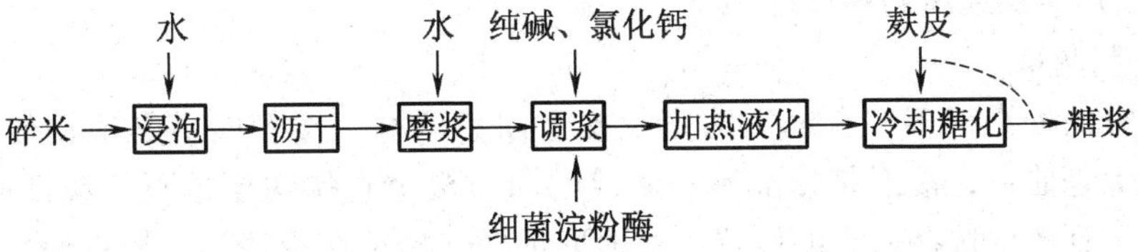

2. 液化方法

（1）浸米　先将碎米（或其他淀粉质原料）准确过磅，然后倒入输送机中，运入储料桶内，加水浸泡冲洗，在常温下浸泡0.5～1h，把水放掉沥干。

（2）磨浆　把冲洗干净的碎米，流入钢片式磨粉机中磨细。磨时一边投入碎米，一边加入适当的水。粉浆要求越细越好，一般每100kg碎米磨成米浆约250kg，米浆呈稠厚均匀乳浊状。

（3）调浆　米浆边磨边流入液化及糖化桶内。磨浆结束开始搅拌，加水，使粉浆调节在18°Bé～20°Bé。再用碳酸钠（俗称纯碱，Na_2CO_3）溶液，调节至pH6.2～6.4。然后加入0.2%氯化钙（$CaCl_2$），最后加入细菌淀粉酶（每1g原料使用淀粉酶10U）。

（4）液化　调浆完毕后通入蒸汽，使浆温缓缓上升，至浆温达到85～90℃时，维持10～15min，期间即进行糊化和酶的液化作用。以碘液检验呈金黄色时，即表示液化完成。最后再逐步升温至煮沸。

3. 糖化方法

液化完成后，冷却管内不断通入冷水，将液化醪冷却至65～70℃，加入相当于碎米2%的麸皮作糖化剂，充分搅拌均匀，保持糖化温度在60～65℃，一般以62℃为宜，糖化时间为3h，如能延迟至4h则更好。糖化完毕后，可直接供发酵之用。

任务三 成曲制备

制曲是酱油生产的关键之处，是酿造酱油的基础。没有良好的曲子，就不能酿造出品质优良的酱油。制曲先要选择原料及适当的配比，经过蒸熟处理，然后在蒸熟原料中混合种曲，使米曲霉充分发育繁殖，同时分泌出多种的酶（蛋白酶、淀粉酶、氧化酶、脂肪酶、纤维素酶等）。制曲时，从米曲霉菌体中分泌出来的酶，不但使原料起了变化，而且也是以后发酵期间发生变化的根源。所以曲的好坏，直接影响酱油品质和原料利用率。

一、制曲设备

（一）厚层通风制曲设施

1. 制曲室

曲室的种类很多，有地上曲室及楼上曲室两种。楼上曲室是应用较广的一种，楼上是曲室，楼下是发酵室，制成的曲由楼上直接送至楼下。设计曲室时，应根据下列条件选择适当的位置：即地形干燥、易于保持清洁、接近原料处理场所与发酵室，然后再考虑曲室大小、形状及结构等。

（1）曲室的大小以8m宽，10～12m长，约3m高为宜。如果过大，则保温及保湿都有困难；过小，则在操作时有困难。

（2）曲室的构造有砖木结构、砖结构和钢筋水泥结构三种。墙壁厚度应以地区寒暖情况及曲室的具体情况而加以调整，墙层厚不应少于25cm。需要有弧形平顶，平顶上铺隔热材料，以防滴水，内壁全部涂水泥，地面两边有排水沟。

（3）曲室的门窗设计，根据地区气候条件的不同而各异，不但要考虑冬季的保暖，同时还须考虑夏季的降温。门宜厚，做成夹层，中间衬垫隔热材料。严寒地区应有两道门，里面门可用推拉式的木板门，上开一个小玻璃窗。

天窗是换气或调节温湿度的重要设置，一般设于曲室中央线上，天窗大小以1～1.5m^2为宜。由于天窗对冬天保暖有影响，目前采用机械排气。

2. 保暖、降温及保湿设施

（1）保温　室内沿墙脚安装直径为40～50mm的蒸汽管或蒸汽散热片；

（2）降温　利用门窗进行自然通风或使用排风扇降温；

（3）保湿　采用空调箱，既能保温、降温，又能保湿。

3. 矩形通风曲池（曲箱）

此种曲池最普通，应用很广泛，建造简易，可用木材、钢板、水泥板、钢筋混凝土或砖石等材料制成。曲池（曲箱）可砌半地下式或地面式，长度为 8 ~ 10m，宽度为 1.5 ~ 2.5m，高为 0.5m 左右。曲池（曲箱）底部的风道，有些斜坡，以便下水。通风道的两旁有 10cm 左右的边，以便安装用竹帘或有孔塑料板、不锈钢板等制作的假底，假底上堆放曲料。矩形曲池通风制曲如图 6 -2 所示。

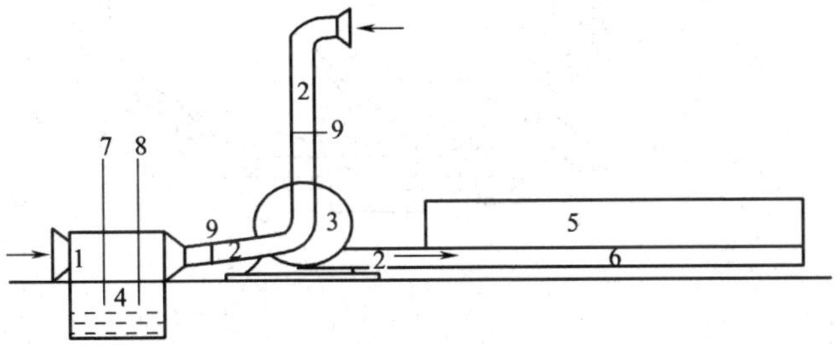

图 6 -2 矩形曲池通风制曲示意图

1—温湿调节箱 2—通风管道 3—通风机 4—水池 5—曲池（曲箱） 6—曲池假底 7—水管 8—蒸汽管 9—阀门

（二）圆盘式自动曲料培养装置（圆盘制曲机）

圆盘制曲机是酿造行业近来开发的先进设备。它是根据微生物的培养规律，为米曲霉的发芽、发育、成长、壮大到成熟提供一切必要条件，针对平床曲室曲料输送难度大，设备操作繁琐，生产环境差，劳动强度大，人和物料无法分离等不足，借鉴了国外先进技术，开发的全自动曲菌培养装置。最大的为直径 16m，盛料 24t。圆盘式自动制曲设备如图 6 -3 所示。

1. 设备构成

（1）空气调节装置 采用回风道对吸入的空气进行温度、湿度、空气品质（含尘、含菌丝、含 CO_2 等）的调节，使其符合米曲霉培养要求。它由曲室回风管道、新鲜空气进口、排风口、调风量闸门、风过滤器、喷水喷雾段、蒸汽加温和冷冻降温装置、无级变速通风机、向曲池进风管道等组成。

（2）圆盘制曲机组 主要由上部曲室、曲床部分、翻曲机、出入曲螺旋推进器和下面通风箱池五部分组成。

2. 圆盘制曲机的操作程序

（1）入料 开动曲床圆盘，进行低速旋转，调节出入曲螺旋推进器，使其底面与曲床假底上平面为一定距离（事先量的曲层高度），开始旋转螺旋（其推料方向为向心）。曲料从曲室壁外进入后，经溜斗顺入曲床围栏内的假底上，待曲料堆积一定高度接触到螺旋，多余料即被螺旋叶片推向中心，直至入料布满曲床假底。

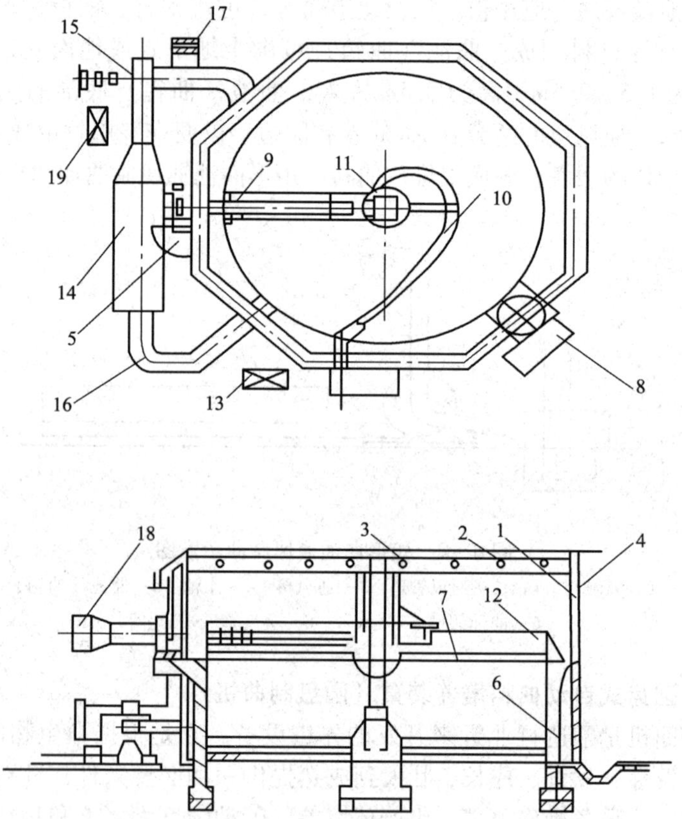

图6－3　圆盘式自动制曲设备示意图

1—保温内壁　2—加热管　3—保温外壁　4—钢架　5—门　6—培养床基础　7—回转圆盘培养床
8—培养床驱动装置　9—翻曲机　10—入曲及出曲装置　11—中心圆筒
12—培养床侧壁　13—操作台　14—空调机　15—送风机　16—通风道
17—调节板　18—加热器　19—控制台

（2）通风制曲　入料完毕，圆盘停止转动，入料螺旋升至最高位置，开始静止培养；待米曲霉发芽、繁殖开始产热即开动空调进行通风培养，利用空调机供给曲菌生长所需的空气（温度、湿度可自动控制）。

（3）翻曲　当米曲霉繁殖旺盛、大量产热、曲料板结影响降温时应进行翻曲（正常全制曲过程翻2次）操作：空调机停止供风，转动圆盘，同时使翻曲耙齿在圆盘转动中慢慢降下，待降至最低点为止（耙齿下面与假底距离5mm）。

圆盘转动360°，翻曲结束，调节耙齿上升离开曲面，翻曲耙停止旋转，圆盘停止转动，开动空调，继续通风制曲。

（三）制曲辅助设备

1. 通风机

厚层通风制曲适用的风机是中压，一般要求总压头在 1kPa 以上。风量以曲池（曲箱）内盛总原料量的 4 ~ 5 倍计算。例如，曲池（曲箱）内盛入的总原料为 1500kg，则需要风量为 6000 ~ 7500m^3/h。可选用 6A 通风机，配置的电动机功率为 4kW，曲池（曲箱）面积为 14m^2 左右。

2. 翻曲机

图 6 – 4 所示的是装两只电钻的翻曲机。两只电钻并列固定装置在螺杆上，两边用铁管相托，与螺杆成水平线，一端装有 0.5kW 电动机，可使电钻机来回移动，在电钻头上装置螺旋式叶片，另一端装有倒顺开关。一按电钮，电钻上的螺旋式叶片不断转动，使曲料搅碎翻动，同时电钻机沿着螺杆来回运行。翻曲机的 4 根柱子上装有小滚轮，也可以在曲池的两边移动，所以翻曲时可以前进、后退、左右移动。它既能将曲池（曲箱）内的曲料翻匀，又大大减轻劳动强度。结合各厂的具体情况，目前翻曲机已有多种式样。

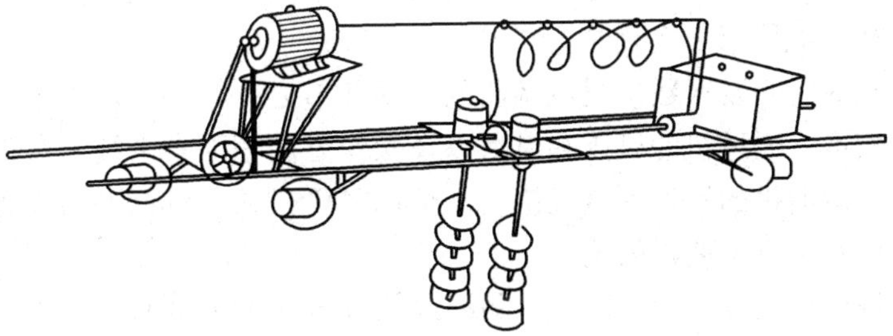

图 6 – 4　翻曲机

二、制曲工艺与管理

（一）制曲工艺

1. 工艺流程

种曲 ↓（接种）

熟料 → 冷却 → 接种 → 入池培养 → 翻曲 → 铲曲 → 成曲

2. 操作步骤

（1）冷却、接种及入池　经过蒸煮的熟料必须迅速冷却，并把结块的部分打碎，使用带有减压冷却设备的旋转式蒸煮锅，可在锅内直接冷却。出锅后迅速接种拌匀，立即用气力输送、绞龙或输送带送入曲池内培养。

没有冷却设备的蒸锅出料以后可用绞龙或其他吹风设备冷却至40℃左右接种，接种量为0.3%~0.5%。种曲先用少量麸皮拌匀后再掺入熟料中以增其均匀性。操作完毕应及时清洗各种设备、并搞好环境卫生，以免存积的物料受微生物污染而影响下次制曲质量。

（2）培养

①曲料装池的厚度一般为30cm。为了保持均匀而良好的通风条件，必须做到堆积疏松及平整。如果接种后料层温度较高，或者上下品温不一致，应及时开启通风机调节温度至32℃左右。

②在曲料的上、中、下及面层各插温度计1支。静置培养6h左右，此时料层开始升温到37℃左右时即应开机通风，以后用间断通风的方法维持曲料品温为35℃左右。温度的调节还可以采取循环通风或以换气的方式控制，使上层与下层的温差尽量减少。

③接种12~14h以后，品温迅速上升，米曲霉菌丝生长使曲抖结块，通风阻力增大。虽连续通风数小时，品温仍有超过35℃的趋势，此时应进行第一次翻曲，使曲料疏松以减少通风阻力，并保持温度34~35℃。继续培养4~6h后，根据品温上升情况进行第2次翻曲。

注意：翻曲时间及次数是通风制曲的主要环节之一，必须认真掌握。根据原料配比的松实度、通风机的风压和风量以及操作方法等因素来统一考虑。如果用机械翻曲，则翻曲机的转速不宜过快（一般以200~250r/min为宜），池底曲料要全部翻动，以免影响米曲霉的生长。

④翻曲后则继续连续通风培养，品温以维持30~32℃为宜。如果曲料出现裂纹收缩，则可用压曲或铲曲的方法将裂缝消除。

⑤培养20h左右米曲霉开始着生孢子，蛋白酶活力大幅度上升，培养至30h左右即可出曲。有时也可以在出曲前停风堆积约0.5h，使曲温上升到40℃左右以利于拌曲后控制酱醅温度。但必须注意，勿使温度升高过多（应低于45℃），以防酶活力损失。

（二）制曲过程曲料变化

1. 霉菌在曲料上生长的变化

（1）孢子发芽期　曲料接种进入曲箱后米曲霉因适当的温度及水分，开始发芽生长。一般地说，温度低于25℃以下，霉菌发芽缓慢；温度高于38℃以上，不适合霉菌发芽条件，此条件适合细菌的发育繁殖，容易污染杂菌，影响制曲。曲霉的最适发芽温度为30~32℃。在最初的4~5h是米曲霉的孢子发芽阶段，所以称为孢子发芽期。

（2）菌丝生长期　孢子发芽后，接着生长菌丝。当静置培养8h左右时，品温已逐渐上升至36℃，需要进行间歇或连续通风。一方面调节品温，另一方面调换新鲜空气，以利于米曲霉生长。继续维持品温在35℃左右，培养12h左右，当肉眼稍见曲料发白时进行第一次翻曲，这一阶段是菌丝生长期。

（3）菌丝繁殖期　第一次翻曲后，菌丝发育更为旺盛，品温上升也极为迅速，需要加强管理，继续连续通风，严格控制品温为35℃左右。约再隔5h，曲料面层产生裂缝，品温相应上升，进行第二次翻曲。此阶段米曲霉菌丝充分繁殖，肉眼可见曲料全部发白，称为菌丝繁殖期。

（4）孢子着生期　第二次翻曲完成后，品温逐渐下降，但仍宜连续通风维持品温30～34℃。一般情况下，曲料接种培养18h后，曲霉逐渐大量繁殖菌丝，并开始着生孢子。培养24h左右，孢子逐渐成熟，使曲料呈现淡黄色直至嫩黄绿色。在孢子着生期，米曲霉分泌的蛋白酶最为旺盛。

注意：在温、湿度控制适当时，米曲霉占绝对优势，可以抑制杂菌的生长，空气中杂菌只能少量繁殖，对成曲的质量无多大影响。当温、湿度控制不当时，即制曲条件不适合米曲霉的繁殖，则其他细菌、酵母或霉菌乘机获得较好的繁殖条件，结果会抑制米曲霉的繁殖从而使成曲质量低劣，酶的活力受到影响，最终影响酱油质量和出品率。

2. 制曲过程中的化学变化

制曲过程中的化学变化主要是米曲霉分泌的淀粉酶分解部分淀粉为糖分，以及蛋白酶分解部分蛋白质为氨基酸。由于米曲霉在生长繁殖时需要耗用部分糖和氨基酸作为养料，并通过呼吸作用将糖分分解成二氧化碳及水分，同时产生大量的热，这就是制曲过程中产生热量的主要原因。

3. 制曲过程中的物理变化

制曲过程中的物理变化主要是由于米曲霉的生理活动产生的呼吸热和分解热。在通风的条件下，曲料中的水分大量蒸发。一般通风培养曲料进入曲池时的水分为48%左右培养24h后、出曲时成曲水分已下降至30%左右。

制曲时，淀粉质部分水解生成的葡萄糖，虽然其中有一部分残留在曲中，但大部分被进一步分解成二氧化碳及水分而消耗，粗淀粉等物质的下降率均在10%以上。粗淀粉的减少，水分的蒸发，以及菌丝的大量繁殖使曲料紧实，料层收缩，以致发生裂缝，从而引起料温不均匀，如不及时处理就影响了通风，制不好曲。所以，在制曲过程中进行翻曲或者铲曲，可使曲料疏松，以利于米曲霉的正常生长繁殖。

（三）制曲时间的确定

厚层通风制曲多久为最适宜，主要以蛋白酶活力达到其最高点为依据。

（1）制曲时间过短，蛋白酶活力不足，影响对蛋白质的分解。实践证明制曲时间超过一定限度，蛋白酶活力反而逐渐下降，也要影响对蛋白质的分解。同时通风制曲时间增长后，不但微生物的生长繁殖需要多消耗淀粉，无形中浪费粮食，而且影响通风制曲设备的周转，增加通风机电力的消耗。

（2）制曲时间的长短，因菌种、品温高低、制曲设备条件及发酵工艺的不同而有很大差异。日本用厚层机械通风制曲时间大多为42～45h，而我国用厚层机械通风制曲时间一般为28～36h。

据近几年研究，制曲时间延长至30h以上才产生谷氨酰胺酶，但因我国目前采用的多为低盐固态发酵工艺，发酵温度较高，易使谷氨酰胺酶迅速失活而发挥不出作用。

三、通风制曲要点

通风制曲的操作要点归纳为“一熟、二大、三低、四均匀”。

1. 一熟

要求原料蒸得熟，不夹生，使蛋白质达到适度变性及淀粉质全部糊化的程度，可被米曲霉吸收，生长繁殖，适宜于酶类分解。

2. 二大

即大水、大风。

（1）大水　曲料水分大，在制取好曲的前提下，成曲酶活力高。熟料水分要求在45%～51%。但若制曲初期水分过大，不适宜米曲霉的繁殖，而细菌则显著地繁殖。

（2）大风　通风制曲料层厚达30cm左右，米曲霉生长时，需要足够的空气，繁殖旺盛期间又产生很多的热量，因此必须要通入大量的风并保持一定风压，才能够透过料层维持到适宜于米曲霉繁殖的最适温度范围。

通风小了，就会促使链球菌的繁殖，甚至在通风不良的角落处，会造成厌气性杆菌的繁殖。但若温度低于25℃，在通风量大的情况下，小球菌就会大量地繁殖。通风是制好曲的关键之一，需特别注意。

3. 三低

即入池品温低，制曲品温低，进风风温低。

（1）入池品温低　熟料入池后，通入冷风或热风将料温调整至32℃左右，此温度是米曲霉孢子最适宜的发芽温度，能更迅速发芽生长，从而抑制其他杂菌的繁殖。

（2）制曲品温低　低温制曲能增强酶的活力，同时能抑制杂菌繁殖，因此，制曲品温要求控制在30～35℃，最适宜温度为33℃。

（3）进风风温低　为了保证在较低的温度下制曲，通入的风温要低些。一般在30℃左右。风温、风湿可以通过空调箱进行调节。

4. 四均匀

原料混合及润水均匀，接种均匀，装池均匀，料层厚薄均匀。

（1）原料混合及润水均匀　原料混合均匀才能使营养成分基本一致。在加水量多情况下，更要求曲料内水分均匀，否则由于润水不匀，必然使部分曲料含水量高，易导致杂菌繁殖，而部分曲料含水分较低，使制曲后酶活力低。

（2）接种均匀　接种均匀对制曲来讲是一个关键性问题。如果接种不匀，接种多的曲料上，米曲霉很快发芽生长，并产生热量，迅速繁殖。接种少的米曲霉生长缓慢。没有接到种的曲料上，杂菌繁殖，品温也不一致，不易管理，对制曲带来极为不利的影响，为此一定要做到接种均匀。

（3）装池疏松均匀　装池疏松与否，对制曲时的空气温度及湿度有极为重要的影响。如果装料有松有紧，会影响品温不一致，易烧曲。因此，装池时原料要通过筛子，以减少团块，并达到料层疏松。

（4）料层厚薄均匀　因为通风制曲料层较厚，可根据曲池前后通风量的大小，对料层厚薄作适当的调整。如果通风量是均匀的，则要求料层也要均匀，否则会产生温差，影响管理。

四、制曲过程污染的来源与防治

（一）杂菌污染的来源

制曲中的杂菌，是指除了有目的培养的曲霉外，在曲料上生长繁殖的其他微生物，不论对酱油酿造是有益的，还是有害的，统称为杂菌。

1. 从种曲及麸皮中引入

由于种曲是在敞口条件下培养的，所以难免带入杂菌。杂菌较多的种曲，本身孢子发芽力弱，发芽率又低，成曲质量要受到严重影响。因此不合格的种曲，是制曲易受杂菌污染的最主要的传染源。此外，接种时拌和种曲所用的生麸皮，本身就带有很多杂菌。

2. 从设备和工具的积料中来

直接接触曲料的设备和工具使用后，要洗刷清洁，并保持干燥，否则积料中会自然培养出微生物，与次日下一批曲料相接触，就接种入内，迅速地生长繁殖起来，尤其是平时不易受人注意的管道内积料更为严重。

3. 从空气中带入

如果制曲室附近环境不清洁，则成为杂菌丛生的场所。如酱渣堆放在尘埃飞扬的场所，空气中杂菌密度高，通风制曲时空气中的杂菌连续接种于曲料上的机会就会增加。

（二）制曲中杂菌的防治方法

1. 工艺上可以采取的措施

（1）使用质量合格的种曲（二级种子）　即要求孢子浓密而多，发芽率高，繁殖力强，杂菌含量少的种曲。由于优良的种曲在制曲开始时孢子发芽快，并迅速生长菌丝布满曲料颗粒的表面，故能以生长优势来抑制杂菌的繁殖。

（2）蒸煮料要求达到料熟、疏松、灭菌彻底　采用旋转式加压蒸煮锅蒸煮的熟料，由于锅内快速冷却，所以杂菌污染的机会少。而常压蒸煮后摊冷时间长，就要十分注意尽可能减少杂菌侵入。

（3）接种时种曲使用量不宜过少　麸皮最好先经干蒸灭菌，还要把握好接种温度，一般不超过40℃。米曲霉的孢子不耐热，它与细菌孢子不同，接种温度越高孢子发芽越受影响。接种后孢子与物料拌和得越均匀越好。如果种曲未拌匀，则孢子多的曲料上菌丝生长旺盛后，会骤然使热度上升；相反，孢子少的曲料上，杂菌就趁机大量繁殖。

（4）加强制曲过程的管理　保持曲料适当的水分，掌握好温度、湿度、通风条件，创造曲霉菌生长的最适宜环境，抑制杂菌的污染。比如曲料含水分过多，制曲前期杂菌就会大量繁殖。

2. 保持曲室、设备及工具的清洁卫生

（1）曲室、曲池、设备及工具每次使用完毕，要较彻底地清除散落的曲料及积垢。可以冲洗的场所和工具还要尽量清洗干净，使杂菌缺乏寄生繁殖的条件。

（2）制曲污染严重时，原料处理设备、曲池及其假底可用0.1%新洁尔灭液或用0.2%漂白精液喷洒灭菌。

（3）熟料风管可用甲醛灭菌。

3. 添加冰醋酸或醋酸钠可抑制杂菌的生长

在制曲原料中，添加冰醋酸0.3%，或醋酸钠0.5%～1.0%（在原料加水时先与水混合），可有效地抑制细菌的生长，使成曲中细菌数大幅度减少，而酶活力则有所提高，制醅发酵成熟后，淋油畅爽，生产的酱油细菌数少，澄清度高。

五、成曲质量标准

（一）感官指标

（1）外观　优良的成曲内部白色菌丝茂盛，并密密地着生黄绿色的孢子。但由于原料及配比的不同，色泽也稍有各异，曲应无灰黑色或褐色的夹心。

（2）香气　具有曲香气，无霉臭及其他异味。

（3）手感　曲料蓬松柔软，潮润绵滑，不粗糙。

（二）理化指标

（1）水分　一、四季度含水量为28%～32%；二、三季度含水量为26%～30%。

（2）蛋白酶活力　1000～1500U（福林法）。

（3）成曲细菌总数为50亿个/g以下。

任务四 酱油发酵

发酵是酿造酱油中极其重要的一个关键过程。发酵方法很多，如：低盐固态发酵法、低盐稀醪保温法、高盐稀态发酵法及固稀发酵法等。但酱油酿造工艺基本上可分为低盐固态发酵及高盐稀态发酵两类，其他许多发酵方法实际上都是这两种方法的衍生方法。

一、低盐固态发酵法

低盐固态发酵法是在无盐固态发酵法的基础上发展起来的。低盐固态发酵法也可以说是总结了几种发酵方法的经验，比如前期以分解为主的阶段采用天然发酵的固态酱醅，后期发酵阶段，则仿照稀醪发酵。此外，还采用了无盐固态发酵中浸出淋油的好经验。

对各种发酵工艺的优缺点进行比较，低盐固态发酵法是目前我国酱油酿造工艺上最好的一种。酱油色泽深，滋味鲜美，后味浓厚，香气比固态无盐发酵法显著提高。其优点如下：

（1）不需添置特殊设备，操作简易，技术简单，管理方便；

（2）原料蛋白质利用率及氨基酸生成率较高，出品率稳定，比较易于满足消费者对酱油的大量需要；

（3）发酵周期为 15d 左右，比其他发酵方法的发酵周期短；

（4）低盐固态法制酱油的发酵周期较短，因而在发酵过程中，严格控制其最适量的工艺条件，对提高原料的利用率，改善产品的风味，显得尤为重要。

低盐固态发酵包括三种不同类型的工艺：一是低盐固态发酵移池浸出法；二是低盐固态发酵原池浸出法；三是低盐固态淋浇发酵浸出法。前两种应用较多，但因受工艺及设备限制，没有进行酒精发酵和成酯生香的条件，只做到“前期水解阶段”。后者由于采用淋浇措施，可调节后期酱醅温度及盐度进行酒精发酵，为生产酱香型浓郁的酱油创造了条件。淋浇的方法是定时放出假底下面的酱汁，并均匀地淋浇于酱醅面层，还可借此将人工培养的酵母和乳酸菌接种于酱醅内。现分别介绍如下。

（一）工艺流程

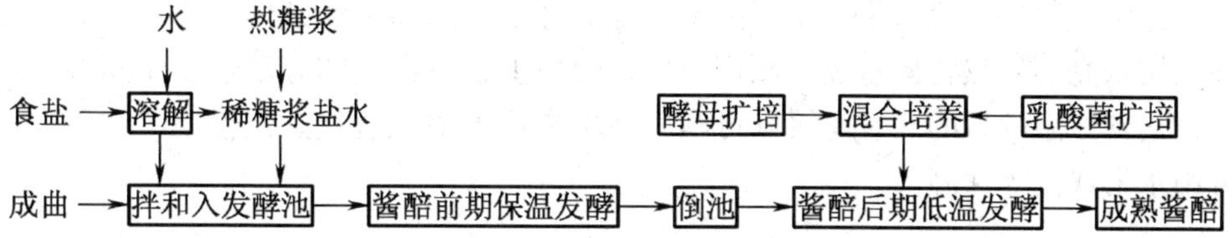

（二）发酵设备

1. 发酵室

发酵室是容纳发酵容器的场所，酱醅在此进行分解、发酵和成熟。它的位置和结构是否适宜，以及其他条件等都对酱油酿造有较大的影响。为此，在建造发酵室时，应首先考虑位置的选定及发酵室应具备的条件。

（1）地势高　发酵室应选择地势高处，若地势较低，土地阴湿，易于杂菌繁殖，必须填高后才适用。

（2）地质坚硬　发酵室内负荷量大，因此，地质必须坚硬，否则必然使负荷重大的池、桶发生倾斜或渗漏现象。

（3）距离曲室要近，便于操作　使各工序能紧密地联系起来为适宜。

（4）需有良好的保温及排水设备。

（5）有必要的通风条件，以保持室内干燥。

发酵室大都用钢筋结构，天花板和墙壁用保温材料，以免冬季热量散失和室内屋顶、墙壁上凝结大量水滴，使发酵室卫生条件恶化。室内墙面一般涂水泥，并在墙底设置流水沟，以便冲洗时做排水之用。

2. 发酵容器

发酵容器有缸、桶及发酵池三种。

（1）缸　缸只适用于小型工厂。缸底靠边处安装出油短管一根。管口安装阀门、缸内设有假底，上铺一层篾席，作为过滤之用。缸外侧需有保温措施。

根据生产规模的不同，可在室内以几只发酵缸为一组，建造长方形单排或双排的保温槽。保温槽一般用砖砌成，墙厚25cm，内外均涂以水泥，若改用钢筋水泥建筑，则更经久耐用。槽底的一边装一出水管，发酵缸置于槽中，槽面缸与缸之间镶木板，只露缸口在外，避免保温时热气散发。缸底的下部安装多孔蒸汽管一排，以便蒸汽通入。

保温的方式有两种：一为通入直接蒸汽保温；另一为水浴保温，即先在槽内盛水，再从蒸汽管通入蒸汽，保持需要的温度（如图6-5所示）。南方一部分厂发酵槽建在室外，上加玻璃棚，底下装有蒸汽管，白天利用太阳热能保温，晚上和阴天采用蒸汽保温，效果也良好。

（2）木桶或发酵罐　大木桶壁厚，传热缓慢，酱醅温度不易受外界影响，但需要木材数量大，操作又不方便，因而使用者很少，故可采用钢板或不锈钢板制成的发酵罐。罐（桶）底靠边处需安装配有阀门的出油短管一根，罐（桶）内设一假底，上铺一层篾席或竹帘，作为滤油之用。

保温方法：一般采取整个发酵室保温的办法，因而劳动条件极差。有的只在桶外用稻壳等绝热物质包裹，利用发酵期间微生物所产生的分解热，使其难以发散，达到保温的目的。发酵罐则可利用夹层进行水浴或直接蒸汽保温，如无夹层可用水浴或汽浴保温。

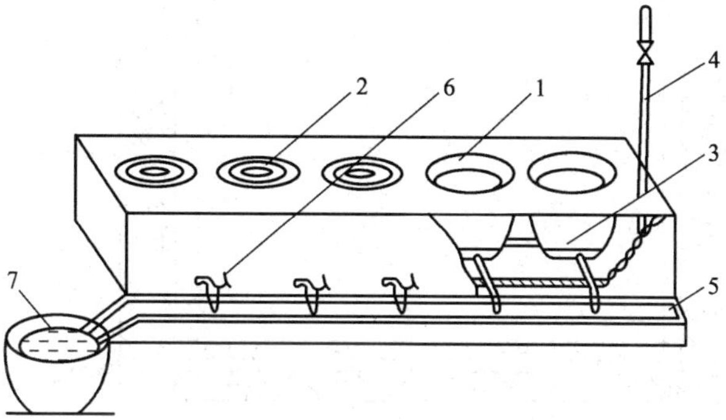

图6-5 缸用保温槽

1—发酵缸 2—缸盖 3—假底 4—蒸汽管
5—酱油流槽 6—放油阀 7—酱油收集缸

（3）发酵池 发酵池结构大都是长方形的钢筋混凝土结构，也有砖砌的水泥发酵池。有半地下式及地上式两种。实践结果表明，地上式比较好。发酵池建造时，需注意的是防止裂缝漏油。池内离底（约 20cm 处）设有假底，假底下面的一侧安装稍倾斜的不锈钢管一根，能使酱油或水流尽。管口装上阀门，旁边另装有一个出口，以便使刷洗所用的水流入水沟内。假底一般使用木栅，上铺篾席或竹帘，也有用钢筋水泥板，板面有圆形或长方形孔洞，板面上同样铺设篾席或竹帘，四周固定。池内因盛装大量酱醅，所以散热慢。发酵池池面上有木制盖板，易于保温。

发酵池的优点是取材容易、造价低廉、洗刷方便、容易保持清洁；缺点是不能移动，长年使用后酱醅会慢慢腐蚀池面（可以涂敷一层环氧树脂，以防止腐蚀现象）。

保温装置有两种：一种是水浴隔层保温（发酵池外套水浴池），另一种是直接蒸汽保温。后者很简单，在假底的下部安装一根多孔的蒸汽管，以便通入蒸汽；假底下应装温度计，以便控制温度；再在离盖板下面 0.33m 左右装一根蒸汽管，备面层及空间温度低时开汽保温之用（如图 6-6 所示）。

（4）移动式发酵罐 可借轨道车作纵横向移动，减少了大量的淋油管道和输送曲料的设施，改善了发酵车间环境和酱醅保温条件，并进一步提高了劳动生产率。移动式发酵罐优点是：发酵罐本身既是发酵及浸出设备，又是酱醅及酱渣的输送设备，使用方便且易于满足工艺要求，是发酵设备的一项重要改进。

3. 制醅机

制醅机俗称下池机，是将成曲破碎，拌和盐水及糖浆液成醅后进入发酵容器内的一种机器。其由机械破碎、斗式提升及绞龙拌和兼输送（螺旋拌和器）三个

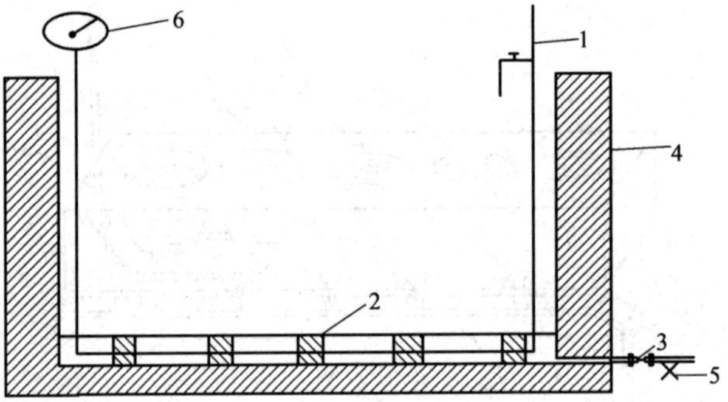

图6-6 发酵池保温装置

1—蒸汽管 2—假底 3—放油阀 4—发酵池
5—排水阀 6—压力式温度计

部分联合组成。此机大小根据各厂所采用的发酵设备来决定，其形状如图6-7所示。绞龙的底部外壳，须特制成一边可脱卸的，便于操作完毕后冲洗干净，以免杂菌污染。

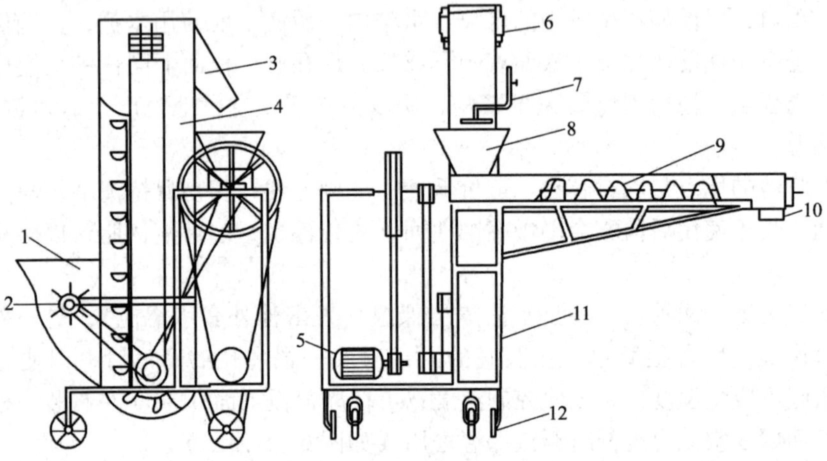

图6-7 制醅机示意图

1—成曲入口 2—碎曲齿 3—升高机出口 4—升高机 5—电动机 6—升高机调节器
7—盐水管及糖浆管 8—入料斗 9—螺旋拌绞龙 10—出料口 11—机架 12—轮子

4. 溶盐设备

最简单的溶盐设备是地下池上端置一竹筐，将盐放置在竹筐内，水通过盐层促使其溶化成盐水后，调节浓度，浮杂物则大部分剩留于竹筐内。

（三）工艺操作要点

1. 盐水调制

（1）盐水浓度　食盐加水或低级油溶解，调制成需要的浓度，一般淀粉原料全部制曲者，其盐水浓度要求为11～13°Bé（氯化物含量在11%～13%）。盐水浓度过高，会抑制酶的作用，延长发酵时间；盐水浓度过低，杂菌易于大量繁殖，导致酱醅pH迅速下降，从而抑制了中性、碱性蛋白酶的作用，同样影响发酵的正常进行。盐水质地一般要求为清澈无浊、不含杂物、无异味，pH在7左右。

（2）盐水温度　一般来说，夏季温度在45～50℃，冬季在50～55℃。入池后，酱醅品温应控制在42～46℃。盐水的温度如果过高会使成曲酶活性钝化以致失活。

2. 拌曲盐水用量

（1）低盐固态发酵（原池工艺）　一般要求将拌盐水量控制在制曲原料总重量的80%左右，连同成曲含水相当于原料质量的120%左右，此时酱醅水分在57%～58%。

（2）低盐固态发酵（移池工艺）　一般要求将拌盐水量控制在制曲原料总质量的65%左右，连同成曲含水相当于原料质量的95%左右，此时酱醅水分在50%～53%。

拌曲操作时首先将粉碎成2mm左右的颗粒成曲由绞龙输送，在输送过程中打开盐水阀门使成曲与盐水充分拌匀，直到每一个颗粒都能和盐水充分接触。开始时盐水略少些，使醅疏松。然后慢慢增加，最后将剩余的盐水撒入醅表面。

发酵过程中，在一定幅度内，酱醅含水量越大，越有利于蛋白酶的水解作用，从而提高全氮利用率。因此，在酱醅发酵过程中，合理的提高水的用量是可以的。但是对移池浸出法，水分过大，醅粒质软，会造成移池操作的困难。所以拌水量必须恰当掌握。

（3）稀糖浆盐水配制　若制曲中将大部分淀粉原料制成糖浆直接参与发酵时，则需要配制稀糖浆盐水。稀糖浆中含有糖分不能从浓度折算盐度，需经化验计算糖浆中含盐量。本工艺要求食盐的质量浓度为14～15g/100mL（相当于盐水13.5°Bé），用量与盐水相等。以实例供参考。

经液化糖化后调整到糖分为的8%稀糖浆250kg，另将食盐78kg加水或三油溶成盐水306kg。两者混合即得稀糖浆盐水556kg，含盐量可达上述要求。

3. 酵母菌和乳酸菌菌液的制备

酵母菌和乳酸菌经选定后，必须分别逐级扩大培养，一般每次扩大10倍，使之得到大量繁殖而纯粹的菌体，再经混合培养，最后接种于酱醅。

逐级培养的步骤：

试管原菌→100mL三角瓶→1000mL三角瓶→10L卡氏罐→100L种子罐→1000 L发酵罐

培养液用稀糖浆、二油及水配制而成，调整每100mL含盐分8～9g，按常规灭菌及接种。培养温度为30℃，小三角瓶培养、大三角瓶培养及种子罐培养各所需时间为2d，主要要求繁殖大量菌体。最后将酵母菌与乳酸菌在发酵罐内混合培养，也可采用专用发酵池进行混合培养。混合培养时间延长至5d左右，产生适量的酒精。

制备酵母菌和乳酸菌菌液以新鲜为宜，因而必须及时接入酱醅内，使酵母菌和乳酸菌迅速参与发酵作用。

4. 制醅

先将准备好的盐水或稀糖浆盐水加热到55℃左右（可根据入池后发酵品温的要求，适当掌握盐水或稀糖浆盐水的温度），再将成曲粗碎，在绞龙输送过程中拌入盐水或稀糖浆盐水。进入发酵池后，开始时，在距池底20cm左右的成曲拌盐水或稀糖浆盐水略少些，然后慢慢增加，最后把剩余盐水浇于酱醅面层，待其全部吸入醅料后盖上食品用聚乙烯薄膜，四周以食盐封边，发酵池上加盖木板。

5. 前期保温发酵

成曲拌和盐水或稀糖浆盐水入池后，品温要求在43～45℃。如果低于40℃，即采取保温措施，务使品温达到并保持此温度，使酱醅迅速水解。每天定时定点检测温度。前期保温发酵时间为15d。

淋浇工艺说明：若采用淋浇发酵工艺（非淋浇工艺静止发酵），入池后次日，需淋浇一次，在前期分解阶段一般可再淋浇2～3次，所谓淋浇就是将积累在发酵池假底下的酱汁，用水泵抽取回浇于酱醅面层。加入的速度越快越好，使酱汁布满酱醅上面，又均匀地分布于整个酱醅之中，以增加酶的接触面积，并使整个发酵池内酱醅的温度均匀。如果酱醅温度不足，可在放出的酱汁内通入蒸汽，使之升至适当的温度。

6. 倒池（限移池工艺）

倒池是指移池发酵工艺，在前期保温发酵结束后，用抓酱机将酱醅移入另外空置的发酵池中继续后期发酵。原池发酵工艺不需倒池。倒池具有三方面作用，一是促进酱醅各部分的温度、盐分、水分以及酶的浓度趋向均匀；二是排除酱醅内部因生物化学反应而产生的有害挥发性物质；三是增加酱醅的氧含量，防止厌氧菌生长以促进有益微生物繁殖和色素生成。

倒池的次数可这样确定，发酵周期20d左右的只需在第9～10d倒池一次；发酵周期25～30d的可倒池二次。倒池的次数不宜过多，过多既增加工作量，又不利于保温，还会造成淋油困难。

7. 后期降温发酵

前期发酵完毕，水解已基本完成，品温保持35～40℃，并保持此温度进行后熟作用。后期发酵时间为15d，在此期间酱醅成熟作用得以逐渐进行。

淋浇工艺及酵母、乳酸菌发酵工艺说明：若采用淋浇及酵母、乳酸菌发酵工艺，此时可利用淋浇方法将制备的酵母菌和乳酸菌液浇在酱醅面层，并补充食盐，使总的酱醪含盐在15%以上，均匀地淋在酱醅内。菌液加入后酱醅呈半固体状态，品温要求降至30～35℃，并保持此温度进行酒精发酵及后熟作用。后期发酵时间为15d，在此期间酱醅成熟作用得以逐渐进行。第2d及第3d再分别淋浇一次，既使菌体分布均匀，又能供给空气及达到品温一致。

如果采用本工艺但限于设备条件不再进行后期降温发酵，则可参照本工艺仅进行前期发酵；如无淋浇设备可不采取淋浇措施，发酵温度亦可略提高，即第一周45℃左右，第二周逐步上升至50℃左右，同时盐水浓度及用量也可略微减少。在此情况下，由于缺乏后熟作用，风味较差，这个方法就是目前一般采用的低盐固态发酵原池浸出法。

（四）原池发酵与移池发酵特点比较

（1）原池发酵法无需单独建造淋油池，而是在发酵池下面设有假底以利于淋油。发酵完毕时，打入冲淋盐水浸泡后，打开阀门即可淋油。原池淋油与移池淋油操作基本相同，酱醅含水量可增大到57%左右。这样高的含水量有利于蛋白酶进行良好的水解作用，因此全氮利用率就相应得到提高。

（2）移池发酵主要特点是酱醅疏松，便于移池发酵及淋油，一般配料麸皮用量提高至豆饼用量的60%左右，盐水用量则降低至制曲原料的60%～70%，酱醅含水量常在50%以下。由于醅质疏松，加上每7～10d一次移池的搬运，增加了与空气接触的机会，有利于氧化生色。发酵周期20～30d，但也只完成低盐固态发酵的前期发酵阶段。这一工艺由于麸皮用量过多及酱醅水分过少，不利于设备利用率及氮利用率的提高。

（五）低盐固态发酵生产注意事项

1. 入池前的准备工作

（1）成曲的粉碎要恰当，以保证盐水迅速进入曲料的内部，增加酶的溶出和原料的分解速度。

（2）生产设施和工具应保持清洁卫生，隔一段时间要进行杀菌。方法为沸水洗净或蒸汽灭菌。

（3）盐水的浓度和温度一定要控制准确。

（4）出曲前快速测定曲子水分含量，以便计算总加水量。

2. 成曲拌和盐水操作

拌和盐水要均匀、动作要迅速、盐水用量要准确，要防止盐水流失。绞龙拌曲直接入池时，要严格控制好盐水流量，剩余的少量盐水可浇在上面，使其慢慢淋下去。

（六）低盐固态发酵工艺成熟酱醅的质量标准

1. 感官特性

（1）外观　赤褐色，有光泽，不发乌，颜色一致。

（2）香气　有浓郁的酱香、酯香气，无不良气味。

（3）滋味　由酱醅内挤出的酱汁，口味鲜，微甜，味厚，不酸，不苦，不涩。

（4）手感　柔软，松散，不干，不黏，无硬心。

2. 理化标准

（1）水分　48%～52%。

（2）食盐含量　6%～7%。

（3）pH　4.8 以上。

（4）原料水解率　50%以上。

（5）可溶性无盐固形物　25～27g/100mL。

二、高盐稀态发酵法

高盐稀态发酵法是指曲料中加入较多的盐水，使酱醅呈流动状态进行发酵的方法。有常温发酵和保温发酵之分。

常温发酵的酱醅温度随气温高低自然升降，酱醅成熟缓慢，发酵时间较长。

保温发酵也称温酿稀发酵，因采用的保温温度不同，又分为消化型、发酵型、一贯型和低温型四种。

（1）消化型　酱醅发酵初期温度较高，一般达到 42～45℃保持 15d，发酵主要成分全氮及氨基酸生成速度基本达到高峰。然后逐步将发酵温度降低，促使耐盐酵母大量繁殖进行旺盛的酒精发酵，同时进行酱醅成熟作用。发酵周期为 3 个月。产品口味浓厚，酱香气较浓，色泽较其他型深。

（2）发酵型　温度是先低后高。酱醅先经过较低温度缓慢进行酒精发酵作用，然后逐渐将发酵温度上升至 42～45℃，使蛋白质分解作用和淀粉糖化作用完全，同时促使酱醅成熟。发酵周期为 3 个月。

（3）一贯型　酱醅发酵温度始终保持于 42℃左右。耐盐耐高温的酵母菌也会缓慢地进行酒精发酵。发酵周期一般为 2 个月。

（4）低温型　酱醅发酵温度在 15℃维持 30d。这阶段维持低温的目的是抑制乳酸菌的生长繁殖，同时酱醅 pH 保持在 7 左右，使碱性蛋白酶能充分发挥作用，有利于谷氨酸生成和提高蛋白质利用率。30d 后，发酵温度逐步升高开始乳酸发酵。当 pH 下降至 5.3～5.5，品温到 22～25℃时，由于酵母菌开始酒精发酵，温度升到 30℃是酒精发酵最旺盛时期。下池 2 个月后 pH 降到 5 以下，酒精发酵基本结束，而酱醅继续保持在 28～30℃，4 个月以上，酱醅达到成熟。

稀醪发酵法的优点是：

（1）酱油香气较好。

（2）酱醅较稀薄，便于保温、搅拌及输送，适于大规模的机械化生产。

稀醪发酵法的缺点是：

（1）酱油色泽较淡。

（2）发酵时间长，需要庞大的保温发酵设备。

（3）需要酱醪输送和空气搅拌设备。

（4）需要压榨设备，压榨手续繁复，劳动强度较高。

（一）工艺流程

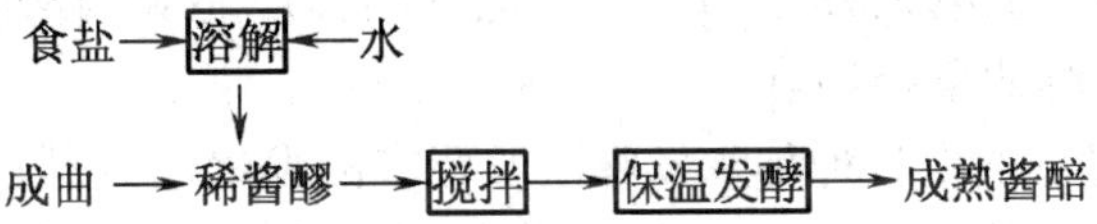

（二）发酵设备

稀醪发酵的发酵容器有发酵池和发酵罐两种。发酵池用钢筋水泥制成，敞口；发酵罐是全封闭的，罐体内有夹层可供热保温与冷却。发酵容器的大小和数量应视生产规模而定。

（三）工艺操作

高盐稀态发酵法适合于以大豆、面粉为主要原料（配比一般为7∶3或6∶4），成曲加入2～2.5倍量的18°Bé/20℃盐水，于常温或保温（40～45℃）条件下经2～6个月的发酵工艺。该法的特点是发酵周期长，发酵酱醪成稀醪态，酱油和香气质量好。

1. 原料处理

（1）浸豆　大豆浸豆前浸豆池（罐）先注入2/3容量的清水，投豆后将浮于水面的杂物清除。投豆完毕，仍需从池（罐）的底部注水，使污物由上端开口随水溢出，直至水清。浸豆过程中应换水1～2次，以免大豆变质。浸豆务求充分吸水，出罐的大豆晾至无水滴出才投进蒸料罐蒸煮。

（2）蒸豆　蒸豆可用常压也可加压。若用加压，应尽量快速升温，蒸煮压力可用0.16MPa蒸汽，保压8～10min后立即排气脱压，尽快冷却至40℃左右。黄豆应蛋白组织变软，有熟豆香气。

2. 接种与制曲

熟豆应与面粉及种曲混合均匀，种曲用量为原料的0.1%～0.3%，其余操作与低盐固态法制曲要求相向。

3. 发酵

（1）盐水调制　食盐水调制成18～20°Bé，吸取其清液使用。消化型需将盐水保温，但不宜超过50℃。低温型在夏天则需加冰降温，使其达到需要的温度。

（2）制醪　将成曲破碎，称量后拌和盐水，盐水用量一般约为成曲质量的250%。

（3）搅拌　因曲料干硬，菌丝及孢子在外面，盐水常不能很快浸润而漂浮于液面，形成一个料盖，应及时搅拌，搅拌利用压缩空气来进行。成曲入池应该立即进行搅拌。

如果采用低温型发酵，开始时每隔4d搅拌一次，酵母发酵开始后每隔3d搅拌一次，酵母发酵完毕，一个月搅拌两次，直至酱醪成熟。如果采用消化型发酵，由于需要保持至较高温度，可适当增加搅拌次数。

稀醪发酵的初发酵阶段常需要每日搅拌。需要注意的是，搅拌要求压力大，时间短。时间过长，酱醪发黏不易压榨。搅拌的程度还影响酱醪的发酵与成熟，所以搅拌是稀醪发酵的重要环节。

（4）保温发酵　根据各种稀醪发酵法所要求的发酵温度开启保温装置，进行保温发酵，每天检查温度1～2次。同时借控温设施及空气搅拌调节至要求的品温，加强发酵管理，定期抽样检验酱醪质量直至酱醪成熟。

（四）要点说明

（1）加盐水时，应使全部成曲部被盐水湿透。制醪后的第三天起进行抽油淋浇，淋油量约为原料量的10%。其后每隔一周淋油一次，淋油时由酱醅表面喷淋，注意不要破坏酱醅的多孔性状。

（2）发酵2～6个月，此时豆已溃烂，醪液氨基酸态氮含量约为1g/100mL，前后一周无大变化时，意味醅已成熟，可以放出酱油。

（3）抽油后，头渣用18°Bé/20℃盐水浸泡，10d后抽二滤油。二滤渣用加盐后的四滤油及18°Bé/20℃盐水浸泡，时间也为10d。

放出三滤油后，三滤渣改用80℃热水浸泡一夜，即行放油。抽出的四滤油应立即加盐，使浓度达18°Bé，供下批浸泡二滤渣使用。四滤渣含盐量应在2g/100g以下，氨基酸含量不应高于0. 05g/100g。

三、固稀发酵法

该法适用于以脱脂大豆、炒小麦为主要原料。其特点是前期保温固态发酵，后期常温稀醪发酵，发酵周期比高盐稀态法短，而酱油质量比低盐固态法好。

（一）工艺流程

成曲 → 固态发酵 → 保温稀醪发酵 → 常温稀醪发酵 → 成熟酱醪

（二）操作说明

1. 原料处理

小麦精选去杂后，于170℃焙炒至淡茶色，破碎至粒度为1～3mm的颗粒，与蒸熟的大豆混合均匀（豆粕与小麦配比为7:3或6:4），接入种曲，按低盐固态法操作通风制曲。

2. 发酵

（1）制醅　成曲按1∶1拌入12～14°Bé盐水，入池保温（40～42℃）进行固态发酵14d。

（2）固态发酵结束后，补加2次盐水，盐水浓度为18°Bé，加入量为成曲质量的1.5倍。此时酱醅为稀醪态，用压缩空气搅拌，每天1次，每次3～4min。3～4d后改为2～3d一次，保温35～37℃，进行稀醪发酵15～20d。

（3）稀醪发酵结束后，用泵将酱醪输送至常温发酵罐，在28～30℃温度下发酵30～100d，此期间每周用压缩空气搅拌一次。

3. 压滤取油

成熟酱醪成糊状物，不能用淋油法抽油，故用压滤机压滤法取油。压滤出的生酱油进入沉淀灌沉淀7d后，取上清油按酱油质量标准配兑，然后用热交换器加热，控制出口温度为85℃，再自然澄清7d后，就可按成品包装。

四、酱油的浸出

酱醅成熟后，利用浸出法将其可溶性物质最大限度的溶出，从而提高全氮利用率和获得良好的成品质量。浸出操作包括浸泡和滤油两个工序。该种方法与传统的手工或机械压榨的方法比较有很多优点：改善了劳动条件；降低了酿造工人的劳动强度；提高了劳动生产率；提高了原料的利用率等。

（一）工艺流程

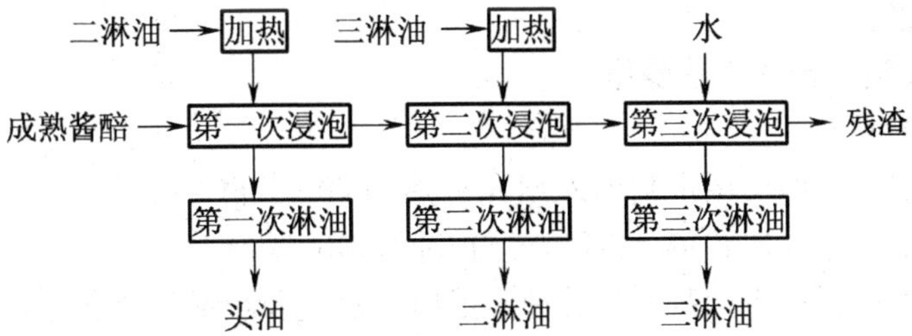

（二）浸泡与滤油基本原理

1. 浸泡原理

酱醅成熟后，加入二油或清水浸泡，把酱醅中的可溶性物质扩散到液体中去，再通过滤油提取出酱油，达到固、液分离的目的。在浸泡过程中，相对分子质量很大的蛋白质、糊精、有机酸和色素等溶解较慢。因为大分子物质的溶出有个吸水膨胀的过程，所以酱油的浸出必须要先经过一个浸泡的过程。

浸泡是一种扩散现象，在一定范围内，影响浸泡的重要因素有：

（1）浸泡温度高，则可溶性物质易于浸出。

（2）浸泡时间长，可以增加浸出量，但过长会增加黏度，不利于淋油，所以浸泡时间要适宜。

（3）酱醅与溶剂中浸出物浓度差越大，越易浸出，即在酱醅浸泡中，二油水或盐水与酱醅浓度差越大，越易浸出。

（4）溶剂与溶剂接触面积越大，浸出物越多，所以酱醅要求疏松，防止结块。

（5）相对分子质量小的物质容易被浸出，如氨基酸、葡萄糖等。

（6）颗粒直径小的物料容易浸出，但颗粒太小会增加黏度，影响淋油，生产上采用的豆粕多呈小片状，以利于浸出。

2. 滤油原理

滤油液面（浸出液）通过滤渣的毛细管流出，即可达到液渣分离的目的。过滤速度与过滤面积、温度和压力成正比，而与黏度，滤渣阻力成反比。影响滤油速度的主要因素是：

（1）过滤面积　过滤面积越大，滤油越快，所以酱醅料层疏松，形成毛细管多而通畅，则滤油就快。

（2）过滤压力　过滤压力大，滤油快，在浸出法中，过滤的压力由酱醅及浸出液的自重提供的。

（3）滤液黏度　滤液黏度越大，滤油越慢。造成黏度大的原因有：①原料分解不彻底；②污染大量的杂菌；③制醅水分不均匀，池底过湿而发生黏底；④原料颗粒过细等。

（4）滤渣阻力　滤油时阻力影响滤油速度，形成滤油阻力的因素有：①物料颗粒过于细小；②滤渣料层厚度过高；③滤渣紧实；④滤油过程中出现脱水，造成滤层龟裂，使毛细管收缩；⑤其他阻力为过滤介质、假底、管道、阀门等发生部分堵塞现象。

（三）浸泡和滤油工艺操作

1. 浸泡操作

酱醅成熟后，即可用水泵加入预先加热到 70～80℃的二油，再加入二油时，在酱醅的表面层垫一块竹帘，以防酱层被冲散影响滤油。

二油的用量根据生产酱油的品种、蛋白质总量及出品率等因素决定，热二油加入完毕后，发酵容器仍需用聚乙烯薄膜盖紧，防止散热。经过 2h 左右，酱醅逐步散开。如果酱醅整块上浮后，一直不散开；或者在滤油时，以竹竿或木棒插试发酵容器底部有黏块者，表示发酵不良，此时滤油将会受到一定影响。浸泡时间为 20h 左右，浸泡期间，品温不要低于 55℃，一般维持在 60℃以上。温度适当提高和浸泡时间适当延长，可显著加深酱油色泽。

2. 滤油操作

浸泡时间达到之后，生头油便从发酵容器的底部放出，流入酱油池中。池内预先放置准备盛食盐的箩筐，把每批所需要的食盐置于其中，流出的头油通过盐层而逐渐将食盐溶解。头油流完后（注意不宜放的太干），关闭阀门，再加入 70～80℃的三油，浸泡 8～12h，滤得二油（留住下批浸泡使用），再加入热水，浸泡2h左右，滤出三油，作为下批套二油之用。

在滤油过程中，头油是产品，二油套头油，三油套二油，热水浸三油，如此循环使用。以上为间歇滤油法，现在很多酿造企业已经采用连续滤油法：浸泡的方式一样，但当头油将要滤完，酱渣刚露出液面时，马上加入75℃左右的三油，浸泡1h，滤出二油，待二油即将滤完，酱渣刚露出液面时，再加入常温自来水，放出三油。从头油到放完三油总共时间仅仅8h。

（四）浸出

1. 浸出操作标准

衡量浸出工序操作的标准是酱渣中残留的酱油成分的数量，通常以残存食盐或可溶性无盐固形物的数量作为衡量指标。以豆粕（饼：麸皮=6:4）原料配比为例，酱渣（干基）中食盐及可溶性无盐固形物含量均不得高于4%。

注意：原池浸出工艺除不需把酱醅移到淋油池，在原池中浸出外，其工艺同移池浸出工艺。

2. 浸出的主要设备

（1）根据淋油工序的特点，在建筑施工时要保证淋油池的工程质量，防止因冷热交替而破坏池壁，造成渗漏。假底的空隙可尽量小些，以免存水过多；出油口留在最低位置，确保油放尽后不存水；条件允许时应尽量扩大过滤面积，要求面积大而高度浅，但要和发酵池配套，使酱醅正好装2~4个淋油池，不使酱醅有剩余零头，便于分批生产、分批核算，有利于总结经验。

（2）接油池、配油池、浸淋水储存池、溶盐池等，应根据生产需要配套，对各池容量要测量准确。

（3）浸清水加热设备有两种形式：冷热缸（四周有夹层可用蒸汽直接加热）和接触式热交换器。

3. 酱渣的标准

（1）水分为80%左右；

（2）粗蛋白含量≤5%；

（3）食盐含量≤1%；

（4）水溶性无盐固形物含量≤1%。

【习题】

1. 什么是酿造酱油？酱油的分类有哪些？
2. 简述酱油风味物质来源与形成机理。
3. 种曲制备与成曲制备的主要区别是什么？制曲过程中曲料有哪些变化？
4. 试比较低盐固态发酵与高盐稀态发酵工艺的异同之处。
5. 绘出酱油浸出工艺流程并说明操作要求。

项目七 食醋生产技术

【知识目标】

1. 掌握食醋的概念并了解其营养价值。
2. 了解食醋的分类及特点。
3. 了解酿醋的主要原料，了解主要生化机制及参与的主要微生物。
4. 掌握食醋生产的主要类型、工艺流程。
5. 掌握食醋原辅料的选择及处理。
6. 掌握食醋的生产机理及操作要点。

【技能目标】

1. 能够完成食醋生产工艺操作及工艺控制。
2. 具备食醋质量的基本检验与鉴定能力。
3. 能够制定食醋生产的操作规范、整理改进措施。
4. 掌握常用的酿醋方法及我国几种传统的酿醋工艺。

【解决问题】

1. 学会运用相关知识解决食醋生产过程中常见的质量问题。
2. 新型醋的制备需要注意哪些工艺操作?
3. 如何改善速酿法生产的食醋口味单薄的缺点?
4. 食醋的传统生产工艺与现代生产工艺相比，各有哪些优缺点?

【必备知识】

一、食醋的分类及酿造原料

（一）食醋分类

我国酿造醋历史悠久，品种繁多，由于酿造的地理环境、原料与工艺不同，也就出现许多不同地区及不同风味的食醋。

1. 按制醋的工艺分类

（1）酿造醋　以粮食、果实、酒精等含有淀粉、糖类、酒精的原料单独或混合使用，经过微生物酿造而成的一种酸性调味品。

（2）人工合成醋　以酿造食醋为主体，与冰乙酸、食品添加剂等混合配制而成的调味食醋。

2. 按原料处理方法分类

（1）生料醋　粮食原料不经过蒸煮糊化处理，直接用来制醋。

（2）熟料醋　经过蒸煮糊化处理后酿制的醋。

3. 按制醋用糖化曲分类

有麸曲醋、老法曲醋之分。

4. 按醋酸发酵方式分类

有固态发酵醋、液态发酵醋和固稀发酵醋之分。

5. 按原料分类

有谷物醋、蔬菜醋、糖醋、酒醋、果醋。

6. 按食醋的颜色分类

有浓色醋、淡色醋、白醋之分。

7. 按食醋的用途分类

可分为食用醋、保健醋及饮料醋。

8. 按产品形态分类

为液态醋和粉末醋。

（二）食醋酿造原料

酿醋原料一般分为主料、辅料、填充料和添加剂四类。

1. 主料

酿造食醋的主要原料有淀粉质原料如谷物、薯类、野生植物，糖质原料如果蔬、糖蜜，酒质原料如酒精、酒糟等。长江以南习惯采用大米和糯米为酿醋原料，长江以北多以高粱、玉米、小米为酿醋原料，而制曲原料常用小麦、大麦、豌豆等；东北地区以酒精、白酒为主料酿制酒醋的较多。

采用原料不同，酿造出的食醋成品的风味也有所不同。比如高粱含有一定量的单宁，由高粱酿制的食醋芳香；糯米酿制的食醋残留的糊精和低聚糖较多，口味浓甜；大米蛋白质含量低、杂质少，酿制出的食醋纯净；玉米含有较多的植酸，发酵时能促进醇甜物质的生成，所以玉米醋甜味突出。

（1）粮食类　我国目前制醋多以含淀粉质的粮食为基本原料。粮食原料中淀粉含量丰富，还含有蛋白质、脂肪、纤维素、维生素和矿物质等成分。常用于制醋的粮食主要有高粱、玉米、大米（糯米、粳米、籼米）、小米、青稞、大麦、小麦等。

（2）薯类　薯类作物产量高，块根或块茎中含有丰富的淀粉，并且原料淀粉颗粒大，蒸煮易糊化，是经济易得的酿醋原料。用薯类原料酿醋可以大大节约粮食。常用的薯类原料有甘薯、马铃薯、木薯等。日本人把马铃薯制作的醋称为“命醋”，被认为比米醋更有利于人体健康，其生理保健功用显著。

（3）农产品加工副产物　一些农产品加工后的副产物，含有较为丰富的淀粉、糖或酒精，可以作为酿醋的代用原料，以节约粮食。常用有碎米、麸皮、细谷糠、米糠、高粱糠、淀粉渣、甘薯、糖糟、糖蜜等。生产中要注意其成分，要很好地进行调整。

（4）果蔬类原料　可以利用水果和含有较多糖分和淀粉的蔬菜为原料酿醋。常用的水果有柿子、苹果、菠萝等的残果、次果、落果或果品加工后的皮、屑、仁等。能用于酿醋的蔬菜有番茄、山药、瓜类等。

（5）野生植物原料　如橡子、酸枣、蕨根等目前也可用于酿醋。

（6）酒类　如白酒、酒精等。

2. 辅料

酿醋需要较多的辅助原料，它们不但含有碳水化合物，而且还有丰富的蛋白质和矿物质，能为微生物提供营养物质，并增加食醋中的糖分和氨基酸含量，形成食醋的色、香、味成分。一般采用细谷糠、麸皮、豆粕等作为辅助原料。在固态发酵中，辅料还起着吸收水分、疏松醋醅、贮存空气的作用。

3. 填充料

固态发酵酿醋及速酿法制醋都需要填充料，其主要作用是疏松醋醅，使空气流通，以利醋酸菌好氧发酵。填充料要求疏松，有适当的硬度和惰性，没有异味，表面积大。酿醋常使用的填充料一般有谷壳、稻壳、粗谷糠、高粱壳、木刨花、玉米秸、玉米芯、木炭、瓷料、多孔玻璃纤维等。

4. 添加剂

添加剂能不同程度地提高固形物在食醋中的含量，同时对食醋的色、香、味、体的改善有益。酿制食醋的添加剂主要有以下几种：

（1）食盐　起到调和食醋风味的作用，醋醅发酵成熟后加入食盐能抑制醋酸菌的活动，防止醋酸菌分解醋酸。

（2）砂糖　砂糖有增加甜味的作用。

（3）香辛料　茴香、桂皮、生姜等香辛料赋予食醋特殊的风味。

（4）炒米色　增加成品醋的色泽及香气。

二、名特优食醋品质特性

我国食醋的种类很多，生产在世界上也独树一帜，其名特产品如山西老陈醋、镇江香醋、北京熏醋、福建红曲醋、浙江玫瑰醋、上海米醋、广东糖醋等。

1. 山西老陈醋

山西老陈醋是以优质高粱为主要原料，经蒸煮、糖化、酒化等工艺过程，然后再以高温快速醋化，温火焙烤醋醅和伏晒抽水陈酿而成。典型风味特征为：色泽棕红，有光泽，体态均一，较浓稠；有特有的醋香、酯香、熏香、陈香相互衬托，浓郁、协调、细腻；食而绵酸，醇厚柔和，酸甜适度，微鲜，口味绵长，具有山西老陈醋“香、酸、绵、长”的独特风格。

2. 镇江香醋

镇江香醋是以优质糯米为主要原料，采用独特的加工技术，经过酿酒、制醅、淋醋等三大工艺过程，约四十多道工序，前后需 50～60d，才能酿造出来。具有“色、香、酸、醇、浓”的特点，“酸而不涩，香而微甜，色浓味鲜”，江南使用该醋最多。存放时间越久，口味越香醇。与山西陈醋相比，镇江醋的最大特点在于微甜。

3. 福建红曲醋

福建红曲老醋是选用优质糯米、红曲、芝麻为原料，采用分次添加，液体发酵并经过多年（三年以上）陈酿后精制而成。这种醋的特点是：色泽棕黑，酸而不涩、酸中带甜，加入芝麻进行调味调香，故香气独特，十分诱人。

4. 浙江玫瑰醋

浙江玫瑰醋是以优质大米为酿醋原料，酿造出独具风格的米醋。其最大特点是醋的颜色呈鲜艳透明的玫瑰红色，具有浓郁的能促进食欲的特殊清香，并且醋酸的含量不高，故醋味不烈，非常适口，尤其适用于凉拌菜、小吃的佐料。

三、食醋酿造基本原理

酿醋采用淀粉质原料要先经蒸煮、糊化、液化及糖化，使淀粉转变为糖，再用酵母使糖分解为酒精，然后在醋酸菌作用下发酵产生醋酸，将乙醇氧化生产醋酸。以糖质原料酿醋，可使用葡萄、苹果、柿、枣等酿制各种果汁醋，也可使用蜂蜜及糖蜜为原料，需经酒精发酵和醋酸发酵两个生化阶段制醋。以酒类为原料，加醋酸菌经发酵产生醋酸。食醋生产中的醋酸发酵大多数是敞口操作的，酿醋过程中由于微生物的活动，发生着复杂的生化作用，这些复杂性反应形成了食醋的主体成分和色、香、味、体。

（一）酿醋中的生化作用

1. 糖化作用

淀粉质原料经润水、蒸煮糊化及酶的液化成为溶解状态，由于酵母菌缺少淀粉水解酶系，因此，需要借助糖化的作用使淀粉转化为葡萄糖供酵母菌利用。成曲中起糖化作用的酶主要有：属于内切酶的小淀粉酶又称液化酶。液化酶能将淀粉分子的 $\alpha-1$，4 键在任意位置上切断，迅速形成糊精及少量的麦芽糖和葡萄糖，使淀粉糊的黏度很快下降，流动性上升，但该酶对 $\alpha-1$，6 键不起作用；属于外切酶的淀粉 -1，4 - 葡萄糖苷酶（又称糖化酶）以及淀粉 -1，6 - 糊精酶和淀粉 -1，6 - 葡萄糖苷酶。淀粉 -1，6 - 糊精酶专一性地作用于分支淀粉的分支点，即专一性切断 $\alpha-1$，6 键，将整个侧支劈掉，而淀粉 -1，6 - 葡萄糖苷酶仅对分支淀粉中带有一条多糖直链的分支的 $\alpha-1$，6 键有作用，形成一条单独的多糖直链和去掉直链的残余部分。糖化酶则是从淀粉链的非还原端顺次逐个切开 $\alpha-1$，4 键，水解成葡萄糖分子。由于以上酶的共同作用，淀粉被水解成葡萄糖：

$$\underset{\text{淀粉}}{(C_6H_{10}O_5)_n} + \underset{\text{水}}{nH_2O} \xrightarrow{\text{淀粉酶系}} \underset{\text{葡萄糖}}{n\,(C_6H_{12}O_6)}$$

用曲对淀粉质原料进行糖化时，淀粉浓度对糖化效果有很大影响，淀粉浓度越高，糖化效果越差。这是因为酶与底物结合，当底物浓度低时，底物糖化完全；当底物浓度高时，因为底物不能完全与酶结合，所以就会出现底物过剩。只有当产物移去或被消耗时，余下的底物与酶结合再生成产物。因此，进行固态发酵时，一般采取边糖化边发酵的方法，而进行液态发酵时，则可将糖化和发酵分开，目的都是为了提高糖化和发酵效果。

糖化曲用量公式：

$$m_1 = \frac{m_2}{0.9 \times \frac{A}{1000}}$$

式中 m_1——糖化曲用量，g

m_2——投料淀粉总量（以纯淀粉计），g

A——曲糖化力（1g 曲在 60℃下对淀粉作用 1h 产生出葡萄糖的 mg 数）

0.9——将葡萄糖折算为淀粉的系数

1000——将 mg 换算为 g

糖化曲用量应适当，并非越多越好。曲使用过量会使醋产生苦涩味，并造成酵母增殖过多而增加耗糖量，导致原料利用率下降。糖化速度过快，糖积累过多时，容易招致生酸细菌生长繁殖，从而影响酒精发酵。另外，用曲量大会使生产成本上升；但用曲量过少时，糖化速度变慢，糖的生成速度跟不上酵母菌对糖的需求，会使酿醋周期延长。

采用固态发酵法酿醋，每 100kg 醅料用麸曲量为 5～7kg。如使用大曲酿醋，由于大曲糖化力低，则用量就要加大。有些醋厂使用酶制剂替代曲作糖化剂；α－淀粉酶用量为 4～6U/g 淀粉，糖化酶用量为 100～300U/g 淀粉。

2. 酒精发酵

酵母菌是兼性厌氧菌，酒精发酵是酵母菌在厌氧条件下，经细胞内一系列酶的催化作用，把可发酵性糖转化成酒精和 CO_2，然后排出体外。参与酒精发酵的酶称为酒化酶系，它包括糖酵解（EMP）途径的各种酶以及丙酮酸脱羧酶、乙醇脱氢酶。由葡萄糖发酵生成酒精的反应如下：

$$C_6H_{12}O_6 + 2NAD + 2H_3PO_4 + 2ADP \xrightarrow{\text{EMP途径的酶}} 2CH_3COCOOH + 2NADH_2 + 2ATP$$

$$CH_3COCOOH \xrightarrow[Mg^{2+}]{\text{丙酮酸脱羧酶}} CH_3CHO + CO_2$$

$$CH_3CHO \xrightarrow[NADH_2 \quad NAD]{\text{乙醇脱氢酶}} CH_3CH_2OH$$

总反应式为：

$$C_6H_{12}O_6 + 2ADP + 2H_3PO_4 \xrightarrow{\text{酒化酶系}} 2C_2H_5OH + 2ATP + 2CO_2$$

注：NAD 是脱氢酶的辅酶。

在酒精发酵中约有 94.8% 的葡萄糖转化为酒精和 CO_2，酵母菌的增殖和生成副产物消耗 5.2% 葡萄糖。发酵后除生成酒精和 CO_2 外，每 100g 葡萄糖还可生成醛类物质 0.01g，甘油 2.5～3.6g，高级醇 0.4g，有机酸 0.5～0.9g，酯类微量。采用边糖化边发酵的酿醋工艺，发酵结束后会有较多的糊精和残糖，成为食醋固形物的组分，它们使醋的甜味足、体态好。

3. 醋酸发酵

酒精在醋酸菌氧化酶的作用下生成醋酸的过程，总反应式：

$$CH_3CH_2OH + O_2 \xrightarrow{\text{氧化酶系}} CH_3COOH + H_2O$$

根据上述反应式可知，醋酸与乙醇的质量比为 1.304∶1。但由于发酵过程中醋酸的挥发、再氧化以及形成酯等原因。实际得到的醋酸与酒精的质量比仅为 1∶1。有些醋酸菌之所以能将醋酸分解为 CO_2 和水，是因为它们有极强的乙酰辅酶 A 合成酶活力，该酶能催化醋酸生成乙酰辅酶 A，然后进入三羧酸（TCA）循环，经呼吸链氧化，进一步生成 CO_2 和水。

$$CH_3COOH + \underset{\text{辅酶A}}{CoASH} \xrightarrow[ATP \quad AMP+Pi]{\text{乙酰辅酶A合成酶}} \underset{\text{乙酰辅酶A}}{CH_3CO-SCoA} + H_2O$$

$$CH_3CO-SCoA + 2O_2 \xrightarrow{\text{TCA循环}} 2CO_2 + H_2O + CoASH$$

用醋酸菌进行醋酸发酵，除生成醋酸外，也会有少量其他有机酸和酯类物质生成。

（二）食醋色、香、味、体的形成

食醋的品质取决于本身的色、香、味三要素，而色、香、味的形成经历了错综复杂的过程。除了发酵过程中形成风味外，很大一部分还与成熟陈酿有关。

1. 色

食醋的“色”来源于原料本身的色素带入醋中，原料预处理时发生化学反应而产生的有色物质进入食醋中，发酵过程中由化学反应、酶反应而生成的色素，微生物的有色代谢产物，熏醅时产生的色素以及进行配制时人工添加的色素。醋中的糖分与氨基酸结合发生美拉德反应是酿造食醋过程中色素形成的主要途径。熏醅时产生的主要是焦糖色素，是多种糖经脱水、缩合而成的混合物，能溶于水，呈黑褐色或红褐色。

2. 香

食醋的“香”来源于食醋酿造过程中产生的酯类、醇类、醛类、酚类等物质。有些食醋还添加香辛料，茴香、桂皮、陈皮等。酯类以乙酸乙酯为主，其他还有乙酸异戊酯、乳酸乙酯、琥珀酸乙酯、乙酸异丁酯、乙酸甲酯、异戊酸乙酯等。酯类物质一部分是由微生物代谢产生的，另一部分是由有机酸和醇经酯化反应生成的，但酯化反应速度缓慢，需要经陈酿来提高酯类含量，所以速酿醋香气较差。食醋中醇类物质除乙醇外，还含有甲醇、丙醇、异丁醇、戊醇等；醛类有乙醛、糖醛、乙缩醛、香草醛、甘油醛、异丁醛、异戊醛等；酚类有4－乙基愈创木酚等。发酵产生的双乙酰、3－羟基丁酮等成分一旦过量会造成食醋香气不良甚至异味等问题。

3. 味

食醋的味道主要是由“酸、甜、鲜、咸”构成。

（1）酸味　食醋是一种酸性调味品，其主体酸味是醋酸。醋酸是挥发性酸，酸味强，尖酸突出，有刺激性气味。此外，食醋还含有一定量的不挥发性有机酸，如琥珀酸、苹果酸、柠檬酸、葡萄糖酸、乳酸等，它们的存在可使食醋的酸味变得柔和，假如缺少这些不挥发性有机酸，食醋口感会显得刺激、单薄。

（2）甜味　食醋中的甜味主要是发酵后的残糖。另外，发酵过程中形成的甘油、二酮等也有甜味，对于甜味不够的醋，可以添加适量蔗糖来提高其甜度。

（3）鲜味　原料中的蛋白质水解产生氨基酸；酵母菌、细菌的菌体自溶后产生各种核苷酸，如：5′－鸟苷酸、5′－肌苷酸，它们是强烈助鲜剂；钠离子是由酿醋过程中加入食盐提供；食醋中的鲜味就是因为存在氨基酸、核苷酸的钠盐而呈鲜味。

（4）咸味　酿醋过程中添加食盐，可以使食醋具有适当的咸味，从而使醋的酸味得到缓冲，口感更好。

4. 体

构成食醋的体态主要是由固形物含量决定的。固形物包括有机酸、酯类、糖分、氨基酸、蛋白质、糊精、色素、盐类等。采用淀粉质原料酿制的醋因固形物含量高，所以体态好。

四、食醋酿造的主要微生物及糖化发酵剂

酿醋工艺多种多样，如果使用淀粉质原料，一般要经过淀粉糖化、酒精发酵、醋酸发酵三道工序。参与这些工序的微生物主要有曲霉菌、酵母菌和醋酸菌。曲霉菌能使淀粉水解成糖，使蛋白质水解成氨基酸；酵母菌能使糖转变成酒精；醋酸菌能使酒精氧化成醋酸。食醋发酵就是这些菌群参与并协同作用的结果。

（一）食醋酿造的主要微生物特点

1. 曲霉菌

曲霉属中有些种含有丰富的淀粉酶、糖化酶、蛋白酶等酶系，因此常用以制糖化曲。该属可分为黑曲霉群和黄曲霉群两大类。从酶系种类活力而言，以黑曲霉更适合酿醋工业的制曲。

（1）黑曲霉　黑曲霉为半知菌亚门、丝孢纲、丝孢目、丛梗孢科，曲霉属真菌中的一个常见种。生长适宜温度37℃，最适 pH4.5 ~ 5。广泛分布于世界各地的粮食、植物性产品和土壤中，是重要的发酵工业菌种。分生孢子穗呈黑色或紫褐色，故菌丛呈黑褐色，顶囊大，球形，有二层小梗，着生球形分生孢子。除分泌较强的糖化酶、液化酶、蛋白酶、单宁酶外，还有果胶酶、纤维素酶、脂肪酶、氧化酶的活性。常用于酿醋的优良菌株有下列几种：

①乌沙米曲霉：又称宇佐美曲霉，为日本选育的糖化力较强的菌株，我国常用菌株为 As. 3. 758。菌丛黑色至褐色，生酸能力较强。富含糖化型淀粉酶，糖化力较强，且耐酸性也较强。还含有较强的单宁酶，对生产原料的适应性较广。

②黑曲霉：菌丛黑褐色，顶囊呈大球形，小梗分枝，孢子球形，多数表面有刺，有的为光滑形。其特点是酶系较纯，糖化酶活力很强，耐酸，但液化力不高，适于固体和液体法制曲。固体糖化力达3000U/g 以上，液体曲糖化力已达5000U/g 以上。该菌株适宜低温生长，培养最适温度为32℃。菌丝纤细，分生孢子柄短。在制曲时，前期菌丝生长缓慢，当出现分生孢子时，菌丝迅速蔓延。温度急剧上升至37℃时，易发生“烧心”，导致曲的糖化力下降，故应加强控温管理，在孢子未大量形成前出曲为宜。

③甘薯曲霉：常用菌株为 As. 3. 324，该菌培养初期菌丝为白色，繁殖后菌丛黑褐色，生长适温37℃，含有单宁酶及酸性蛋白酶，适于甘薯及野生植物酿醋用菌。易于培养，故应用较广。

（2）黄曲霉　黄曲霉为半知菌类，一种常见腐生真菌。最适生长温度为37℃。多见于发霉的粮食、粮制品及其他霉腐的有机物上。菌落生长较快，结构疏松，表面灰绿色，背面无色或略呈褐色。菌体由许多复杂的分枝菌丝构成。营

养菌丝具有分隔；气生菌丝的一部分形成长而粗糙的分生孢子梗，顶端产生烧瓶形或近球形顶囊，表面产生许多小梗（一般为双层），小梗上着生成串的表面粗糙的球形分生孢子。黄曲霉的分生孢子穗呈黄绿色，发育过程中菌丛由白色转为黄色，最后变成黄绿色，衰老的菌落则呈黄褐色。分生孢子梗、顶囊、小梗和分生孢子合成孢子头，可用于产生淀粉酶、蛋白酶和磷酸二酯酶等。黄曲霉群的菌株还有纤维素酶、转化酶、菊糖酶、脂肪酶、氧化酶等，是酿造工业中的常见菌种。黄曲霉群包括黄曲霉和米曲霉。它们的主要区别是前者小梗多为双层，而后者小梗多数是一层，很少有双层的。黄曲霉中的某些菌株会产生对人体致癌的黄曲霉毒素，为安全起见，必须对菌株进行严格检测，确证无黄曲霉毒素时方能使用。米曲霉常用菌株有：沪酿 3.040，沪酿 3.042，As. 3.863 等。黄曲霉菌株有：As. 3.800，As. 3.384 等。

2. 酵母菌

子囊菌、担子菌等几科单细胞真菌的通称。在食醋酿造过程中，淀粉质原料经糖化曲的作用产生葡萄糖，酵母菌则通过其酒化酶系将葡萄糖转化为酒精和二氧化碳，完成酿醋过程中的酒精发酵阶段。除酒化酶系外，还有麦芽糖酶、蔗糖酶、转化酶、乳糖分解酶及脂肪酶等。在酵母菌的酒精发酵中，除生成酒精外还有少量有机酸、杂醇油、酯类等物质生成，这些物质对形成醋的风味有一定作用。酵母菌培养和发酵的最适温度为 25～30℃，酿醋用的酵母菌与生产酒类使用的酵母菌相同。北方地区常用 1300 酵母，上海香醋酿制使用黄酒酵母工农 501。南阳混合酵母（1308 酵母）适合于高粱原料及速酿醋生产；K 氏酵母适用于高粱、大米、甘薯等多种原料酿制普通食醋；适用于淀粉质原料酿醋的有 As. 2.109、As. 2.399；适用于糖蜜原料的有 As. 2.1189、As. 2.1190。另外，为了增加食醋香气，有的厂还添加产酯能力强的产酯酵母进行混合发酵，使用的菌株有 As. 2.300、As. 2.338 以及中国食品发酵科研所的 1295 和 1312 等产酯酵母。

3. 醋酸菌

醋酸菌属于醋酸单胞菌属，能将酒精氧化生成醋酸。按照醋酸菌的生理生化特性，可将醋酸菌分为醋酸杆菌属和葡萄糖氧化杆菌属两大类。前者在 39℃温度下可以生长，增殖最适温度在 30℃以上，主要作用是将酒精氧化为醋酸，在缺少乙醇的醋醅中，会继续把醋酸氧化成 CO_2 和 H_2O，也能微弱氧化葡萄糖为葡萄糖酸；后者能在低温下生长，增殖最适温度在 30℃以下，主要作用是将葡萄糖氧化为葡萄糖酸，也能微弱氧化酒精成醋酸，但不能继续把醋酸氧化为 CO_2 和 H_2O。酿醋用醋酸菌菌株，大多属于醋酸杆菌属，仅在老法酿醋醋醅中发现葡萄糖氧化杆菌属的菌株。

常用的醋酸菌有以下几种：

①沪酿 1.01 醋酸菌：由上海醋厂从丹东速酿醋中分离而得，是我国食醋工厂常用菌种之一。该菌细胞呈杆形，常呈链状排列，菌体无运动性，不形成芽孢。

在酵母膏、葡萄糖、淡酒琼脂平板上菌落为乳白色。在含酒精的培养液中于表面生长，形成淡青灰色薄层菌膜。在不良条件下，细胞伸长，变成线状或棒状，有的呈膨大状、分枝状。该菌由酒精产醋酸的转化率平均达到93% ~95%。能氧化葡萄糖为葡萄糖酸。氧化醋酸为 CO_2 和 H_2O。

②恶臭醋酸杆菌：它是我国醋厂使用的菌种之一。该菌在液面形成菌膜，并沿容器壁上爬，菌膜下液体不混浊。一般能产酸6% ~8%。有的亚种能产2%葡萄糖酸，还能进一步氧化醋酸为 CO_2 和 H_2O。

③As. 1. 41 醋酸菌：属于恶臭醋酸杆菌，是我国酿酒醋常用菌株之一，该菌细胞杆状，常呈链状排列，大小为（0. 3 ~0. 4）μm×（1 ~2）μm，无运动性，无芽孢。在不良条件下，细胞会伸长，变成线形或棒形，管状膨大。平板培养时菌落隆起，表面平滑，菌落呈灰白色，液体培养时形成菌膜。该菌生长适宜温度为28 ~33℃，最适 pH 为3. 5 ~6. 0，耐受酒精浓度8%（体积分数），最高产醋酸7% ~9%，产葡萄糖酸能力弱。能氧化分解醋酸为 CO_2 和 H_2O。

④许氏醋酸杆菌：它是国外有名的速酿醋菌种，也是目前制醋工业较重要的菌种之一。该菌产酸高达11. 5%，在液体中生长的最适温度为25 ~27. 5℃，固体培养的最适温度为28 ~30℃，最高生长温度为37℃。它对醋酸不能进一步氧化。

（二）酿醋用糖化发酵剂

1. 糖化剂

淀粉质原料要经过糖化、酒精发酵、醋酸发酵三个生化阶段。糖化剂就是把淀粉转变成可发酵性糖所用的催化剂。我国食醋生产采用的糖化剂，主要有以下六种类型。

（1）大曲　它是以根霉、毛霉、曲霉和酵母为主，兼有其他野生菌杂生而培制成的糖化剂。大曲作为糖化剂优点是微生物种类多，成醋风味佳，香气浓，质量好，便于保管和运输；其缺点是制作工艺复杂，糖化力弱，淀粉利用率低，用曲量大，生产周期长，出醋率低，成本较高。

（2）小曲　小曲酿制的醋品味纯净，颇受江南消费者欢迎，小曲也是我国的传统曲种之一。小曲是以碎米、统糠为制曲原料，有的添加中草药、利用野生菌或接入曲母制曲。曲中主要的微生物是根霉及酵母。小曲的优点糖化力强，用量少，便于运输和保管；其缺点为对原料的选择性强，适用于糯米、大米、高粱等原料，对于薯类及野生植物原料的适应性差。

（3）麸曲　麸曲是国内酿醋厂普遍采用的糖化剂。它是以麸皮为制曲原料，接种纯培养的曲霉菌，以固体法培养而制得的曲。其优点糖化力强，出醋率高，生产成本低，对原料适应性强，制曲周期短。

（4）液体曲　液体曲就是经发酵罐内深层培养制得的霉菌培养液，含有淀粉酶及糖化酶，可直接代替固体曲用于酿醋。液体曲的优点是生产机械化程度高，生产效率高，出醋率高；缺点是生产设备投资大，技术要求高，酿制出的醋香气较淡，醋质较差，这也是日后还需改进和提高的方向。

（5）红曲　红曲是我国特色曲之一。红曲被广泛用于食品增色剂及红曲醋、玫瑰醋的酿造。红曲是将红曲霉接种培养于米饭上，使其分泌出红色素和黄色素，并产生较强活力的糖化酶。

（6）酶制剂　采用酶制剂作为生产食醋的糖化剂，还是比较新型的生产技术。酶制剂在酿醋中作为单一糖化剂应用不多，常用作辅助糖化剂以提高糖化质量。淀粉酶制剂是从深层培养法生产中提取的微生物酶制剂，比如用于淀粉液化的枯草杆菌 α-淀粉酶及用于糖化的葡萄糖淀粉酶即可加工成酶制剂。

2. 发酵剂

（1）酒母　酒母是含有大量发酵力酵母菌的酵母培养液，在酿酒、酿醋中被使用。传统的酿醋工艺是在醋生成之前的酒精发酵阶段依靠曲中以及空气中落入物料的酵母菌自然接种、繁殖后进行生产的。由于依靠自然接种，菌种多而杂，优点是酿制出的食醋风味好、口味醇厚复杂，缺点是质量很难保持稳定，而且出醋率低。现在常采用人工选育优良酵母菌菌种用于酿醋，大大提高了生产效率，出醋率提高，产品质量稳定性好。在菌种的选择方面，酿醋常用的酵母基本上与酿酒相同。发酵性能良好的酵母有拉斯 2 号、拉斯 12 号、K 氏酵母、南阳 5 号（1300）等菌株，还有一些产醋酵母，如 As. 2300，As. 2. 338，汉逊酵母等。

（2）醋母　醋母原意是“醋酸发酵之母”，就是含有大量醋酸菌的培养液，是完成将酒精发酵生成醋酸的任务。传统法酿醋，是依靠空气、原料、曲子、用具等上面附着的野生醋酸菌，自然进入醋醅进行醋酸发酵的，因此，生产周期长、出醋率低。现在多使用人工选育的醋酸菌，通过扩大培养得到醋酸菌种子即醋母，再将其接入醋醅或醋醪中进行醋酸发酵，使生产效率大为提高。目前国内生产厂家应用的纯种培养大多为沪酿 1. 01 和中科 1. 41。

五、食醋酿造原料处理

（一）原料处理

生产前原料要经过检验，霉变等不合格的原料不能用于生产。无论选用何种原料、何种工艺酿造食醋，对原料都要进行处理。

1. 除去泥沙杂质

制醋原料多为植物原料，在收割、采集和储运过程中，往往会混入泥土、沙石、金属之类杂物。谷物原料在投产前常用风选、筛选等方式处理，使原料中的尘土和轻质杂物吹出，并经过几层筛网把谷粒筛选出来。鲜薯要经洗涤除去表面附着的沙土，洗涤薯类多用搅拌棒式洗涤机。

2. 粉碎与水磨

为了扩大原料同糖化曲的接触面积，使有效成分被充分利用，因此，粮食原料应先粉碎，然后再进行蒸煮、糖化。常用设备有锤击式粉碎机、刀片轧碎机和钢磨等。采用酶法液化通风回流制醋工艺时，用水磨法粉碎原料，淀粉更容易被酶水解，并可避免粉尘飞扬。磨浆时，先浸泡原料，再加水，加水比例为1:(1.5~2)为宜。

3. 原料蒸煮

原料蒸煮的目的是使原料在高温下灭菌，使粉碎后的淀粉质原料，润水后在高温条件下蒸煮，使植物组织和细胞破裂，细胞中淀粉被释放出来，淀粉由颗粒状转变为溶胶状态，在糖化时更易被淀粉酶水解。

蒸煮方法随制醋工艺而异，一般分为煮料发酵法和蒸料发酵法两种。蒸料发酵法是目前固态发酵酿醋中用得最广的一种方法，为了便于蒸料糊化，以利于下一步糖化发酵，必须在原料中加入定量的水进行润料，并搅拌均匀，然后再蒸料。润料所用水量，视原料种类而定。高粱原料用水量为50%左右，时间约12h。大米原料可采用浸泡方法，夏季6~8h，冬季10~12h，浸泡后捞出沥干。蒸料一般在常压下进行。如采用加压蒸料可缩短蒸料时间。许多大型生产厂采用旋转加压蒸锅，使料受热均匀又不致焦化。例如制造麸曲时将麸皮、豆粕和水拌和，装入旋转蒸锅，以0.1MPa（表压）加压蒸料30min即可达到要求。传统的固态煮料法是先将主料（如高粱）浸泡于3倍其质量的水中约3h，然后煮熟达到无硬心，呈粥状，冷却后进行糖化，再进行酒化。

（二）原料的选择原则

（1）原料价格低廉，可降低生产成本。

（2）原料内碳水化合物含量多，蛋白质含量适当，且适合微生物的需要和吸收利用。

（3）资源丰富，容易收集，原料产地离工厂要近，便于运输和节省费用。

（4）容易贮藏，并且最好选择经干燥的含水分极少的原料。

（5）无霉烂变质，符合卫生标准。

六、国内几种名特醋产品的酿制

我国生产的名醋很多，如用高粱为原料的山西老陈醋；用糯米为原料的镇江香醋；用麸皮为原料的四川麸醋；用大米为原料的浙江玫瑰米醋等。

（一）山西陈醋酿造工艺

1. 酿造特点

（1）以曲带粮　山西老陈醋的高粱、麸皮的用量比高至1:1，使用大麦豌豆大曲为糖化发酵剂，大麦豌豆比为7:3，大曲与高粱的配料比高达55%~62.5%，名为糖化发酵剂，实为以曲代粮，其原料品种之多，营养成分之全，特别是蛋白质含量较高。经检测，山西老陈醋含有18种氨基酸，有较好的增鲜和融味作用。

（2）曲质优良　微生物种类丰富，山西老陈醋采用红心大曲酿造，红心大曲的微生物种群主要有根霉、酵母、黄曲霉、红曲霉等，使山西老陈醋形成特有的香气和气味。

（3）熏醅技术　熏香味是山西食醋的典型风味，熏醅是山西食醋的独特技艺，可使山西老陈醋的酯香、熏香、陈香有机复合；同时熏醅也可获得山西老陈醋的满意色泽，与其他名优食醋相比，不需外加调色剂。

（4）突出陈酿　山西老陈醋是以新醋陈酿代替醋醅陈酿，陈酿期一般为9～12个月，有的长达数年之久。传统工艺称为“夏伏晒，冬捞冰”，新醋经日晒蒸发和冬捞冰后，其浓缩倍数达3倍以上。山西老陈醋总酸在9～11度，其相对密度、浓度、黏稠度、可溶性固形物以及不挥发酸、总糖、还原糖、总酯、氨基酸态氮等质量指标，均可名列全国食醋之首。并由于陈酿过程中酯酸转化，醇醛缩合，不挥发酸比例增加，使老陈醋陈香细腻，酸味柔和。

2. 酿造工艺

工艺流程如下：

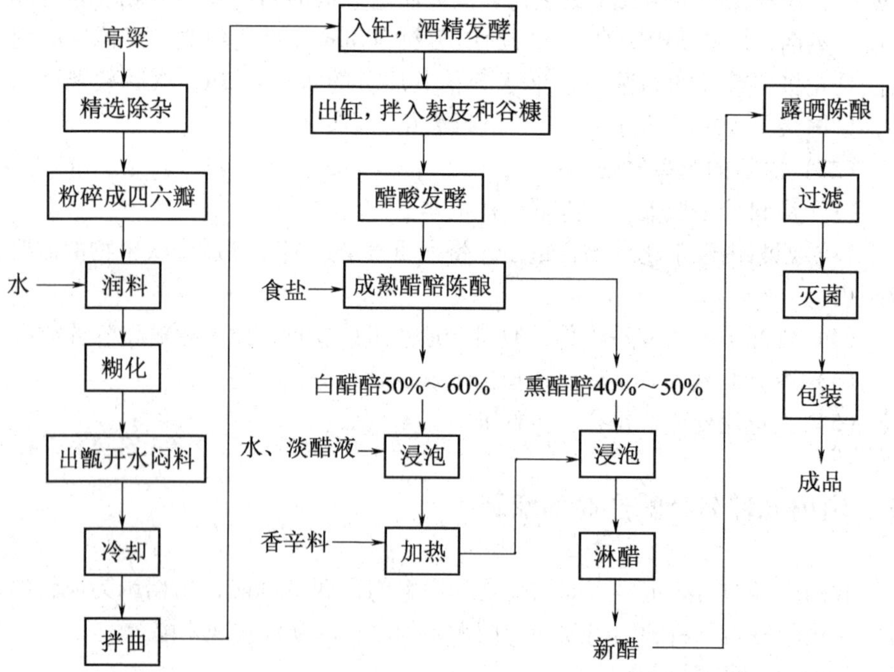

（1）原料配比　高粱100kg，大曲62.5kg，麸皮3kg，谷糠73kg，食盐5kg，水340kg，香辛料0.05kg（包括花椒、茴香、丁香、陈皮等）。

（2）原料处理　高粱粉碎后，加5%水拌匀，浸润6～12h。水温高低与浸润时间成反比。将料放入常压蒸锅中蒸1.5～2h，蒸后料要无硬心，蒸透可出锅。

出锅后，加2~2.5倍70~80℃热水，拌匀后焖20~30min，使之充分吸水。将料冷却至25℃左右备用。

（3）酒精发酵　山西老陈醋发酵要经过四个阶段：前发酵、主发酵、后发酵、养醪阶段。山西老陈醋生产中大曲用量高达55%~62.5%，曲粉按比例加入冷却的高粱中，搅拌均匀入缸。入缸温度一般为20~26℃，立即加入60%的水，发酵采用固态细醪发酵法。入缸后18~24h，酵母逐渐适应环境，进行生长繁殖，产生的CO_2逐步增加，此时要进行人工搅拌，调节料温。发酵处于旺盛阶段即为主发酵，一般持续2d，品温一般控制在32~35℃。经过主发酵后，酵母活力逐渐减弱，品温回落，产生气泡越来越少进入后发酵。醪液液面处于平静状态，进行养醪。主要目的是利用养醪阶段使微生物产生醋酸及乙酸乙酯等风味物质。发酵周期一般为15~16d。

（4）醋酸发酵　酒精发酵结束，及时拌入约1.5倍的麸皮、谷糠等辅料，搅拌均匀入缸，进行固态醋酸发酵。入缸半天后，缸内醋醅呈凹型，接入已经发酵3d的"火醅"，堆成凸型，然后在四周撒一层新醅，用草帘盖在上面。等待醋酸菌生长繁殖、发酵一段时间后，醋醅的温度会上升到40℃，这时要及时翻醅。发酵第2d一般要翻醅2次。发酵第3d时，品温升高到45℃左右，及时翻醅。这个阶段主要进行醋酸菌增殖，提高醋酸菌活力及其在醅中的浓度。第4d先取火醅，以备另一批新醅使用。余下的火醅翻拌均匀，顶部呈凸型，并盖好草盖。控制温度在38℃左右，持续到第7d。第8d醋酸菌的发酵力明显减弱，醋醅温度显著下降，此时应该加入食盐。加入食盐抑制醋酸菌的活力，防止其继续氧化醋酸。加入醅料5%的食盐，充分翻拌均匀，待第9d温度降至室温时，可出缸转入熏醋、淋醋工艺。此时醅中醋酸的含量可达7g/100mL，此时醋醅称为"白醅"。

（5）熏醅　熏醅是山西食醋的独特技艺，可使山西老陈醋的酯香、熏香、陈香有机复合，同时也可获得山西老陈醋的满意色泽。

熏醅是在坑灶熏缸中进行的，周期为4d，其最高温度可达85~100℃，熏醅要用温火，不易火力过猛。为了保证醋醅熏烤程度一致，每天要进行翻缸一次。熏好的醋醅呈黑紫色，此时醋醅称为"红醅"。

（6）淋醋　白醅送入淋醋池，加入原二醋浸泡，浸泡12h后即可淋醋，淋出的醋称为白醅醋。将白醅醋煮沸，加入0.1%的香辛料，煮沸后可放入红醅中浸泡4h，可淋出的原醋即为新醋。红醅、白醅都要淋过三次才可出糟，第一次淋出的是新醋，第二第三次淋出的醋称为淡醋，只能用来浸泡红醅和白醅。

（7）陈酿　新醋只是半成品，还要经过一年左右的陈酿才能成为老陈醋。新醋要经过"夏伏晒，冬捞冰"，日晒蒸发和冬捞冰后，其浓缩倍数达3倍以上。浓缩后的老陈醋经过过滤后方可包装出厂。

近几年山西老陈醋技术改造试验中，通过添加优良菌株优化微生物群落结构，总酸度提高了20.57%，乙酸乙酯产量提高了41.83%，酒精转化率提高了

15.17%，口感品评良好。山西老陈醋熏醅过程中香气成分变化的研究中，发现在熏醅过程中发生了美拉德反应，产生了糠醛。乙酸丙酯的含量在熏醅过程中由少到多，随后因挥发而有所减少；乙醇、乙酸乙酯的含量有明显的下降；乙醛、3－羟基2－丁酮和乙酸的含量变化不大。因此以一半醋醅进行熏醅、淋醋，另一半直接淋醋，然后混合的传统熏醅工艺具有合理性。它既产生了熏香味，又最大程度地保留了醋醅中原有粮食香气。

3. 质量标准

①感官指标：色泽黑紫，无沉淀，有特殊清香，质浓稠，酸味醇厚。

②理化指标：总酸含量（以醋酸计）7.5g/100mL，还原糖含量（以葡萄糖计）5g/100mL，氨基态氮含量（以氮计）0.4g/100mL。

（二）镇江香醋酿造工艺

镇江醋又称镇江香醋，享誉海外。具有“色、香、酸、醇、浓”的特点，“酸而不涩，香而微甜，色浓味鲜”，存放时间越久，口味越香醇。这是因为它具有得天独厚的地理环境与独特的精湛工艺。与山西陈醋相比，镇江香醋的最大特点在于微甜。一百多年来，香醋生产一直采用传统工艺，即在大缸内采用“固体分层发酵”。每100kg糯米可产一级香醋300～350kg。

1. 工艺流程

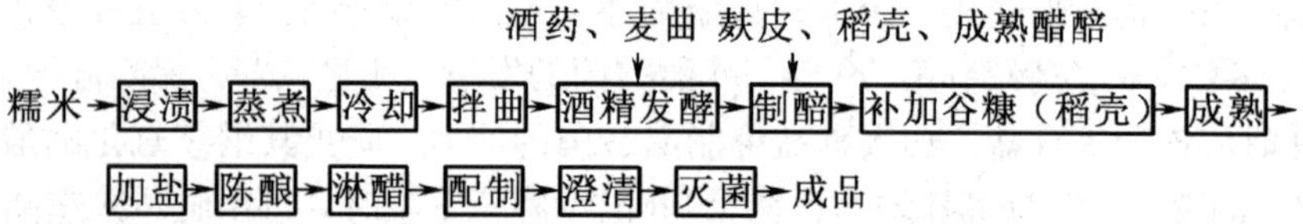

2. 操作要点

（1）原料配比　糯米100kg，麸皮150～170kg，酒药0.3kg，稻壳80～100kg，麸曲6kg，炒米色27kg，食盐4kg，糖1.2kg，水300kg。

（2）原料处理　选用优质糯米，淀粉含量在72%左右，无霉变。加水浸渍糯米，使淀粉组织吸水膨胀，体积约增加40%，便于充分糊化。米与浸渍水的比例为1∶2。将料放入常压蒸锅中蒸1.5～2h，蒸后料要无硬心，蒸透可出锅。使淀粉糊化，便于微生物利用。通过加热，淀粉发生膨胀黏度增大。应迅速用凉水冲淋，其目的是降温，其次使饭粒遇冷收缩，降低黏度，以利于通气，适合于微生物繁殖。温度降至28℃左右。

（3）糖化、酒精发酵　利用酒药中所含的根霉菌和酵母菌的作用，将淀粉糖化，再发酵成为酒精。发酵温度26～28℃，发酵时间为7～10d。一般的用量为原料的0.2%～0.3%。如每100kg糯米加200kg清水浸泡，24h后，用竹箩捞起，沥尽余水。蒸熟后用凉水冲淋到28℃，倒入缸中并加酒药300g，拌匀，在26℃下糖化72h，再加水150kg，28℃下保温7d，即得成熟酒醅。

（4）醋酸发酵　醋酸发酵是决定香醋产量、质量的关键工序。把传统的“固体分层发酵”工艺应用在水泥池发酵工艺中，整个醋酸发酵的时间为20d。醋酸发酵阶段的主要生产设备为防腐、防漏水泥池，池长10m、宽1.5m，高0.8m。整个醋酸发酵分三个阶段进行。

①接种培菌阶段：将醋酸菌接入混合料中，逐步培养、扩大，经过1d时间，使所有原料中都含有大量的醋酸菌。为了使醋酸菌正常繁殖，必须掌握、调节让醋酸菌繁殖的各种适宜条件。根据实践经验，醋酸菌生长最适宜的环境是在固体混合料中，酒精含量6度左右，水分控制在60%左右，温度掌握在38~44℃，并供给足够的空气。这个阶段为前期发酵。

②产酸阶段：经过13d培菌以后，混合料中所含的醋酸菌在7~8d时间内逐步将酒精氧化成醋酸，接着，相应地减少空气供给，醋酸菌即进入死亡阶段，品温也每天下降，原料中酒精含量逐渐减少，醋酸含量上升。当醋酸含量不上升时，必须立即将醋醅密封隔绝空气，防止醋酸继续氧化从而转化成水和二氧化碳。此阶段为中期发酵，大约需20d的时间。

③酯化阶段：接种培菌、产酸两个阶段结束后，将发酵成熟的醋醅表面撒入食盐2kg，进行密封隔绝空气防止醋酸再度氧化。在常温下，历时30~45d，使醋醅内酸类（乙酸）和少量的乙醇，进行酯化反应。产生乙酸乙酯，其中尚有微量的各种有机酸与高级醇类进行酯化，这是产生香味的主要来源。这个阶段为后期发酵。

（5）淋醋　淋醋，利用物理的方法将醋醅内所含的醋酸溶解在水中。方法是取陈酿结束的醋醅150kg，置于淋醋缸中，按比例添加炒米色和100kg二淋醋，浸泡4h，从缸底放出头醋。再以100kg三淋醋浸泡4h，放出二淋醋。再用热水浸泡醋醅2h，放出三淋醋。

（6）杀菌、配制　过滤淋下的生醋加入食糖配制，再用常压煮沸灭菌、温度降到80℃，灌坛、密封，即可长期贮存不变质。

任务一 固态发酵法酿醋

一、固态发酵法制醋的特点

采用固态发酵工艺酿制的食醋，色、香、味、体俱佳，通常呈琥珀色或红棕色，具有浓郁的醇香和酯香，酸味柔和，回味醇厚，体浓澄清。总酸、不挥发酸和还原糖等主要理化指标优异。还因含有多种氨基酸所具有的缓冲、调和作用，以及菌体自溶后产生的各种风味物质的作用，使产品醋酸含量虽高，却无尖锐刺激感，给人以柔和、醇厚、绵长和协调的舒适感，其优良品质远非其他工艺所能及。

固态发酵食醋由于其工艺的可变动性，只需稍经调整、变更或延伸，就可派生出无数的独特创新工艺，如麦麸既作辅料又作填充料，各具特色的大曲、小曲、麸曲、糖化剂和百余种中草药制备的药曲等，工艺的创新造就了丰富多彩的优秀食醋品牌。

二、固态发酵法制麸曲醋

（一）原料配比

高粱粉或薯干 100kg，酒母 40kg，醋酸菌种子 40kg，食盐 4～7kg，麸曲 20～30kg，麸皮 30～60kg，谷壳 120～150kg。

（二）工艺流程

高粱（碎米）或甘薯干粉碎 → 混合 → 润水 → 蒸熟 → 摊晾过筛 → 拌匀入缸（麸曲、酒母）→

糖化、酒精发酵 → 拌匀（醋酸菌、粗谷壳）→ 醋酸发酵（倒醅）→ 加食盐 → 后熟 → 淋醋 → 陈酿 →

灭菌 → 配制 → 检验 → 包装 → 成品

（三）操作要点

1. 原料处理

（1）粉碎和润水　薯干粉碎至 2mm 以下，高粱粉碎为粗细粉状比例约为 1∶1。按每 100kg 高粱粉粒与 100kg 谷壳的比例配合，拌匀。加入 50% 的水润料 3～4h，使原料充分吸收水分。润料时间夏天宜短，冬天稍长。用手握成团，指缝中有水而不滴为宜。

（2）蒸料　蒸料分常压蒸料和加压蒸料。常压蒸料是把润好水的原料用扬料机打散，装入常压蒸锅中。注意边上气边轻撒，装完待上大气后计时，蒸 1h，停火焖 1h。加压蒸料常采用旋转式蒸煮锅，在 140～150kPa 的蒸煮压力下蒸料 30min。

（3）摊晾　过筛熟料出锅后立即用扬料机打散过筛、摊晾降温。冬、春季晾至 30～32℃，夏季晾至比室温低 1～2℃，撒入麸曲、泼下酒母，翻拌均匀，加入冷水 25%～30%，使入池料醅含水量达 65%～68%。再通过扬料机打散料团入缸进行糖化和酒精发酵。

2. 糖化、酒精发酵

原料入缸后，压实，赶走醅内空气，用无毒塑料布密封缸口发酵。糖化和酒精发酵应做到低温下曲、低温入缸、低温发酵。品温过高容易烧曲降低糖化力，所以，把下曲温度控制在30～32℃。入缸温度低是低温发酵的前提，冬季把入缸温度控制在18～25℃，夏季入缸温度不超过28℃，夏季气温高，可在凉爽的时刻入缸；酒精发酵期间采用降低室温和倒缸的方法使发酵温度控制在28～32℃。夏季多采用严密封缸减少氧气控制品温，采用倒缸降温的效果不理想，使发酵期间品温不超过36℃。冬季发酵6～7d，夏季发酵5～6d，品温自动下降，抽样检查酒精含量6～8度时，酒精发酵基本结束。

3. 醋酸发酵

酒精发酵结束后的醅拌入谷壳、粗谷糠，麸皮和醋酸菌种子液，调制好的醅料松装入缸或池中进行醋酸发酵。传统酿醋一般不接种醋酸菌，利用自然落入的醋酸菌在醅内繁殖。醋酸发酵过程中品温的变化总是由低到高，再逐渐降低。醋酸发酵室温控制在25～30℃，品温一般为39～42℃。每天按时检查温度，定温定时翻醅倒缸。倒缸操作要迅速倒醅，要分层，缸底缸壁要扫尽，做到倒散、倒匀，倒彻底，倒后表面摊平，严封缸口。经过12～15d醋酸发酵，品温开始下降，每天应抽样检查醋酸和酒精的含量。当相连两次化验结果醋酸含量不再增长、残留酒精量甚微、品温降至36℃以下，醋酸发酵基本结束，醋酸含量能达到7%～7.5%。

4. 加食盐

食盐一定要在醋酸发酵结束时及时加入，目的是为了防止成熟醋醅过度氧化。通常夏季加盐量为醋醅的2%；冬季稍少一些，加盐量为醋醅的1.5%。加盐操作先将应加的食盐一半与上半缸醋醅拌匀移入另一空缸，次日再将剩下的一半盐与下半缸醋醅拌匀，再与上半缸醋醅并为一缸。加盐后盖紧放置2～3d，有时更长的时间，以作后熟或陈酿，使食醋的香气和色泽得到改善。

5. 淋醋

淋醋采用淋缸三套循环法，循环萃取。淋醋设备有陶瓷淋缸或有涂料耐酸水泥池，缸或池内安装木篦，下面设漏口或阀门。淋头醋需浸泡20～24h，淋二醋浸泡10～16h，用清水浸泡淋三醋，浸泡的时间可更短些。三醋淋完后，醋渣中含醋0.1%。最后得到醋渣可作饲料。淋醋具体工艺如下：

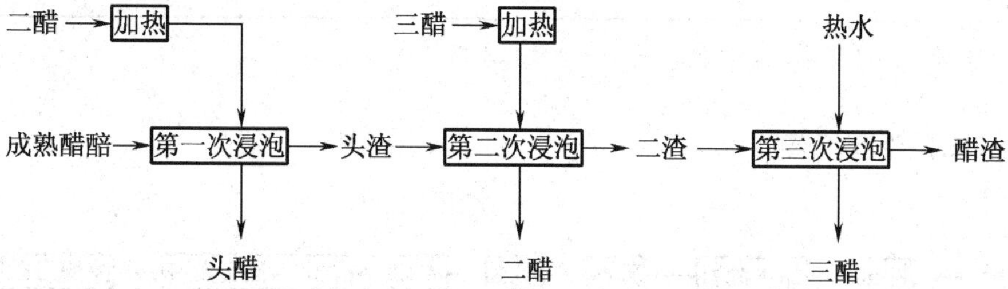

6. 陈酿

品质较好的醋都要在约20℃的室温下放置一个月或数月，来提高醋的品质、风味、色泽。陈酿分醋醅陈酿和醋液陈酿两种。醋醅陈酿是将加盐后熟的醋醅移入缸内砸实，加盖面盐压层，以泥密封缸口，经过 15～20d 即行淋醋，并放入室外陶瓷缸内，加盖竹编的尖顶帽，每隔 1～2d 揭开缸帽晒 1d，促进酯化并提高固形物浓度，增加香气，调和滋味，使之澄清透明，色泽鲜艳。醋液陈酿是将淋出的头醋放入缸中，加盖放置 1～2 个月，注意头醋含酸量应在 5% 以上。经过陈酿的醋叫陈醋，镇江香醋陈酿期一般为 30d，山西老陈醋陈酿期一般为 9～12 个月。

7. 灭菌

食醋的灭菌又称煎醋。煎醋是通过加热的方法把陈醋或新淋醋中的微生物杀死，并破坏残存的酶，使醋的成分基本固定下来。同时经过加热处理，醋中各成分也会变化，香气更浓，味道更和润。灭菌常用的方法有直火加热和盘管热交换器加热等，直接加热法应防止焦煳，灭菌温度应控制在 85～90℃，灭菌时间为 40min 左右。

8. 配制

灭菌后的食醋应迅速冷却，加入 0.1% 的苯甲酸钠或山梨酸钾起到防腐的作用，注意高档醋一般不加防腐剂。澄清后装坛封口即为成品。

三、固态发酵法制大曲醋

大曲醋是以高粱为原料、大曲为糖化发酵剂，现在我国几种主要名特食醋的生产仍多采用大曲，由于原料、生产工艺等不同，使不同品牌具有不同特色。

（一）原料及配比

大曲醋的原料及其配比如表 7－1 所示。

表 7－1　大曲醋原料及配比

原料名称	高粱	大曲	麸皮	谷糠	食盐	水			香辛料
						润料	闷料	后水	
数量/kg	100	62.5	70	100	8	60	210	60	0.15

注：香辛料包括花椒、大料、桂皮、丁香、生姜等。

（二）生产工艺

高粱→粉碎→加水润料→蒸料→加水→冷却→糖化、酒精发酵（曲）→醋酸发酵→成熟→加盐→1/2 醋醅→淋醋—煮沸；1/2 醋醅→熏醋→浸泡→淋醋→新醋→日晒→过滤→包装→成品

（三）大曲（块曲）制备

1. 大曲生产工艺

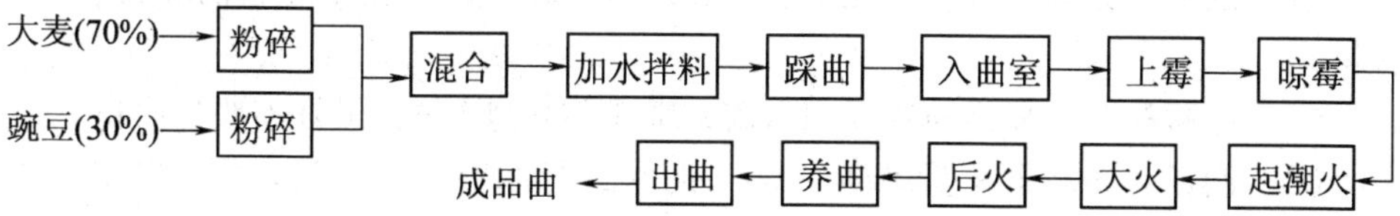

2. 生产工艺操作要点

（1）原料粉碎　将原料按比例混合。冬季粗细料比为2∶3，夏季为9∶11。

（2）拌料踩曲　每50kg混合料加温水25kg。踩好的曲块应厚薄均匀、外形平整、四角饱满无缺、结实坚固，每块曲3.5kg以上。

（3）入曲室　入曲室将曲摆成2层，地上铺谷糠，层间用苇秆间隔撒谷糠，曲间距离15mm，四周用席蒙盖，冬季围席2层，夏季1层，蒙盖时用水将席喷湿。曲室温度冬季为14～15℃，夏季为25～26℃。

（4）上霉　上霉期间要保持曲室暖和，待品温升到40～41℃时上霉良好，揭去席片。冬季需4～5d，夏季需2d。

（5）晾霉　晾霉时间12h，夏季晾到32～33℃，冬季晾到23～25℃，然后翻曲成3层，曲间距离40mm，使品温上升到36～37℃，不得低于34～35℃，晾霉期为2d。

（6）起潮火　晾霉待品温回升到36～37℃，将曲块由3层翻成4层，曲间距离50mm，品温上升到43～44℃，曲块4层翻成5层，品温上升至46～47℃，需3～4d。

（7）大火　进入大火阶段拉去苇秆，翻曲成6层，曲块间距105mm，使品温上升至47～48℃，再晾至37～38℃，坡架翻曲成7层，曲块间距130mm，曲块上下、内外调整，品温再回升至47～48℃，晾至38℃左右，此后每隔2d翻1次。共翻曲3～4次，大火时间7～8d，曲的水分要基本排除干净。

（8）后火　曲在后火时有余水，品温高达42～43℃，晾至36～37℃，翻曲7层，上层间距50mm，曲块上下、内外调整，因曲块较厚，尚有一点生面，用温火烘之，需2～3d。

（9）养曲　等曲块全部成熟，进入养曲期，翻曲成7层，间距35mm，品温保持为34～35℃，曲以微火温之，养曲时间2～3d。全部制曲周期为21d。

（10）出曲　成曲出曲前，尚需大晾数日，使水气散尽以利于存放。成曲出曲室后，贮于阴凉通风处，垛曲时保留空隙，以防返火。如制红心曲，则应在曲将成之日，保温坐火，使曲皮两边向中心夹击，两边温度相碰接火，则红心即成。

（四）大曲醋生产工艺操作要点

1. 原料处理

（1）选料　除去有霉坏、变质、有邪杂味的原料，并测定原料的淀粉、水分含量。

（2）原料粉碎　高粱粉碎成四六瓣，细粉不超过1/4，最好不要带面粉。

（3）润料　加高粱重量50%～60%的水进行润料，冬天最好用80℃以上的水润料。把原料铺在凉场上，先把原料挖成边沿高、中间凹状，然后把备好的润料水洒入其中，再用木锹从内圈向四周把高粱糁和润料水慢慢混合，翻拌均匀，放入木槽内或缸中，静止润料8～12h。做到夏季不要发热，冬季不能受冻，让原料充分润透，含水60%～65%，手捻高粱糁为粉状，无硬心和白心。

（4）蒸煮糊化　蒸料前检查甑桶是否清理干净，甑锅内的水是否加足，把甑箅放好放平，铺上笼布，再铺一层谷糠。开始火要烧旺，待锅沸腾后开始上料。从润料池内或缸内取出高粱糁翻拌均匀（打碎块状物），先在甑底轻轻地洒上一层，待上气后往冒气处轻轻洒料，一层一层上料，要保持料平、均匀。待料上完，盖上麻袋开始计时，蒸2h，停火再闷30min。气压保持在1.5～2MPa。

（5）闷料　将蒸好的高粱糁趁热取出，直接放入闷料槽内或缸中，按高粱糁和开水比为1∶1.5（质量比）的比例混合搅拌，均匀打碎。静置，闷料20min，高粱糁充分吸水膨胀后，进行冷却。

（6）冷却　把闷好的高粱糁摊到凉场上，越薄越好，在冷却过程中要不停地用木锹翻拌，并随时打碎块状物，要求冷却的速度越快越好，防止细菌感染，影响整个发酵。

2. 拌曲

提前2h按大曲和水比为1∶1（质量比）的比例闷上，翻拌均匀备用。待高粱糁冷却到28～30℃时开始拌曲，将曲均匀地撒到冷却好的高粱上，先把曲料收成丘形，再翻拌2次打碎块状物，使曲和蒸熟的原料充分混匀。

3. 酒精发酵

将拌好曲的料送到酒精发酵室内的酒精缸中。先在酒精缸中加水40kg，再加入主料50kg。发酵室温度控制在20～25℃，料温在28～32℃，原料入缸后第2d开始打耙，每天上下午各打耙1次，块状物需打碎，开口发酵3d后搅拌均匀并擦净缸口和缸边，用塑料布扎紧缸口，再静止发酵15d。

4. 醋酸发酵

（1）拌醋醅　把发酵好的酒精缸打开。先把麸皮和谷糠放于搅拌槽内，翻拌均匀后再把酒精液倒在其上翻拌均匀，不准有块状物（酒精液、麸皮、谷糠的比例为13∶6∶7）。然后移入醋酸发酵缸内，每缸放两批料，把缸里的料收成锅底形备用。

（2）拌好醋醅的质量要求　水分60%～64%；酒精体积分数4.5%～5%。

（3）接火 取已发酵的、醅温达到38～45℃的醅子10%作为火种接到拌好的醋醅缸内，用手将火醅和新拌的醋醅翻拌几下，同时把四周的凉醋醅盖在上边，收成丘形，盖上草盖，保温发酵。待12～14h后，料温上升到38～43℃时要进行抽醅，再和凉醅酌情抽搅一次。如发现有的缸料温高，有的缸料温低时要进行调醅，使当天的醋酸发酵缸在24h内都能有适宜的温度，而且各处温度比较均匀，为给下批接火打下基础。

（4）移火 接火经24h培养后称为火醅，醅温达到38～42℃就可以移火，取火醅10%按上法给下批醅子进行接火。移走火的醅子，根据温度高低进行抽醅，如温度高则抽得深一些，温度低抽得浅一些，尽量采取一些措施使缸内的醋醅升温快且均匀。

（5）翻醅 翻醅时要做到有虚有实，虚实并举，注意调醅。争取3d内90%的醋醅都能达到38～45℃。根据醅温情况，掌握灵活的翻醅方法。即料温高的翻重一些，料温低的翻轻一些，醅温高的要和醅温低的互相调整一下，争取所有的发酵醋醅温度均匀一致；以免有的成熟快，有的成熟慢，影响成熟醋醅的质量和风味。

接火后第3～4d醋酸发酵进入旺盛期，料温可超过45℃，而且80%～90%的醅子都能有适宜温度，当醋酸发酵9～10d时料温自然下降，说明酒精氧化成醋酸已基本完成。

（6）成熟醋醅的陈酿 把成熟的醋醅移到大缸内装满踩实，表面少盖些细面盐用塑料布封严，密闭陈酿10～15d后再转入下道工序。

（7）成熟醋醅的质量要求 水分62%～64%；酸度：（4.5～5）g/100g（以醋酸计）；残糖：0.2%以下；基本上无酒精残留。

5. 熏醅

把陈酿好的醋醅40%入熏缸熏制，每天按顺序翻1次，熏火要均匀，所熏的醅子闻不到焦煳味，而且色泽又黑又亮。熏醅可以增加醋的色泽和醋的熏香味，这是山西老陈醋色、香、味的主要来源。

熏醅的质量要求：水分55%～60%；酸度：（5～5.5）g/100g（以醋酸计）。

6. 淋醋

把成熟陈酿后的白醋醅和熏醋醅按规定的比例分别装入白淋池和熏淋池。

（1）淋醋要做到浸到、焖到、煮到、细淋、淋净，醋稍量要达到当天淋醋量的4倍，头稍、二稍、三稍要分清，还要做到出品率高。

（2）对醋糟含酸的要求 白醋糟：0.1g/100g（以醋酸计）；熏醋糟：0.2g/100g（以醋酸计）。

（3）老陈醋半成品的要求 总酸：5g/100mL（以醋酸计）；浓度：7～8°Bé；色泽：红棕色、清亮、不发乌、不混浊；味道：酸、香、绵、微甜、微鲜、不涩不苦；出品率：按每100kg高粱出600kg醋（醋酸浓度50g/L）。

7. 老陈醋半成品陈酿

把淋出的半成品老陈醋，打入陈酿缸内，经夏日晒、冬捞冰及半年以上陈酿的时间，使半成品醋的挥发酸挥发、水分蒸发，即为成品醋，其浓度、酸度、香气等方面都会有大幅度提高。

四、固态发酵法制小曲醋

小曲醋以大米、糯米为原料，小曲为糖化发酵剂。不同品牌的小曲醋有各自特色。

（一）小曲醋的原料

糯米500kg，小曲2kg，麦曲30kg，麸皮850kg，砻糠（稻壳）470kg。此外，生产1000 kg一级香醋耗用辅助材料为：炒米色135kg（折成大米40kg左右），食盐20kg，糖6kg。

（二）小曲醋生产工艺

小曲醋的生产工艺流程如下：

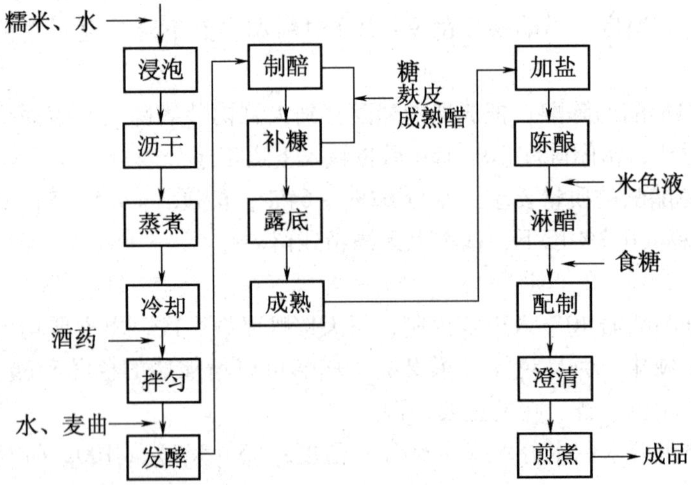

（三）小曲的制备

1. 原料处理及配料

先将统糠碾细，因为粗料难以保持水分，根据经验，制曲时需要20%～50%的淀粉才能得到必需的发热量。其他氮源、B族维生素、无机盐足以够用。为增加氮源宜加入少量碎米。碎米粉碎成粉，并加碎米量25%的清水。加水后的碎米粉应立即使用，以免变质。

配料为统糠87%～92%，米粉5%～10%，曲种3%，最后加入曲母共同碾碎。用少量冷水将所需碎米泡湿，待水沸腾后将碎米粉倾入锅内，不等煮得过熟即取出与原料统糠混合，以增加黏着力，每100kg混合粉加水量应在64～70kg。要求入室曲坯水分掌握在45%～48%。

2. 制坯

先在拌料场将曲母、碎米、统糠按比例拌和均匀，再过秤装入料盒，掺水时边掺边和，要和得快，和得散，和得匀，和3～4遍，要求达到无生粉、无疙瘩，并仔细检验水分。踩坯要踩紧、踩干，用切刀按紧、磨平，切块3.7cm^3。切曲要切断，团曲要无棱角，光滑。表面提浆，曲皮光润，能够保持水分，并有松心紧皮的效果，以有利于霉菌生长匀壮。团曲时每100kg撒粉0.3kg（在3%曲母中扣出），要撒均匀。当天拌好的原料必须当天用完，绝对不能剩到第二天使用。工具要清洗。团曲成型后送入曲室，由上而下，由边角到中央进行摆放，曲与曲的间隔以保持不靠拢即可。

3. 培曲

品温以中层的曲心为标准，室温温度计应悬于中层中间，成品率一般为原料的80%～84%。

4. 成曲的鉴定

成品按一般外观鉴别，包括气味、皮张、泡度、菌丝颜色等。成曲水分应控制在9%～11%，小曲使用前先进行小型试验，不合格的作为废品，不得用于生产。

（四）小曲醋生产工艺操作要点

1. 原料处理

要求米粒圆整粒大。投料时每次将500kg糯米置于浸泡池中，加入清水浸泡。一般冬季浸泡24h，夏季15h，要求米粒浸透无白心。然后捞起放入米箩内，以清水冲去白浆，淋到出现清水为止，再适当沥干。将已沥干的糯米蒸至熟透，取出用凉水淋饭冷却，冬季冷至30℃，夏季25℃。均匀拌入小曲2kg，置于缸内，用草盖将缸口盖好，以减少杂菌污染和保持料温。

2. 酒精发酵

低温糖化发酵，料温保持31～32℃。冬天用稻草裹扎，夏天将草盖掀开放热。经过60～72h后，饭粒从缸底浮起，糖化液增多，此时已有酒精及CO_2气泡产生，糖分为30%～35%，酒精体积分数4%～5%。

在拌小曲4d后，添加水和麦曲。加水量为糯米的140%，麦曲量为6%即30kg。控制料温在26～28℃，这被称为“后发酵”。此时，应注意及时开耙，一般在加水后24h开头耙，以后3d中每天开耙1～2次，以降低温度。发酵时间自加入小曲算起，总共为10～13d。

经过上述工艺，每50kg糯米，冬天产酒醪165kg，酒精体积分数13%～14%，酸度0.5%以下；夏季产150kg酒醪，酒精体积分数10%以上，酸度0.8%以下。

3. 醋酸发酵

（1）拌料接种　制醅采用固态分层发酵法。以前用大缸为发酵容器，缸容量350～400kg，现在以发酵池代之，1池相当于15缸的容量。取165kg酒醪盛入大缸，加85kg麸皮拌成固态；取发酵优良的成熟醋醅2～3kg，再加少许砻糠和水，用手充分搓拌均匀，放置缸内醅面中心处。每缸上盖5kg左右砻糠，不必加盖，任其发酵，时间3～5d。

（2）倒缸翻醅　次日将上面覆盖的砻糠揭开，并将上面发热的醅料与下部表层未发热的醅料及砻糠充分拌和，移入另一缸，称为“过杓”。1缸料醅分10层逐次过完，过杓料温43～46℃，一般经24h，再添加砻糠并向下翻拌。每次加砻糠约4kg，根据实际情况补加一些温水。这样经过10～12h，醋醅全部制成，原来半缸酒醅变成全缸醋醅，每缸共加砻糠47.5kg，先前装酒醪的缸已全部过杓完毕，变成空缸，称为“露底”。

（3）露底　过杓完毕，醋酸发酵到达最高潮。此时需天天翻缸，即将一缸内全部醋醅翻倒入另一缸，也叫露底。露底需掌握温度变化，使面上温度不超过45℃。每天1次，共7d。此时发酵温度逐步下降，酸度达到高峰，发现酸度不再上升时，立即密封陈酿。

4. 陈酿

（1）封缸　醋醅成熟后，立即每缸加盐2kg，然后并缸，10缸并成7～8缸，并将醋醅压实，缸口用塑料布盖实，布面沿缸口用食盐盖压紧，使不透气。过去用泥土、醋醅和20%盐水或盐卤混合物调制成泥浆密封缸面。

（2）伏醅　醋醅封缸1周后换缸1次，进行翻缸，并重新封缸。封缸时间总共3个月左右。技术改进后只需换缸1次，整个陈酿期为20～30d。陈酿时间越长，风味越好。

5. 淋醋

取陈酿结束的醋醅，置于淋醋缸中，根据缸的容积大小决定投料数量，一般装醅80%，再按比例加入炒米色［优质大米经适当炒制后溶于热水即为炒米色，用于增加镇江香（陈）醋色泽和香气］和水，浸泡数小时，然后淋醋。

醋汁由缸底管子流至地下缸，第1次淋出的醋汁品质最好。淋毕，再加水浸泡数小时，淋出的醋汁可作为第1次淋醋的水用。第2次淋毕，再加水泡之，第3次淋出的醋汁作为第2次淋醋的水用。如此循环浸泡，每缸淋醋3次。

6. 灭菌及配制成品

将第1次淋出的醋汁加入食糖进行调配，澄清后，加热煮沸，趁热装入贮存容器，密封存放。每500kg糯米可产一级香醋1750kg。

五、固态发酵法酿醋质量标准

以粮食为原料酿造的食醋其质量指标如下。

1. 感官指标

（1）色泽　琥珀色或棕红色；

（2）气味　具有食醋特有香气，无不良气味；

（3）口感　酸味柔和，稍有甜味，不涩，无异味；

（4）澄清　无悬浮物及沉淀物，无霉花浮膜，无醋鳗及醋虱。

2. 理化指标

一级醋：总酸 5.0g/mL 以上（以醋酸计），氨基酸氮 0.12g/100mL 以上，还原糖（以葡萄糖计）1.5g/mL，比重 5.0 波美度以上。

二级醋：总酸 3.5g/mL 以上，氨基酸氮 0.08g/100mL 以上，还原糖（以葡萄糖计）1.0g/mL，比重 3.5 波美度以上。

3. 卫生指标

砷（以 As 计）不超过 0.5mg/kg，铅（以 Pb 计）不超过 1mg/kg，游离矿酸不得检出；黄曲霉毒素不得超过 5μg/kg；杂菌总数不得超过 5000 个/mL；大肠杆菌最近似值不超过 1 个/100mL，致病菌不得检出。

任务二 固稀发酵法酿醋

一、固稀发酵法制醋

以酶法液化通风回流制醋为例，介绍固稀发酵法制醋。

（一）原料配比

碎米 1200kg，碳酸钠 1.2kg（碎米的 0.1%），氯化钙 2.4kg（0.2%），细菌 α-淀粉酶 3.75kg（以每克碎米 125 单位，淀粉酶活力为 40000U），麸曲 60kg（50%），酒母液 500kg（4%），麸皮 1400kg，砻糠 1650kg，醋酸菌种子液 200kg，水 3250kg，食盐 100kg。

（二）工艺流程

碎米浸泡→磨浆→调浆→加热→液化→糖化（麸曲）→冷却→液体酒精发酵（酒母）→搅拌入池（麸皮、谷糠、醋酸菌）→固态醋醅发酵→加盐→淋醋→加热灭菌→装坛→成品

（三）生产工艺操作要点

1. 磨浆、调浆

将碎米浸泡 1～2h，使米粒充分膨胀，再将米与水按 1:1.5 比例均匀送入磨

浆机，磨成70目以上细度的粉浆（浓度为18~20°Bé）用泵输入粉浆桶调浆。

加入Na_2CO_3，溶液调至pH6.2~6.4，再加入$CaCl_2$充分搅拌，最后加入α-淀粉酶，这样可保护细菌α-淀粉酶不被高温破坏。搅拌均匀，缓慢放入液化及糖化设备进行糖化。

2. 液化、糖化

液化品温控制在85~90℃。待粉浆全部进入液化及糖化桶后维持10~15min，以碘液检查呈棕黄色时，表示已达液化终点，再缓慢升温。将温度升至100℃，保持10min，达到灭菌和使酶失活的目的。

液化完毕，开启冷却管将品温迅速冷却至63℃左右，加入麸曲保温糖化3~4h。用碘液检查糖化醪无显色反应时，表明糖化完全。再开冷却管使糖化醪冷却至50℃左右，泵入酒精发酵罐。

3. 酒精发酵

糖化醪泵入酒精发酵罐后，加入水，调节pH至4.2~4.4，醪液温度28~30℃，投入酒母，控制醪温30~33℃。发酵64~72h，酒醪的酒精含量达到8.5%左右，残糖0.5%左右就可以转入醋酸发酵。

4. 醋酸发酵

成熟的酒醪进入池后，添加麸皮、谷糠及醋酸菌种子，拌匀，过粗筛入发酵池，入池品温以35~38℃为宜。值得注意的是料醅应拌匀拌散，疏松一致，装池宜轻撒，避免急卸猛倒造成醅料部分紧实和池内各处醅料松紧不一，最好采用扬醅法装池；可将料醅各成分按比例分次定量拌入，最后一次要加大醋酸菌种比例，这样可提高出醋率。醅料入池完毕，将醅面耙平，盖上塑料布，即开始醋酸发酵。

现代应用的酶法液化通风回流制醋中通风和回流是控制发酵的重要手段。开启发酵池通风口，使空气自然进入，在发酵池中缓慢地穿过料层逐渐上升，并和料醅中的气体进行交换，增加料醅中的含氧量，带走醅中的部分热量，还有疏松醅料的作用。抽吸醋醅下渗的醋液从面层淋浇回流，淋浇的淡醋液经过料层缓慢下渗，解吸醅中的物质并起回流降温作用。用控制通风口启闭和回流次数及回流量来达到控制发酵的目的。通风自下而上，回流从上而下，两个方向使料醅发酵趋向均一平衡。

料醅入池后，面层醋酸菌繁殖较快，升温也快，24h品温可升至40℃，中层醅温较低，这就造成醅料发酵温度不均匀，此时应揭去塑料布开启通风口通风松醅1次，以供给新鲜空气并使上、中、下层温度趋向一致，促进全池醋酸菌的繁殖。松醅后，每逢醅温升至40℃就进行回流，使料温降低至36~38℃。发酵前期的控温可在42~44℃，后期控制在36~38℃。若降温速度快，可关闭通风口。如冬季回流醋液温度很低，可导出醋液预热至38~40℃再回流。一般每天回流6次，每次放出100~200kg醋汁回流，发酵30~35d，总共回流120~160次。当酸度达到6.5%~7.0%不再上升时，可视为发酵成熟。

5. 加盐、淋醋

醋醅成熟后立即加盐，以抑制醋酸菌的氧化作用。将食盐撒在醅面，借回流醋液使其全部溶解渗入醅中，加盐后应立即淋醋。

淋醋仍在醋酸发酵池中进行。先开醋汁管阀门，再将二醋分次缓缓地浇于醋醅面层。从池下收集头醋，当淋出的醋液其醋酸含量降至5g/100mL时停止。以上淋出的头醋是半成品，可用以配制成品。头醋收集完毕，再在醋醅面层分次添加三淋醋，下面收集的叫二淋醋。最后浇清水，收三淋醋。二淋醋和三淋醋循环使用。头醋经煎醋调配即为成品。

二、固稀发酵法制醋的优点

采用先液后固的工艺酿醋时会产生大量富含纤维的废渣，该废渣具有很好的固态发酵特性。可以作为培养基，利用两种康氏木霉菌种固态发酵生产纤维素酶，并在此基础上水解醋渣中的纤维素获取还原糖。可以取得可观的经济效益。

任务三 液态发酵法酿醋

一、液体回流发酵法

液体回流发酵法又称淋浇发酵法，又叫速酿法。常用的原料为白酒或酒精或酒精生产后的酒精残液。整个发酵过程都在醋塔中完成，食醋卫生条件好，不易污染杂菌，生产稳定，成品洁白透明，质量高。

塔内填充料要疏松多孔，比表面积大，纤维质具有适当硬度，经醋液浸渍不变软、无影响醋品质的物质溶出。一般采用木刨花、玉米芯、甘蔗渣、木炭、多孔玻璃等。在使用前，先用清水洗净，再用食醋浸泡。

以丹东白醋为例介绍速酿法工艺过程。

（一）原料

以50℃白酒为原料。

（二）工艺流程

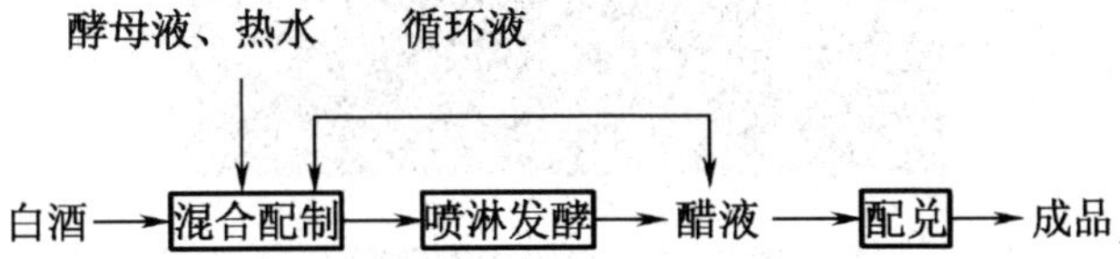

（三）生产工艺操作要点

将酸度为9% ~9.5%的醋液，分流出一部分作为循环醋液，加入白酒、酵母液和热水，混合均匀，使混合液酸度为7.0% ~7.2%，酒度为2.2 ~2.5 度，酵母液用量为1%，配制出混合液的温度为32 ~34℃，入速酿塔进行醋酸发酵。发酵室温为28 ~30℃，用玻璃喷射管每隔1h 至塔顶喷洒1 次，每天喷洒16 次。每次喷洒的时间和喷洒量依据具体生产而定，丹东醋厂每次喷洒量为4.5kg。夜间停止喷洒8h，促使醋酸菌繁殖。从塔底流出的即为半成品醋液，其酸度回复到原来的9.0% ~9.5%，分流一部分入成品罐，加水稀释调配为成品醋出厂，其余部分继续循环配料使用。

二、液态深层发酵法

液态深层发酵法具有操作简便、生产效率高、不易杂菌污染等优点。液态深层发酵法是多采用自吸式发酵罐。如图7 -1 所示。该罐既能满足醋酸发酵需要气泡小，溶氧多，避免酒精和醋酸挥发的要求，又省去用压缩机和空气净化设备，有醋酸转化率高、节约设备投资、降低动力消耗的优点。它于20 世纪50 年代初期被联邦德国首先用于食醋生产，称为弗林斯醋酸发酵罐，并在1969 年取得专利。日本、欧洲诸国相继采用。中国自1973 年开始使用。

（一）原料

可采用淀粉质原料、糖蜜、果蔬类原料先制成酒醪或酒液，然后在发酵罐中完成醋酸发酵。

图7 -1　自吸式发酵罐

（二）工艺流程

大米→浸泡→磨浆→调浆→液化→糖化→酒精发酵（↓酒母、乳酸菌）→酒醪→液体深层醋酸发酵（↓醋酸菌）→

醋醪→压滤→灭菌→配制→成品

（三）生产工艺操作要点

1. 液化、糖化

大米浸泡磨浆，将浓度为 18～20°Bé 的粉浆置于液化、糖化桶内，在 30℃左右下加入为米质量 0.1%～0.2% 的 Na_2CO_3，0.2% 的 $CaCl_2$，粉浆调至 pH6.2～6.4。通蒸汽升温至 50℃时，加入为米质量 0.25% 的细菌 α－淀粉酶，搅拌均匀，升温，达到液化品温 90℃，保持 15min，之后再升温至 100℃，煮沸 20min，使淀粉充分液化，以碘液测试为红黄色，表示液化完全。开启冷却管，使醪液冷却至 63～65℃，此时再按 1g 淀粉加入 100U 糖化酶制剂，糖化 1～1.5h。

2. 酒精发酵

将糖化醪液泵入酒精发酵罐中，加水使醪液浓度为 8.5°Bé，并使温度降至 32℃左右。向醪液中接种酒母液 10%，并添加占酒母量 2% 的乳酸菌液及 20% 的生香酵母，共同进行酒精发酵，发酵时间为 5～7d。适量的乳酸菌与酒精酵母混合进行酒精发酵，对酵母产酒精影响不大，当乳酸含量在 0.9% 以下时，对酵母还有一定的促进作用。接入的酒精酵母、生香酵母、乳酸菌等多菌共同发酵的目的是使酒醪中的不挥发性酸、香味成分增加，同时也延长了酒精发酵时间，使酒液变得比较澄清，也是改善深层发酵醋风味的有效措施。

3. 醋酸发酵

发酵成熟的酒醪可直接进行醋酸发酵，也可将酒醪过滤后，再用以进行醋酸发酵。以酒精发酵醪为原料，在醋酸发酵结束后，还需经过滤才能得到澄清醋液。酒醪或酒液泵入醋酸发酵罐，通入蒸汽，在 150kPa 压力下灭菌 30min。将 6°～7°的酒醪或酒液泵入发酵罐中，装入量为发酵罐容积的 70%。当料液淹没自吸式发酵罐转子时，再启动转子让其自吸通风搅拌，装完料后，接入醋酸菌种子液 10%，此时要求料液酸度在 2% 以上，保持品温 32～35℃进行醋酸发酵。发酵前期通风量为 1∶0.08。在正常情况下，发酵 24h 产酸在 1.5%～2.0%，每隔 2h 取样测定醋酸 1 次，后期每隔 1h 测定 1 次。当醋酸不再增加，酒精基本无残留时，发酵结束。发酵时间为 40h～3d，发酵时间的长短取决于菌种、酒精浓度、发酵温度、搅拌通风情况等。在生产上可采取分割发酵法、半连续化发酵法，这样可使发酵迅速，节约醋酸菌种子液用量，缩短生产周期，简化生产工序，提高出醋率。

为了改善液态发酵醋的风味，可采用熏醅增香、增色；也有把液态发酵醋和固态发酵醋勾兑，来弥补液态发酵醋的不足；也可以通过陈酿来提高液态发酵醋的风味。最后将生醋加热至85～90℃，并加入0.1%的苯甲酸钠，同时加入炒米色，并调整到成品要求的酸度即为成品。

（四）液态发酵法酿醋质量标准

参照我国液态法食醋质量标准（ZBX 66004—1986），此标准适用于以粮食、糖类、酒类、果类为原料，采用液态醋酸发酵法酿造而成的酸性调味料。

1. 感官指标

具有本品种固有的色泽；有正常酿造食醋的滋味。

2. 理化指标

总酸（以醋酸计）3.5g/100mL以上；无盐固形物：粮食醋1.5g/100mL以上，其他醋1.0g/100mL以上。

3. 卫生指标

砷不超过0.5mg/kg，铅不超过1mg/kg，游离矿酸不得检出；黄曲霉毒素不得超过5μg/kg；杂菌总数不得超过5000个/mL；食品添加剂按GB 2760—1986规定；大肠杆菌最近似值不超过3个/100mL，致病菌不得检出。

任务四 食醋的检测及质量控制

一、食醋的检测

1. 感官检验

记录外观、颜色、气味和味道。用NaOH溶液中和一份样品，并记下气味和味道。用乙醚提取中和的醋，蒸发乙醚提取液，记下残余物的气味和味道。

2. 固体

量取10mL样品，转移到称量过的50mm直径的平底铂碟上，在沸水浴上蒸发30min，再在烘箱中以沸水的温度准确干燥2.5h，在干燥器内冷却，称重。

3. 灰分

量取25mL样品，转移到称量过的铂碟中，在水浴上蒸发至干，然后在500～550℃加热30min。压碎焦块，加入热水，用无灰滤纸过滤，然后用水洗涤。将滤纸及内容物转回到铂碟中，干燥，在约525℃下加热30min，加入滤液，蒸发至干，在约525℃下加热15min。在干燥器内冷却并称质量（质量为 m）。再在525℃下加热5min，然后在干燥器内冷却，时间少于1h。在干燥器内一次放一个碟。在将碟从干燥器内取出之前，将质量为 m 的样品放在天平盘上，迅速称量到毫克位。以最后的质量计算总灰分。

4. 总酸

用刚煮沸并冷却的水稀释10mL样品，以酚酞为指示剂，用0.5mol/L碱滴定。1mL 0.5mol/L 碱相当于0.0300g HOAc。

5. 非挥发性酸

量取10mL醋置于200mL瓷勺皿中，蒸发至刚干，加5~10mL的水，再次蒸发；重复蒸发5次以上。加约200mL刚煮沸并冷却的水，以酚酞作指示剂，用0.1mol/L的碱滴定。1mL 0.1mol/L碱相当于0.006g乙酸。

6. 挥发性酸

从总酸量中减去不挥发酸。

7. 非挥发的还原性物（糖）

（在计算非糖固体时使用）。在水浴上蒸发50mL样品至糖浆稠度，加10mL水，再次蒸发。再加入10mL水，重复蒸发。用约50mL温水将残余物转移到100mL，用10mL HCl转化，再用NaOH溶液中和。冷却，用水稀释至刻度，然后测定20mL或40mL溶液中的还原性物质，溶液体积的大小视还原性物质的量而定。按转化的糖的形式计算结果。

8. 颜色

在反射得很好的日光下用罗维邦色调计测定颜色的度。

9. 硫酸盐

向100mL样品中加入约2mL 1mol/L HCl，加热至沸腾，逐滴加入10mL热$BaCl_2 \cdot 2H_2O$溶液（1g/100mL）。继续沸腾5min，按需要加入热水使溶液体积保持不变。让混合物静置至上层液体清晰，在无灰滤纸上过滤。用热水洗涤至无氯，干燥，在红热（700~800℃）状态下灼烧。冷却，称质量。

10. 糊精（定性试验）

将100mL样品蒸发至约15mL，在不断搅拌下缓慢地加入200mL酒精，放置过夜。分离沉淀，最好用离心法，用80%的酒精洗涤。用最小体积的水溶解，测定旋光性。明显的旋光性表示有糊精。用几滴相同色度的碘溶液处理溶液，出现红棕色表示有糊精。

二、食醋的质量控制

采用不同的酿造原料、不同的酿造工艺都会对食醋酿造的内外生态环境产生影响，从而使成品中色、香、味成分的种类和比例发生变化。以速酿法制醋时，醋化反应较慢，制出醋香味较差，需要再经陈酿来提高醋类含量。醋醅的水分含量等生态因子对微生物的增殖和发酵有很大的影响，而微生物发酵产物是香气成分的主要来源，所以发酵工艺与成品品质的优劣有直接关系。

不同的原料会赋予食醋成品不同的风味。如原料淀粉含量高，有利于生成足够的葡萄糖进行酒精发酵，而酒精及发酵副产物的生成为香味物质的形成创造了条件。用野生植物原料和酒类为原料时，由于淀粉量少而使食醋的风味不足。糯米酿制的食醋残留的糊精和低聚糖较多，口味浓甜；大米蛋白质含量低、杂质少，酿制出的食醋纯净；高粱含有一定量的单宁，由高粱酿制的食醋芳香；坏甘薯含有甘薯酮，常给甘薯醋留下不愉快的异味；玉米含有较多的植酸，发酵时能促进醇甜物质的生成，所以玉米醋甜味突出。不同的水果会赋予果醋各种果香。

为了与国际标准接轨，生产出高品质的食醋，一方面要加紧实施新颁布的食醋国家标准，提高食醋生产企业的技术水平；另一方面，政府职能部门与科研院所要发挥各自的专业优势，提高企业的管理水平，为企业培训技术型管理人才，大力推行 GMP 和 HACCP 质控体系。对原料来源、微生物菌种选育、制曲、醋醅发酵、产品调制等关键质量控制点进行物理、化学和生物学的多向调控，从而有效地保证有益微生物的生长，抑制有害微生物的生长繁殖，防止有害副产物的形成。

【习题】

1. 食醋的定义？食醋的种类有哪些？
2. 食醋的生产原料有哪些？
3. 熏醅的目的和作用是什么？
4. 食醋生产主要利用的微生物有哪些？生产过程中主要生物化学变化是什么？
5. 食醋的色、香、味、体是如何形成的？
6. 食醋发酵工艺主要有哪些类型？
7. 山西陈醋的酿造特点是什么？
8. 请说明酿醋的几个关键的生物化学作用的原料、使用的菌剂或微生物、产物？
9. 请比较大曲醋和小曲醋的工艺特点？

项目八 酱品生产技术

【知识目标】

1. 了解制酱所用的原料及酱的种类。
2. 掌握酱在生产过程中的制作工艺及操作要点。
3. 学会并掌握制曲和发酵技术。
4. 了解豆瓣辣酱和甜面酱的酿制过程。

【技能目标】

1. 能够完成面酱、豆酱生产中原料处理、制曲管理、发酵控制等基本操作。
2. 熟悉再制酱品的种类及生产工艺，能根据市场需求适当调配酱的再制品。
3. 学会各类酱品的制作工艺和操作步骤。
4. 掌握豆酱的生产工艺及质量控制。
5. 会对各种酱品进行质量评定。

【解决问题】

1. 为什么干豆瓣浸泡温度不能过高，时间不能过长？
2. 除了书本提到的酱类制品外，你还能研制出哪些酱类制品？
3. 如何控制工厂制曲温度和时间，在制曲过程中应注意哪些问题？如何缩短制曲时间？

【必备知识】

一、酱品分类

酱品分为发酵酱和非发酵酱两大类。

（一）非发酵酱

非发酵酱主要是以非粮食原料为主料、没有经过发酵工艺酿制的酱，有各种果酱、蔬菜酱、芝麻酱、花生酱、肉酱等。

1. 果酱

果酱是以水果为原料，经过去核、去皮等处理，煮软打酱，调整果酸果胶，加糖浓缩而制得的酱品。其酸甜适中，营养丰富，是西餐、野餐、旅游、野外作业、军需的方便食品，也是糕点、冷饮行业的原料之一，因而在市场上深受欢迎。

2. 蔬菜酱

蔬菜酱一般是以果菜类和根菜类为原料制作的酱品，如番茄酱、胡萝卜酱、蒜酱等，其加工方法以及用途与果酱基本相同。

3. 芝麻酱、花生酱

芝麻酱、花生酱是以花生、芝麻为主料制备的酱品，一般含有较高的油脂，丰富的蛋白质和一些碳水化合物，因其独特的营养价值而受到人们的喜爱。牛肉花生酱、芝麻花生酱、芝麻辣酱、果仁花生酱等花色产品各具特色。

4. 肉酱、水产酱

肉酱是以各种畜禽肉为主要原料、水产酱是以水产鱼、虾等为主要原料制备的酱品，主要有虾酱、鱼子酱、牛肉酱、羊肉酱等。虾酱是以小鲜虾为原料，经过加工处理腌渍发酵而成，沿海地区生产较多；鱼酱是以小青鱼等小型鱼类为原料用盐腌制而成。

肉酱、水产酱生产工艺中没有制曲过程，生产基本上是属于腌渍工艺，因此许多有益菌不可能正常繁殖并产生相应的酶类，如蛋白酶、糖化酶和脂肪酶等，其结果是微生物对原料的分解不利，使后发酵难以进行，“酱香味”成分难以增加，故肉酱、水产酱属于非发酵酱。

（二）发酵酱

发酵酱是以粮食为主要原料经发酵酿制而成的调味酱，以及以调味酱为主体基质添加各种配料（如蔬菜、肉类、禽类）加工而成的酱类产品，主要包括甜面酱、豆酱、豆瓣酱等。发酵酱的分类主要有以下几类：

1. 按制酱原料和制酱方法的不同分类

（1）面酱　面酱，也称甜酱，是以面粉为主要原料生产的酱类，由于其味咸中带甜而得名。它利用米曲霉分泌的淀粉酶，将面粉经蒸熟而糊化的大量淀粉分解为糊精、麦芽糖及葡萄糖。曲霉菌丝繁殖越旺盛，则糖化程度越强。此项糖化作用在制曲时已经开始进行，在酱醅发酵期间，则更进一步加强糖化。同时面粉中的少量蛋白质，也经曲霉菌所分泌的蛋白酶的作用分解成为氨基酸，在酱醅发酵过程中还有自然接种的酵母、乳酸菌等共同作用，生成具有鲜味、甜味等复杂的物质，从而形成面酱的特殊风味。

（2）豆酱　豆酱是以豆类为主要原料所做的酱，有的地方也叫黄酱，老北京人又称黄酱为“老坯酱”，东北人称其为“大酱”，上海人称其“京酱”，武汉人称其“油坯”等。以大豆为原料者称为大豆酱，以黄豆为原料者称为黄豆酱（黄酱），黄豆酱又分干态和稀态黄豆酱，俗称黄干酱和黄稀酱，前者在发酵过程中控制较少水量，使成品外观呈干涸状态，后者在发酵过程中控制较多水量，使成品呈稀稠状态；以蚕豆为原料者称为蚕豆酱，而蚕豆酱中蚕豆往往以成形的豆瓣存在，故又称豆瓣酱；在制豆瓣酱时加入辣椒，故又出现了豆瓣辣酱的特殊种类；以豌豆或其他豆类及其副产品为主要原料者称为杂豆酱。

此外还有甜米酱，是介于面酱和豆酱之间的产品，所用原料黄豆占50%，面粉和大米各占20%，进行糊化分解，而只用10%的生面粉与黄豆拌和进行通风制曲，温酿发酵；该产品味道香甜、酯香浓郁。以玉米原料代替部分大豆原料的盘酱，其具有豆酱和面酱两种产品的风味。也可按下列配方调成各种豆瓣酱（简称豆瓣）。

①元红豆瓣：以原汁豆瓣100kg计，加辣椒酱100kg。

②香油豆瓣：以原汁豆瓣100kg计，加香油4kg，辣椒酱16kg，芝麻酱6kg，麻油0.6kg，甜酱2kg，白糖1kg，香料粉0.2kg。

③红油豆瓣：以原汁豆瓣100kg计，加红油10kg，辣椒酱30kg，芝麻酱12kg，白糖2.4kg，香料粉0.3kg，甜酒酿5kg。

④金钩豆瓣：以原汁豆瓣100kg计，加金钩5kg，辣椒酱30kg，芝麻酱12kg，麻油4kg，香油8kg，白糖2.4kg，香料粉0.3kg，甜酒酿适量。

⑤火腿豆瓣：与金钩豆瓣相比，将金钩换为肉干10kg。

（3）酱的再制品　酱的再制品也称花色酱，是指在豆酱或面酱的基础上添加不同的辅料后，形成的众多花色品种，例如牛肉豆酱、芝麻酱、海味酱等产品，是在豆酱或面酱的基础上添加蒸熟的牛肉、炒芝麻粉、金钩或鱿鱼等而成。各种花色酱的开发也是目前酱品的一大热点。

2. 按采用的曲分类

（1）曲法制酱　曲法制酱即传统制酱法，它的特点是把原料全部先制曲，然后再经发酵，直至成熟而制得各种酱；制酱的方法与酱油生产工艺相似，机理也基本一致，仅因酱的种类不同而在原料品种、配比及其处理上略有不同。曲法制酱在生产过程中，由于微生物生长发育的需要，要消耗大量的营养成分，从而降低了粮食原料的利用率。

（2）酶法制酱　酶法制酱是先用少量原料为培养基，纯粹培养特定的微生物，利用这些微生物所分泌的酶来制酱，同样可以达到分解蛋白质和淀粉，从而制成各种酱品的目的。酶法制酱可以简化工艺，提高机械化程度，节约粮食、能源和劳动力，改善食品卫生条件。目前也有很多企业不自行制酶，而是采用购买酶制剂来酿制酱品。

3. 按酱品发酵方式分类

（1）自然发酵法　发酵多采用天然晒露的方式，周期较长（多为半年以上），占地面积较大，但风味良好，是我国传统的制酱方式，目前很多名优酱品仍然沿用此生产方式。

（2）速酿保温发酵法　采用人工保温措施控制在一定温度进行发酵，周期短（一般1个多月），占地面积小，不受季节限制，可长年生产，但由于发酵时间短，故味道不如自然发酵法。由于食盐对微生物酶的抑制作用，也有在酱品发酵中采用低盐、无盐发酵的方式，但目前不普遍。

二、辣椒酱制作

（一）传统辣椒酱的制作

1. 细辣椒酱的制作

（1）工艺流程

鲜辣椒→选料→去柄、清洗→破碎加盐→盐渍→磨浆→调配→成品

（2）操作要点

①辣椒选择：辣椒要选成熟度好，无病害、虫咬、色泽鲜红的鲜椒。

②辣椒预处理：经过挑选，除去杂质，剪去果柄、果蒂，用水洗净，晾干水分备用。

③切碎加盐：将备好的鲜辣椒用人工或机械方法剖碎成1cm^3左右的碎片。按每100kg鲜辣椒用盐20～22kg的比例入缸盐渍，分层铺椒片撒盐，一般用盐下少上多。

④盐渍：盐渍6d。前三天每天转缸1次，转缸时原缸的盐卤及未溶的食盐要同时转入，后三天每天用钉耙打耙1次，6d后即制成咸坯。

⑤磨浆：用石磨或搅肉机将咸坯磨成酱或糊。酱或糊的大小粗细根据不同地区食用习惯而定，磨酱或糊时按每次100kg加入16°Bé盐水20kg比例，一边送咸坯，一边加盐水，然后给酱中加入0.1%的苯甲酸钠，拌和均匀即为成品辣酱。

成品特点：辣椒酱色泽鲜艳，具有辣椒香气，味咸辣，稠稀均匀，无卤水析出，不懈。

2. 粗辣椒酱的制作

（1）工艺流程

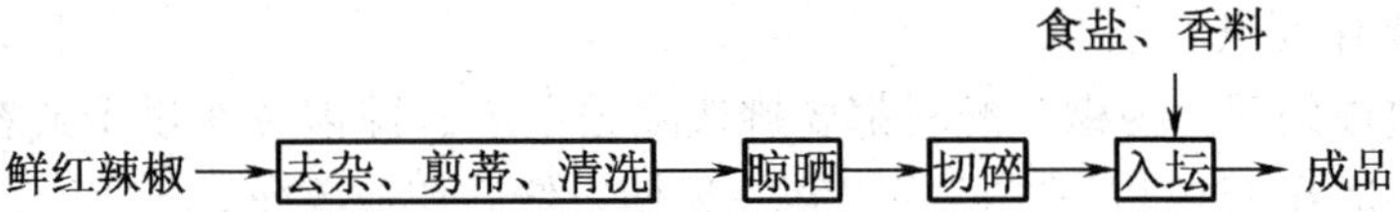

（2）操作要点

①辣椒选择、处理：原料要选用辣味浓、干物质含量较高的鲜红辣椒，去杂、清洗，晾干明水。

②配料入坛发酵：100kg 鲜辣椒，食盐 12 ~ 13kg，白酒 0.5kg，少量花椒，五香粉 0.1kg。利用人工方法或机械方法将鲜辣椒切碎为 1cm^3 左右的碎片，按上述比例将辣椒碎片、食盐、白酒、香料等充分调拌好，装入泡菜坛内，任其发酵，经过 1 ~ 2 个月后，即可成熟。

（二）蒜蓉辣酱的制作

蒜蓉辣酱是我国南方的特产，具有蒜味及辣椒香味，是上等调味佳品，畅销国内外，其生产方法主要有两种。

1. 制作方法一

（1）工艺流程

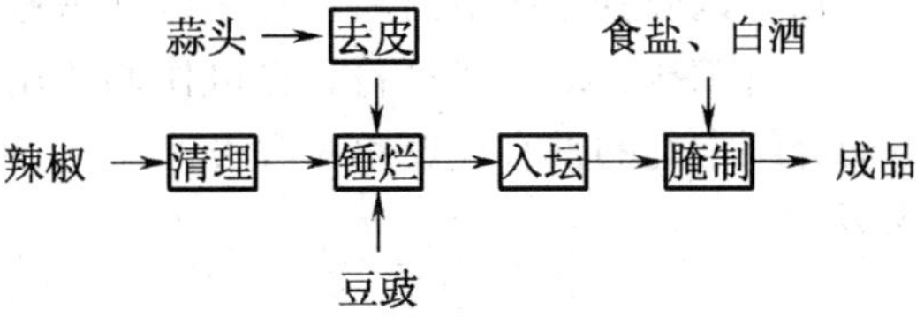

（2）操作要点

①原料比例：辣椒 100kg，蒜头 40kg，豆豉 15kg，食盐 28kg，白酒 1.5kg。

②辣椒清理：选用的辣椒洗净晾干后，除去果柄及果蒂，蒜头去皮。

③锤烂：将整理好的辣椒、蒜头、豆豉和适量的食盐、白酒混合，用铁锤或木棒将其锤烂，使各种原料充分混合均匀。

④入坛腌制：将锤烂的原料放入坛或缸内，取食盐 3kg 撒在上面，再将剩余白酒全部倒入；一般用石灰封闭坛（缸）口，存放 1 个月左右即得成品。

产品具有蒜味及辣香。

2. 制作方法二

（1）工艺流程

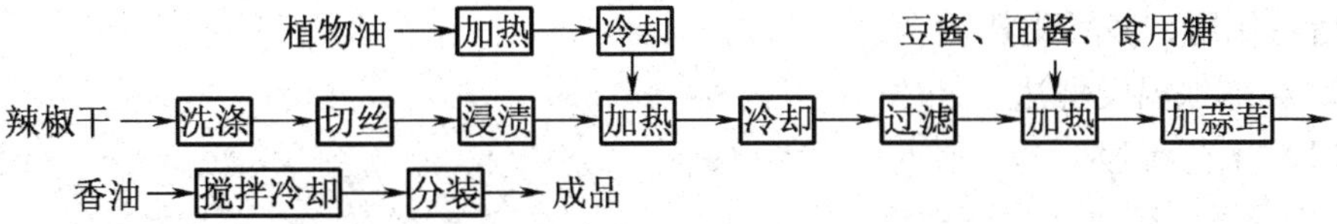

原料比例：红辣椒 100kg，蒜瓣 300kg，豆酱 200kg，甜面酱 280kg，植物油、香油 20kg，食用糖 200kg。

（2）操作要点

①原料预处理：辣椒、配料都要挑选除去杂质，辣椒洗净烘干或在太阳下暴晒，含水量应在 10% 以下，除去果蒂、果柄，然后切成碎丝。

②制熟油：将食用植物油在容器内加热至油冒大烟，油的温度达 200 ~ 210℃，挥发油气制成熟油后冷却至室温。

③油渍：将原料放入冷却后的熟油中，浸渍 30min 以上，其间不停地搅动，以便吸油，植物油和原料之比为 10∶2。

④加热：缓慢加热浸渍后的油至沸点，其间不停地搅拌，至辣椒呈黄褐色，立即停火；停火后立即将辣椒碎片和配料捞出，浸渍油冷却至室温，然后用棉布过滤，澄清滤油。

⑤后处理：过滤后的辣椒油与豆酱、面酱和糖一起加热，再加蒜茸和香油，并分别搅拌冷却，分装即成。

产品特点：色泽酱黄，蒜香味重，略带辣味，可口开胃，食用方便，是一种复合调味品。

（三）豆瓣辣酱的制作

豆瓣辣酱原产于四川，以郫县豆瓣最出名。它多以红辣椒、蚕豆为主要原料加工而成，鲜美可口，兼有辣味，既可作菜肴，也可作调味用。各厂家以及家庭的配料略有不同。下面介绍常见的具有代表性的做法。

1. 自然晒露发酵法

（1）工艺流程

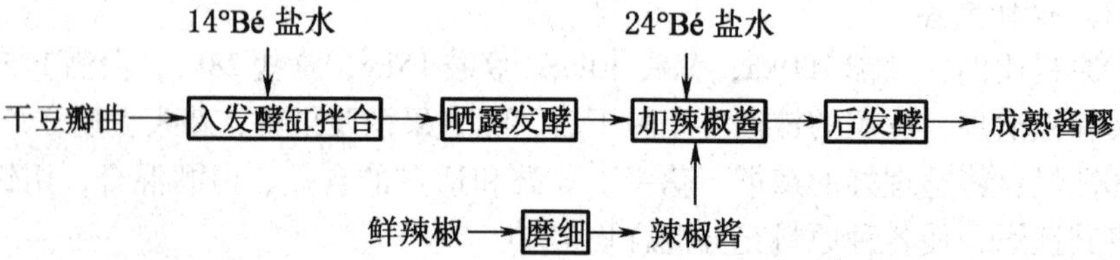

（2）操作要点　将按豆瓣酱生产方式制得的干豆瓣曲放入缸中，加 14°Bé 的盐水浸泡，使豆瓣曲吸水达到饱和，还稍有剩余的盐水留在缸底，晒露 20 ~ 30d，每天翻拌 1 次，豆瓣颜色变深，质地逐渐酥软。待鲜辣椒上市时购辣椒磨成酱加入，同时添加 24°Bé 的盐水。拌匀进行后熟发酵。初则每日翻拌 1 次，后则 1 个星期翻拌 1 次。除刮风下雨加盖篾制尖顶斗篷外，平时都采用日晒夜露，经 6 ~ 8 个月后熟作用，酱醪成熟。

2. 稀醪保温发酵法

（1）工艺流程

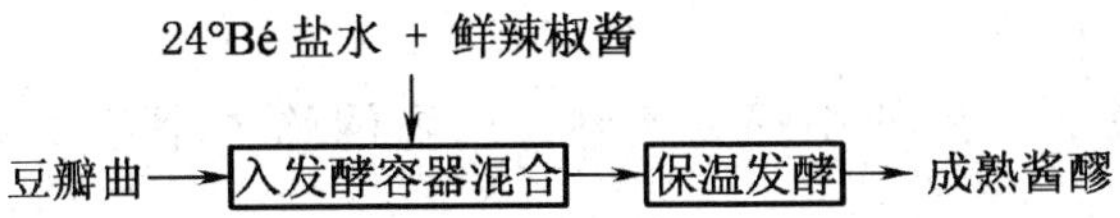

（2）配合比　豆瓣曲 100kg，24°Bé 盐水 106kg，辣椒酱（内含 2% ~3% 红曲）63kg。

（3）操作要点　按比例将刚出曲室的豆瓣曲、盐水、辣椒酱一起投入发酵缸中，混合成均一的酱醪，升温至 42 ~45℃，保温 12h。后来依靠酱醪自然升温，若升温不足，可酌情加热，使酱醪达到 55 ~58℃，保持此温发酵 12d。此间每天翻拌 2 次；最后将温度升高到 60 ~70℃，保持 36h。第 14d 后让其自然冷却至常温，即得成熟酱醪。

3. 固态低盐加辣发酵法

（1）工艺流程

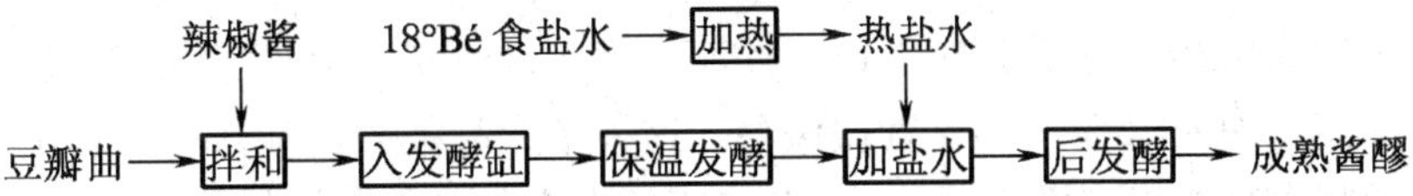

（2）配合比　豆瓣曲 100kg，辣椒酱（内含食盐 20%）75kg，18°Bé 的盐水 140kg，水 30kg。

（3）操作要点　先将水投入辣椒酱中，把辣椒酱稀释后加热至 60℃，再将豆瓣曲和辣椒酱一起通过制醅机拌和均匀，落入缸中。务必使入缸酱醅品温达到40 ~45℃。入缸结束用铲压平酱醅表面，使热不易散发，再盖清洁白布一块，布上加 2cm 厚的盖面细盐。视气温情况以 60 ~65℃温水水浴间歇升温，使酱醅温度维持在 40 ~45℃发酵 8d。8d 后，取出盖面盐揭开白布，加入 18°Bé 的热盐水拌和均匀，后发酵 5 ~6d。后发酵期间每天搅拌 2 次，后发酵结束得到成熟的酱醪。

三、水产酱、肉酱制作

水产酱主要有虾酱、鱼酱、蟹酱、贝肉酱等，其中虾酱是传统的酱品之一，也是产量较大的酱品。

（一）虾酱的制作

虾酱又名虾糕，主要产地是河北唐山、山东惠民和羊角沟、浙江、广东和天津，是以各种小鲜虾为原料富加盐发酵后经磨细制成的一种黏稠状酱。虾酱含有人体所需的多种成分，特别是钙和蛋白质最丰富，一般作为调味使用，放入各种鲜菜、鲜肉来食用，味道最鲜美；也可生食，也可蒸一下作菜肴食用，如鸡蛋蒸虾酱、辣椒蒸虾酱等。

1. 原料处理

选用体质结实、新鲜的小虾为原料，用筛网筛去小鱼及杂物，洗净沥干，待用。

2. 盐渍发酵

（1）加盐腌渍　将新鲜虾放入缸中，加入其质量30%～35%的食盐，拌匀腌渍。用盐量的多少可根据气温及原料鲜度确定。气温高、原料鲜度差，应多加盐，反之则少加盐。

（2）转缸发酵　约7d后，虾体发红即可压去卤汁，然后把虾体磨成细酱状，转入缸中，在阳光下任其自然发酵7d，每天用木棒搅拌两次，每次约30min，捣匀、碎后压紧抹平，以促进分解，使发酵均匀，一直进行到发酵大致完成为止。

发酵酱缸置于室外，借助日光加温促进成熟；缸口必须加盖，不使日光直照原料，防止发生过热变黑；雨天避免混入雨水和尘沙；连续发酵15～30d后，虾酱色泽微红，发酵完成，可以随时出售。

如长时间保存，需置于10℃以下贮藏，得率为70%～75%。如捕捞后不能及时加工，需先加入25%～30%食盐保存，这种半成品称为卤虾，运至加工厂进行加工时，将卤虾取出，沥去卤汁，并补加5%左右的食盐装缸发酵。

3. 增香

在加食盐发酵时同时加入茴香、花椒、桂皮等香料，混合均匀，以提高制品风味。

4. 虾酱砖制作

若要制成虾酱砖，可将原料洗净后加入原料质量10%～15%的食盐，盐渍12h，压取卤汁。经粉碎、日晒1d后倒入缸中，加0.2%白酒和0.5%茴香、花椒、橘皮、桂皮、甘草等混合香料，充分搅匀，压紧抹平后表面洒一层酒，促进发酵。当表面形成1cm厚的硬膜时，夜晚缸上加盖。

发酵成熟后，缸口打一小洞，使发酵渗出的虾卤流集洞中，取出浓厚的虾卤即是虾油成品。如不取出虾卤，时间久了会又复渗回酱中。成熟后的虾酱首先除去表面硬膜，取出软酱，放入木制模匣中，制成长方砖形，去掉膜底，取出虾酱，风干12～24h即可包装销售。

5. 成品质量

一级品：紫红色，呈黏稠状，气味鲜香，无腥味，酱质细腻，无杂鱼，盐度适中。二级品：紫红色，鲜香味差，无腥味，酱质较粗且稀，有小杂鱼等混入，咸味重或发酵不足。三级品：颜色暗红不鲜艳，酱稀粗糙，杂鱼杂物较多，味咸。

鱼酱也是深受欢迎的调味品，通常用小黄花鱼、海鲫鱼、白米鱼、小青鱼制作，其制作与虾酱基本相同，即原料先洗净，然后用盐腌制。不同点主要是鲜鱼酱一般发酵后仍保持原形，只有在受热处理后才会形成“酱”状。

（二）牛肉酱制作

随着人们生活水平的提高，肉品加工也以较快的速度发展，以畜禽肉为原料生产的肉酱如猪肉酱、牛肉酱、羊肉酱、鹅肥肝酱等也开始越来越为人们所喜爱，其中牛肉酱是市场开发比较良好的肉酱。现介绍一种牛肉辣酱的制作。

1. 原料配方

牛肉末 10kg，豆瓣辣椒 30kg，干辣酱 15kg，面酱 18kg，芝麻酱 6kg，二级酱油 10kg，白糖 3kg，香油或熟花生油 5kg，大蒜泥 2kg，胡椒粉 50g，生姜泥 1kg，味精少量，苯甲酸钠 100g。

2. 操作要点

生牛肉煮熟后，切块，再磨碎成肉泥，与味精、香油、苯甲酸钠等其他配料混合均匀；在锅内加热至 80℃，灭菌 10min，即可装瓶。成品滋味鲜香，美味可口，含酸量低，无油腻感。

四、几种名优酱品

1. 北京烤鸭面酱

吃北京烤鸭离不开甜面酱，要吃到美味可口的烤鸭，就必须有味道鲜美、加工考究的甜面酱。制作烤鸭面酱用的甜面酱在加工中要分两个阶段进行。

第一阶段是首先做好基础酱，即制作面酱（制作工艺前面已介绍），制作工艺以采用天然发酵为好。

第二阶段是在做好天然酱的基础上进行加工配兑调制，其配制比例是：甜面酱 50kg、白糖 2.5kg、葵花籽油 2kg、香油 1.5kg，味精 0.5kg、酱油 5kg。

加工方法是：首先将葵花籽油放入夹层锅内预热至沸。而后将甜面酱、酱油、白糖调均匀后经胶体磨放入夹层锅加热（酱油要求用好油），进行不停的搅拌至沸腾；然后视酱的稀稠度适当加入开水，接着搅拌至沸腾，最后使酱的体态达到不稀不稠，持续 20～30min 沸腾后停止加热，再加入味精和香油及防腐剂（防腐剂可用苯甲酸钠），用量为 0.1%；或山梨酸钾，用量为（0.01%～0.03%）即为成品酱。

质量要求：红褐色，有光泽，有酱香、酯香气，口味醇香，鲜甜适口，黏稠适度，无杂质。

2. 六必居稀黄酱和辣酱

北京六必居不仅酱菜闻名遐迩，酱类产品也是如此，如制作酱菜用的黄酱、面酱及各种花色酱味道都非常鲜美。有浓厚的酯香和酱香味道，多年来一直受到消费者的青睐。

稀黄酱制作要点：黄豆制成曲后进行泡酱发酵，时间是在阴历二、三月最适宜，不可超过四月中旬；将曲料泡入缸内拌匀，一般是在上午加水，待其自然发酵，晒一中午后，下午四点用耙将水拌匀；期间酱曲开始发酵，可进行第二次加水，水量与第一次相同，其目的是调节稀稠和促进进一步发酵；再过一段时间，当酱曲发酵到高峰不动了，再晒两个月，到初伏时，选择好天气将酱打开，适当加些盐水调节稀稠，拌匀后开始打耙，10d内每天打耙两次，每次打10耙左右；10d以后不断增加耙数，最后增加到30耙。开耙以后40d左右，酱的发酵力自然消失，这时可减少打耙数；夜间无雨时，坚持“夜露”，放走酱内的杂味，最后每天可打几耙，均匀即可；处暑后停耙，磨细即为稀黄酱产品。

花生辣酱原料配方：酱坯43.9kg，食油3.6kg，花生仁2.5kg。

芝麻辣酱原料配方：酱坯44.6kg，食油3.6kg，芝麻1.8kg。

制作要点：将花生去掉外壳内衣后用文火焙炒，炒至香脆而不焦煳备用；采用水洗的方法，将芝麻在水中淘洗干净后用文火焙炒，炒至香脆而不焦糊备用；在酱成熟的后期以每50kg酱加入5kg辣椒糊，再打几天耙以后便成酱坯，然后再根据配料规定加入其他辅料。

3. 四川郫县豆瓣酱

郫县豆瓣酱是国内悠久的名牌酿造食品之一，至今已有100多年的生产历史。它以辣味重、瓣子酥脆、色泽油润红亮、味道香醇等特点著称，既可作调味用，川菜烹饪不可缺少，也可单独佐餐。

郫县豆瓣生产工艺特殊，对原辅材料要求很严格，原料采用四川产的青皮蚕豆，辅料采用成都近郊产的“二荆条”鲜红海椒，且采收时间为每年的7月至立秋后的15d内，食盐为自贡的井盐。现将郫县豆瓣的加工方法介绍如下。

（1）原辅料配比（按每罐成品67.5～70kg计）　蚕豆22kg，鲜海辣椒5.25kg，面粉5.5kg，食盐12kg。

（2）操作要点　将蚕豆去壳收拾干净，去壳蚕豆放入96～100℃沸水中煮沸1min，捞出放入冷水中降温，淘出碎渣，浸泡3～4min。捞出豆瓣拌入面粉，拌匀后摊放在簸箕内入发酵室进行发酵，温度控制在40℃左右，经过6～7d长出黄霉，初发酵即告完成。再将长霉的豆瓣放进缸内，同时放进盐5.75kg，清水25kg，混合均匀后，进行翻晒。白天要翻缸，晚上要露放（即所谓日晒夜露），但要注意避免淋雨。这样经过40～50d，豆瓣变为红褐色，加入粉碎的辣椒块（一般为2～3cm大小）及剩下的盐，混合均匀。再经过6～12个月的贮存发酵，豆瓣酱才完全成熟。

4. 临江寺豆瓣酱

临江寺豆瓣酱产于天府之国的资阳县，始创于清乾隆年间，有200多年的历史。它具有鲜、香、咸、甜、辣等多种口味，色鲜味美，油润飘香，豆瓣成形，入口化渣，不但易于代莱佐餐，而且也是川菜的一种调料，历来畅销全国，在国际市场上享有盛誉。

临江寺豆瓣酱的原料要求严格，主要原料蚕豆要用当地特产的二白葫豆，粗大饱满，均匀干净，经筛选脱壳后，白瓣浸泡，含水量要达到38%～42%才可以制曲；辣椒要特产的小荆条或二荆条辣椒，秋季收获；进厂后摘去椒把，淘净沥干，切碎后加入17%食盐入腌池，再经粉碎机磨成辣椒酱；其他原料如芝麻、菜油、各种香辛料都要经过精选，适当加工。

原料不经蒸煮，以生料蚕豆直接制曲，制豆瓣曲为米曲霉接种，簸箕制曲，成曲黄绿色；日照温室池内发酵，每月翻醅1次，发酵10～12个月制成原汁豆瓣，酿成的原汁豆瓣要求清澄分汁，豆瓣成形，融合化渣，氨基酸态达到0.75%以上。每50kg蚕豆产成熟原汁豆瓣约75kg；再加入各种辅料，制成各种花色豆瓣。主要品种有香油豆瓣、金钩豆瓣、火腿豆瓣、鱼松豆瓣、红油豆瓣等。现将其中的一种配方列举如下。

香油豆瓣配比：原汁豆瓣75kg，香油3kg，辣椒酱12kg，芝麻酱4.5kg，麻油0.5kg，香料粉0.15kg，甜酱1.5kg，白糖0.75kg，增鲜剂适量。

香油豆瓣的理化指标为：水分<50%，食盐<15%，氨基酸态氮>0.65%，总酸<1.5%，还原糖>6%。

5. 安庆豆瓣酱生产

（1）制曲　原料配比及制曲操作同临江寺豆瓣辣酱。

（2）发酵

①配合比例：投料100kg原料蚕豆所制得的豆瓣曲，18～18.5°Bé盐水106kg及辣椒酱（内含红油）31.5kg。

②辣椒酱制备：将鲜红辣椒除去柄蒂，洗净沥干。每100kg红辣椒加食盐15kg，放一层辣椒放一层盐，盐下少上多，腌制在缸中同时压紧。2～3d后，有汁液渗出，随即连卤汁转入另一缸中，翻拌，并补加5%的食盐平封于面层，食盐上面覆盖竹席，上压重物，使卤汁压出淹过辣椒面层，防止辣椒直接与空气接触而引起变色。一般腌制3个月后即成熟，可以开始使用，使用前，将辣椒取出，用石磨或钢磨反复磨细，在磨细的过程中，加入2.5%～3.0%的红曲，混合研磨即成辣椒酱。

磨细的辣椒酱要求含水量为60%，水分不足时用20°Bé盐水补足。磨细的辣椒酱贮藏在缸中，每天必须搅拌1次，防止面层生白花。

③制酱发酵：将豆瓣曲、盐水、辣椒酱按比例在发酵容器中混合，在42～45℃保温12h，然后逐渐升温至55～58℃，保持12d，保温发酵期中，每日早晚各搅拌翻酱1次。至第12d以后，再升温至60～70℃，继续保温36h，第14d冷却，第15d即得成品。

（3）加热杀菌　将成熟的豆瓣辣酱在夹层锅中加热至80℃，维持10min杀菌，同时加入0.1%的苯甲酸钠，使之溶化，搅拌均匀后，趁热装入玻璃瓶，上边添加麻油一层即得成品。

6. 北方辣酱的生产

（1）配料

①主料：辣椒5kg。

②辅料：食油250g、香油150g、花生油100g，生姜500g、味精50g、白糖

500g、大蒜1kg、盐250g、白醋250g、黄酱100g、五香面25g、熟芝麻500g。

（2）制作方法

①先将辣椒洗净，控干水分，用绞肉机绞碎备用；

②将白醋、黄酱、白糖、食盐倒入锅内熬开后，搅拌均匀倒出；

③将锅内放油烧热后，倒入预先绞碎的辣椒，翻炒均匀后，再倒入预先熬好的白醋、黄酱、白糖、食盐等，炒至0.5h后，倒入姜末、蒜末再炒1h左右，放入五香面炒一会，再放入味精、熟芝麻，搅拌均匀后出锅即可。

如果用蒸制法制作，其具体如下：

（1）配料

①主料：辣椒2.5kg。

②辅料：白糖300g、食醋150g、味精150g、芝麻少许、食盐300g、姜蒜少许、营口酱4袋。

（2）制作方法

①先将辣椒洗净，控干水分，用绞肉机绞碎；

②依次放入白糖、食醋、芝麻、食盐和营口酱，搅拌均匀；

③上锅蒸至开锅后15min；

④出锅晾凉后，放入味精和姜蒜，搅拌均匀即可。

任务一 面酱生产

面酱（也称甜酱），是以面粉为主要原料生产的酱品，因其原料的不同，有小麦面酱、杂面酱、复合面酱等；其生产方式有曲法和酶法两类，前者是传统生产方式，制得的面酱风味较好，但由于需要经过制曲阶段，操作较复杂；后者操作简单，出品率高，以每100kg面粉约可产甜酱210kg，比传统曲法制酱约增产30%以上，但产品风味较差。这里主要介绍以小麦面粉为原料的面酱生产。

一、曲法面酱的制作

（一）工艺流程

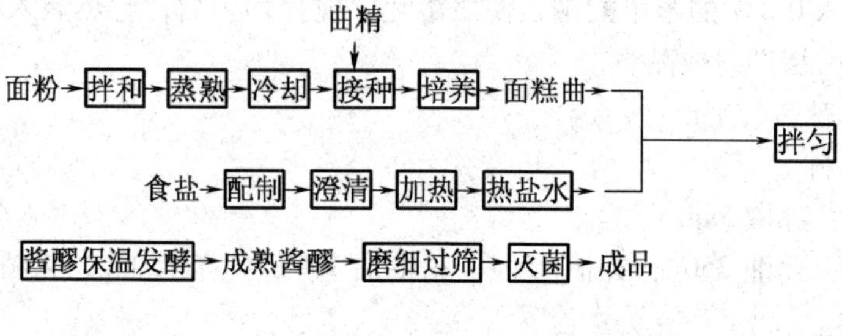

（二）原料处理

1. 拌和

（1）拌和的目的　拌和是为蒸料做准备。

（2）原料配比　生产面酱的原料面粉一般采用标准面粉，一般以面粉 100 计，拌和用水控制为面粉用量的 28% ~30%。

（3）拌和方法　面粉与水的拌和可以是手工拌和，也可以是机械拌和。手工拌和一般在洁净的拌和台或拌和盆里进行。机械拌和可以采用拌和设备如拌和机、辊式压延机等进行拌和。

面酱生产中一般用手工或拌和机拌和成蚕豆般大颗粒或面块碎片（古老的方法是将面粉制成馒头，俗称制馒头曲），也可拌和后以辊式压延机压榨成面板再切分成面块，面块一般约为长 30cm，宽 10 ~ 15cm。

（4）拌和注意事项

①控制面粉和水的比例，避免拌和后的面块或面条过硬或过软，影响蒸料和制曲；

②在拌和中，注意水分均匀，防止局部过湿和有干粉存在；

③拌和后的面块大小要均匀，不可过大或过小，以免蒸煮过度或夹生；

④拌和时间不宜过长，以防止杂菌滋生。

2. 蒸料

（1）蒸料的目的　蒸料是为了使原料中的蛋白质完成适度变性，淀粉吸水膨胀而糊化，并产生少量糖类；同时消灭附着在原料上的微生物，便于米曲霉生长繁殖，以及原料被酶分解。蒸熟面块的设备主要有甑锅或面糕连续蒸料机。

（2）甑锅蒸料　甑锅是常压蒸料设备，蒸料方法是边上料边通蒸汽，面粒或面块陆续放入，上料结束片刻，甑锅上层全部冒汽，加盖再蒸 5min 即可出料。蒸熟的面粒或面块呈玉色，咀嚼不粘牙齿，稍带甜味。

（3）面糕连续蒸料机　面糕连续蒸料机 1h 能蒸面粉约 750kg，既节约劳动力，又能提高蒸料质量。此设备由蒸面糕机、拌和机、熟料输送绞龙、落熟料器和鼓风机等组成（如图8 -1 所示）。蒸面糕机顶部为进料斗，底部设有转底盘，盘上装有刨刀，盘下装有刮板。电动机通过减速器带动转底盘旋转。该机的桶状中部（桶身）即为蒸料部分，在它的侧面装有蒸汽管与桶身内部相通，可使蒸汽通入桶内蒸料，机底下设出料淌槽。整合蒸面糕机固定于支架上。

（4）面糕连续蒸料机蒸料操作方法　将面粉倒入拌和机内，加水充分拌和，然后开启蒸汽管道的排液阀，使蒸汽总管中的冷凝水排尽。随后开启进入蒸料机的蒸汽阀，将拌和机拌匀的碎面块经进料斗送入蒸料机，待蒸料机桶身中积有 1/2 高的碎面块时，即可开动转底盘，装于盘上的刨刀随着转动，将底部的面糕刨削下来，上面蒸熟的面糕不断下降，并由刨刀继续刨下。刨下的热面糕被刮板刮入出料淌槽，通过绞龙由鼓风机降温吹出，由落熟料器落下，进入下道工序。

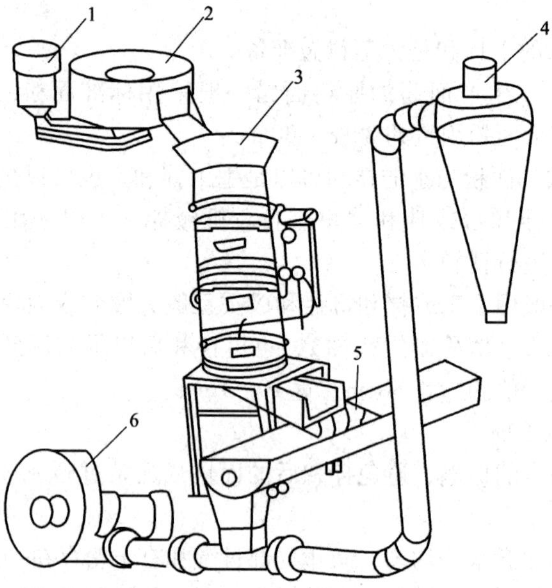

图 8－1　面糕连续蒸料机示意图

1—电动机　2—拌和机　3—蒸面机　4—落熟料器　5—输送绞龙　6—鼓风机

使用面糕连续蒸料机时应注意：

①进料与出料应协调，不使蒸料桶内积存碎面块过多或过少；

②应根据刨出的面糕蒸熟程度，控制进桶身的蒸汽量和蒸料时间；

③蒸料桶中要保持一定数量的预积层，使面糕能充分熟透；

④开始蒸料时，底层碎面块与蒸汽接触时间不够，未能熟透，故刨下来的面糕应重蒸；

⑤蒸熟后要迅速冷却。

（三）制曲

1. 制曲的目的

制曲是按比例在蒸熟的面块中拌入曲精（或种曲），使米曲霉充分生长繁殖，并产生蛋白酶系和淀粉酶系，同时使原料得到一定程度的分解，为发酵创造条件。

2. 制曲的方法

（1）接种　将蒸熟的面立即冷却至 40℃，接入占原料量 0.3% ~0.5% 的种曲（菌种采用米曲霉 As3.951）充分拌和均匀。由于面酱质量要求舌觉细腻而无渣，接种的种曲最好采用分离出的孢子（曲精），用量为原料量的 0.1%。

（2）制曲条件　制曲可采用曲盘或竹匾在曲室培养，也可采用通风制曲。

面酱生产要求米曲霉分泌糖化型淀粉酶活力强，因此制曲培养温度应适当提高，一般控制室温28~30℃，品温最高不超过36℃；但培养温度过高，培养时间过长，不仅出曲率低，面酱还会发苦，一般36~48h可制好曲。当菌丝发育旺盛，肉眼可见曲料全部发白略有黄色即为成熟，每100kg面粉可制得95~98kg面糕曲（干重）。注意制曲过程中防止杂菌污染。

（3）整粒小麦制曲法　除用面粉制面糕曲外，尚有用整粒小麦制曲者，方法如下：

小麦淘洗干净，浸泡至含水40%左右捞出，蒸熟，接种米曲霉麸曲菌种，培养，让米曲霉直接在小麦上生长。这种方法工艺操作简单，技术容易掌握，培养时通气条件较好，互相不黏连，有利翻曲，麦皮也不因磨面被除去，存留在曲中，相对提高了成曲的蛋白含量，只是成曲需要经过磨细才能制酱。

（四）发酵

发酵是制曲的延续和深入，是曲料在发酵容器中加入盐水、淀粉酶和蛋白酶等酶系分解原料中的淀粉为糊精、麦芽糖和葡萄糖，分解原料中的蛋白质为肽类和氨基酸，同时在酱醅发酵过程中还有自然接种的酵母、乳酸菌等共同作用，生成具有鲜味、甜味等复杂的物质，形成具有甜面酱特殊风味的成品。面酱发酵方法一般有传统法和速酿法，但产品色泽和风味以传统法产品为优。

1. 传统酿制法

这是过去较多采用的方法，即高盐发酵的方式。操作如下：

将面曲堆积升温至50℃，送入发酵缸，加入16°Bé盐水浸渍，泡涨后适时翻拌，使之日晒夜露。夏天经3个月即可成熟，其他气温低的季节需半年才能成熟。

此法制酱风味较好，但周期长，由于是开放式敞口发酵，制作完毕后仍有大量微生物存在，可继续发酵产酸、产气，影响产品的质量和保质期；同时传统人工翻酱操作劳动力强，现在有些企业也采用了翻酱机进行翻酱，大大降低了劳动强度。

2. 速酿法

速酿法即保温发酵法，根据加盐水的方式不同又分为两种不同的方法。

（1）一次加足盐水发酵法　将面曲送入发酵容器，耙平让其自然升温至40℃左右，并随即从面层四周徐徐一次注入制备好的14°Bé的热盐水（60~65℃），盐水全部渗入曲内后，表层稍加压实，加盖保温发酵。

注意：加盖保温发酵时，品温维持在53~55℃，不能过高或过低，过高酱醪易发苦，过低酱醪易酸败，且甜味不足。每天搅拌一次，经4~5d已吸足水分的面曲基本完成糖化，再经7~10d即发酵成浓稠带甜的面酱。

（2）分次添加盐水发酵法　将面曲堆积升温至45~50℃，将面曲和所需盐水总量50%的14°Bé、温度65~70℃的热盐水充分拌和，然后送入发酵容器，盐水与曲料拌和后品温应在54℃左右。拌和入发酵容器完毕，迅速耙平，面层用少量再制盐封盖好，保温53～55℃发酵。7d后加入经煮沸的剩下的50%的盐水，最后经压缩空气翻匀，即发酵成浓稠带甜的面酱。

制酱过程中注意以下几点：

①小型生产一般用500～600L的陶瓷缸水浴保温发酵或晒露发酵；大型生产一般用保温发酵罐或五面保温发酵池发酵，并利用压缩空气翻酱，既省力又卫生。

②速酿法用的盐水，浓度最好14°Bé左右，因为食盐对于淀粉酶、蛋白酶的活力有显著的抑制作用，盐水浓度高会阻碍糖化，在口感上甜味被遮盖，影响产品质量，而浓度低容易引起酸败。盐水用量为原料的80%～85%，盐水用量少，总含盐量就比较低，便于突出甜度高的特点。为了使面粉曲加入盐水后立即达到发酵的最适温度，要求盐水预热至60～65℃或65～70℃。若超过70℃则酶活力受到一定影响，成品甜味差，酱也要发黏。

③曲中一次注入热盐水发酵时，因盐水数量较多，有部分面粉曲浮于面层，容易变质，因此必须及时充分搅拌，使面层曲均匀吸收盐水。

④发酵温度要求53～55℃，需要严格掌握。如果发酵温度低，不但面酱糖分降低，质量变劣，而且容易发酸。若发酵温度过高，虽可促使酱醪成熟快，但接触发酵容器壁的酱醪往往因温度过高而变焦，产生苦味。

⑤采用一次加足盐水发酵时，保温发酵期内酱醪应每天搅拌1～2次，一方面使酱醪温度均匀，另一方面能促使酱醪快速成熟。

⑥甜面酱成熟后，当温度在20℃以下时，可移至室外储存容器中保存，若温度在20℃以上时，贮藏时必须经过加热处理和添加防腐剂以防止酵母发酵而变质。

（五）成品的后处理

面酱成品的后处理是为了改善面酱口感，延长保质期。方法是将物料磨细、过筛、灭菌（消毒）并添加防腐剂。

1. 磨细及过筛

酱醅成熟后，总有些疙瘩，舌觉口感不适，因此要磨细，并过50目左右的筛。磨细可采用石磨或螺旋出酱机，后者同时具有出酱和磨细两种功能，对提高功效和降低劳动强度有利。磨细的酱通过筛子经消毒处理即可贮藏。

2. 灭菌防腐

甜面酱大多直接作为调味品，一般不再煮沸就直接食用，因此制酱时必须加热处理。同时因甜面酱容易继续发酵并生白花，不宜贮存，为保证卫生及延长保质期，也应进行防腐处理。

面酱的灭菌防腐通常是直接通入蒸汽，将面酱加热到65～70℃，维持15～20min，同时添加0.1%的苯甲酸钠，搅拌均匀。

用蒸汽通入酱醪加热处理，容易引起凝结水对酱醪的稀释作用，为了不造成产品过稀，发酵时盐水用量应酌量减少。

用直火加热处理，因酱醪浓稠，上下对流不畅，受热不均匀，接近锅底的酱醪很容易焦煳，应注意不断翻拌。

3. 包装

面酱成品根据销售情况，可采用不同的包装，但最好密封包装，防止因污染而变质。并尽量做到先产先销、后产后销，以保证产品质量。

二、酶法面酱的制作

酶法面酱是在传统曲法制酱工艺的基础上改进而来，面酱糕不用于制曲，只制少量粗酶液。此法可缩短面酱生产周期，节省劳动力，同时因采用酶液水解可减少杂菌污染，改善酱品卫生条件，提高酱品成品率。但此法制得的面酱风味比曲法面酱稍差。

（一）工艺流程

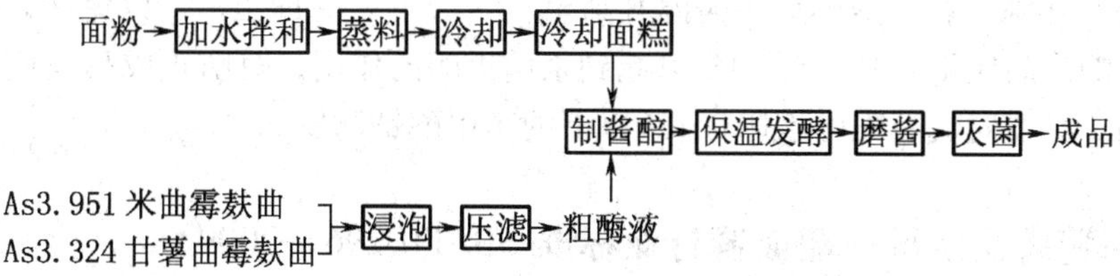

（二）粗酶液的提取

1. 菌种的选择

菌种通常选用两种曲霉，这是因为甘薯曲霉耐热性强，其在60℃糖化时效果最好，在50～58℃时有较持久的酶活力；其在酶解过程中还能产生有机酸，使面酱风味调和而增加适口性。米曲霉糖化酶活力高，制成的酱色泽风味较好，但其糖化酶活力持久性差。所以二者混合使用，既增加了糖化酶活力的持久性，又增进了产品的色泽和风味。

2. 粗酶液的提取

（1）制备麸曲　以麸皮为原料，分别接种甘薯曲霉和米曲霉，制备麸曲。

（2）粗酶液浸提　按面粉质量的13%（其中米曲霉占10%，甘薯曲霉占3%）将这两种麸曲混合、粉碎，放入浸出容器内，加入曲质量3～4倍的45℃温水浸泡，提取酶液，时间为90min，其间充分搅拌，促进酶的溶出；过滤后残渣应再加入水浸提一次。

（3）混合　二次酶液混合后备用。浸出酶液在热天易变质，可适当加入食盐。

(三)原料及其处理

1. 原料配比

面粉100kg(蒸熟后面糕质量138kg),食盐14kg,米曲霉10kg,甘薯曲霉3kg,水66kg(包括酶液)。

2. 蒸料

面粉与水(按面粉质量28%)拌和成细粒状,待蒸锅内水煮沸后上料,圆汽后继续蒸1h。蒸熟后面糕水分为36%~38%。

3. 保温发酵

(1)配料入缸　面糕冷却至60℃下缸,按原料配比加入萃取的粗酶液、食盐,搅拌均匀后保温发酵。

(2)保温发酵　入缸后品温要求在45℃左右,以便各种酶能迅速起作用。24h后缸四周开始有液化现象,有液体渗出,面糕开始膨胀软化,这时即可进行翻酱。维持酱温45~50℃,第7d后升温至55~60℃,第8d视面酱色泽的深浅调节温度至65℃。注意:在保温发酵过程中,应每天翻醅1次,以利于酱醅与盐水充分混合接触。

(3)出酱　待酱成熟后将酱温升高至70~75℃,立即出酱,以免糖分焦化变黑,影响产品质量。升温至70℃可起到杀菌灭酶的作用,对防止成品变质有一定的作用。必要时成品中可添加0.1%以下的苯甲酸钠防腐。

三、面酱成品质量(甜面酱行业标准SB/T10296—2009)

1. 感官特性(表8-1)

表8-1　面酱感官特性

项目	要求
色泽	黄褐色或红褐色,鲜艳,有光泽
香气	有酱香和脂香,无不良气味
滋味	咸甜适口,味鲜醇厚,无酸、苦、焦煳及其他异味
体态	稀稠适度,无杂质

2. 理化指标(表8-2)

表8-2　面酱理化指标

项目		指标
还原糖(以葡萄糖计)含量/%(质量分数)	≥	20.00
水分/%(质量分数)	≤	50.00

3. 卫生指标（表 8 －3）

表 8 －3　　面酱卫生指标

项目		指标
总砷（以 As 计）含量/（mg/kg）	≤	0.5
铅（Pb）含量/（mg/kg）	≤	1.0
黄曲霉毒素 B_1 含量/（μg/kg）	≤	5
大肠菌群/（MPN/100g）	≤	30
致病菌（沙门菌、志贺菌、金黄色葡萄球菌）		不得检出

任务二 大豆酱生产

大豆酱也称大酱或黄酱，以大豆（黄豆、黑豆、青豆等）或豆片、面粉、食盐、水为原料，利用米曲霉为主的微生物的作用而制得。原料处理、制曲、发酵原理基本上与酱油酿造相同。

一、曲法大豆酱的制作

（一）工艺流程

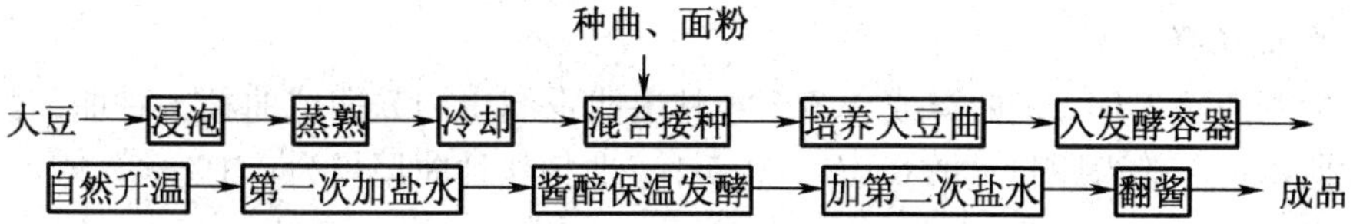

（二）原料与原料处理

1. 原料配比

（以大豆用量为 100% 计）大豆 100%，面粉 40% ～60%，种曲 0.1% ～0.3%，14°Bé 盐水 90%，24°Bé 盐水 40%，食盐 10%。

2. 原料处理

（1）洗豆浸豆　选用种皮薄、颗粒均匀、无皱皮的大豆，浸豆池（罐）中先注入 2/3 容量的清水，投入大豆后稍加搅拌，将浮于水面的瘪粒、烂粒、坏豆、杂物清除。然后加清水浸泡，使其吸收水分，有利于大豆蛋白质的变性、淀粉的糊化，并易于微生物的分解和利用。洗豆浸豆中注意：

①投豆完毕，仍需从池（罐）的底部注水，使污物由上端开口随水溢出，直至水清。

②浸豆过程中应换水 1 ~ 2 次，以免大豆变质。

③浸泡时间与水温高低有关，一般夏季泡 4 ~ 5h，春秋季泡 8 ~ 10h，冬季泡 15 ~ 16h。

④浸豆务求充分吸水，采用常压蒸煮，泡豆要求豆粒皮面无皱纹、豆内无硬心、指捏易压成两瓣为宜。采用加压蒸煮，泡豆时间可适当缩短。

⑤出罐的大豆晾至无水滴出时，投进蒸料罐蒸煮。浸后大豆质量一般增至原豆质量的 2 倍左右。

（2）蒸豆　蒸豆可用常压蒸豆，也可用加压蒸豆。

①常压蒸豆：一般用蒸甑或蒸锅，泡豆置于容器内，通入蒸汽或大火加热至圆汽。圆汽后继续蒸 2.5 ~ 3h，焖 2h 出料。

②加压蒸豆：一般用旋转蒸煮锅，开蒸汽加热，尽量快速升温，蒸煮压力可用 0.16MPa 蒸汽，保压 8 ~ 10min 后立即排气脱压，尽快冷却至 40℃左右。

蒸豆应使豆全部蒸熟、酥软，有熟豆香，保持整粒不烂，用手捻时，可使豆皮脱落、豆瓣分开的程度。若蒸煮不熟，豆粒发硬，蛋白质变性及淀粉糊化不充分，不利于曲霉的生长繁殖；若蒸煮过度，会产生不溶性的蛋白质，也不利于曲霉生长，且制曲困难，杂菌易从生。

有的地方考虑到大豆的浸泡设备与场地受到限制，而改用豆片。豆片是将大豆用蒸汽加热到 60 ~ 70℃后，使其软化，然后加压呈片状。由于豆片的组织较松软，极易吸水，可省去清洗、浸泡等工序，直接拌水混合后蒸熟。但豆片不宜久贮，应以新鲜使用为佳。

（三）制曲

1. 种曲选择

一般用沪酿 3.042 米曲霉或 As3.324 甘薯曲霉制得的麸曲或曲精为种曲，麸曲作种曲用量一般为原料量的 0.3% ~0.5%，曲精作种曲用量为 0.1%。

2. 接种

蒸熟的大豆冷却至 40℃左右，接入种曲与面粉的混合物，拌和均匀。接种前种曲先与面粉拌和均匀，这样豆粒表面包裹着一层面粉，水分被面粉吸收互不黏连，曲料松散，通气良好，有利于培菌。

3. 制曲培养

接种好的球状面粉大豆粒放在竹匾中，摊成厚度 4 ~ 5cm 的薄层，移入曲室培养。也可将面粉大豆粒放入通风池培养，池中料层厚度可在 30cm 左右。控制培养温度 32 ~ 35℃，最高不超过 40℃。

制曲操作与制酱油曲相同，但由于大豆酱制曲豆粒较大，粒与粒之间间隙也大，水分易散失。除应加强水分和温度管理外，制曲时间应适当延长，一般在 42h 左右，待大豆粒表面可见淡黄绿色孢子出现即可出曲。

（四）发酵

豆酱发酵和酱油发酵相同，有天然晒露发酵法和保温速酿发酵法。在保温速酿发酵法中，按加盐量的多少，又可分为无盐固态发酵法和低盐固态发酵法。可根据技术能力和设备条件自行选择（一般与酱油酿造相似）。但大多数工厂目前普遍采用低盐固态发酵法。操作方法如下。

1. 入发酵容器、自然升温

先将大豆曲倒入发酵容器，表面扒平，稍加压实，其目的是使盐分能缓慢渗透，使表层也能充分吸足盐水，并且利于保温升温。在微生物及酶的作用下，发酵产热，很快自然升温至40℃左右。

2. 第一次加盐水

将所需的14°Bé 盐水加热到60～65℃从面层缓缓淋下，使曲料与盐水均匀接触。60～65℃的热盐水具有一定的杀菌作用，又不致使酶活力降低，同时盐水与酱醅进行热交换后刚好能达到45℃的发酵适温，以省去前期发酵的升温工作。

大豆曲加盐水后酱醅含盐量在9%～10%避免了过高盐分对酶的强烈抑制作用，更有利于发酵，同时又可抑制非耐盐性微生物的生长。当盐水基本渗完后，表面盖封细面盐一层，最后面层铺盖塑料薄膜，并加盖保温发酵。

3. 酱醅保温发酵

大豆曲中的微生物及酶在适宜的条件下作用于原料中的蛋白质和淀粉，使其降解并生成新物质，从而形成大豆酱特有的色、香、味、体。发酵期间，维持品温45℃左右，不得低于40℃，否则会造成酸败，但也不宜过高，否则会影响大豆酱的鲜味和口感。每天检查1～2次，10d后酱醅成熟。

4. 第二次加盐水

酱醅成熟后，再补加24°Bé 盐水及约10%的食盐（包括封面盐），用翻酱机充分搅拌，使所加食盐全部溶化，置室温下继续进行后发酵4～5d即得成品。

若要求色泽较深呈棕褐色，可在发酵后期提高品温至50℃以上，同时注意搅拌次数，使品温均匀。有的为了增加大豆酱风味，也可把成熟酱醅品温降至30～35℃，人工添加酵母培养液，再发酵1个月。发酵成熟的豆酱习惯不经灭菌而直接出售。

5. 发酵容器

发酵容器目前多用保温发酵罐和水浴发酵罐，发酵罐用4mm厚的钢板卷制成圆柱形，并设有夹层，外部加保温层，内部用环氧树脂防腐；罐底部开出酱口，罐底为半球形或半椭圆形，上部用木盖盖紧；夹层的相应位置设进水管、进气管、排水口、溢流管等装置。

二、酶法大豆酱的制作

（一）工艺流程

大豆→压扁→润水→蒸熟→冷却→熟豆片→

拌和（加熟面粉、盐水、酒醪、→酶制剂）→混合制酱醅→保温发酵→成品

（二）原料处理

1. 原料配比

大豆100kg，面粉38.8kg，水（配盐水用）106kg，酶制剂、酒醪各适量。

2. 蒸料

大豆压扁，加入质量为大豆45%的热水，经拌水机一边搅匀，一边随即落入加压蒸锅中，控制蒸汽压力0.15MPa蒸30min。另将97%的面粉加入占面粉质量30%的水中，搅匀后采用连续蒸料机蒸熟。

3. 酒醪制备

（1）取3%（总量）的面粉，加水调至20°Bé，加入0.2%氯化钙，并调节pH为6.2；加α-淀粉酶0.3%，升温至85~95℃液化，液化完毕再升温至100℃灭菌。

（2）醪液冷却至65℃，加入甘薯曲霉As3.324麸曲7%，糖化3h；糖化结束后降温至30℃，接入酒精酵母5%，常温发酵3d即成酒醪。

4. 酶制剂制备

（1）配料、蒸料　将豆饼、玉米粉、麸粉按3∶4∶3的比例混合均匀，加入75%的水、2%的碳酸钠（溶解后加入），拌和均匀，蒸料。

（2）接种制曲　熟料出锅后经粉碎、冷却至40℃，接入0.3%~0.4% As3.951米曲霉种曲，混合均匀后制曲；制曲基本跟酱油曲相同。

（3）制粗酶制剂　当曲料呈淡黄色时即可出曲，然后将成曲干燥，再经粉碎制成粗酶制剂。

（三）制酱

1. 拌料入池

将冷却至50℃以下的熟豆片、熟面粉、盐水、酒醪及酶制剂，充分拌和，入水浴发酵池发酵。

2. 保温发酵

发酵前期5d，保持品温45℃；发酵中期5d，保持品温50℃；发酵后期5d，保持品温55℃。发酵期间每天翻酱1次，15d后大豆酱成熟。成熟后的大豆酱可再降温后熟1个月，使产品酱香更加良好。

三、大豆酱质量标准（GB/T24399—2009）

1. 感官特性（表8－4）

表8－4　大豆酱感官特性

项目	要求
色泽	红褐色或棕褐色，有光泽
香气	有酱香和脂香，无不良气味
滋味	味鲜醇厚，咸甜适口，无苦、涩、焦煳及其他异味
体态	稀稠适度，允许有豆瓣颗粒，无异物

2. 理化指标（表8－5）

表8－5　大豆酱理化指标

项目		指标
氨基酸态氮（以氮计）含量/（g/100g）	≥	0.50
水分/（g/100g）	≤	65.0

注：铵盐：铵盐的含量不得超过氨基酸态氮含量的30%。

3. 卫生指标（表8－6）

表8－6　大豆酱卫生指标

项目		指标
总砷（以As计）含量/（mg/kg）	≤	0.5
铅（Pb）含量/（mg/kg）	≤	1.0
曲霉毒素 B_1 含量/（μg/kg）	≤	5
大肠菌群/（MPN/100g）	≤	30
致病菌（沙门菌、志贺菌、金黄色葡萄球菌）		不得检出

任务三 豆瓣酱生产

豆瓣酱通常以蚕豆为原料，因为一般保持蚕豆的完整瓣形而称之为豆瓣酱，其生产与大豆酱基本相同，但蚕豆有厚的皮壳，制酱时需先把皮壳除去。

一、工艺流程

水 → 浸泡；面粉 → 混合；种曲或曲精 → 接种

蚕豆 → 去皮 → 豆瓣 → 浸泡 → 蒸熟 → 冷却 → 混合 → 接种 → 制曲 →

入池发酵 → 自然升温 → 加第一次盐水 → 保温发酵 → 加第二次盐水 → 翻酱 → 蚕豆酱

二、原料处理

（一）蚕豆选择

蚕豆是豆科植物之一，也称佛豆与胡豆，在全国各地普遍种植，产量丰富。青嫩的种实口味很美，一般作为蔬菜，富于营养。老熟后，不但充作食料，而且又是酿制蚕豆酱最好原料。制酱用的蚕豆，应选用颗粒饱满、均匀，充分成熟且无虫蚀及霉变者。酿造蚕豆酱必须用去皮壳后的蚕豆瓣，也称蚕豆肉或蚕豆米。

（二）蚕豆去皮

1. 湿法去皮

蚕豆湿法去皮的步骤包括蚕豆的浸泡、蚕豆的脱壳和皮屑豆肉的分选。

（1）蚕豆的浸泡　首先将蚕豆中的杂质瘪粒去除，淘洗干净，再用清水浸泡至内无白心外无皱纹，且有发芽状态即达到适度的浸泡。

浸泡时间随季节、水温不同而不同，夏季水温高浸泡20h左右，冬季水温低浸泡72h左右，春秋季浸泡30h左右；夏季天热易变酸，特别要注意浸泡时间不宜过长。

如果浸泡结束时将泡胀的蚕豆用加热至80～82℃含氢氧化钠2%的稀碱水处理4～5min，当表皮颜色变成棕红色时取出，用清水洗净至无碱性，这样就更容易蜕下皮壳；但注意时间不能太长，以免碱液浸透到豆子内部，影响产品质量。

（2）蚕豆的脱壳与分选　家庭生产蚕豆酱多用手工剥皮去壳，效率低。工厂生产蚕豆酱采用橡皮双辊筒轧豆机轧下皮壳，然后用漂浮法分离出豆肉与皮屑，不能漂浮出的皮屑、铁豆及杂物，用人工精选出去，得到洁白的豆瓣肉。

2. 干法去皮

干法去皮是用石磨或钢磨磨碎豆粒成4～6片，用风扇扬去皮壳，再用筛分选出较大的豆瓣肉，选出整齐而较大的制豆瓣酱用，细粒皮粉末用以酿造酱油或作饲料；或是用锤式粉碎机和干法比重击石机为主体的联合去皮装置，将蚕豆的皮蜕下。

3. 干法去皮与湿法去皮的比较

湿法去皮能保持豆瓣的完整形态，但是蜕皮的豆瓣肉不能久贮，必须立即制曲；浸泡及脱皮的时间需要掌握好，过长会使豆瓣变得僵硬，制曲发酵以后也不易软解，过短则难以脱皮。这种蜕皮方法在消费习惯要求产品有成形豆瓣的地区采用。

干法去皮简便，生产效率高，去皮后的豆瓣便于保存，卫生条件好，若对产品中的豆瓣形状要求不严格的地区生产豆酱，宜采用干法去皮。

三、制曲

1. 传统制曲

民间酿制豆瓣酱制豆瓣曲和豆瓣传统老法制豆瓣曲，采用“生料制曲，晾晒扬衣”的工艺。常在夏、秋时节，采用自然接种开放培养制曲，具体方法如下：

将湿法去皮的豆瓣肉稍加晾干至表面收汗，放入匾内摊平厚3～4cm，面覆盖以黄荆、橡树等新鲜枝叶，使之既能透气又能防止水分过度蒸发。置于室内，室温25～35℃，培养2d左右翻曲1次，以调节上下层湿度，更换新鲜空气和分散入侵的菌种。

翻曲后依旧摊平静置培养，霉菌、细菌、酵母在其中迅速繁殖，米曲霉和黄曲霉是占优势的菌种。随着时间的推移，水分逐渐蒸发，原生豆瓣上曲霉孢子大量形成，豆瓣表面覆盖一层黄绿色的孢子（俗称制黄子），曲成熟，一般需要7～8d。

成熟的豆瓣曲再经数天的日晒夜露，使之受到干湿冷热交替的物理作用，有利于制酱发酵时吸水迅速、均匀和豆瓣酥软。晒干的豆瓣曲若当时不用，可以较长时间存放。此法受季节限制，不能常年生产，成曲质量也不稳定。

2. 工厂制曲

工厂制豆瓣曲大多采用人工接种、簸箕或厚层通风制曲。有采用生瓣制曲者，也有采用熟瓣制曲者。熟料厚层通风制曲比较常用，其方法如下：

（1）去皮豆瓣的处理　干法去皮的豆瓣先用10～15℃冷水浸泡达到无白心和硬心层，含水量达到47%～50%，体积增加至2～2.5倍，时间2～4h。浸泡水温控制较低，可避免可溶性养分溶出多；也有的采用25～35℃较高的水温浸泡，则溶出的成分较多，浸泡用水可作回收利用。湿法去皮的豆瓣则不再浸泡。

（2）蒸豆瓣　豆瓣用旋转式蒸煮锅蒸煮，蒸煮压力为120～150kPa，蒸煮时间为10min，适合对豆瓣原形态保持要求不高的豆瓣酱生产；豆瓣用蒸煮锅常压蒸煮，圆汽后维持5～10min，关汽后再焖10～15min，适合对豆瓣原形态保持较高的豆瓣酱生产。

蒸煮要求：豆肉中心刚开花，用手指轻捏易成粉，不带水珠，口尝无生腥味。

(3) 接种　将蒸熟的豆瓣迅速冷却到40℃左右，接种入0.1%～0.2%的沪酿3.042米曲霉和As3.324甘薯曲霉的混合麸曲菌种。菌种先与占豆瓣肉干重5%的面粉拌和，再和豆瓣拌和接种，使面粉与种曲均匀而全面地黏附在豆瓣表面，接种后转入通风池中，厚约30cm，中间稍薄。

(4) 制曲培养　正常天气，豆瓣入池10多小时，随着微生物生长繁殖的呼吸热积累，品温逐渐上升，采用间隙通风或连续循环通风，保持豆瓣品温30～34℃。当菌丝密集，形成结块时，翻曲1次，并捣散曲块，如曲产生裂缝时引起漏风，必须铲曲填缝。曲霉孢子进入老熟期，品温逐渐下降，经72～96h，曲块成黄绿色即可出曲。

生料通风制曲与熟料制曲基本相同，只是制曲时间比熟料通风制曲时间长。

四、发酵

蚕豆酱发酵的方法可以分为传统发酵和固态低盐发酵两种。

(一) 传统发酵工艺

豆瓣酱传统发酵工艺有淘洗豆瓣曲发酵和不淘洗豆瓣曲直接发酵两种。

1. 淘洗豆瓣曲发酵

用清水淘洗成熟的豆瓣曲，洗去大部分曲霉孢子，同时除去豆瓣曲中的杂物，拌和辅料后装入大缸或池中，加入18°Bé盐水，使之刚淹没豆瓣曲，表面再撒入少量食盐，任其发酵，约1年成熟。

2. 不淘洗豆瓣曲直接发酵

将成熟豆瓣曲直接装入缸或池中，按每100kg干蚕豆瓣曲加酒糟3kg、白酒1kg，然后再用20°Bé的盐水浸泡，待豆瓣曲充分吸收盐水后，使盐水接近豆瓣表面，再撒一层盖面盐，并加盖，让其自然发酵半年以上，即为成熟的豆瓣酱。在这个过程中，应注意雨天及时加盖避免淋入雨水，并注意适时翻动，将酱面层晒干，色泽较深的酱醅压向缸或池底，下层酱醅翻至面层，晴天勤翻，阴天少翻，使整个酱醅晒露均匀。

(二) 低盐固态发酵

将豆瓣曲放入发酵缸或保温发酵池中，耙平并稍压实，自然升温至40℃左右，从面层四周加入温度60～65℃、浓度14°Bé的盐水，使之缓慢渗入曲内，盐水用量以浸没容器内豆瓣曲近表层为宜，此时曲醅品温应为45℃左右，加封一层封口盐并加盖，发酵10d后补加食盐水，使豆瓣酱含盐量达到15%左右，再在室内保温后发酵3～5d。如果当时不用，可任其自然发酵，更有利于酯类物质形成。通过后熟，酱的香气更浓，风味更佳，颜色也更好。

发酵成熟的豆瓣酱可作为商品出售，也可作为半成品用来配制风味型豆瓣酱。如产品中添加食用植物油炒制或直接淋热油制成油制型豆瓣酱；或豆瓣酱中加入辣椒制成辣椒豆瓣酱等。蚕豆酱的质量指标，除感官鉴定应具有蚕豆酱特有的香气及体态上应保持豆瓣粒形之外，其他理化指标、卫生指标与大豆酱相同。

【习题】

1. 豆酱的生产原料和种类有哪些？
2. 大豆酱和蚕豆酱的制作工艺有何异同？
3. 影响豆瓣酱生产的因素有哪些？
4. 为什么制造酱曲温度不能过高，培养时间不能过长？
5. 如何做到豆瓣酱中的豆瓣酥软和完整？
6. 制辣椒酱的辣椒应如何贮藏和处理？

项目九
发酵豆制品生产技术

【知识目标】

1. 了解腐乳及其他豆制品的基本概念、分类以及菌种的培养。
2. 能陈述豆腐坯的制备原理。
3. 掌握豆制品生产的原辅材料、发酵制作过程、生产工艺。
4. 熟悉主要种类的腐乳、豆豉的酿造工艺及操作要点。

【技能目标】

1. 熟悉腐乳、豆豉及其他制品酿造各个环节并进行工艺控制。
2. 能进行腐乳、豆豉及其他制品的自然发酵酿制。
3. 能够进行对各类豆制品的基本检验与鉴定（感官、理化、微生物）。

【解决问题】

1. 会运用相关知识解决各类豆制品在酿造过程中出现的质量问题。
2. 会进行成本分析。
3. 目前还有哪些新型发酵豆制品？其生产原料和加工工艺如何？
4. 如何对发酵豆制品进行质量控制？

【必备知识】

一、豆制品分类

豆制品主要分为两大类，即发酵型豆制品和非发酵型豆制品。发酵型豆制品是以大豆为主要原料，经微生物发酵而成的豆制品。是一类以霉菌为主要菌种的大豆发酵型调味品，如豆腐乳、豆豉、丹贝、纳豆等。其制备由来已久。非发酵型豆制品是指以大豆或其他杂豆为原料制成的豆腐，或豆腐再经卤制、炸卤、熏制、干燥而成的豆制品，如豆浆、豆腐丝、豆腐皮、豆腐干、腐竹、素火腿等。如表 9－1。

表 9－1　　大豆加工制品

<table>
<tr><th colspan="2">类别</th><th>系列</th><th>主要产品</th><th>风味</th><th>营养价值以及功效</th></tr>
<tr><td rowspan="5">传统豆制品</td><td rowspan="3">发酵豆制品类</td><td rowspan="2">豆酱系列</td><td>豆豉</td><td>颗粒完整，乌黑发亮，酱香、酯香浓郁，滋味鲜美，咸淡可口，无苦涩味，质地松软即化，且无霉腐味</td><td rowspan="3">营养价值极高，在微生物酶的作用下产生的多种氨基酸及低分子蛋白质低聚肽类；具有降血脂、调节胰岛素等多种生理保健功能</td></tr>
<tr><td>纳豆</td><td>具有黏滑的外表，呈灰白色，其风味浓厚而又持久，口感酥软</td></tr>
<tr><td>腐乳系列</td><td>红腐乳、白腐乳、臭豆腐等</td><td>表里色泽基本一致，滋味鲜美，质地细腻，咸味适口，无异味，块型整齐，厚薄均匀</td></tr>
<tr><td rowspan="2">非发酵豆制品类</td><td rowspan="2">豆腐系列</td><td>豆腐</td><td>少许豆香气，倒出切开不坍不裂，切面细嫩，尝之无涩味</td><td rowspan="2">具有抗氧化的功效，所含的植物雌激素能保护血管内皮细胞，使其不被氧化破坏</td></tr>
<tr><td>干豆腐、茶干、豆腐皮、腐竹</td><td>豆香味</td></tr>
</table>

二、发酵豆制品所需的微生物

传统发酵豆制品如腐乳、酱油、豆酱、豆豉等具有独特的风味，其风味来源于酿造过程中微生物发生的一系列生化反应。在传统发酵豆制品酿造中，对原料发酵成熟的快慢、成品颜色的浓淡以及味道的鲜美有直接影响的微生物是毛霉、曲霉、根霉、酵母、细菌类等。

1. 毛霉

毛霉是食品工业中的重要微生物。毛霉的淀粉酶活力很强，可把淀粉转化为糖，而且还能产生蛋白酶，具有分解大豆蛋白质的能力，多用于制作豆腐乳和豆豉，对营养和风味具有很好的作用。参与发酵过程的毛霉或细菌除能分解蛋白质、淀粉、脂肪成为各类低分子化合物（如氨基酸、糖和脂肪酸等）外，还能合成酯等芳香物质，给腐乳增添特别的色和香。

2. 曲霉

曲霉是发酵豆制品生产中使用的主要微生物，如制作腐乳、豆豉、豆酱时经常会使用到曲霉，对发酵豆制品的风味及色泽的形成起很大的作用。

3. 根霉

根霉与毛霉同属毛霉科，在腐乳中的作用也相似。不同的是相对于毛霉来说，根霉的生长温度偏低、受季节性限制。

三、基本生产流程及关键控制环节

1. 基本生产流程详见下页。

2. 关键控制环节

（1）选料和清洗。

（2）菌种的选择、发酵的温度和时间。

（3）煮浆温度和时间。

（4）凝固成型。

（5）生产加工中环境卫生的控制。

（6）成品的贮藏和运输。

3. 容易出现的质量安全问题

（1）杂菌的污染，造成半成品和成品的腐败变质。

（2）蛋白质和氨基酸态氮含量过低。

（3）食品添加剂的超量和超范围使用。

（4）加工中使用非食品原料。

任务一 腐乳的生产

一、腐乳的定义、类型、品牌

1. 定义

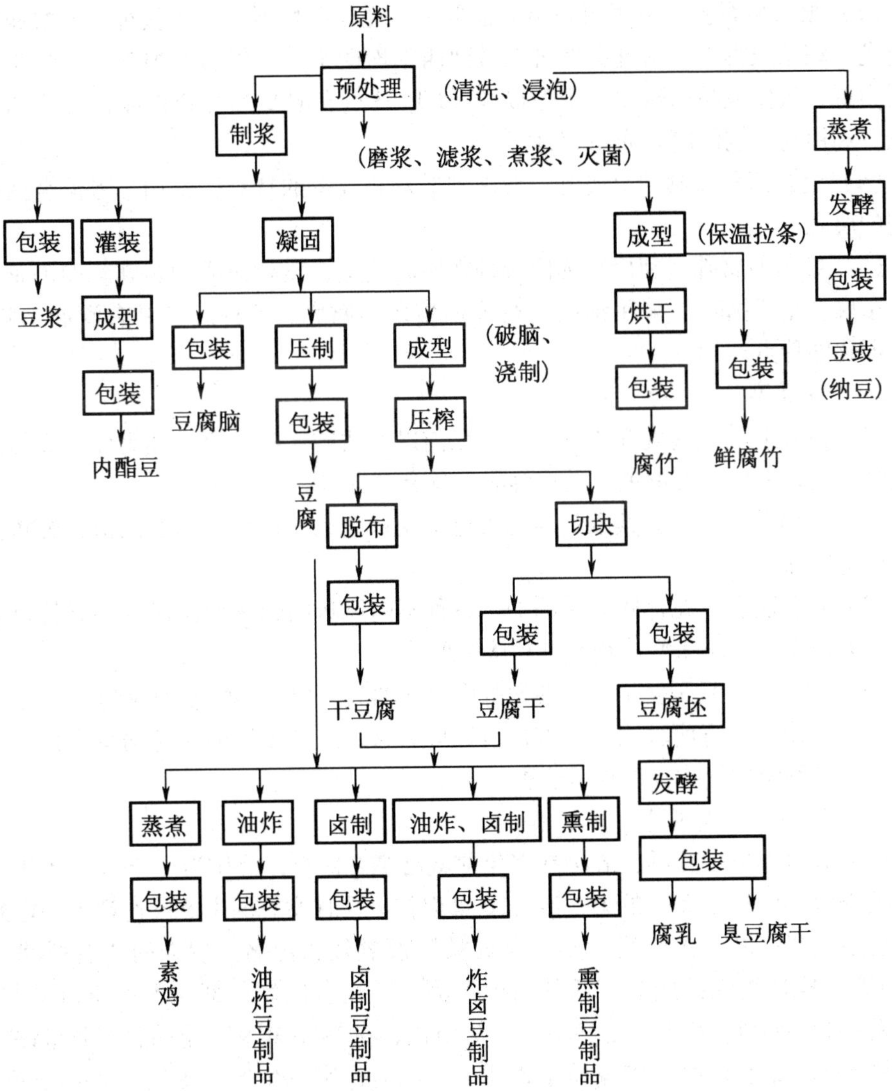

腐乳是一类以霉菌为主要菌种的大豆发酵食品，呈干酪状。它口味鲜美、风味独特、质地细腻、营养丰富，是我国著名的具民族特色的发酵调味品。西方人美其名曰"东方的植物奶酪"。

2. 工艺类型

(1) 腌制腐乳　豆腐坯加水煮沸后，加盐腌制，装坛加入辅料，发酵而成的腐乳。如四川大邑县的唐场豆腐乳。

(2) 毛霉腐乳　以豆腐坯培养毛霉，也可培养纯种毛霉菌，人工接种，发酵而成的腐乳。即前期发酵主要是在白坯上培养毛霉，然后再利用毛霉产生的蛋白酶将蛋白质分解成氨基酸，从而形成腐乳特有的风味。

（3）根霉型腐乳　采用耐高温的根霉菌，经纯菌培养，人工接种，发酵而成的腐乳。利用根霉生产腐乳虽然可以做到四季均衡生产，但有些根霉产生的蛋白酶活力低，致使成品风味差。少孢根霉（RT—3）有耐高温和蛋白酶活力高两个优点，利用它配制的腐乳质量较好。

（4）混合菌种酿制的豆腐乳　考虑到毛霉和根霉的特点，采用二者混合菌种酿制的腐乳。

（5）细菌型腐乳　利用纯细菌接种在腐乳坯上，发酵而成的腐乳。如黑龙江的克东腐乳是我国唯一采用细菌进行前期培菌的腐乳，这种腐乳具有滑润细腻、入口即化的特点。

3. 产品类型

（1）红腐乳　红腐乳简称红方，装坛前以红曲糕涂抹于豆腐坯表面。成品外表呈酱红色，断面为杏黄色，滋味鲜甜，具有酒香味。

（2）白腐乳　白腐乳其颜色为乳黄色、淡黄色或青白色，酯香浓郁，鲜味突出，质地细腻。

（3）花色腐乳　花色腐乳是添加了各种不同风味的辅料而制成的各具特色的腐乳，如辣味型、甜味型、香辛型和咸鲜型等。

（4）酱腐乳　酱腐乳是在后期发酵中以酱曲为主要辅料醅制而成的。

（5）青腐乳　青腐乳又名青方，俗称臭豆腐，产品表面的颜色均呈青色或豆青色，具有刺激性气味，但臭里透香。

4. 几种地方名优腐乳

（1）桂林腐乳　桂林腐乳早在多年前就已享有盛誉，曾作为“土贡”年年入朝，被誉为“桂林三宝”的第一宝。20 世纪初，桂林腐乳的生产已达到了一定的生产规模，其中以“天一栈”和“陈元枝”腐乳较为出名。现在的“花桥牌”、“象山牌”桂林腐乳已成为广西的名牌产品，多次获国家、部、省优质产品奖。如“花桥牌”腐乳，以其形、色、香、味俱佳，在 1983 年 9 月全国腐乳质量评比中获最高分，荣获白腐乳国家质量银质奖。同时，腐乳生产厂家还开发出五香、辣椒、桂花、香菇、麻香等多品种产品，并出口到多个国家和地区。桂林腐乳在生产中，一般除加食盐、酒、鲜椒外，另采用当地特产八角、公丁香、桂枝等天然香料，使腐乳更具有清香馥郁、回味悠长的特色风味。产品颜色淡黄，表里一致，质地细腻，气香味鲜，咸淡适宜，无杂质异味，块形整齐均匀。

（2）广州白腐乳　广州白腐乳是广州地区生产的一种特色产品，色泽金黄，风味独特，具有质地细腻，口味鲜美，咸辣适宜的特色。该腐乳生产中，除必要的食盐、白酒、辣椒等配料外，不添加其他香辛料。

（3）王致和臭豆腐乳　王致和臭豆腐乳的特点是色泽清淡，外包一薄层絮状长毛菌丝，质地柔软而块形完整不碎，口味细腻而后味绵长，虽有一股独特的硫化物的浓烈臭气，但能增进食欲、促进消化。

（4）克东腐乳　克东腐乳是用小球菌发酵的腐乳，其特点是质地柔软、色泽鲜艳、味道芳香、后味绵长，食之能增进食欲。它由黑龙江省克东县克东腐乳厂生产，其风味独具一格，享有较高的声誉。克东腐乳的辅料除食盐、白酒、曲外，还有白芷、良姜、干草、贡桂等中药。

（5）海会寺白菜豆腐乳　海会寺白菜豆腐乳是四川省的传统名特产品，由四川蒲江县人罗克之于1932年创制，是花色腐乳辣味型的一个特殊品种。每块腐乳的外层用特别的腌制的白菜叶包裹，不但突出了腌制白菜的鲜美，而且具有独特的辛辣滋味，鲜辣融为一体，兼有腐乳和腌菜的特征，外观红褐油润，内心呈杏黄色，以其酥软可口、细腻无渣及麻、辣、鲜、香、酥五味调和而著称。

（6）太方腐乳　杭州酿造厂的“太方腐乳”，颜色鲜红绚丽、质地细腻柔绵、口味鲜美微甜、腐乳香气浓郁，为“苏杭”等地方名特产品。

太方腐乳制造是每100kg大豆出豆腐乳坯950块，每块大小7cm × 7cm × 2cm，每4块为1kg，含水分75%左右，每1000块豆腐坯耗食盐88 ~ 90kg，耗黄酒90kg，需面糕曲20kg及红曲1.4kg，后发酵6个月成熟。

（7）绍兴腐乳　绍兴腐乳是浙江省著名特产食品之一，出产于绍兴地区。在400多年前的明朝嘉靖年间，即已销国外，产品质量优良，风味特殊，声誉仅次于绍兴酒，它以醉方最好，色泽黄亮，卤汁黏稠，肉质细腻，块形整齐，味鲜气香。

二、腐乳生产的原辅料

（一）主要原料

1. 蛋白质原料

（1）大豆　蛋白质和脂肪含量丰富，蛋白质很少变性，未经提油处理，所以制成的腐乳柔、糯、细、口感好，是制作腐乳的最佳原料。

（2）冷榨豆饼　大豆用压榨法提取油脂后产物，习惯上统称为豆饼；将生大豆软化轧片后，直接榨油所制出的豆饼叫做冷榨豆饼。

（3）豆粕　大豆经软化轧片处理，用溶剂萃取脱脂的产物称为豆粕。用作豆腐乳的豆粕要求采用低温（80℃以下）真空脱除溶剂的方法，以便使豆粕中保留较高比例的水溶性蛋白质，以提高原料的利用率和品质。

2. 水

豆腐乳的生产用水宜用清洁而含矿物质和有机质少的水，城市可用自来水。一般有两点要求：一是符合饮用水的质量标准；二是要求水的硬度越小越好。因为硬度大的水会使蛋白质沉降，影响豆腐的得率。

3. 胶凝剂

（1）盐卤（$MgCl_2$）　它是海水制盐后的产品，主要成分是氯化镁，含量为

29%，此外还有硫酸镁、氯化钠、溴化钾等，有苦味，又称为苦卤。原卤的浓度为25~28°Bé，使用时要适当稀释。新黄豆可用20°Bé的盐卤，使用量为黄豆的5%~7%。用盐卤做的豆腐香气和口味好。

（2）石膏（$CaSO_4 \cdot 2H_2O$） 石膏是一种矿产品，由于结晶水含量的不同，有生石膏、半熟石膏、熟石膏及过熟石膏之分。生石膏要避火烘烤15h，手捻成粉为好。烘烤后石膏为熟石膏（$CaSO_4 \cdot 1/2H_2O$），熟石膏碾成粉后，按1∶0.5加入清水，用器具研之，再加入40℃温水5份，搅拌成悬浮液，让其沉淀去残渣后使用，用量为原料的2.5%（实际熟石膏用量控制在0.3%~0.4%范围为佳）。

（3）葡萄糖酸内酯 葡萄糖酸内酯是一种新的凝固剂，它的特性是不易沉淀，容易和豆浆混合。它溶在豆浆中会慢慢转变为葡萄糖酸，使蛋白质酸化凝固。这种转变在温度高、pH高时转变快。如当温度为100℃、pH为6时转变率达80%，而在100℃、pH为7时转变率可达100%，在温度达66℃时，所转变的葡萄糖酸即可使豆浆凝固，而且保水性好，产品质地细嫩而有弹性，产率也高。据试验，其用量为0.06mol/L时，豆浆风味较好。

葡萄糖酸内酯易溶于水，呈甜味，转变成葡萄糖酸后有酸味，而使豆腐酸味增大。故也有人考虑配成以葡萄糖酸内酯为基础的混合凝固剂——葡萄糖酸内酯20%~30%、石膏70%~80%的混合物或氯化镁0.007mol与内酯0.001mol的混合物。这种混合凝固剂能提高豆腐的风味，但凝固反应快，操作要敏捷。

4. 食盐

腌坯时需要多量食盐，食盐在豆腐乳中有多种作用，它使产品具有适当的咸味，与氨基酸结合增加鲜味。而且由于其降低产品的水分活度，能抑制某些微生物生长，具有防腐作用。对盐的质量要求是干燥且含杂质少，以免影响产品质量。

（二）辅助原料

1. 糯米

一般用糯米制作酒酿，100kg米可出酒酿130kg以上，酒酿糟28kg左右。糯米宜选用品质纯、颗粒均匀、质地柔软、产酒率高、残渣少的优质糯米。

2. 酒类

（1）黄酒 其特点是性醇和、香气浓、酒精含量低（16%），常用其做醉方。在豆腐乳酿造过程加入适量的黄酒，可增加香气成分和特殊风味，提高豆腐乳的档次。

（2）酒酿 将糯米蒸熟后，经根霉、酵母菌、细菌等协同作用，经短时间（8d左右）发酵后，达到要求后上榨弃糟，使卤质沉淀。其特点是糖分高酒香浓、酒精含量低（12%），赋予腐乳特有的风味，常用于做糟方。

（3）白酒 腐乳生产中要求使用酒精度在50%（体积分数）左右白酒。

（4）米酒 是以糯米、粳米、籼米为原料，小曲为糖化发酵剂，经发酵、压榨、澄清、陈酿而成的酿造酒，酒精含量13% ~15%（体积分数）。

3. 曲类

（1）面曲 面曲也称面糕，是制面酱的半成品，用面粉经米曲霉培养而成。用36%冷水将面粉搅匀，蒸熟后，趁热将块轧碎，摊晾至40℃后接种曲种，接种量为面粉的0.4%，培养2~3d即可，晒干后备用。100kg面粉可制面曲80kg，每万块腐乳用面曲7.5~10kg。

（2）米曲 用糯米制作而成，将糯米除去碎粒，用冷水浸泡24h，沥干蒸熟，再用25~30℃温水冲淋，当达到品温30℃时，送入曲房，接入0.1%米曲酶（中科3.863），使孢子发芽。待温度上升至35℃时，翻料一次，当品温再上升至35℃时，过筛分盘，每盘厚度为1cm。待孢子尚未大量着生，立即通风降温2d后即可出曲，晒干后备用。

（3）红曲 是以籼米为主要原料，经红曲霉菌发酵而成。红曲霉红素和红曲霉黄素熔点为136℃，微溶于水，溶于酒精、醋酸、丙酮、甲醇及三氯甲烷等有机溶剂中，芳香无异味，稀溶液呈鲜红色，经日光照射，能逐渐退色。添加红曲色素（能溶于酒精）可把豆腐乳坯表面染成鲜红色，加快腐乳成熟，常用其做红方（红豆腐）。

4. 甜味剂

腐乳中使用的甜味剂主要是蔗糖、葡萄糖和果糖等。它们的甜度以蔗糖为标准，其甜度为1∶0.75∶(1.14~1.75)。还有一类，它们不是糖类，但具有甜味，可作甜味剂，常用的有糖精钠、甘草、甜叶菊苷等。

5. 香辛料

香辛料种类很多，应用最广的有胡椒、花椒、甘草、陈皮、丁香、八角、茴香、小茴香、桂皮、五香粉、咖喱粉、辣椒、姜等。使用香辛料，主要是利用香辛料中所含的芳香油和辛辣成分，目的是抑制和矫正食物的不良气味，提高腐乳的风味，并增进食欲，促进消化，具有防腐杀菌和抗氧化作用。此外还有玫瑰花、桂花、虾料、香菇和人参等，它们都是用于各种风味和特色腐乳的，虽然用量不多，但对其质量要求高。

三、菌种培养

1. 试管斜面接种

培养基：饴糖15g，蛋白胨1.5g，琼脂2g，水100mL，pH=6。

混合分装试管（装量为试管的1/5），塞上棉塞，包扎后灭菌，摆成斜面，接种毛霉（或根霉），15~20℃（根霉28~30℃）培养3d左右，即为试管菌种。

2. 三角瓶菌种

培养基：麸皮100g，蛋白胨1g，水100mL。

将蛋白胨溶于水中，然后与麸皮拌匀，装入三角瓶中，500mL三角瓶装50g培养料，塞上棉塞，灭菌后趁热摇散，冷却后接入试管菌种一小块，25～28℃培养，2～3d后长满菌丝，有大量孢子备用。

灭菌条件：采用高压灭菌锅，0.1MPa灭菌45～60min。

四、豆腐坯制作

（一）豆腐坯制作的工艺流程

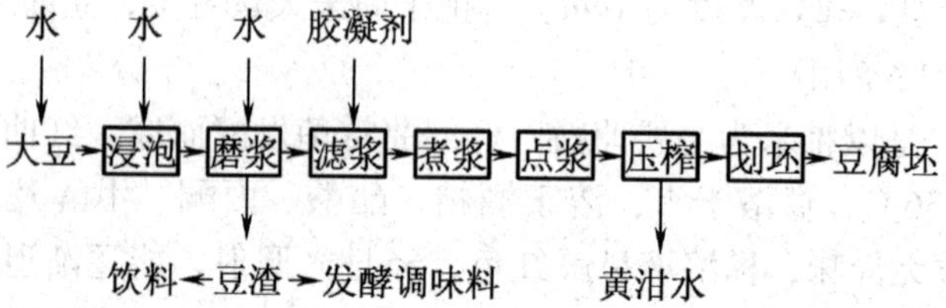

（二）豆腐坯制作工艺及操作方法

1. 大豆浸泡

（1）加水量　泡豆水的用量控制在1∶2.5左右，大豆100g，水200～250kg。

（2）水质　用软水泡豆，有利于提取大豆蛋白，泡豆时间短。

（3）泡豆时间和水温　根据大豆的性质和季节气温的变化，一般春秋季节水温在10～15℃，浸泡8～12h；夏季水温在30℃，浸泡6h即可；冬季水温在0～5℃，浸泡12～16h。要求浸泡到豆的两瓣劈开，就可进入下道工序。

（4）泡豆水中加碱　生产中添加碳酸钠的量为干大豆的0.2%～0.3%，泡豆水的pH为10～12。

2. 磨浆

（1）磨浆细度　合理的颗粒粒度应在15μm左右。

（2）磨浆和加水量　在磨浆过程中，加水量控制在1∶6左右为宜，1kg浸泡的大豆加2.8kg左右的水，另有部分水用于豆糊分离、豆渣复磨和洗涤豆渣。

3. 滤浆

（1）滤浆是制浆的最后一道工序，目前普遍采用的设备是锥形离心机，转速为1450r/min。离心机的滤布为孔径0.15mm（96～102目）的尼龙绢丝布。

（2）腐乳生产用的豆浆浓度应掌握在5°Bé左右。对豆浆浓度的要求分为两种，即特大型腐乳的豆浆浓度控制在6°Bé，小块型腐乳豆浆浓度控制在8°Bé。

（3）豆浆浓度一定要控制住，磨浆、滤浆时均应控制合理的加水量，最后使每100kg大豆出浆1000kg。

4. 煮浆

煮浆时要快速煮沸到100℃，豆浆加热温度应控制在96～100℃保持5min。豆浆不能反复烧煮，以免降低豆浆稠度，影响蛋白质凝固。

5. 点浆与蹲脑

（1）豆浆在凝固时应控制pH在6.6～6.8，目的是尽可能多地使蛋白质凝固，pH偏高，用酸浆水调解，偏低以1%氢氧化钠调节。

（2）点浆温度一般控制在75～80℃。特大型（7.2cm×7.2cm×2.4cm）腐乳和中块型（4.1cm×4.1cm×2.4cm）腐乳点浆温度常在85℃。

（3）浆的盐卤浓度要合适，生产上一般使用的盐卤浓度在20～24°Bé，小白方腐乳在14°Bé。加盐卤时，要与豆浆充分混合，才能均匀凝固。

（4）点浆结束后，蛋白质之间的联结仍在进行，豆腐脑组织结构也在进行，一般情况下小块型腐乳经10～15min的蹲脑静置，这一过程又叫涨浆或养花。对特大型腐乳的蹲脑时间为7～10min。

（5）点浆的方法是将盐卤以细流缓缓流入热浆中，一边滴一边缓缓地搅动豆浆，使容器内豆浆上下翻动旋转，下卤流量要均匀一致，并注意观察豆花凝聚状态。在即将成脑时搅动适度减慢，至全部形成凝胶状态时，方可停止。然后再把淡卤轻轻地甩在豆腐脑面上，使豆腐脑表面凝固得更好。豆浆点花结束后，需静置一段时间，俗称“蹲脑”。

6. 压榨

压榨也叫制坯，点浆完毕，待豆腐脑组织全部下沉后，即可上厢压榨。目前压榨设备有传统的杠杆式木制压榨床、电动液压制坯机等。上厢压榨是制坯的关键，当在预放有四方布的厢内盛足豆腐脑时，将厢外多余的包布向内折叠，将四周包住，包布应松紧一致，上厢完毕，其上放榨板一块，并缓慢加压，其时应防止榨厢倾斜。榨出适量黄泔水后，陆续加大压榨力度，直到黄泔水基本不向外流淌为止。

一般春秋季节豆腐坯水分应控制在70%～72%，冬季为71%～73%。小白方水分掌握在76%～78%，最高可达80%。

7. 划坯

划坯是压榨成型的最后工序，压榨结束，揭开包布，暴露豆腐坯，并将其摆正，按品种规格划块。划块有热划、冷划两种，压榨出来的整板豆腐坯温度在60～70℃，如果趁热划块，则划时要适当放大，冷却后的大小才符合规格，如果冷却划块，就按规格大小划块。划块大小各地区大同小异，上海地区生产通常规格为4.81cm×4.8cm×1.8cm，称为大红方、大油方、大糟方及大醉方；江苏、南京地区生产规格通常为4.1cm×4.1cm×1.6cm，称为小红方、小油方、小糟方及小醉方。划块后送入培菌间，分装在培菌设备中发霉，进入前发酵。

五、腐乳发酵

腐乳的发酵是一个复杂的生化过程，发酵作用也是在贮存过程中进行的，参与该过程的有乳坯上的微生物及其产生的酶、配料上的微生物和它们的酶系。主料和辅料是反应基质，通过生化反应促使腐乳成熟并形成特有风味。毛霉（或根霉）型腐乳发酵工艺为：

前期发酵→后期发酵→装坛（或装瓶）→成品

（一）前期发酵

前期发酵是发霉过程，即豆腐坯培养毛霉或根霉的过程，发酵的结果是使豆腐坯长满菌丝，形成柔软、细密而坚韧的皮膜，并积累了大量的蛋白酶，以便在后期发酵中将蛋白质慢慢水解。应掌握毛霉的生长规律，控制好培养温度、湿度及时间等条件。

1. 接种

（1）三角瓶中加入冷开水400mL，用竹棒将菌丝打碎，充分摇匀，用纱布过滤，滤渣再加400mL冷开水洗涤一次，过滤，两次滤液混合，制成孢子悬液。

（2）将已划块的豆腐坯摆入笼格或框内，侧面竖立放置，均匀排列，其竖立两块之间需留有一块大的空隙，行间留空间（约1cm），以便通气散热，调节好温度，有利于毛霉菌生长。

（3）用喷枪或喷筒把孢子悬液喷到豆腐坯上，使豆腐坯的前、后、左、右、上五面喷洒均匀。

2. 培养

培养的室温要求保持在26℃，在20h后才见菌丝生长，可进行第1次翻笼（上下笼格调换），以调节上下温度差，使生长速度一致；28h后菌丝已大部分生长成熟，需要第2次翻笼格；44h后进行第3次翻笼；52h后菌丝基本上长好，开始适当降温；68h后散开笼格冷却。

青方发霉稍嫩些，当菌丝长成白色棉絮状停止；红腐乳稍老些，呈淡黄色。

3. 腌坯

当菌丝开始变成淡黄色，并有大量灰褐色孢子形成时，即可散笼，开窗通风，降温凉花，停止发霉，促进毛霉产生蛋白酶，8～10h后结束前期发酵，立即搓毛。把笼体格内冷却到20℃以下的皮坯块互相黏连的菌丝分开，用手指轻轻在每块表面揩涂一遍，弄倒毛头，使豆腐坯上形成层皮衣，做到坯与坯之间合拢，拆开不黏连，搓毛要紧紧配合凉花过程，搓毛时应将每块连接在一起的菌丝搓断，整齐排列在容器内待腌。

（1）豆腐坯的摆放　进入腌坯过程，先将相互依连的菌丝分开，并用手抹到时，使其包住豆腐坯，放入大缸中腌制。大缸下面离缸底20cm左右铺一块中间有孔直径约为15cm的圆形木板，将毛坯放在木板上，要相互排紧，腌坯时应注意使未长菌丝的一面靠边不要朝下，防止成品变形。

(2) 腌坯时间和用量　采用分层加盐法腌坯，用盐量分层加大，最后撒一层盖面盐。每千块坯（4cm×4cm×1.6cm）春秋季用盐6kg，冬季用盐5.7kg，夏季用盐6.2kg。腌坯时间冬季约7d，春秋季约5d，夏季约2d。腌坯要求NaCl含量在12%～14%，腌坯3～4d后要压坯，即再加入食盐水，腌过坯面，腌渍时间3～4d。腌坯结束后，打开缸底通口，放出盐水放置过夜，使盐坯干燥收缩。

（二）后期发酵

后期发酵是利用豆腐坯上生长的毛霉以及配料中各种微生物作用，使腐乳成熟，形成色、香、味的过程，包括配料装坛、灌汤、陈酿贮藏等工序。其目的有：一是借食盐腌制，使坯体析出水分，收缩变硬；二是借助霉所分泌的酶类进行分解，成为简单的物质，通过装坛陈酿起复杂的生化反应，赋予豆腐乳以细腻柔糯和鲜味，并形成特有的色、香、味、体等特色。

1. 配料与装坛

取出盐坯，将盐水沥干，点数装入坛内，装时不能过紧，以免影响后期发酵，使发酵不完全，中间有夹心。将盐坯依次排列，用手压平，分层加入配料，如少许红曲、面曲、红椒粉，装满后灌入汤料。

配料与装坛是豆腐乳后熟的关键，现以小红方为例，说明豆腐乳的生产方法。

小红方每万块（4.1cm×4.1cm×1.6cm）用酒精度为15°～16°的黄酒100kg，面曲28kg，红曲4.5kg，糖精15g。一般每坛为280块，每万块可盛36坛。

(1) 染坯红曲卤配制　红曲1.5kg，面曲0.6kg，黄酒6.25kg，浸泡2～3d，磨碎至细腻成浆后再加入黄酒18kg，搅匀备用。

(2) 装坛红曲卤配制　红曲3kg，面曲1.2kg，黄酒12.5kg，浸泡2～3d后再加入黄酒57.8kg，糖精15g（用热开水溶化），搅匀备用。

(3) 红方装坛方法　将腌制的咸坯放入染色盘，盘内有红卤汤（以黄酒与红曲、面曲混合，使酒精含量12%），块块搓开，要求全面染到，不留白点。染好后装入坛内，然后将装坛红曲卤灌入，至液面超出腐乳约1cm。每坛再按顺序加入面曲150g，荷叶1～2张，食盐150g，最后加封面烧酒150g。

2. 灌汤

配好的汤料灌入坛内或瓶内，灌料的多少视所需要的品种而定，但不宜过满，以免发酵汤料涌出坛或瓶外。注意：青方腐乳装坛时不灌汤料，每1000块盐坯加25g花椒，再灌入7°Bé盐水（豆腐浆水掺盐或腌坯时流出的咸汤）。

红方腐乳一般用红曲醪145kg与面酱50kg混合后磨成糊状，再加黄酒255kg，调成10°Bé的汤料500kg，然后加60%（体积分数）白酒1.5kg，溶解糖精50g、药酒500g，拌匀后即为红方汤料。

上海白方装坛时，每坛装350块（3.1cm×3.1cm×1.8cm），在坛内腌制4d，用盐量为600g，可用灌卤盐水与新鲜毛花卤加冷开水制成8~8.5°Bé，灌至坛口为宜。每坛加封面黄酒250g。

3. 封口贮藏

封口时，先选好合适的坛盖，坛盖周围撒些食盐，然后水泥浆封口，在水泥上标记品种和生产日期，封口时要严防漏气。水泥浆封口也不可过厚，避免水泥浆水落于坛内，造成腐乳发霉变酸。装坛灌汤后加盖（建议采用瓷坛，并在坛底加一两片洗净晾干的荷叶，然后在坛口加盖荷叶），再用水泥或猪血拌熟石膏封口。在常温下贮藏，一般需3个月以上，才会达到腐乳应有的品质，青方与白方腐乳因含水量较高，只需1~2个月即可成熟（注意事项：坛子要采用沸水灭菌后，倒扣沥水降温到室温才可装坛）。腐乳在贮藏期内可分别采用天然发酵法和室内保温发酵法进行发酵。

（1）天然发酵法　是利用较高的气温使腐乳发酵。腐乳发酵后即放在通风干燥处，利用户外的气温进行发酵，注意要避免雨淋和暴晒。红方一般贮藏3~4个月，在南方地区可根据当地气温而定，如上海小白方只需30~40d便成熟，不宜久藏。

（2）室内保温发酵法　室内保温发酵法多在气温较低、不能进行天然发酵的季节采用，需要采用加温设备。室温要保持在35~38℃，红方经过70~80d成熟，青方则需40~50d成熟。

红方是否能进行正常发酵，与所用辅料的质量有关，其中黄酒的质量最重要。若加入的黄酒质量不好，则易在发酵中变酸，生成产膜酵母，导致腐乳滋味变坏，甚至发臭。因此，必须保证黄酒的质量。另外，包装的坛、罐一定要洗净。装入玻璃罐的腐乳应灌满腐乳汤，排除空气，并外加塑料盖拧紧。

4. 成品

腐乳贮藏到一定时间，当感官鉴定口感细腻而柔软、理化检验符合标准要求时，即为成熟产品。

六、其他类型腐乳生产简介

1. 腌制型腐乳

豆腐坯加水煮沸后，加盐腌制，装坛加入辅料，发酵成腐乳。这种加工法的特点：豆腐坯不经发酵（无前期发酵）直接装坛，进行后发酵，依靠辅料（如面糕曲、红曲米、米酒或黄酒等）进行生化变化而成熟。如四川唐场腐乳、湖南兹利无霉腐乳、浙江绍兴棋方腐乳等均为腌制型腐乳。

（1）工艺流程

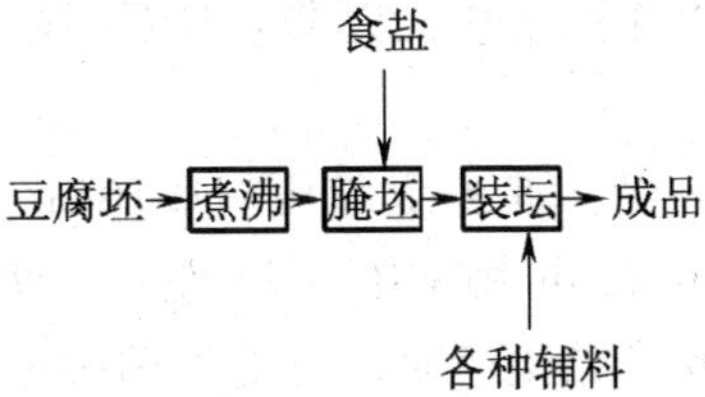

（2）产品特点及优缺点　该工艺所需厂房设备少，操作简单。缺点是因蛋白酶源不足，后期发酵时间长，氨基酸含量低，色香味欠佳，产品不够细腻。

2. 细菌型腐乳

细菌型腐乳生产的特点是利用纯细菌接种在腐乳坯上，让其生长繁殖并产生大量的酶。操作方法是将豆腐经48h腌制，使盐分达6.8%，再接入嗜盐小球菌发酵。这种方法不能赋予腐乳坯一个好的形体，所以在装坛前须加热烘干至含水量45%左右，方可进入下道工序。该产品成型性较差，但口味鲜美，为其他产品所不及。

3. 王致和臭豆腐

王致和臭豆腐以其“闻着臭，吃起来香”的特色闻名于全国，它的颜色为淡青色，外面包裹一薄层絮状长菌丝，质地细腻而完整不碎。其工艺特点是：①白坯含水量较低，仅有66%～69%；②前期培菌时间较短，只需36h；③腌坯时用盐量较少，一般为11%～14%；④用低盐水做汤料，辅料中仅加少许花椒进行后期发酵。

腐乳发酵后使一部分蛋白质的硫氨基和氨基游离出来，产生硫臭和氨臭，又因减少了食盐的抑制作用，故分解较彻底，成品中氨基酸的含量特别丰富，尤其是含有较多的丙氨酸，具有独特的甜味和酯香味。

4. 河南酥制坯乳

这种酥制坯乳醇香浓厚，品味精良，其工艺特点主要体现在装坛后的发酵过程中。装坛时每千块盐坯用黄面酱12.5kg及茴香面100g，将辅料粉末逐层块拌匀，在23～27℃的条件下放置2～3d，添加煮沸的汤料7.5kg以及黄酒250g，汤料和黄酒分三次添加，每日一次，最后用2.5kg黄面酱封口，天然晒露4个月即成。

5. 桂林腐乳

桂林腐乳产于广西桂林，具有300多年的历史，属于白腐乳，颜色为淡黄色，质地细腻，气香味鲜。主要品种有辣椒腐乳、五香腐乳和桂花腐乳。

桂林腐乳采用酸水点脑，白坯含水量为69%～71%，每坛装80块，坛内加20%（体积分数）的三花米酒4g，同时添加其他配料。五香腐乳中，每万块加香料1.5kg，食盐50kg，其中香料的组成为：八角88%、草果4%、良姜2%、陈皮4%以及花椒2%。辣椒腐乳和桂花腐乳则需另添加辣椒粉或桂花香料。

6. 夹江豆腐乳

夹江豆腐乳已有100多年的历史，以芳香扑鼻、红腻化渣、鲜美可口的特色驰名中外。

夹江豆腐乳制作工艺的特点是：豆腐压榨成坯后，在常压下蒸30min，排净点卤水，划块后摊晾12～14h，再用常压蒸2h左右，使豆腐坯达到适宜接种的湿度，将其放入霉房。在每年开始生产时，将毛霉菌种进行扩大培养后，得到的菌液接种于霉房内的各种用具上，控制霉房温度在15～20℃；以后连续生产时，靠自然接种长霉，4～5d即可。待毛霉坯变黄后，即入坛，放一层坯，加一层香盐，底轻面重，装坛一半，灌酒浆一次，装满后再灌满酒浆，撒面盐，用两层塑料纸密封坛口，经夏季暑热后成熟。原料为大豆，每1000kg产豆腐坯10000块（5cm×4cm×1.8cm），辅料为：广木香1.5kg、丁香1.3kg、小茴香5kg、排草2.6kg、灵草2.6kg、甘松3kg、陈皮6kg、八角8kg、三萘6kg、花椒5kg、冰糖30kg、红米30kg、桂皮0.65kg、食盐2000kg、52%～57%的白酒2500kg。

香盐制法：将广木香、桂皮等11味香料炒熟，粉碎后与盐混匀即成。

酒浆制法：将冰糖溶于52%～57%的白酒中即为酒浆。制红腐乳时，需加入红米用以增色。

7. 别味腐乳

所谓别味腐乳就是加入不同辅料配制成各种花色品种，如虾子腐乳、火腿腐乳、五香腐乳、白菜辣腐乳、玫瑰腐乳、香菇腐乳及霉香腐乳等。

（1）装坛方法

①红色品种（大块、虾子、火腿、玫瑰、香菇）：先用红曲糕涂到腌好的豆腐坯上，六面见红，再将主要辅料与面曲抹匀，每装一层豆腐毛坯洒一层，装好后加入所需要的汤料后封坛。

②白色品种（五香、桂花、甜辣）：将主要辅料与面糕拌匀，装一层腌好的豆腐毛坯洒一层，装好后，灌汤封坛。

③白菜辣腐乳：先将辣椒抹到腌好的豆腐毛坯上，每块用腌白菜叶包好。装入坛内，逐层加入面糕，装好后加汤料封坛。

④霉香腐乳：将豆腐乳毛坯直接装入坛内，装一层豆腐毛坯，洒一层食盐，每坛用食盐1.1kg，第二天灌入汤料，在坛口上再加盐0.05kg，然后封坛。

（2）各种主要辅料加工方法

①虾子：将虾子装入布袋中，蒸熟备用。

②火腿：将火腿先切成块，加入酱油20%、食盐2%及适量的花椒、大料、桂皮等，用蒸汽蒸熟后切成小薄片备用。

③糖渍陈皮：鲜橘皮切成碎块，加入砂糖50%、水适量用文火煮1h浓缩成糊状备用。

④辣椒糊：辣椒粉50%、面糕20%、红曲糕35%，混合均匀，调成糊状

备用。

⑤腌白菜：新鲜大白菜除去老皮及嫩心，只留菜叶，每100kg加盐12kg，每天翻一次，1个月后封缸。储存到春天，取出晾至半干。加五香粉3%，姜丝0.1%，入坛自然发酵1~2个月后备用。

⑥香菇：香菇用水浸泡，待发起后捞出洗净，切成块状，加食盐4%和适量的五香粉蒸熟备用。

⑦红曲膏：红曲100kg，加黄酒300kg浸泡半日，用磨研成细膏再加入黄酒400kg调匀即成。

（3）装坛用汤料配方

①甜汤料：黄酒80kg，白酒5kg，砂糖15kg，糖精10g，先用白酒300g将糖精溶化，然后混合调匀。适用品种为五香、白菜辣腐乳两种。

②普通调料：按品种点配制成有一定特色的咸淡适中的汤料。

③霉香汤料：用白酒加水，调至酒精含量为20%~22%.

（4）装瓶用汤料配方　将已成熟的坛装腐乳用于瓶装，坛内的原汤不足，必须另行配制。

①甜红汤料：适用于大块、虾子、火腿、玫瑰、香菇等品种。配方为原汤40kg，黄酒46kg，红曲膏4kg，糖精酒2kg，砂糖8kg。

调制方法：先将黄酒、砂糖、红曲膏混合土上锅常压蒸20~30min，务必使容器密闭，不让酒精挥发。稍凉后加入糖精酒，然后再加入原汤，夏季加少量防腐剂。玫瑰乳汤料中按上述配方调制外，另加玫瑰香精50g，调制时与糖精酒一同加入。

②甜白汤料：适用于桂花、甜辣二品种。配方为原汤40kg，黄酒50kg，糖精酒2kg，砂糖8kg。

调制方法：与甜红汤料调制方法相同。

③酒汤料：适用于五香、霉香、白菜辣三品种。配方为原汤40kg，黄酒60kg调匀（每1kg糖精用30kg白酒化开称糖精酒，原汤指发酵成熟的腐乳坛内的原汁）。要求黄酒含酒精15°~16°，白酒含酒精60°。

七、腐乳的质量标准及生产技术指标

（一）腐乳的质量标准

腐乳的质量标准，根据SB/T 10170—1993及GB 2712—1981《发酵性豆制品卫生标准》的规定监测。具体根据标准SB 75—1980《红腐乳质量标准》、SB 76—1980《白腐乳质量标准》、SB 77—1980《青腐乳质量标准》执行。

（二）腐乳的生产技术指标

1. 理化指标（表9-2）

表 9-2 腐乳的理化指标

项目	红腐乳	白腐乳	青腐乳	酱腐乳
水分/% ≤	70.00		67.00	
氨基酸态氮（以氮计）含量 ≥	0.5（小包装 0.42）		0.70（小包装 0.60）	0.60（小包装 0.50）
水溶性无盐固形物含量/（g/100g） ≥	9.00		8.00	10.00
食盐（以氯化钠计）含量/（g/100g） ≥	8.00		10.00	11.00

2. 卫生指标（表 9-3）

表 9-3 腐乳的卫生指标

项目	指标
致病菌	不得检出
大肠菌群	≤30 个/100g
黄曲霉毒素 B_1	≤5.00μg/kg
砷（以 As 计）	≤0.50mg/kg
铅（以 Pb 计）	≤1.00mg/kg

任务二 豆豉生产

一、豆豉的定义及分类

1. 豆豉的定义

豆豉是以整粒大豆，即黑豆或黄豆（或豆瓣）为原料，经蒸煮发酵而成的调味品。以黑褐色或黄褐色、鲜美可口、咸淡适中、回甜化渣、具豆豉特有豉香气者为佳。因营养丰富、药用价值高而深受广大人民的喜爱，并广为流传，长期食用可开胃增食。

豆豉含有丰富的蛋白质（20%）、脂肪（7%）和碳水化合物（25%），且含有人体所需的多种氨基酸，还含有多种矿物质和维生素等营养物质。

豆豉不仅能调味，而且可以入药。中医学认为豆豉性平，味甘微苦，有发汗解表、清热透疹、宽中除烦、宣郁解毒之效，可治感冒头痛、胸闷烦呕、伤寒去热及食物中毒等病症。

我国较为著名的豆豉有：广东阳江豆豉、开封西瓜豆豉、广西黄姚豆豉、山东八宝豆豉、四川潼川豆豉、湖南浏阳豆豉和永川豆豉等。

2. 种类

(1) 以原料划分

①黑豆豆豉：如江西豆豉、浏阳豆豉、临沂豆豉等，均采用本地优质黑豆为原料生产豆豉。

②黄豆豆豉：如广东阳江豆豉、上海、江苏一带的豆豉等，均采用黄豆生产豆豉。

(2) 以状态划分

①干豆豉：发酵好的豆豉再进行晒干，成品含水量25% ~30%。干豆豉多产于南方，豆粒松散完整、油润光亮，如湖南豆豉和四川豆豉。

②湿豆豉：不经晒干的原湿态豆豉，含水量较高，水豆豉多产于北方，由一般家庭制作，豆粒柔软黏连。如山东临沂豆豉。

③水豆豉：制曲后采用过饱和的浆液，让曲在淹水条件下较长时间发酵，其成品为浸渍状的颗粒。

④团块豆豉：是以豆泥做成团块，制曲和发酵同时进行，并配合以适当烟熏，成品为团块，风味独特，有豆豉和烟熏味，以刀切碎经蒸炒后食用，非常爽口。

(3) 以发酵微生物种类划分

①毛霉型豆豉：如四川的潼川、永川豆豉，在气温较低（5 ~10℃）的冬季利用空气或环境中的毛霉菌进行豆豉的制曲。

②曲霉型豆豉：上海、武汉、江苏等地生产的豆豉，它是利用空气中的黄曲霉进行天然制曲的，采用接种沪酿3.042米曲霉进行通风制曲。一般制曲温度26 ~35℃。

③细菌型豆豉：如临沂豆豉，将煮熟的黑豆或黄豆盖上稻草或南瓜叶，使细菌在豆表面繁殖，出现黏质物时，即为制曲结束之时。用细菌制曲的温度较低。

④根霉型豆豉：如东南亚一带的印度尼西亚等国广泛食用的一种“摊拍”，就是以大豆为原料，利用根霉制曲发酵的食品。培养温度28 ~32℃，发酵温度为32℃左右。

(4) 以口味划分

①淡豆豉：发酵后的豆豉不加盐腌制，口味较淡，如传统的浏阳豆豉。

②咸豆豉：发酵后的豆豉在拌料时加入盐水腌制，成品口味较重。大部分豆豉属于这类。

(5) 以辅料划分　包括酒豉、姜豉、椒豉、茄豉、瓜豉、香豉、酱豉、葱豉、香油豉等。

二、豆豉生产工艺

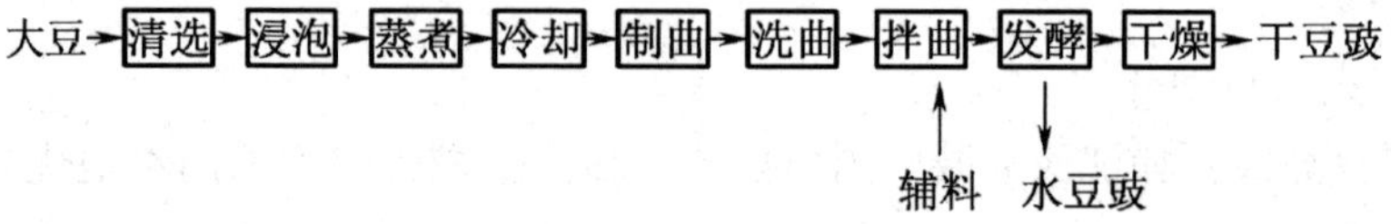

1. 选料与浸泡

以大豆为原料，黑豆、黄豆、褐豆均可，以黑豆为佳，黑豆皮较厚，制出的成品色黑，颗粒松散，不易发生破皮烂瓣现象，且含有黑色素，营养价值较高。挑选颗粒饱满的新鲜小型豆或大豆，称取大豆入池，加水淹没，水超过豆面30cm左右，或用1∶2份清水浸泡，一般冬季5～6h，其余季节3h。大豆浸泡后的含水量在45%左右为宜。

2. 蒸豆

蒸豆的目的是使大豆组织软化，蛋白质适度变性，以利于酶的分解作用。同时蒸豆还可以杀死附于豆上的杂菌，提高制曲的安全性。蒸豆的方法有两种。

（1）水煮法　清水煮沸，投豆2h后再煮。

（2）汽蒸法　将浸泡好的大豆沥尽水，直接用常压汽蒸2h左右。工业生产量较大，大都采用旋转式高压蒸煮罐0.1MPa压力蒸1h。蒸好的熟豆有豆香味，用手指捻压豆粒能成薄片且易粉碎，测定蛋白质已达一次变性，含水量在45%左右，即为适度。水分过低对微生物生长繁殖和产酶均不利，制出的成品发硬不酥；水分过高制曲时温度控制困难，杂菌易于繁殖，豆粒容易溃烂。

3. 制曲

制曲的目的是使蒸熟的豆粒在霉菌的作用下产生相应酶系，为发酵创造条件。

一般制曲过程中都要翻曲两次，翻曲时要用力把豆曲抖散，要求每粒都要翻开，不得黏连，以免造成菌丝难以深入豆内生长，致使发酵后成品豆豉硬实、不疏松。传统豆豉制曲都不接种，常温制曲自然接种，利用适宜的气温、湿度等条件，促使自然存在有益豆豉酿造的微生物生长、繁殖并产生复杂的酶系，在酿造过程中产生丰富的代谢产物，使豆豉具有鲜美的滋味和独特的风味。由于所利用的微生物不同，制曲工艺也有差异，现分别介绍如下。

（1）曲霉制曲

①天然制曲：因米曲霉是中温型微生物，天然制曲时常在温暖季节制曲。大豆经蒸煮出锅后，冷却到35℃，移入曲室，装入竹簸箕，内厚2cm，四周厚，中间薄，品温在26～30℃培养，室温在25～35℃培养，最高不超过37℃。入室24h品温上升，豆豉稍有结块；48h左右菌丝满布，豆粒结块，品温可达37℃，进行

第一次翻曲，用手搓散豆粒，并互换竹簸箕上下位置使温度均匀，翻曲后品温下降至32℃左右。再过48h品温又回升到35～37℃，开窗通风降温，保持品温在33℃左右。之后曲料又结块，且出现嫩黄绿色孢子，进行第二次翻曲。以后保持品温在28～30℃，6～7d出曲。成曲豆粒有皱纹，孢子呈暗黄绿色，用手一搓可看到孢子飞扬，掰开豆粒内部大都可见菌丝。水分含量在21%左右。

天然制曲受季节气温的限制，不能常年生产，其制曲周期较长，制约了豆豉生产的发展。近年来，采用酿造酱油的优良菌株沪酿3.042接种制豆豉曲，制曲周期为3d，可以常年生产。

②纯种制曲：多采用沪酿3.042米曲霉。大豆经煮熟出锅，冷却至35℃，接入沪酿3.042种曲0.3%，大豆量5%的面粉拌匀入室，装入竹簸箕中，厚5cm左右。拌和的方法是：先分出一半的种曲和大豆拌和，另一半种曲与面粉拌和，再将拌过曲的面粉与大豆拌和。大豆表面黏附面粉，可以吸收表面水分，使之成为不黏连状态的颗粒，有利于通气和二氧化碳的排除，有利于米曲霉生长，并诱发其孢外酶的分泌，增加淀粉含量，也增加糖化酶的含量，加强糖化能力，对改进豆豉的风味有利。同时面粉使豆粒表面较干，可抑制细菌繁殖，有利于提高制曲质量。保持室温25℃，品温25～35℃，湿度90%以上，22h左右可见白色菌丝布满豆粒，曲料结块；品温上升至35℃左右，进行第一次翻曲，搓散豆粒使之松散，有利于分生孢子的形成，并不时调换上下竹簸箕位置，使品温均匀一致；72h豆粒布满菌丝和黄绿色孢子即可出曲。

（2）毛霉制曲

①天然制曲：大豆经蒸煮出锅，冷却至30～35℃，入曲室上簸箕或晒席，厚度3～4cm，冬季入房，室温2～6℃，品温5～12℃。制曲周期因气候变化而异，一般15～22d。入室3～4d豆豉可见白色霉点；8～12d菌丝生长整齐，且有少量褐色孢子生成；16～20d毛霉转老，菌丝由白色转为浅灰色，质地紧密，直立，高度为0.3～0.5cm，同时紧贴豆粒表层有暗绿色菌体生成，即可出曲。每100kg原料可得成曲125～135kg。

自然毛霉制曲因毛霉适宜生长温度为15℃，高于20℃或低于10℃，毛霉的生长都要受到抑制，所以一般在冬季生产。毛霉制曲周期长不利于生产的发展。四川省成都市调味品研究所从自然发酵豆豉曲中分离出纯种毛霉，经过耐热驯化，定名为M. R. C－1号菌种，具有在25～27℃温度下生长迅速，菌丝旺盛适应性强，蛋白酶、糖化酶等主要酶系活力高的特点，制成曲质量好，不受季节性限制，可以常年生产，制曲周期由15～21d缩短到3～4d，制成品的感官、理化和卫生指标均能达到优质毛霉型豆豉的质量标准。

②纯种毛霉制曲：大豆蒸煮出锅，冷却至30℃，接种纯种毛霉种曲0.5%，拌匀后入室，装入已杀菌的簸箕内，厚3～5cm，保持品温23～27℃。入室24h左右，豆粒表面有白色菌点，36h豆粒布满菌丝略有曲香；48h后毛霉生长旺盛，

菌丝直立，由白色转为浅灰色，此期间温度极易升高，应采用开启门窗翻曲等措施降低温度，使品温不超过31℃。3d后毛霉生长减弱，菌素部分倒毛，孢子大量生成，把曲染成灰色即可出曲，筛取部分成熟的毛霉孢子。在40℃以下烘干，备作下批豆豉曲制作的菌种，可省去种曲的制备。

（3）细菌制曲　水豆豉及一般家庭制作豆豉大都采用细菌制曲，多在寒露之后春分之前制曲。家庭小量制作时，大豆水煮，捞出沥干，趁热用麻袋包裹，保温密闭培养，3~4d后豆粒布满黏液，可牵拉成丝，并有特殊的豆豉味即可出曲。

较大量的水豆豉制曲时，常采用豆汁和熟豆制曲。豆汁制曲是把煮豆后过滤出的豆汁放于敞口大缸中，在室温下静置陈酣2~3d，待略有豉味产生时搅动一次，再静置培养2~3d，豉味浓厚并微有氨气散出，以筷子挑之悬丝长挂，即成豉汁。

熟豆制曲是在竹箩中进行，箩底垫以10cm的新鲜扁蒲草。扁蒲草俗名豆豉叶，茎短节密而扁，匍匐生长，叶似披针，肉质肥厚，表面光滑，保鲜力强，能充分保持水分，使豆粒表面湿润。在扁蒲草上铺上10~15cm厚的熟豆，表面再盖10cm左右的扁蒲草，入培养室培养。培养2~3d后翻拌一次，再继续培养3~4d即成熟。成熟的豆豉曲表面有厚厚一层黏液包裹，并有浓厚的豉香味。因为竹箩体积大，制曲入箩的豆也不多，豆粒含水量又大，制曲过程中温度不易升得过高，只能在室温下徘徊。室温20~23℃时，制曲时间需要6~7d，若一批接着一批生产，可利用上批生产的豉汁为菌母，进行人工接种培养，接种量为1%，这样可以大大缩短培养时间。

无论是豆汁制曲还是熟豆制曲，它们都是利用空气中落入的微生物及用具带入的微生物自然接种繁殖而完成制曲过程的。体系中微生物区系复杂，枯草杆菌和乳酸菌是占优势的菌群。

4. 制醅发酵

豆豉制曲方法不同，产品种类繁多，制醅操作也随之而异，分别介绍如下。

（1）米曲霉干豆豉

①水洗：目的在于洗去豆豉表面附着的孢子、菌丝和部分酶系。因为豆豉产品的特点，要求原料的水解要有制约，即大豆中的蛋白质、淀粉能在一定的条件下分解成氨基酸、糖、醇、酸、酯等以构成豆豉的风味物质，经过水洗去除菌丝和孢子可以避免产品有苦涩味。同时洗去部分酶系后，当分解到一定程度继续分解受到制约，使代谢产物在特定的条件下，在成形完整的豆粒中保存下来，不致因继续分解，而使可溶物增多从豆粒中流失出来，造成豆粒溃烂、变形和失去光泽，因而能使产品保持颗粒完整、油润光亮的外形和特殊的风味。

将成曲倒入盛有温水的池中，洗去表面的分生孢子和菌丝，然后捞出装入筐中用水冲洗至成曲表面无菌丝和孢子，且脱皮甚少。整个水洗过程控制在10min左右，避免因时间过长豆豉曲吸水过多而造成发酵后豆粒容易溃烂。水洗后成曲水分在33%～35%。

②堆积吸水：水洗后将豆曲沥干、堆积，并向豆曲间断洒水，调整豆曲含水量在45%左右。水分过高会使成品脱皮、溃烂，失去光泽；水分过低对发酵不利，成品发硬，不酥松。

③升温加盐：豆曲调整好水分后，加盖塑料薄膜保温。经过6～7h的堆积，品温上升至55℃，可见豆曲重新出现菌丝，具有特殊的清香气味，即可迅速拌入食盐。

④发酵：成曲升温后加入18%的食盐，立即装入罐中至八成满。装时层层压实，盖上塑料薄膜及盖面盐，密封置室内或室外常温处发酵，4～6个月即可成熟。

⑤晾豉：将发酵成熟的豆豉分装在容器中，放置阴凉通风处晾干至水分在30%以下即为成品。

（2）米曲霉调味湿豆豉

①晾晒扬孢：将成曲置阳光下晾晒，使水分减少便于扬去孢子，避免产品有苦涩味。在晾晒过程中紫外线照射可以消灭成曲中的有害微生物，有利于制醅发酵。成曲晒干后扬去孢子备用。

②与食盐、香料等混匀，加入晒干去衣的成曲拌匀，装入缸中置阳光下。待食盐溶化，豉醅稀稠适度即可装坛。

③原料配比：大豆100kg，西瓜瓤汁125kg，食盐25kg，陈皮丝，生姜，茴香适量。

④发酵：豉醅装坛后密封置室外阳光下发酵40～50d即可成熟，成品即西瓜豆豉。以其他果汁或番茄汁代替西瓜瓤汁即为果汁豆豉、番茄汁豆豉。

（3）毛霉型豆豉

①拌料：将成曲倒入拌料池内，打散加入定量食盐、水，拌匀后浸闷1d，然后加入白酒、酒酿、香料等拌匀。

②发酵：将拌匀后的醅料装坛或浮水罐中，装时层层压实至八成满，压平，盖塑料薄膜及老面盐后密封。用浮水罐装的不加老面盐，加上倒覆盖，罐沿加水，经常保持不干涸，每7～10d换1次水，以保持清洁。用浮水罐发酵的成品最佳。装罐后置常温处发酵10～12个月即可成熟。

③原料配比：大豆100kg，食盐18kg，白酒3kg（体积分数50%以上），酒酿4kg，水6～10kg（调整醅含水量在45%左右）。

（4）细菌型水豆豉　先洗净浮水坛，准备好原料。老姜洗净刮除粗皮，快刀切细至米粒大小的酱粒。花椒去除籽和柄，选择干净、个头较小、肉质结构紧密的腌制萝卜晒萎、洗净，快刀切成豆大的萝卜粒。按20kg黄豆的豆豉曲、40kg豉汁、15kg萝卜粒、2kg姜粒、8kg食盐、50g花椒的比例配料。将食盐投入豉汁，搅动使全部溶解，再按豆豉曲、花椒、姜粒、萝卜粒的顺序一一投入，入浮水坛。入坛后盖上坛盖，掺足浮水，密闭发酵1个月以上则为成熟的水豆豉。

（5）无盐发酵制醅　以上的醅中均加入了一定量的食盐，起到防止腐败和调味的作用。由于醅中大量食盐的存在抑制了酶的活力，致使发酵缓慢，成熟周期延长。采用无盐制醅发酵摆脱了食盐对酶活力的抑制作用，发酵周期可以缩短到3～4d，同时利用豆豉曲产生的呼吸热和分解热可以达到防止发酵醅腐败的温度。

①米曲霉曲无盐发酵：成曲用温水迅速洗去豆粒表面的菌丝和孢子，沥干后入拌料池中，洒入65℃左右的热水至豆曲含水量为45%左右。立即投入保温发酵罐中，上盖塑料薄膜后加盖面盐，保持品温在55～60℃，56～57h后出醅入拌料中，加入18%的食盐，拌匀装罐或装入其他容器内，静置数日待食盐充分溶化均匀即可。如无保温发酵容器，成曲拌入热水至含水量为45%左右，并加入4%的白酒，加盖塑料薄膜及其他保温覆盖物，促使堆积升温，56～72h后即可再拌入18%食盐。加白酒的目的是预防自然升温产生腐败。

②毛霉曲无盐制醅：成曲测定水分，加65℃热水至含水量45%，加入白酒、酒酿，迅速拌匀，堆积覆盖使其自然升温或入保温发酵容器中，保持品温55～60℃，56～57h后，加入定量食盐即得成品。

（6）团块豆豉　团块豆豉的制曲和发酵同时进行。大豆经浸泡蒸煮后，熟豆趁热放于石臼中捣制或用粉碎机粉碎成豆泥，同时加入香料及质量为干豆子质量6%～8%的食盐，拌和均匀。把豆泥捏制成卵圆形的团块，每块湿重约250g。整齐地排列在篾制的箅内，篓底垫上一层薄薄的稻草，装好后表面再盖一薄层稻草。

把装好团块的篾篓移入培菌室，将室温控制在25℃左右，保持室内湿度为90%以上，培养4～5d时团块面就可以形成浆液层，长出散点状的菌斑，这时便逐渐开启门窗通风，以降低湿度，使面团表面逐渐干燥，使菌从内部深入，再经过5～6d培菌结束。

在培菌过程中pH较低，霉菌和酵母在团块表面生长占优势，随着培养时间的延长，pH逐渐升高，霉菌生长受到抑制，细菌取代了霉菌，成为了占优势的种群，团块内部的发酵基本上是由细菌所控制。

通过培菌发酵的豆豉团块，再经过烟熏更有利于贮放和显著提升香味。烟熏的方法是将豆豉团块整齐排列在稀孔篾箅上，架于烟塘之上。塘内以锯末或木柴生烟，以生柏桠升烟最为理想。间歇熏烟可以使水分缓缓蒸发，水分析出、吸收交替的过程可以把烟气成分带入团块内部，有利于熏心，同时低温烟中苯并芘的含量低，可以避免致癌物质导入成品。因此，最好每日熏烟3次，每次熏90min，共熏3～4d。掌握“见烟不见火”的原则，把熏烟温度控制在350℃以下。经过烟熏的团块豆豉，可以敞放保存3～4个月，团块豆豉食用前应洗净烟尘，切细成小块，煎炒或蒸煮作为菜肴。

5. 洗曲

豆豉成曲附着许多孢子和菌丝，若不清洗直接发酵，则产品会带有强烈的苦涩味和霉味，且豆豉晾晒后外观干瘪，色泽暗淡无光。但洗曲时应尽可能降低成曲的脱皮率。豆豉的洗涤方法有两种。

①人工洗曲：豆曲不宜长时间浸泡在水里，以免含水量增加。成曲洗后应使表面无菌丝，豆身油润，不脱皮。

②机械洗曲：将豆曲放在铁制圆筒内转动，使豆粒互相摩擦，洗去豆粒表面的曲菌；洗涤后的豆豉，用竹箩盛装，再用清水冲洗2~3次即可。

6. 发酵与干燥

豆曲经洗曲之后即可喷水、加盐、加盖、加香辛料，入坛发酵。拌料后的豆曲含水量达45%左右为宜。

发酵容器最好采用陶瓷坛，装坛时豆曲要装满，层层压实，用塑料薄膜封口，在一定温度下进行厌氧发酵。在此期间利用微生物所分泌的各种酶，通过一系列复杂的生化反应，形成豆豉特有的色香味。这样发酵成熟的豆豉即为水豆豉，可以直接食用。水豆豉出坛后干燥，水分含量降至20%左右，即为干豆豉。

三、豆豉的质量标准

豆豉的感官指标和理化指标分别见表9-4、表9-5。

表9-4 豆豉的感官指标

项目	指标
色泽	黄褐色或黑褐色
香气	具有豆豉特有的香气
滋味	鲜美、咸淡适口，无异味
体态	颗粒状，无杂质

表9-5 豆豉的理化指标

项目		豆豉	干豆豉
水分/（g/100g）	≤	45.00	20.00
总酸（以乳酸计）含量/（g/100g）	≤	2.00	3.00
氨基酸态氮（以氮计）含量/（g/100g）	≥	0.60	1.20
蛋白质含量/（g/100g）	≥	20.00	35.00
食盐含量/（g/100g）	≤	12.00	—

四、两种名优豆豉的制备

（一）四川潼川豆豉

1. 原料的选择、处理

选用富含蛋白质、颗粒饱满新鲜的黑豆加水浸泡 5h，水温控制在 35～40℃，浸泡至 95% 的豆粒膨胀至无皱纹、含水量达 45%～50%。沥去水分，蒸豆，安置两个木甑，先在前甑蒸 2.5h 后，待甑冒出大量水汽和滴冷凝水时，转至后甑再蒸 2.5h。这样使前甑内的上下层物料得以对翻，熟度达到一致。待后甑盖又冒大量水汽和滴冷凝水时，即可出甑。

2. 制曲

蒸过的黑豆，先装入箩筐，待自然降温至 30～35℃时，移至曲房分装于簸箕或竹席上，装料厚度为 2～3cm，入曲房培养。

初始室温为 2～6℃，品温控制在 6～12℃。经 3～4d，豆粒表面呈现白色霉点。8～12d 后，可见豆粒上白色菌丝生长整齐，将整粒豆稠密地裹住。这时即可进行第一次翻曲，使上下层豆粒的菌丝一致。翻曲时，应将每颗豆粒分散，不得相互黏结。培养 15～21d 后，菌丝紧密、直立、粗壮，高度为 4～5mm，呈灰白色，有少量浅褐色的孢子生成，并在菌丝层下部紧靠豆粒表皮层有少量暗绿色的菌丛生成，这是富含纤维酶的木霉菌。待闻及明显的曲香味时，即可出曲。

3. 拌料入坛、发酵

按原料配比拌料入坛。原料配比：黑豆 100kg，食盐 18kg，白酒（50°以上）3kg，井水 10～15kg。方法：将豆豉曲打散、过筛后，再按规定量加入食盐和水充分拌匀，并堆积润料 12h。再添加白酒、醪糟拌匀后，装入容量为 150～200L、具有发酵栓式结构的坛中，或输入与通风制曲配套的、具有发酵栓式装置的发酵池中，装满后稍稍压实，然后在坛或池口的醅表面注入白酒。最后以无毒塑料薄膜封扎坛口并加盖，并沿坛盖口加水密封，以隔绝空气，进行发酵。发酵室应阴凉通风，最好将室温控制在 20℃以上，以利于起发。通常发酵期为 8 个月左右。

（二）湖南浏阳豆豉

1. 原料的选择、处理

选用颗粒饱满、新鲜、无虫蛀霉变的黑豆或黄豆为原料进行浸泡，浸泡时间冬季为 4～6h，春、秋季为 3～4h，夏季为 2～3h。待浸至有 80% 左右的豆粒表皮无皱纹时，即可放掉浸泡水，让豆粒在浸泡池中继续润水一段时间，直至豆粒无皱纹、含水量为 50% 左右时蒸豆，常压蒸料约需 2h；加压至 98kPa 蒸料需 20～30min。熟豆以豆粉熟透过心、手捏呈粉状、口尝无豆腥味、含水量达 55%～56% 为宜。

2. 制曲

将熟豆冷却至35～38℃后装入簸箕，料层周边厚度为4cm，中间为1.5～2cm，转入28～30℃曲室培养。约经18h，豆粒表面呈现白点。再过6～10h，品温升至31℃，曲料略有结块。培养44h后，品温高达35～37℃，豆粒布满菌丝且结块。这时可进行第一次翻曲，打散曲块，并互换上下簸箕的位置，使品温相对平衡。翻曲后品温降至32℃左右。待品温又升至35～37℃时，可开窗通风，使品温降为32～33℃。保持此温度约68h时，曲料再次结块，并出现嫩黄绿色的孢子，进行第二次翻曲。以后维持品温为28～30℃，直至96h左右，待孢子呈暗黄绿色时，即可出曲。

成曲含水量为21%左右，曲粒松散，表皮有皱纹，有曲香。

3. 洗霉

将成曲用簸箕扬，或用清水淘洗，减少或去除曲粒表面的曲霉分生孢子和菌丝，而保留曲粒内部的菌丝，曲粒洗霉后，应堆集1～2h，并按此时曲粒的含水量，适量分次洒水，以曲粒含水分为85%左右为度。

4. 拌料、发酵

在上述豆豉曲中，按配方加入辅料。湖南浏阳豆豉的配方为：黄豆100kg、食盐8.5kg、辣椒粉及生姜粉各1kg，拌匀。将此物料分层装入陶坛或塑料桶，并层层压实。装满后，以食用塑料薄膜密封坛口，加盖，置于35℃的发酵室中进行发酵。若以黄豆曲制醅，通常发酵7d即可成熟，但冬季需30d以上。

5. 成品

豆豉发酵成熟后，即可包装为成品。也可晾晒或风干至水分为20%，即成为干豆豉。

任务三 其他发酵豆制品制作

一、纳豆

（一）概述

纳豆是日本一种历史悠久的传统大豆发酵食品，是将大豆煮熟后，接入纳豆菌经繁殖发酵后而形成的外表带有一层薄如白霜的纳豆菌的发酵食品。

纳豆芽孢杆菌（*Bacillus natto*）是此种发酵作用的必需微生物。纳豆芽孢杆菌在分类学上属于枯草芽孢杆菌纳豆菌亚种，为革兰阳性菌，好氧，有芽孢，极易成链。

纳豆具有降低胆固醇，促进消化，软化血管，增强免疫力，预防癌症、高血压、血栓症以及延缓衰老，提高脑力和记忆力等功效。如纳豆菌可杀死霍乱菌、伤寒病菌、大肠杆菌 O－157：H7 等，起到抗生素的作用；纳豆菌还可以灭活葡萄球菌肠毒素，因此常食用纳豆有壮体防病的作用。

（二）纳豆的生产工艺

1. 工艺流程

精选大豆→清洗→浸泡约 12h、沥干→蒸煮→冷却、接种纳豆菌→发酵→4℃放置 1d→包装→打码→后熟→检验→成品纳豆

2. 操作要点

（1）将大豆彻底清洗后用 3 倍量的水进行浸泡。浸泡时间是夏天 8～12h，冬天 20h。以大豆吸水质量增加 2～2.5 倍为宜。

（2）将浸泡好的大豆放进蒸锅内蒸 1.5～2.5h，或用高压锅煮 10～15min。在实验室也可用普通灭菌锅在充分放汽后，121℃高温高压处理 15～20min。以豆子很容易用手捏碎为宜，宜蒸不宜煮，煮的水分含量太多。

（3）在大豆被蒸熟前，在浅盘中铺好锡箔纸，用筷子等尖细物在锡箔上打多个气孔，灭菌备用。搅拌时所用的橡胶手套也要用开水灭菌。

（4）大豆蒸熟后，不开蒸锅的盖子，直接倾去锅内的水。将蒸锅的大豆无菌转移到灭菌盆或罐内，立即盖盖，以免杂菌污染。

（5）在已灭菌的杯中用 10mL 开水溶解盐（约 0.1%）、糖（约 0.2%）和 0.01% 纳豆芽孢杆菌（或市售纳豆发酵剂，可按其说明使用）。如果觉得体积太小，不易均匀喷洒于大豆中，也可用 20～30mL 的水。将混合液喷洒于大豆中搅拌均匀。

（6）把接种好的大豆均匀地平铺于灭好菌的锡箔纸上，厚 2～3cm，不宜太厚。将锡箔纸折过来（或用另一种锡箔纸）铺盖于豆层上面。若没有锡箔纸或不想用这种铺法，也可在笼屉、高粱秆盖帘等上下可充分透气的盛具上先铺一层绢纱或食品尼龙纱（事先蒸煮灭菌），然后在上面再铺接种好发酵剂的大豆，厚 2～3cm，上面也盖上一层纱。

（7）37～42℃培养 20～24h。也可以在 30℃以上的自然环境中发酵，时间适当延长。当发酵结束后，揭掉锡箔纸或纱时，会看到豆子表面部分颜色发灰，室内飘满纳豆的芳香。稍有氨味是正常的，但氨味过于强烈，则有可能有杂菌生长了。

（8）发酵好的纳豆，还要在 0℃（或一般冷藏温度）保存近 1 周进行后熟，便可呈现纳豆特有的黏滞感、拉丝性、香气和口味。要增进纳豆的口味，必须经过后熟。如果冷藏时间过长，产生过多的氨基酸会结晶，从而使纳豆质地有起沙感。因此，纳豆成熟后应该进行分装冷冻保藏。

（三）纳豆的营养价值

纳豆的原料是大豆，大豆本身就是含有高蛋白的营养食品，所以纳豆也是有营养的豆类食品之一。

纳豆是煮熟的食品，但它比煮熟的大豆蛋白质、纤维、钙、铁、钾、维生素 B_2 的含量都高，特别是纤维、钙、铁、钾的含量甚至超过了通常公认的营养价值高的鸡蛋，但纳豆的维生素 A 和维生素 C 的含量为零，而煮熟的豆角可以补充纳豆这方面的缺陷，所以纳豆与豆角或其他在营养上可以互补的食品一起吃更好。

纳豆在制作过程中，原料大豆所含的氨基酸、高蛋白不仅没有减少、破坏，反而由于发酵将大豆蛋白质分解，使纳豆的消化率（85%）比煮熟的大豆（68%）还高，因而营养也更容易吸收了。具体地说，在 100g 食品的可食部分的营养中，纳豆比煮熟的大豆的蛋白质高 0.5g，纤维高 0.2g，钙含量高 20mg，铁含量高 1.3mg，钠含量高 1mg，钾含量高 90mg，维生素 B_2 含量高 0.47mg。

纳豆含有大量的皂苷素，由于纳豆比大豆容易消化，所以纳豆里的皂苷素比大豆里的更容易为人体吸收。皂苷素是一种遇水便溶解、遇热便分解的物质，因此，在豆腐、豆浆中含量很少。皂苷素不仅能够改善便秘，还可以减少血脂、预防大肠癌、降低胆固醇、软化血管、预防高血压和动脉硬化、抑制艾滋病毒等。

纳豆里还含有很多对人体有益的酶，如过氧化物歧化酶（SOD）、过氧化氢酶等。由于经过发酵，纳豆里还含有游离的异黄酮类物质，该物质和上述酶一样，对活性氧（自由基）具有很强的解毒作用，因而对人体抗癌、防止老化有效。

纳豆黏液里含的吡啶二羧酸，对痢疾杆菌、O157 原发性大肠杆菌、伤寒沙门菌等，都有强烈的抑制作用。

二、丹贝

（一）概述

丹贝是印度尼西亚的传统食品，是大豆经浸泡、脱皮、蒸煮后，接入霉菌，在 37℃下于袋中发酵而成的带菌丝的黏稠状饼块食品。

发酵过程是由根霉属的霉菌（少孢根霉、葡枝根霉、米根霉和无根根霉）完成的，其中以少孢根霉发酵为最好，它能发酵蔗糖，有很强的分解蛋白质和脂肪的能力，能产生某些抗氧化物质，并能产生诱人的风味。

（二）丹贝的生产工艺

1. 传统丹贝生产工艺

传统丹贝生产工艺流程如下：

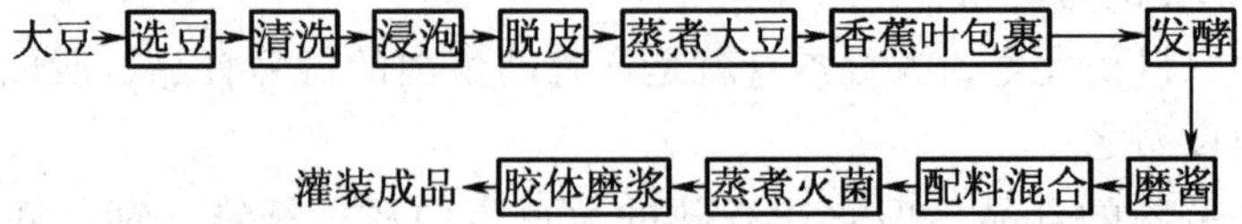

（1）原料及处理

①原料的要求：制造丹贝对原料没有特殊要求，但最好选用油脂含量低，蛋白质和糖含量高的大豆。

②浸泡：一般大豆在冬季浸泡12h，在夏季6~7h。在气温高于30℃的季节，为了防止细菌繁殖，在浸泡大豆的水中添加0.1%左右乳酸或白醋，降低浸泡液pH至5~6，或在浸泡液中添加乳酸菌，使其在浸泡过程中产生乳酸。较低pH也适合于少孢根霉生长。

③去皮：大豆的吸水量一般达到大豆质量的1~2倍，将吸水后的大豆放在竹篓中，脚踏或置于流水中强力搅拌，尽量除掉皮。

④蒸煮：将脱皮后的大豆放在100℃水中煮60min左右，然后将煮熟的大豆捞起，放在容器中摊开，使表面水分蒸发，同时进行冷却。当熟大豆温度降至90℃时，拌入1%的淀粉，并充分混合，使部分淀粉糊化，以促进霉菌发育。

（2）接种发酵菌

①方法1：制各孢子悬液或孢子粉。将少孢根霉接种在斜面培养基上（培养基应含有大豆提取物、硫酸镁、碳酸钙、葡萄糖、自来水和琼脂），在25~28℃下培养7d时，增生大量的孢子囊，然后用2~3mL无菌水把这些孢子囊从斜面上冲洗下来，制成孢子悬液接种；或把这些孢子从斜面上刮下来，冷冻干燥成孢子粉，用于接种。

②方法2：将少孢根霉接种在米粉、细麦麸、米糠等物料上。在28~32℃下培养3~7d，然后冷冻干燥制成种曲粉。接种量要视孢子悬液和种曲粉中活孢子数而定，一般情况下100g原料约接种孢子106个。

（3）发酵

①发酵条件：丹贝发酵的最佳温度为30~33℃；丹贝的发酵时间随发酵温度而定，一般说来，温度高，发酵时间短；温度低，发酵时间长。在35~38℃下，发酵时间需15~18h；在32℃下需20~22h；在28℃下需25~27h；在25℃下则需80h。

②发酵容器：传统方式多采用香蕉叶，而现在则多采用打孔的塑料袋（盘）、打孔加盖的金属浅盘、竹筐等，孔径一般为0.25~0.6mm，孔距为1.2~1.4mm。小孔的作用是排除丹贝发酵过程蒸发出来的过量水分，同时小孔也是气体扩散的通道。

装好发酵物料的塑料袋或金属浅盘一定要扎口或加盖，否则物料表面的水分会大量蒸发，影响少孢根霉的生长。同时由于物料大面积与空气接触，过量的氧可以使孢子较早形成，致使产品变黑，影响外观。

③物料厚度：丹贝的发酵袋、盘或其他容器所装物料的厚度一般为2～3cm，若太薄则占用较多的发酵器具，太厚则造成中间发酵不充分，菌丝因缺氧不能很好地生长，易产生“夹生”现象。

2. 现代加工工艺

丹贝现代加工工艺流程如下：

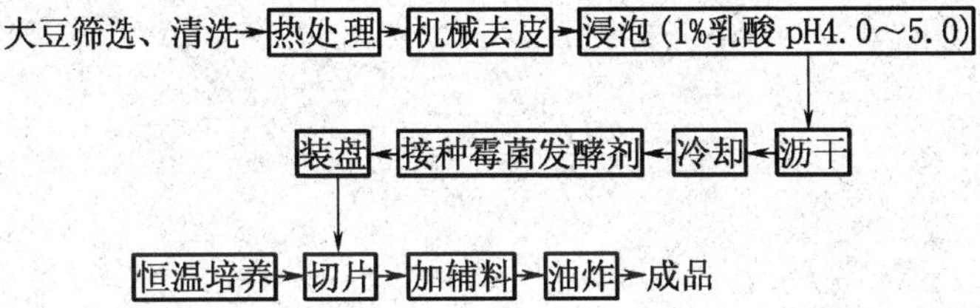

【习题】

1. 豆腐乳、豆豉各有哪些种类？
2. 豆腐坯的制备主要有哪几个阶段？
3. 豆腐坯制备各阶段的主要控制条件有哪些？
4. 简述豆豉加工的工艺流程。
5. 简述丹贝生产的工艺流程。
6. 纳豆的生产原料、生产工艺及操作要点是什么？

项目十
发酵乳制品生产技术

【知识目标】

1. 能陈述发酵乳制品的特点与质量要求。
2. 能陈述发酵乳制品的类别。
3. 能准确陈述发酵乳制品的生产工艺。
4. 能够准确陈述相关的概念与原理。

【技能目标】

1. 能够熟练阅读工艺规程报告。
2. 能熟练地按照常规工艺规程，选择使用相关设备，生产典型产品。
3. 能够根据质量标准，检测产品的质量，并进行分析。

【解决问题】

1. 鉴于对本项目的学习，对酸乳的生产工艺你有何创新？
2. 能根据生产任务要求设计生产方案，计算原、辅料，组织生产酸乳。

【必备知识】

一、乳酸菌发酵剂的概念及分类

通过乳酸菌发酵（如酸乳）和由乳酸菌、酵母菌共同发酵（如开菲尔）制成的乳制品叫发酵乳。发酵乳制品是一个综合名称。包括酸乳，开菲尔，发酵酪乳，酸奶油，乳酒（以马乳为主）等。发酵乳的名称是由于牛乳中添加了发酵剂，使部分乳糖转化成乳酸而来的。在发酵过程中还形成二氧化碳、醋酸、丁二酮、乙醛和其他物质。

1. 发酵剂的概念

发酵剂指能够促进乳的酸化过程，含有高浓度乳酸菌的特定微生物培养物。

2. 发酵剂的种类

（1）按发酵剂制备过程分类

①乳酸菌纯培养物：即一级菌种的培养，一般多接种在脱脂乳、乳清、肉汁或其他培养基中，或者用冷冻升华法制成一种冻干菌苗。

②母发酵剂：即一级菌种的扩大再培养，它是生产发酵剂的基础。

③生产发酵剂：即母发酵剂的扩大培养，是用于实际生产的发酵剂。

（2）按使用发酵剂的目的分类

①混合发酵剂：这一类型的发酵剂含有两种或两种以上的菌，如保加利亚乳杆菌和嗜热链球菌按 1:1 或 1:2 比例混合的酸乳发酵剂，且两种菌比例的改变越小越好。

②单一发酵剂：这一类型发酵剂只含有一种菌。

二、乳酸菌发酵剂常用菌种及选择

1. 乳酸菌发酵剂常用菌种

常用乳酸菌多分属于乳杆菌属（*Lactobacillus*）、链球菌属（*Streptococeus*）、明串珠菌属（*Leuconostoc*）、双歧杆菌属（*Bifidobactcrium*）、和片球菌属（*Pediococcus*）。

2. 菌种的选择

菌种的选择对发酵剂的质量起着重要作用，应根据生产目的不同选择适当的菌种。选择时以产品的主要技术特性，如产香性、产酸力、产黏性及蛋白水解力作为发酵剂菌种的选择依据。

3. 发酵剂的主要作用

分解乳糖产生乳酸，产生挥发性的物质，如丁二酮、乙醛等，从而使酸乳具有典型的风味；具有一定的降解脂肪、蛋白质的作用，从而使酸乳更利于消化吸收；酸化过程抑制了致病菌的生长。

三、乳酸菌发酵机理

1. 乳酸发酵

（1）制造干酪时　促进凝块的形成；使凝块收缩，容易排除乳清；防止在制造过程中和成熟期间杂菌的污染；改进产品的组织状态；在成熟期间，给酶的作用创造适当的 pH 条件。

（2）制造奶油时　由于 pH 的降低，促进风味生成菌的发育，使奶油产生优美的发酵风味。

（3）制造发酵乳时　能使产品形成均匀细致的凝块，并产生良好的风味。

2. 形成风味物质

在产生风味方面起重要作用的是柠檬酸分解生成丁二酮、羟丁酮、丁二醇等化合物和微量的挥发酸、酒精、乙醛等，其中，对风味起最大作用的是丁二酮。

3. 蛋白质的分解

干酪的生产中，干酪蛋白分解为胨和氨基酸，是干酪成熟后的主要风味物质。

4. 脂肪分解

采用霉发酵剂生产干酪，兼备蛋白质和脂肪分解作用。

5. 丙酸发酵

丙酸菌将乳酸菌生成的乳酸再分解产生丙酸、醋酸、二氧化碳和水，这些产物与瑞士干酪特有的风味和气孔有关。

6. 酒精发酵

牛乳酒类是酵母发酵乳糖生成酒精而成的。

7. 产生抗生素

乳酸链球菌和乳油链球菌中个别菌株能产生 Nisin（乳酸链球菌素）抗生素和 Diplococcin（乳链球菌素）抗生素以防止杂菌污染。

四、发酵剂的制备

1. 菌种的复活及保存

从菌种保存单位购来的乳酸菌纯培养物，通常都装在试管或安培瓶中。由于保存、寄送等影响，活力减弱，需恢复其活力。此过程需在无菌操作条件下接种到灭菌的脱脂乳试管中多次传代、培养。而后保存在 0 ~ 4℃ 冰箱中，每隔 1 ~ 2 周移植一次。但在长期移植过程中，可能会有杂菌污染，造成菌种退化或菌种老化、裂解。因此，还应进行不定期的纯化处理，以除去污染菌和提高活力。

2. 母发酵剂的调制

取脱脂乳量1%～2%的充分活化的菌种，接种于盛有灭菌脱脂乳的三角瓶中，混匀后，放入恒温箱中进行培养。凝固后再移入灭菌脱脂乳中，如此反复2～3次，使乳酸菌保持一定活力，然后再制备生产发酵剂。

3. 生产发酵剂（工作发酵剂）的制备

将脱脂乳、新鲜全脂乳或复原脱脂乳（总固形物含量10%～12%）加热到90℃保持30～60min后，冷却到42℃（或菌种要求的温度）接种母发酵剂，发酵到酸度大于0.8%后冷却到4℃。此时生产发酵剂的活菌数达1×10^8～1×10^9cfu/mL。

制取生产发酵剂的培养基最好与成品的原料相同，以使菌种的生活环境不致急剧改变而影响菌种的活力。

生产发酵剂的量为发酵乳的1%～2%，为了缩短生产周期可加大到3%～4%，最高不超过5%。

五、发酵剂的质量要求

（1）凝块应有适当的硬度，均匀而细滑，富有弹性，组织状态均匀一致，表面光滑，无龟裂，无皱纹，未产生气泡及乳清分离等现象。

（2）具有优良的风味，不得有腐败味、苦味、饲料味和酵母味等异味。

（3）若将凝块完全粉碎后，质地均匀，细腻滑润，略带黏性，不含块状物。

（4）按规定方法接种后，在规定时间内产生凝固，无延长凝固的现象。测定活力（酸度）时符合规定指标要求。为了不影响生产发酵剂要提前制备，可在低温条件下短时间贮藏。

任务一 酸乳生产

一、酸乳的概念和种类

（一）酸乳概念

酸乳是指在添加（或不添加）乳粉（或脱脂乳粉）的乳中，由于保加利亚杆菌和嗜热链球菌的作用进行乳酸发酵制成的凝乳状产品，成品中含有大量的、相应的活性微生物活菌。

（二）酸乳的种类

通常根据成品的组织状态、口味、原料中乳脂肪含量、生产工艺和菌种的组成可以将酸乳分成不同类别。

1. 按成品的组织状态分类

（1）凝固型酸乳　其发酵过程在包装容器中进行，从而使成品因发酵而保留其均匀一致的凝乳状态。

（2）搅拌型酸乳　成品先发酵后经灌装而得。其发酵后的凝乳已在灌装前和灌装过程中搅碎而成黏稠状且均匀的半流动状态，因此得其名。

（3）饮用型酸乳　类似搅拌型酸乳，但包装前凝块被分散成液体。

2. 按成品口味分类

（1）天然纯酸乳　产品只由原料乳加菌种发酵而成，不含任何辅料和添加剂。

（2）加糖酸乳　产品由原料乳和糖加入菌种发酵而成。

（3）调味酸乳　在天然酸乳或加糖酸乳中加入香料而成。

（4）果料酸乳　天然酸乳或加糖酸乳混合果酱或果汁而成。

（5）复合型或营养健康型酸乳　通常在酸乳中强化不同的营养素（维生素、食用纤维素等）或在酸乳中混入不同的辅料（如谷物、干果等）而成。

3. 按发酵后加工工艺分类

（1）浓缩酸乳　将正常酸乳中的部分乳清除去而得到的浓缩产品。

（2）冷冻酸乳　在酸乳中加入果料、增稠剂或乳化剂，然后像冰激凌一样进行凝冻处理而得到的产品。

（3）充气酸乳　发酵后，在酸乳中加入部分稳定剂和起泡剂（通常是碳酸盐），经均质处理而得到的产品。这类产品通常是以充 CO_2 的酸乳碳酸饮料形式存在。

（4）酸乳粉　通常使用冷冻干燥法或喷雾干燥法将酸乳中约95%的水分除去而制成酸乳粉。

4. 按菌种种类分类

（1）酸乳　通常仅指用保加利亚乳杆菌和嗜热链球菌发酵而得到的产品。

（2）双歧杆菌酸乳　酸乳菌种中含有双歧杆菌，如法国的“Bio”，日本的“Mil－Mil”。

（3）嗜酸乳杆菌酸乳　酸乳菌种中含有嗜酸乳杆菌。

（4）干酪乳杆菌酸乳　酸乳菌种中含有干酪乳杆菌。

（5）BRA 酸乳　近年来在瑞典市场上出现的，酸乳菌种中同时含有 Bifido、Reuteri 和 Acidophilus，是以其三种菌名的字头命名的。另外，“BRA”也是瑞典字“好”的意思。

5. 按产品货架期长短分

（1）普通酸乳　按常规方法加工的酸乳，其货架期是在0～4℃下冷藏7d。

（2）长货架期酸乳　对包装前或包装后的成品酸乳进行热处理，以延长其货架期。

6. 按原料中脂肪含量分类

据FAO/WHO规定，按脂肪含量可将酸乳划分为：

（1）全脂酸乳　脂肪含量为3.0%。

（2）部分脱脂酸乳　脂肪含量为3.0%～0.5%。

（3）脱脂酸乳　脂肪含量为0.5%以下。

二、酸乳生产

（一）酸乳工艺流程

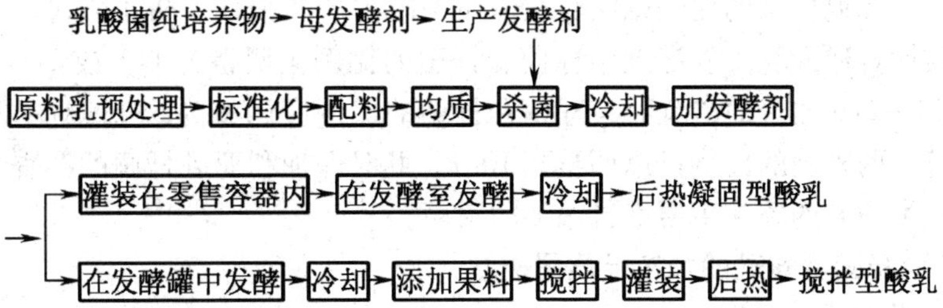

（二）原辅料要求及预处理方法

1. 原料乳的质量要求

生产酸乳的原料乳必须是高质量的，要求总酸度在18°T以下，杂菌数不高于50万CFU/mL，总干物质含量不得低于11.5%。不得使用病畜乳如乳房炎乳和残留抗菌素、杀菌剂、防腐剂的牛乳。

2. 辅料

（1）脱脂乳粉　（全脂乳粉）用作发酵乳的脱脂乳粉质量必须高，无抗生素、防腐剂。脱脂乳粉可提高干物质含量，改善产品组织状态，促进乳酸菌产酸，一般添加量为1%～1.5%。

（2）稳定剂　在搅拌型酸乳生产中，通常添加稳定剂，稳定剂一般有明胶、果胶、琼脂、变性淀粉、CMC及复合型稳定剂，其添加量应控制在0.1%～0.5%。

（3）糖及果料　一般用蔗糖或葡萄糖作为甜味剂，其添加量可根据各地口味不同有所差异，一般以6.5%～8%为宜。果料的种类很多，如果酱，其含糖量一般在50%左右。果肉主要是粒度（2～8mm）的选择上要注意。果料及调香物质在搅拌型酸乳中使用较多，而在凝固型酸乳中使用较少。

3. 配合料的预处理

（1）均质　原料配合后进行均质处理。均质处理可使原料充分混匀，有利于提高酸乳的稳定性和稠度，并使酸乳质地细腻，口感良好。均质所采用的压力以20～25MPa为好。

（2）热处理　目的：杀灭原料乳中的杂菌，确保乳酸菌的正常生长和繁殖；钝化原料乳中对发酵菌有抑制作用的天然抑制物；热处理使牛乳中的乳清蛋白变性，以达到改善组织状态，提高黏稠度和防止成品乳清析出的目的。原料乳经过90～95℃（可杀死噬菌体）并保持5min的热处理效果最好。

4. 接种

热处理后的乳要马上降温到发酵剂菌种最适生长温度。接种量要根据菌种活力、发酵方法、生产时间的安排和混合菌种配比的不同而定。一般生产发酵剂，其产酸活力均在0.7%～1.0%，此时接种量应为2%～4%。如果活力低于0.6%时，则不应用于生产。制作酸乳常用的发酵剂为嗜热链球菌和保加利亚乳杆菌的混合菌种，降低杆菌的比例则酸乳在保质期限内产酸平缓，防止酸化过度，如生产短保质期普通酸乳，发酵剂中球菌和杆菌的比例应调整为1∶1或2∶1。生产保质期为14～21d的普通酸乳时，球菌和杆菌的比例应调整为5∶1；对于制作果料酸乳而言，两种菌的比例可以调整到10∶1，此时保加利亚乳杆菌的产香性能并不重要，这类酸乳的香味主要来自添加的水果。

（三）凝固型酸乳的加工及质量控制

1. 工艺要求

（1）调味、包装　香精可以在牛乳包装以前连续的按比例加入。如果需要添加带颗粒的果料或添加剂等，应在灌装接种的牛乳以前先定量地加到包装容器中。

（2）发酵、冷却　灌装后，产品装入箱中，然后运到发酵室中进行发酵，在发酵终了后冷却。

①发酵：灌装后的包装容器放入敞口的箱子里，互相之间留有空隙，使培养室的热气和冷却室的冷气能达到每一个容器。箱子堆放在托盘上送进培养室。在准确控制温度的基础上，能够保证质量的均匀一致。

②冷却：冷却的目的是迅速而有效地抑制酸乳中乳酸菌的生长，降低酶的活性，防止产酸过度，使酸乳逐渐形成坚固的凝固状态，降低和稳定酸乳脂肪上浮和乳清析出的速度，延长酸乳的保存期限。当酸乳发酵至最适pH（4.6）时，开始冷却，应在30～40min内把温度降至18～20℃以下，最终，凝固型酸乳在冷库里要冷却至5℃左右，产品贮存至发送。需要注意的是：冷却开始时酸乳处于软嫩状态，对机械振动十分敏感，在这种状态下，酸乳组织状态一旦遭到破坏，最终很难恢复正常。因此，冷却时一定要注意轻拿轻放。

（3）冷藏、后熟　冷藏温度一般在2～7℃，冷藏过程的24h内，风味物质继续产生，而且多种风味物质相互平衡形成酸乳的特征风味，通常把这个阶段称为后成熟期。一般2～7℃下酸乳的贮藏期为7～14d。

（4）运输　凝固型酸乳在运输与销售过程中不能过于振动和颠簸，否则其组织结构易遭到破坏，析出乳清，影响外观。

凝固型酸乳生产线如图10－1所示。

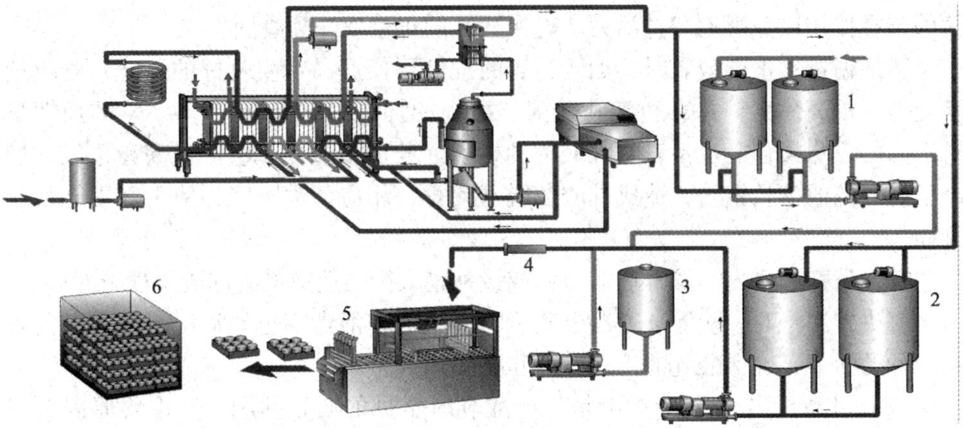

图10－1　凝固型酸乳生产线

1—生产发酵剂罐　2—缓冲罐　3—果料或香料罐　4—混合器　5—包装　6—培养

2. 凝固型酸乳的质量缺陷及控制

凝固型酸乳生产中，常会出现一些质量缺陷。

（1）凝固性差　酸乳有时会出现凝固性差或不凝固现象，黏性很差，出现乳清分离。

①原料乳质量：当乳中含有抗菌素、防腐剂时，会抑制乳酸菌的生长。使用乳房炎乳时由于其白血球含量较高，对乳酸菌也有不同的噬菌作用。原料乳掺假，特别是掺碱，使发酵所产的酸消耗于中和，而不能积累达到凝乳要求的pH，从而使乳不凝或凝固不好。原料乳消毒前，污染有能产生抗菌素的细菌，杀菌处理虽除去了细菌，但产生的抗菌素不受热处理影响，会在发酵培养中起抑制作用，这一点引起的发酵异常往往会被忽视。原料乳的酸度越高，含这类抗菌素就越多。牛乳中掺水，会使乳的总干物质降低，也会影响酸乳的凝固性。

解决方法：必须把好原料验收关，杜绝使用含有抗菌素、农药以及防腐剂或掺碱牛乳生产酸乳。对由于掺水而使干物质降低的牛乳，可适当添加脱脂乳粉，使干物质达11%以上，以保证质量。

②发酵温度和时间：发酵温度依所采用乳酸菌种类的不同而异。若发酵温度低于最适温度，乳酸菌活力则下降，凝乳能力降低，使酸乳凝固性降低。发酵时间短，也会造成酸乳凝固性降低。此外，发酵室温度不均匀也是造成酸乳凝固性

降低的原因之一。

解决方法：在实际生产中，应尽可能保持发酵室的温度恒定，并控制发酵温度和时间。

③噬菌体污染：是造成发酵缓慢、凝固不完全的原因之一。可通过发酵活力降低，产酸缓慢来判断。

解决方法：国外采用经常更换发酵剂的方法加以控制。此外，由于噬菌体对菌的选择作用以免影响菌种活力，确保酸乳的正常发酵和凝固。

④加糖量：生产酸乳时，加入适当的蔗糖可使产品产生良好的风味，凝块细腻光滑，提高黏度，并有利于乳酸菌产酸量的提高。试验证明，6.5%的加糖量对产品的口味最佳，也不影响乳酸菌的生长。若加量过大，会产生高渗透压，抑制了乳酸菌的生长繁殖，造成乳酸菌脱水死亡，相应活力下降，使牛乳不能很好凝固。

⑤发酵剂的活力：发酵剂活力弱或接种量太少会造成酸乳的凝固性下降。

解决方法：对一些灌装容器上残留的洗涤剂和消毒剂也要清洗干净，以免影响菌种的活力，确保酸乳的正常发酵和凝固。

（2）乳清析出　乳清析出是生产酸乳时常见的质量问题，其主要原因有以下几种。

①原料乳热处理不当：热处理温度偏低或时间不够，就不能使大量乳清蛋白变性，而变性乳清蛋白可与酪蛋白形成复合物，能容纳更多的水分，并且具有最小的脱水收缩作用。要保证酸乳吸收大量水分和不发生脱水收缩作用，至少使75%的乳清蛋白变性，这就要求85℃、20~30min或90℃、5~10min的热处理；UHT加热（135~150℃、2~4s）处理虽能达到灭菌效果，但不能使75%的乳清蛋白变性，所以酸乳生产不宜用UHT加热处理。

解决方法：原料乳的最佳热处理条件是90~95℃、5min。

②发酵时间：若发酵时间过长，乳酸菌继续生长繁殖，产酸量不断增加。酸性的增强破坏了原来已形成的胶体结构，使其容纳的水分游离出来形成乳清上浮。发酵时间过短，乳蛋白质的胶体结构还未充分形成，不能包裹乳中原有的水分，也会形成乳清析出。

解决方法：酸乳发酵时，应抽样检查，发现牛乳已完全凝固，就应立即停止发酵；若凝固不充分应继续发酵，待完全凝固后取出。

③其他因素：原料乳中总干物质含量低、酸乳凝胶机械振动、乳中钙盐不足、发酵剂加量过大等也会造成乳清析出，在生产时应加以注意，乳中添加适量的$CaCl_2$既可减少乳清析出，又可赋于酸乳一定的硬度。

（3）风味

①无芳香味：主要由于菌种选择及操作工艺不当所引起。正常的酸乳生产应保证两种以上的菌混合使用并选择适宜的比例，任何一方占优势均会导致产香不

足，风味变劣。高温短时发酵和固体含量不足也是造成芳香味不足的因素。芳香味主要来自发酵剂酶分解柠檬酸产生的丁二酮物质。

解决方法：原料乳中应保证足够的柠檬酸含量。

②酸乳的不洁味：主要由发酵剂或发酵过程中污染杂菌引起。污染丁酸菌可使产品带刺鼻怪味，污染酵母菌不仅产生不良风味，还使酸乳产生气泡。

③酸乳的酸甜度：酸乳过酸、过甜均会影响质量。发酵过度、冷藏时温度偏高和加糖量较低等会使酸乳偏酸，而发酵不足或加糖过高又会导致酸乳偏甜。

解决方法：应尽量避免发酵过度现象，并应在0~4℃条件下冷藏，防止温度过高，严格控制加糖量。

④原料乳的异臭：牛体臭、氧化臭味及由于过度热处理或添加了风味不良的炼乳或乳粉等制造的酸乳也是造成其风味不良的原因之一。

（4）表面有霉菌生长　酸乳贮藏时间过长或温度过高时，往往在表面出现有霉菌。黑斑点易被察觉，而白色霉菌则不易被注意。这种酸乳被人误食后，轻者有腹胀感觉，重者引起腹痛下泻。

解决方法：要严格保证卫生条件并根据市场情况控制好贮藏时间和贮藏温度。

（5）口感差　优质酸乳柔嫩、细滑，清香可口。但有些酸乳口感粗糙，有砂状感。这主要是由于生产酸乳时采用了高酸度的乳或劣质的乳粉。

解决方法：生产酸乳时，应采用新鲜牛乳或优质乳粉，并采取均质处理，使乳中蛋白质颗粒细微化，达到改善口感的目的。

（四）搅拌型酸乳的加工及质量控制

1. 工艺要求

搅拌型酸乳的加工工艺及技术要求与凝固型酸乳相同，其不同点主要是：搅拌型酸乳多了搅拌混合工艺。

（1）发酵　在发酵罐或缸中进行，控制好发酵温度。

（2）冷却

①冷却过程：

第Ⅰ阶段：此阶段温度从40~45℃降至35~38℃。为了有效而迅速地抑制细菌增殖，可适当加强。

第Ⅱ阶段：此阶段温度从35~38℃降至19~20℃。该阶段冷却的目的是阻止乳酸菌生长。

第Ⅲ阶段：此阶段乳酸菌发酵缓慢，温度从19~20℃降至10~12℃。

第Ⅳ阶段：此阶段在贮藏温度下的冷却，温度从10~12℃降至5℃，该阶段可有效地抑制酸度的上升和酶的活性。

②冷却方法：搅拌型酸乳的冷却采用片式冷却器、管式冷却器、表面刮板式热交换器及冷却缸（槽）等。

冷却过快：凝块迅速收缩，导致乳清析出；

冷却过慢：造成产品过酸和添加的果料脱色。

（3）搅拌　通过机械力破坏凝胶体，使凝胶体的粒子直径达到0.01～0.4nm，并使酸乳的硬度和黏度及组织状态发生变化。

①搅拌方法：凝胶体层滑法、凝胶体搅拌法、均质法。

②搅拌时的质量控制：温度：搅拌的最适温度为0～7℃；pH：酸乳的搅拌在凝胶体的pH低于4.7时进行；若pH高于4.7时搅拌，则酸乳凝固不完全；黏性不足而影响质量；干物质：乳的干物质含量合格，对搅拌型酸乳防止乳清析出起到较好的作用。

（4）混合和装罐　果蔬、果酱及各种类型的调香物质等可在酸乳白缓冲罐到包装机的输送过程中，通过一台变速的计量泵连续加入到酸乳中。一般发酵罐内采用螺旋搅拌器即可混合均匀。酸乳可根据需要确定包装量、包装形式及灌装机型号。

（5）冷却和后熟　将灌装好的酸乳于0～7℃的冷库中冷藏24h进行后熟，进一步促使芳香物质的产生，并改善其黏稠度。

搅拌型酸乳生产线见10－2所示。

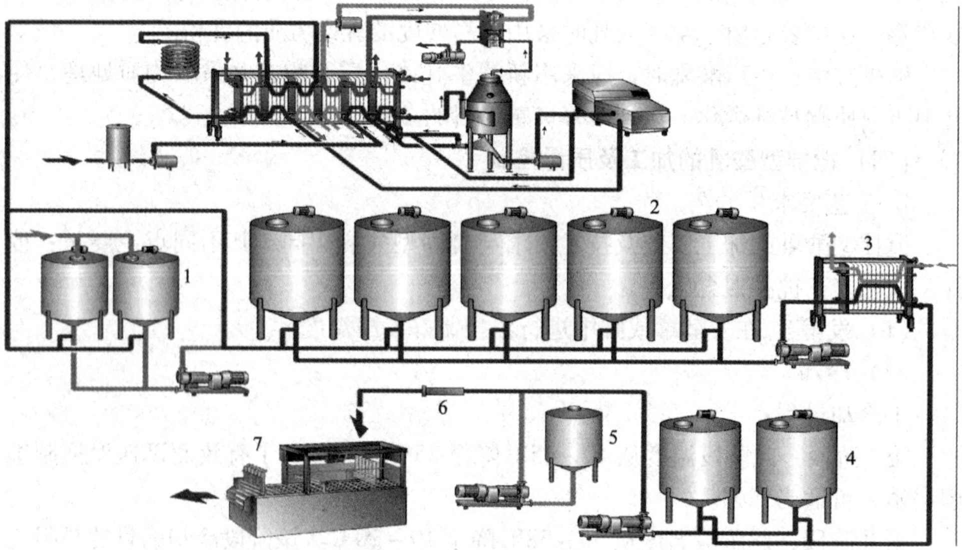

图10－2　搅拌型酸乳生产线

1—生产发酵剂罐　2—发酵罐　3—片式热交换器　4—缓冲罐　5—果料/香料　6—混合器　7—包装

2. 搅拌型酸乳生产过程中质量缺陷及控制

（1）砂状组织：酸乳组织的外观上存在许多砂状颗粒，不细腻。

砂状结构产生的原因有：发酵温度过高、发酵剂活力低和接种过量发酵剂、发酵期间振动、牛乳浓缩或受热过度及添加乳粉过多等原因引起。

解决方法：选择适宜的发酵温度，避免原料乳受热过度，减少乳粉用量，避免干物质含量过高，并不要在较高的温度下搅拌。

（2）乳清析出　酸乳搅拌速度过快或搅拌温度不适宜、酸乳发酵过度、冷却温度不适宜及干物质含量不足等因素会造成乳清的析出。

解决方法：选择适宜的搅拌器，注意降低搅拌温度，选用适宜的稳定剂，提高酸乳的黏度，防止乳清的析出。

（3）风味不正

①无芳香味：芳香味主要来源于发酵剂中的酶分解柠檬酸产生的丁二酮。

菌种的选择和操作不当引起的；高温短时发酵和固体含量不足会造成芳香味不足。

解决方法：保证两种以上的菌种混合使用并选择适宜的比例。

②酸乳的不洁味：主要是发酵剂或发酵过程中污染杂菌引起的。

解决方法：注意器具的清洗消毒，严格保证卫生条件，同时考虑更换发酵剂。

③酸乳的酸甜味：发酵过度、冷藏温度偏高及加糖量较低等都会使酸乳偏酸；发酵不足或加糖过高会导致酸乳偏甜。

解决方法：避免发酵过度，并应在0.5℃的条件下冷藏，防止温度过高，严格控制加糖量。

④酸乳的异臭味：原料乳的饲料臭、牛体臭、氧化臭、热处理过度或添加了风味不良的炼乳是造成风味不良的原因。

解决方法：严把质量关，严格操作规程。

⑤污染杂菌：搅拌过程中操作不当而混入大量空气，造成酵母和霉菌污染。添加果蔬成分时，处理不当，造成果蔬的变质和变味而引起产品风味不良。

解决方法：严格操作规程。

（4）色泽异常　加入果蔬成分时处理不当，会引起变色、退色等现象；不同温度和酸碱度对色泽有较大影响。

解决方法：严格操作规程，根据果蔬的性质和加工特性与酸乳进行合理的搭配制作，必要时添加抗氧化剂、维生素E及儿茶酚等。

三、酸乳质量控制

酸乳制品应符合其产品分类和酸牛乳国家标准GB 19302—2010。

1. 原料要求

（1）生乳　应符合GB 19301—2010规定。

（2）其他原料　应符合相应安全标准或有关规定。

（3）发酵菌种　保加利亚乳杆菌（德氏乳杆菌保加利亚亚种）、嗜热链球菌或其他由国务院卫生行政部门批准使用的菌种。

2. 感官要求

应符合表 10－1 的规定。

表 10－1　**感官要求**

项　目	要　求		检验方法
	发酵乳	风味发酵乳	
色　泽	色泽均匀一致，呈乳白色或微黄色	具有与添加成分相符的色泽	取适量试样置于 50mL 烧杯中，在自然光下观察色泽和组织状态。闻其气味，用温开水漱口，品尝滋味
滋味、气味	具有发酵乳特有的滋味、气味	具有与添加成分相符的滋味和气味	
组织状态	组织细腻、均匀，允许有少量乳清析出；风味发酵乳具有添加成分特有的组织状态		

3. 理化指标

应符合表 10－2 的规定。

表 10－2　**理化指标**

项　目		指　标		检验方法
		发酵乳	风味发酵乳	
脂肪含量/（g/100g）	≥	3.1	2.5	GB 5413.3
非脂乳固体含量/（g/100g）	≥	8.1	—	GB 5413.39
蛋白质含量/（g/100g）	≥	2.9	2.3	GB 5009.5
酸度/°T	≥	70.0		GB 5413.34
仅适用于全脂产品				

4. 污染物限量

应符合 GB 2762—2005 的规定。

5. 真菌毒素限量

应符合 GB 2761—2011 的规定。

6. 微生物限量

应符合表 10－3 的规定。

表 10－3 微生物限量

项　目	采样方案及限量（若非指定，均以 cfu/g 或 cfu/mL 表示）				检验方法
	n	*c*	*m*	*M*	
大肠菌群	5	2	1	5	GB 4789.3 平板计数法
金黄色葡萄球菌	5	0	0/25 g（mL）	—	GB 4789.10 定性检验
沙门菌	5	0	0/25 g（mL）	—	GB 4789.4
酵母　≤	100				GB 4789.15
霉菌　≤	30				
样品的分析及处理按 GB 4789.1 和 GB 4789.18 执行					

7. 乳酸菌数

应符合表 10－4 的规定。

表 10－4 乳酸菌数

项　目	限量/［cfu/g（mL）］	检验方法
乳酸菌数　≥	1×10^{6}	GB 4789.35
发酵后经热处理的产品对乳酸菌数不作要求		

8. 添加剂和营养强化剂

（1）食品添加剂和营养强化剂质量应符合相应的安全标准和有关规定。

（2）食品添加剂和营养强化剂的使用应符合 GB 2760—2011 和 GB 14880—2012 的规定。

任务二 乳酸菌饮料生产

一、乳酸菌饮料概念及分类

乳酸菌饮料是一种发酵型的酸性含乳饮料，通常以牛乳或乳粉、植物蛋白乳（粉）、果蔬菜汁或糖类为原料，经杀菌、冷却、接种乳酸菌发酵剂培养发酵，然后经稀释而成。乳酸菌饮料根据最终产品的风味将其分为以发酵乳为主体的酸乳型乳酸菌饮料和以果蔬为主体的果蔬型乳酸菌饮料两大类。同时根据最终产品是否杀菌又可分为活性乳酸菌饮料（未经后杀菌）和非活性乳酸菌饮料（经后杀菌）。

1. 酸乳型乳酸菌饮料

在酸乳的基础上将其破碎、配入香料、白糖、稳定剂等通过均质而制成的均匀一致的液体饮料。

2. 果蔬型乳酸菌饮料

在发酵乳中加入适量的浓缩果汁（柑橘、草莓、苹果、沙棘、红果、椰汁、œ%果等）或蔬菜汁浆（胡萝卜、番茄、玉米、南瓜等），再通过加入白糖、稳定剂或香料等调配、均质后制作而成。

近年来，乳酸菌饮料因其营养保健功能和独特的风味而受到消费者的欢迎。目前，其研究的重点主要是通过添加不同种类营养物质和稳定剂制造出新型乳酸菌饮料，这将极大地丰富和满足发酵乳制品的市场。

二、乳酸菌饮料生产

（一）乳酸菌饮料工艺流程

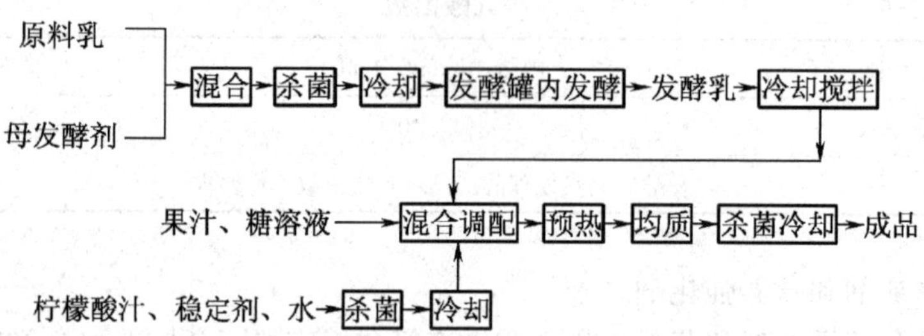

（二）乳酸菌饮料的工艺要求

1. 发酵前原料乳成分的调配

发酵前一般可通过添加脱脂乳粉、或蒸发原料乳、或超滤、或添加酪蛋白粉、乳清粉等方法将调配料中的非脂乳固体含量调整到15% ~18%。

2. 冷却、破乳

发酵过程结束后要进行冷却和破碎凝乳，破碎凝乳的方式可以采用边碎乳、边混入已杀菌的稳定剂、糖液等混合料。欲生产高黏度的乳酸菌饮料，那么发酵以后所有泵应选择螺杆泵，同时混料时应避免搅拌过度。

3. 配料

一般乳酸菌饮料的配方中包括酸乳、糖、果汁、稳定剂、酸味剂、香精和色素等，厂家可根据自己的配方进行配料。一般先将稳定剂与白砂糖一起混合均匀，用70~80℃热水充分溶解，然后过滤、杀菌；酸味剂稀释后冷却，最后将冷却、搅拌后的发酵乳、溶解的稳定剂和稀释的酸液一起混合加入香精。

4. 均质

均质使混合料液滴微细化，提高料液黏度，抑制粒子的沉淀，并增强稳定剂的稳定效果。乳酸菌饮料较适宜的均质压力为20~25MPa，温度53℃左右。

5. 果蔬预处理

在制作果蔬乳酸菌饮料时，必须首先对果蔬进行加热处理，以起到灭酶作用，通常在沸水中放置6~8min。经灭酶后打浆或取汁，再与杀菌后的原料乳混合。

6. 后杀菌

乳酸菌饮料属于高酸食品，可采用高温短时巴氏杀菌，常用杀菌条件为95~108℃、30s或110℃、4s。对塑料包装产品来说，一般灌装后采用95~98℃、20~30min的杀菌条件，然后进行冷却。

7. 包装

根据实际需要选择塑料袋、塑料瓶、利乐包、康美包等包装形式。

三、乳酸菌饮料的质量控制

1. 饮料中活菌数的控制

乳酸菌活性饮料要求每毫升饮料中含活的乳酸菌100万以上。欲保持较高活力的菌，发酵剂应选用耐酸性强的乳酸菌种（如嗜酸乳杆菌、干酪乳杆菌）。

2. 沉淀

沉淀是乳酸菌饮料最常见的质量问题。乳蛋白中80%为酪蛋白，其等电点为pH4.6。通过乳酸菌发酵，并添加果汁或加入酸味剂使乳酸菌饮料的pH在3.9~4.4，此时，酪蛋白处于高度不稳定状态，任其静置，势必造成分层、沉淀等现象。

此外，在加入果汁、酸味剂时，若酸浓度过大，加酸时混合液温度过高或加酸速度过快及搅拌不匀等均会引起局部过度酸化而发生分层和沉淀。为使酪蛋白胶粒在饮料中呈悬浮状态，不发生沉淀，应注意以下几点。

（1）均质　均质能提高饮料的稳定性。经均质后的酪蛋白微粒，因失去了静电荷、水化膜的保护，使粒子间的引力增强，增加了碰撞机会，容易聚成大颗粒而沉淀。因此，均质必须与稳定剂配合使用，方能达到较好效果。

此外，均质时料液温度的控制很关键，均质温度宜保持在51.0~54.5℃，53℃均质时饮料的稳定性最好；低于51℃时黏度增加，瓶壁易出现沉淀，并有乳清析出；高于54℃时，饮料较稀，无凝固物，易出现水泥状凝固物，饮用时有粉状或粒质感。

（2）稳定剂　为了达到完全防止沉淀的目的，在均质时必须同时添加亲水性和乳化性较高的稳定剂，其不仅能提高饮料的黏度，还可以防止蛋白质粒子下沉，更重要的是它本身是一种亲水性高分子化合物，在酸性条件下与酪蛋白结合形成胶体保护，防止凝集沉淀。

此外，由于牛乳中含有较多的钙，在 pH 降到酪蛋白的等电点以下时以游离钙状态存在，Ca^{2+} 与酪蛋白之间发生凝集而沉淀，可添加适当的磷酸盐使其与 Ca^{2+} 形成螯合物，从而发挥稳定作用。目前，常使用的乳酸菌饮料稳定剂有羧甲基纤维素（CMC）、藻酸丙二醇酯（PGA）等，两者以一定比例混合使用效果更好。

（3）添加蔗糖　添加 10% 蔗糖不仅使饮料酸中带甜，而且糖在酪蛋白表面形成被膜，可提高酪蛋白与其他分散介质的亲水性，并能提高饮料密度，增加黏稠度，有利于酪蛋白在悬浮液中的稳定。

（4）有机酸的添加　添加柠檬酸等有机酸类是引起饮料产生沉淀的因素之一。因此，必须在低温条件下添加，添加速度要缓慢，搅拌速度要快。酸液一般以喷雾形式加入。

（5）发酵乳的搅拌温度　为了防止沉淀产生，还应注意控制好搅拌发酵乳时的温度。高温时搅拌，凝块将收缩硬化，造成蛋白胶粒的沉淀。

3. 脂肪上浮

如果乳酸菌饮料是以全脂乳或脱脂不充分的脱脂乳作原料生产时，一旦均质处理不当，极易出现脂肪上浮。此时应改进均质条件，如增加压力或提高温度，同时可添加酯化度高的稳定剂或乳化剂如卵磷脂、单硬脂酸甘油酯、脂肪酸蔗糖酯等。最好采用含脂率较低的脱脂乳或脱脂乳粉作为乳酸菌饮料的原料。

4. 果蔬原料的质量控制

果蔬原料的添加可以强化饮料的风味与营养，但是如果果蔬料本身的质量较差或配制饮料时预处理不当，也会影响饮料的感官质量，会使饮料在保存过程中出现变色、褪色、沉淀、污染杂菌等。因此，在选择及加入这些果蔬料时应注意杀菌处理。另外，在生产中可适当加入一些抗氧化剂，如维生素 C、维生素 E、儿茶酚、EDTA 等，以增强果蔬色素的抗氧化能力。

5. 杂菌污染

乳酸菌的酸败主要是由酵母菌、霉菌等杂菌的污染引起。酵母菌繁殖会产生二氧化碳，并形成酯臭味和酵母味等不愉快风味，产生气泡和异常凝固。另外霉菌耐酸性很强，也容易在乳酸中繁殖并对产品的外观和风味产生不良影响，甚至会使产品完全失去商品价值。

所以使用蔗糖、果汁的乳酸菌饮料，其加工车间的卫生条件必须符合有关要求，以避免制品二次污染。

四、乳酸菌饮料标准

1. 感官指标

色泽呈均匀一致的乳白色，稍微带黄色或相应的果类色泽。口感细腻、甜度适中、酸而不涩，具有乳酸菌饮料应有的滋味和气味，无异味。呈乳浊状，均匀一致不分层，允许有少量沉淀，无气泡。

2. 理化指标

应符合表 10－5 所示。

表 10－5 乳酸菌饮料理化指标

项 目	指 标
蛋白质含量/%	≥0.7
总固体含量/%	≥11
总糖（以蔗糖计）含量/%	≥10
酸度/°T	40～90
砷（以 As 计）含量/（mg/kg）	≤0.5
铅（以 Pb 计）含量/（mg/kg）	≤1.0
铜（以 Cu 计）含量/（mg/kg）	≤5.0
脲酶试验	阴性
食品添加剂	按 GB2760 规定

3. 卫生指标

应符合表 10－6 所示。

表 10－6 乳酸菌饮料微生物指标

项 目	指 标
	活性乳酸菌饮料
乳酸菌数/（cfu/mL）出厂销售	≥1×10^4 有活菌检出
菌落总数/（cfu/mL）	～
大肠菌群/（MPN/100mL）	≤3
霉菌总数/（cfu/mL）	≤30
酵母数/（cfu/mL）	≤50
致病菌（肠道致病菌及致病性球菌）	不得检出

【习题】

1. 酸乳的概念。
2. 酸乳的类型有哪些？
3. 发酵剂的种类有哪些？
4. 简述发酵剂的作用。
5. 凝固型酸乳的加工要点是什么？
6. 乳酸菌饮料的加工工艺流程。

实　训

实训一　低度白酒的除浊处理

一、实训目的

了解处理白酒降度混浊的一般方法，懂得如何解决白酒降度后的混浊问题，比较各种除浊处理的效果。

二、实训原理

白酒降度后，溶解于酒中的棕榈酸乙酯、油酸乙酯、亚油酸乙酯等的溶解度降低，温度低时溶解度更低而析出，引起酒液的混浊。采用蒸馏法、冷冻过滤法、吸附法等都能降低这些物质的溶解度，使白酒降度时不析出。但这些方法又有各自的优缺点，实验中要认真加以比较。

三、实训器材与试剂

材料与试剂：酒精度60%（体积分数）高粱白酒，玉米淀粉，木薯淀粉，鸡蛋，活性炭，海藻酸钠，多孔性离子交换树脂。

仪器与器皿：大玻璃缸（最好是长柱状）一个，酒度表一支，蒸馏器一套，离子交换树脂柱一具，500mL 量筒多个，冰箱，直尺，橡皮管，玻璃棒等。

四、实训步骤

（1）取 4000mL 酒精度 60%（体积分数）高粱白酒于大玻璃缸中，一边加水一边搅拌，一边以酒度表测量，使之稀释至酒精度 39%，记录稀释过程中的变化。

（2）将酒精度 39% 的白酒分别装入 500mL 量筒中，每量筒的酒液数量精确至 500mL，并编上编号，按下表所列方法处理。

分装白酒的具体处理方法和结果

序号	处理方法	处理过程中的变化	结果
1	放入 1500mL 平底烧瓶中，再加水 300mL，直立安装球形冷凝管蒸馏出酒精		
2	加入精致玉米淀粉 2g 搅匀，室内静置		
3	加入木薯淀粉 2g 搅匀，室内静置		
4	将 2g 玉米淀粉煮熟加入，搅匀，室内静置		
5	加入玉米淀粉 2g 搅匀，冰箱中 0℃ 静置		
6	加入粉状活性炭搅匀，室内静置		
7	加入 1% 海藻酸钠 2mL，静置 1d，棉饼过滤，再加入 0.5g 活性炭，搅匀，静置后过滤		
8	直接用离子交换树脂反复过滤		
9	对照（直接静置）		

（3）静置过程中，经常观察沉淀的速度；观察澄清层的透明度；沉淀 2d 后，用直尺量出透明层和混浊层的高度，观察透明层和混浊层二相分明与否。

（4）用橡皮软管虹吸出 2～6 号及 9 号样品的上清液，分别放入另外 500mL 的量筒中，将下部混浊液加两倍水分别蒸馏，将蒸馏出的酒精并入原来虹吸出的透明清液中。

（5）将各号处理样品分别加水补充至原来的体积，通过酒精度表查酒精度，并品尝其味。

五、思考与练习

以上各项处理的除浊效果和实用价格如何？

六、实训报告

实训二 酒精发酵试验

一、实训目的

了解酒精发酵工艺流程。

二、实训原理

在无菌培养条件下，酵母菌利用己糖发酵为酒精和二氧化碳的作用，称作酒精发酵。酒精发酵是产生酒精和各种酒类的基础，因此测定发酵过程中生成二氧化碳的量和终产物酒精的量，可以测定酵母的发酵能力。

三、实训器材与试剂

材料与试剂：酵母菌 1308、BF－7658 的淀粉酶。

仪器与器皿：蒸馏烧瓶、冷凝管、容量瓶、量筒、电炉、酒精表（0%～2%）、温度计(0～100℃)。

四、实训步骤

（一）酒母的培养

1. 培养基的制备

（1）试管斜面培养基　将浓度为 13°Bx 的麦芽汁 100mL 加入 2% 琼脂，融化后分装试管，98066.5Pa 灭菌 30min。

（2）液体试管培养基　将浓度为13°Bx的麦芽汁8mL，分装于试管中，98066.5Pa灭菌30min。

（3）三角瓶扩大培养基　将浓度为13°Bx的麦芽汁80mL，分装于三角瓶内，以6mol/L硫酸调节pH至4.1～4.5，98066.5Pa灭菌30min。

2. 接种与扩大培养

（1）将酵母菌1308接于斜面试管，28～30℃培养48h。

（2）将上述培养好的斜面，接种于液体试管中，30℃培养24h。

（3）上述液体酵母接种于三角瓶扩大培养，28～30℃培养20～24h。

3. 酵母质量检查

镜检时要求形态整齐。细胞内原生质稠密，无空泡，无杂菌，细胞数0.3～1.0亿/mL，出芽率17%～20%，死亡率小于2%。

（二）淀粉的液化与糖化

（1）以1∶3.5的山芋粉和水的比例，用70～80℃温水调粉浆1000mL，加BF－7658的淀粉酶0.1%，于电炉加热至90～93℃，保持5～10min。并继续加热煮沸1h，使其补充水分。

（2）将上述液化液冷却至60～62℃，加入10%麸曲糖化30min，分装三角瓶，每瓶400mL。

（3）糖化液质量检查：要求糖度16～17°Bx，还原糖4%～6%，酸度pH2～3。

（三）酒精发酵

将培养成熟的酒母以无菌接入盛有400mL糖化液的发酵瓶中，30℃培养68～72h。

五、思考与练习

（1）白酒发酵过程需要注意哪些？

（2）记录白酒发酵过程。

六、实训报告

实训三　麦汁的制备及糖度检测

一、实训目的

学习麦汁的制备流程，为啤酒发酵准备原料；会用糖锤度计测定糖度。

二、实训原理

麦汁的制备包括原料糖化、麦醪过滤和麦汁煮沸等几个步骤。糖化一般分阶段进行，先将糖化醪调制 35℃，使麦芽中的酶最大限度地溶出。在麦芽酶中，α-淀粉酶和β-淀粉酶是两种关键的酶，他们的最适 pH 均在 5.6。α-淀粉酶的最适温度在 70℃左右，50℃以下活性很弱，至 80℃时失活，β-淀粉酶的最适作用温度为 60～70℃。

糖化结束，意味着麦汁已经形成。为了获得清亮的麦汁和较高的麦汁得率，应采用过滤的方法尽快将麦汁与麦糟分离。该工序阶段分为过滤和洗糟两个操作单元。要求过滤速度正常，洗糟后残糟含糖量适当，麦汁吸氧量低，色香味正常。

过滤后的麦汁需要进行煮沸并添加酒花。

麦汁煮沸要求适当的煮沸强度，分批添加酒花，在预定时间内，使麦汁达到规定浓度，并保持明显的酒花色香和柔和的酒花苦味，以保证成品啤酒有光泽、风味好、稳定性高。

为了调整啤酒酿制时的原麦汁浓度，控制发酵的进程，常常在麦汁制造后、啤酒发酵过程中用简易的糖锤度计测定麦汁的浓度。糖锤度计实际上是一简易密度计，主要是测定麦汁及啤酒中所含的浸出物含量，浸出物越多，密度也越大。

三、实训器材与试剂

在糖化车间一般有四种设备，糊化锅、糖化锅、麦汁过滤槽和麦汁煮沸锅，本实训由于受条件限制，只能采用单式设备，即将糖化锅和麦汁煮沸锅合二为一，以浸出糖化法用全麦芽来制作麦汁。

本实训需要用到的器材主要有：电炉，恒温水浴锅，烧杯，布氏漏斗，天平，量筒，玻璃棒，温度计，滤棉和纱布，粉碎机，点滴板，滴管，糖锤度计。

四、实训步骤

（一）麦汁的制备

1. 麦芽用量的计算

糖化用水量一般按下式计算：

$$V = w\ (100 - c)\ /c$$

式中 c——过滤开始时麦汁浓度（第一麦汁浓度）

w——100kg 原料中含有的可溶性物质（浸出物质质量分数）

V——100kg 原料（麦芽粉）所需的糖化用水量（L）

【例】要制备 60L10°P 的麦汁，如果麦汁的浸出物质量分数为 75%，请问需要加入多少麦芽糖?

因为 $V = 75 \times (100 - 10)\ /10 = 675$L，即 100kg 原料需 675L 水，则要制备 60L 10°P 的麦汁，大约需要添加 10kg 的麦芽粉和 60L 左右的水（不计麦芽溶出后增加的体积）。

2. 麦芽粉碎

称取 100g 麦芽，用谷物粉碎机粉碎，注意调节粉碎颗粒度，使粗细粉比例控制在 1∶2.5，同时使麦皮破而不碎。必要时可稍稍回潮后粉碎。

3. 糖化

糖化是利用麦芽中所含的酶，将麦芽和辅助原料中的不溶性高分子物质，逐步分解为可溶性低分子物质的过程。制成的浸出物溶液就是麦汁。

本实训采用浸出糖化法。在糖化锅内加入 675mL 纯净水，开启搅拌机，将粉碎后的麦芽粉缓慢倒入糖化锅，并使麦芽粉分散均匀。然后按下述流程糖化：

35 ~ 37℃，保温 30min → 50 ~ 52℃，保温 60min → 65℃，保温 30min（碘液反应完全）→ 76 ~ 78℃送入过滤槽。

4. 麦汁的过滤

麦汁过滤即将糖化醪中的浸出物与不溶性麦糟分开，以得到澄清麦汁的过程。由于过滤槽底部是筛板，要借助麦糟形成过滤层来达到过滤的目的，因此前 30min 的滤出物应返回重滤。头道麦汁滤完后，应用适量 76 ~ 78℃热水洗糟得到洗涤麦汁。

麦汁在过滤过程中，由于麦糟层中空隙的堵塞，过滤速度会越来越慢，此时可适当搅动上层麦糟，但必须注意，不能破坏下层麦糟，否则，流出的麦汁会变得混浊不清。

5. 麦汁煮沸

让过滤后的澄清麦汁流入煮沸锅，夹套通蒸汽加热至沸腾，分2～3次加入酒花（每60L麦汁中添加约80g），煮沸时间一般维持在1.5～2h，蒸发量达15%～20%（蒸发时尽量开口，煮沸结束时，为了防止空气中的杂菌进入，最好密闭）。

6. 麦汁冷却、充氧。

（二）糖度的测定

糖锤度计即糖度表，又称勃力克斯密度计。它的刻度称为勃力克斯度（°Bx），是用纯蔗糖浓度的质量分数来表示的。规定在20℃时使用，勃力克斯度与相对密度的关系举例：

相对密度：	1.00250	1.01745	1.03985
勃力克斯度（°Bx）：	0.641	4.439	9.956

柏拉图度（°P）是一种与°Bx相同的表示密度的刻度，也以在20℃时纯蔗糖溶液的质量分数来表示。国家标准规定原麦汁浓度用柏拉图度表示，指100g麦汁中含有浸出物的克数。

巴林密度计：其刻度的含义与勃力克斯度相同，但规定在17.5℃使用，而不是在20℃使用。

取100mL麦汁或除气啤酒，放在100mL量筒中，放入糖锤度计，待稳定后，从糖锤度计与麦汁液面的交界处读出糖度，同时测定麦汁温度，根据校准值，计算20℃时的麦汁糖度。若糖度较低，糖锤度计不能浮起来，可多加一些麦汁，直至糖锤度计浮在液体中。糖锤度计测得糖度与液体的密度有关，而与量筒中所加液体的体积无关。

（三）注意事项

（1）若加热、煮沸过程中将蒸汽直接通入麦汁中，则由于蒸汽的冷凝，麦汁量会增加，因此应用夹套加热的方法。

（2）麦汁煮沸后的各步操作应尽可能无菌，特别是各管道及薄板冷却器应先进行杀菌处理。

（3）糖锤度计易碎，使用时要格外小心。

（4）注意区分勃力克斯密度计与波美密度计，不要搞错。对糖类来说，1波美度（°Be）相当于1.8°Bx。

五、思考与练习

（1）麦芽粉碎程度会对过滤产生怎样的影响？

（2）比较勃力克斯度（°Bx）与柏拉图度（°P）的异同。

（3）查阅资料，比较勃力克斯密度计与波美密度计的异同。

六、实训报告

根据麦汁的制备流程，完成麦汁的制备，并测定其糖度。完成实训报告。

实训四　淀粉酶解糖液的制备

一、实训目的

通过实训，采用一定的工艺和方法，能够对淀粉进行适当酶解，使淀粉分解成一些能被微生物直接利用的原料。

二、实训原理

发酵生产中，部分产生菌不能直接利用淀粉，也基本上不能利用糊精作为碳源。因此，当以淀粉作为原料时，必须先将淀粉水解成葡萄糖才能供发酵使用。在工业生产上将淀粉水解为葡萄糖的过程称为淀粉的“糖化”，所制得的糖液称为淀粉水解糖。可用来制备淀粉水解糖的原料很多，主要有山芋、玉米、小麦等含淀粉原料。

水解淀粉为葡萄糖的方法有三种，即酸解法、酶解法及双酶法。本实训采用双酶法将淀粉水解为葡萄糖。首先利用α-淀粉酶将淀粉液化，转化为糊精及低聚糖，使淀粉可溶性增加，接着利用糖化酶将糊精及低聚糖进一步水解，转化为葡萄糖。

水解糖液的质量标准：色泽：浅黄、杏黄色、透明液；糊精反应：无；DE值：90%以上；还原糖含量；18%左右；透光率：60%以上；pH：4.6~4.8。

三、实训器材与试剂

材料与试剂：大米粉、α-淀粉酶（2000U/g）、糖化酶（50000U/g）、碘液（11g碘，加22g碘化钾，用蒸馏水定容至500mL）。

仪器与器皿：恒温水浴槽、真空泵、抽滤瓶及布氏漏斗、比色板。

四、实训步骤

1. 液化

称取30g大米粉于三角瓶中，加水至100mL，用纯碱调节pH到6.2～6.4，再加入适量的氯化钙，使钙离子浓度达到0.01mol/L，并加入一定量的液化酶（控制5～8U/g淀粉），搅拌均匀后加热至85～90℃，保温10min左右，用碘液检验，达到所需的液化程度后升温到100℃，灭酶5～10min。

2. 碘液检验

在洁净的比色板上滴入1～2滴碘液，再滴入1～2滴的待检的液化液，若反应液呈橙黄色或棕红色即液化完全。

3. 糖化

将上述液化液冷却至60℃，用10%柠檬酸调节pH至4.0～4.5，按100U/g淀粉的量加入糖化酶，并于55～60℃保温糖化至糖化完全。糖化结束后升温至100℃，灭酶5min。

4. 糖化终点的判断

在150mm×15mm试管中加入10～15mL无水乙醇，加糖化液1～2滴，摇匀后若无白色沉淀形成表明已达到糖化终点。

5. 过滤

将糖化液趁热用布氏漏斗（接真空泵）进行抽滤，所得滤液即为水解糖液。

五、思考与练习

（1）如何确定酶解淀粉的液化是否完全？

（2）实训中使用的α－淀粉酶和糖化酶的添加量对水解有什么影响？酶的活力单位有哪些？有什么意义？

六、实训报告

（1）试述液化时添加氯化钙的作用。

（2）用糖量仪或采用斐林热滴定法测定水解液中糖的浓度，并计算该法水解淀粉产生葡萄糖的得率。

实训五 啤酒酵母的活化、扩大培养

一、实训目的

掌握啤酒酵母的扩大培养方法；会为实验室啤酒发酵准备菌种。

二、实训原理

啤酒发酵过程中，菌种起到很重要的作用，菌种的活性直接影响啤酒的各项指标。菌种的活化是为了得到纯种的培养物，即是获得活力旺盛的、接种数量足够的培养物。菌种发酵一般需要2~3代的复壮过程，由于保存时受各种条件的制约，所以要通过活化来回复菌种的生产性能。在啤酒发酵中，接种量应为麦芽汁量的10%。因此在接种之前，需要对酵母菌进行扩大培养。扩大培养的目的是为了将实验室保存的纯种酵母菌活化，逐步增殖，使酵母的数量由少变多，直至达到要求。

三、实训器材与试剂

材料与试剂：下面啤酒酵母、麦芽汁。

仪器与器皿：试管、接种针、三角瓶、卡氏罐。

四、实训步骤

1. 啤酒酵母的活化

斜面试管 → 5mL 麦芽汁试管3支（各活化3次）

整个过程要求无菌操作，从种子斜面取出菌种，接种到装有液体培养基的三角瓶中，28℃条件下，培养2~3d，活化结束。

在无菌的条件下，打开原菌试管，挑取一些接种环酵母菌菌落，接入已经灭菌的5mL麦芽汁试管中。重复3次实验，共3支试管。28℃条件下，培养24h。

从上述已经活化过一次的试管中，分别挑取3~4接种环的菌液，接种到已经灭菌的5mL麦芽汁试管中，28℃条件下，培养24h。以此类推，总共活化3次。

将活化过3次的试管酵母，分别倒入3支盛有25mL灭菌的麦芽汁试管中。接种后，再放入28℃，培养24h。此时，即为活化后的啤酒酵母菌液。

2. 啤酒酵母的扩大培养

一般采用三级扩大培养，扩大倍数：第1级到第2级为8~10倍（培养温度较高、酵母倍增时间短、无菌操作条件好，扩培比1∶10~20），第2级到第3级为4~6倍。其流程如下：

斜面试管→酵母活化→液体试管培养（28℃）→小三角瓶培养（28℃）→大三角瓶培养（23℃）

↓

发酵（10℃）←二级酵母增殖罐（11~12℃）←一级酵母增殖罐（12~13℃）←汉森罐培养（13~15℃）←卡氏罐培养（20℃）

啤酒酵母根据具体应用情况还可以分为实验室的扩大培养工艺和生产车间的扩大培养工艺。实验室扩大培养流程如下：

接种环酵母菌落

↓

斜面试管（28℃,3~4d）→酵母活化→10mL麦芽汁试管（28℃,24~26h）→50mL麦芽汁三角瓶（28℃,24h）

↓

→300mL麦芽汁三角瓶（25~28℃,24h）→3000mL麦芽汁三角瓶（22~25℃,24h）→10L卡氏罐培养（20℃,24~36h）

生产车间的酵母扩大培养，是在实验室培养的基础上完成的，也就是将10L卡氏罐培养后的啤酒酵母接种于100L的汉森罐中，酵母沉降以后，加入麦芽汁称为一级酵母增殖期，以此方式再进入二次增殖期，最后结束整个过程。这就是生产车间的啤酒酵母扩大培养方式。

五、思考与练习

（1）啤酒酵母的活化过程需要注意哪些问题？

（2）啤酒酵母的扩大培养过程需要注意哪些问题？

六、实训报告

根据流程图进行实验室的啤酒酵母活化以及扩大培养，完成实验报告。

实训六 啤酒主发酵

一、实训目的

了解啤酒主发酵的过程，掌握酵母发酵规律。

二、实训原理

啤酒主发酵是静置培养的典型代表，是将酵母接种至盛有麦芽汁的容器中，在一定温度下培养的过程。由于酵母是一种兼性厌氧微生物，先利用麦芽汁中的溶解氧进行繁殖，然后进行厌氧发酵生成酒精，这种有酒精产生的静置培养比较容易进行，因为产生的酒精有抑制杂菌生长的能力，允许一定程度的粗放操作。由于培养基中糖的消耗、CO_2与酒精的产生，相对密度不断下降，发酵进程可用糖度表来监视。若需分析其他指标，应从取样口取样测定。

三、实训器材与试剂

带冷却装置的发酵罐（100L），若无发酵装置，可将玻璃缸（如5L标本缸）放于生化培养箱中进行微型静置发酵。

四、实训步骤

（一）操作步骤

将糖化后冷却至10℃左右的麦芽汁送入发酵罐，接入酵母菌种，然后充氧，以利酵母生长，同时使酵母在麦芽汁中分散均匀，待麦芽汁中的溶解氧饱和后，让酵母进入繁殖期，约20h后，溶解氧被消耗，逐渐进入主发酵。主要操作步骤如下：

麦芽汁，10°P →冷却到10℃→接种（1.5×10^7个细胞/mL）→主发酵10℃→至4°P时结束（嫩啤酒）

由于发酵罐密闭，很难看清发酵的整个过程，建议一个组在1000mL玻璃缸（浸动物标本的标本缸）中进行啤酒主发酵小型实验。具体方法如下：

（1）洗标本缸，缸口用8层纱布包扎后，进行高压灭菌。

（2）将糖化得到的麦芽汁调整到10°P，冷却后摇动充氧，静置沉淀，将上清麦芽汁（600mL）以无菌操作方式倒入已灭菌的标本缸中。

（3）将50mL酵母菌种接入，在10℃生化培养箱中发酵，每天观察发酵情况。

（4）主发酵，10℃，5～7d，至4°P时结束（嫩啤酒）。一般主发酵整个过程分为酵母繁殖期、起泡期、高泡期、落泡期和泡盖形成期五个时期，仔细观察各时期的区别。

主发酵测定项目，接种后取样作第一次测定，以后每隔12h或24h测一次，直至结束。全部数据叠画在一张方格纸上，纵坐标为各个指标，横坐标为时间。测定下列几个项目：①糖度；②细胞浓度、出芽率、染色率；③酸度；④α－氨基氮；⑤还原糖；⑥酒精度；pH；色度；浸出物浓度；双乙酰含量等。

（5）画出发酵周期中上述各个指标的变化曲线，并解释它们的变化，记下操作体会与注意事项。

（二）注意事项

除少数特殊的测定项目外，应将发酵液除气，再经过滤后，将滤液用于分析。分析工作应尽快完成。

五、思考与练习

啤酒发酵为什么要在低温下进行?

六、实训报告

根据实训过程完成实训报告。

实训七 啤酒的生产

一、实训目的

了解酵母菌的生理特性；掌握各发酵阶段的特点及其中间控制分析项目，从而提高啤酒的质量和产量。

二、实训原理

啤酒是利用啤酒酵母对麦芽汁中某些组分进行一系列的生物化学代谢，产生酒精及其他各种风味物质。传统啤酒酿造以100%麦芽为原料，当前除德国外均增加辅助原料，我国主要加入大米或碎米为辅料，其优点是降低成本，减少蛋白质含量，改善麦芽浸出物组成，不易混浊，使之柔软，色淡。

啤酒花赋予啤酒香味和爽口的苦味，增加啤酒的泡沫持久时间，与麦汁共沸时，能促进蛋白质凝集，有利于发酵醪澄清。

三、实训器材与试剂

材料与试剂：啤酒酵母（*Saccharomyces cervisae*）、大麦芽、碎米、啤酒花。

仪器与器皿：糖度计、温度计、啤酒瓶（盖）、100mL三角瓶2只、天平、水浴锅、碘液量筒、抽滤装置一套。

四、实训步骤

（一）工艺过程

1. 麦芽汁的制备

取大麦芽150g（最好去根）和大米粉50g置于1000mL三角瓶，加入1000mL水，在水浴锅内维持60～62℃的温度，淀粉随着温度上升，吸水膨胀，体积增大，呈胶体性淀粉糊，此过程称之为糊化。在50℃即开始糊化，随着温度的升高，α-淀粉酶、β-淀粉酶作用使淀粉糖化。用碘液呈色反应检测糖化程度，碘液呈色反应消失时，用糖度计测糖度为12°Bx，即可抽滤，最终滤液为450mL左右，糖度80°Bx。

2. 添加啤酒花

称取2g啤酒花加入麦芽汁中，共沸30min，酒花可分次加入（目前国内啤酒生产厂家通常分三次或四次加入酒花），例如，第一次是在麦汁初煮沸时，加入酒花用量的1/5，第二次是在煮沸40min后，加入酒花用量的2/5，第三次在煮沸终了前10min，加入剩下的2/5。

3. 麦汁的冷却与澄清

（1）经分离出酒花的麦芽汁从95～98℃，急速冷却至适合于发酵的温度6～8℃。

（2）麦汁冷却后增加麦汁的溶解氧，有利于酵母生长繁殖。

（3）麦芽冷却时，出现冷凝物，把这些冷凝物从麦汁中分离掉，以保证发酵正常进行。

（4）麦芽汁的发酵。

将啤酒酵母扩大培养后，接种 30mL 酵母种于上述的麦芽汁中，开始进入主发酵。首先进入起泡期，发酵 12～24h，酵母繁殖达到最高峰，即有白色细泡沫；其次是高泡期，3～4d 后出现液面棕黄色泡沫，为发酵旺盛期即为主发酵，维持 2～3d，每日降糖 1.5°Bx；落泡期：发酵 5d 以后，发酵力逐渐减弱，CO_2 气泡减少，泡沫由棕黄色变为棕褐色，为期 2d；泡盖形成期：发酵 7～8d 后，泡沫回缩，形成一层褐色苦味的泡盖，除去泡盖；后发酵：前（主）发酵结束后，发酵醪过滤装瓶，压盖，放入冰箱贮存，贮藏温度保持在 0～2℃，压力在 0.38～0.4 大气压，CO_2 含量 0.45%～0.48%，一周后，即可成为成品啤酒。

（二）成品检验

（1）啤酒酸度的测定　电位滴定法。

（2）啤酒中酒精含量的测定　比重瓶法。

（3）啤酒色度的测定　比色法。

（4）啤酒酵母总数的测定　显微镜直接计数法。

（5）啤酒中大肠菌群数的测定　平板计数法。

五、思考与练习

（1）记载各发酵期发现的现象。

（2）为什么要除去发酵液面上形成的“泡盖”？

（3）如何应用酵母菌的生理特性指导啤酒酿造？

六、实训报告

将成品检验的结果记录下来，比较结果。

实训八　红葡萄酒的酿制

一、实训目的

通过实训，能够进行红葡萄酒酿造中相关参数的检测及浸渍程度的控制。能够完成红葡萄酒酿造的整个操作过程，制备出红葡萄酒。

二、实训原理

在葡萄酵母作用下，葡萄中的葡萄糖发酵生成酒精及二氧化碳，同时产生甘油、乙醛、乙酸、乳酸和高级醇等副产物。红葡萄酒是带皮发酵，葡萄中的色素、多酚物质等溶入其中，再经陈酿、澄清过程中的酯化、氧化、沉淀等作用，赋予红葡萄酒特殊的风味。

三、实训器材与试剂

材料与试剂：红色酿酒葡萄，$KHCO_3$，明胶，偏重亚硫酸钾，白砂糖，活性葡萄干酵母，酒石酸，鸡蛋，果胶酶。

仪器与器皿：糖度剂，温度计，pH 计，压帽柄（或玻璃发酵瓶），恒温培养箱，贮酒瓶等。

四、实训步骤

（1）挑取含糖量≥17g/L 的成熟酿酒葡萄，剔除生青、腐烂的果实。

（2）手工去梗、轻微破碎。

（3）装瓶　装量不超过瓶容积的 75%，同时按葡萄量加入 SO_2（50～80mg/L）搅匀，操作时，加入 10% 偏重亚硫酸钾溶液，添加量为每升葡萄含有 0.1～0.15g 偏重亚硫酸钾，并加入果胶酶（20mg/L，或按说明书）。取汁测糖、酸、相对密度、温度。

（4）浸渍发酵　取活化后的活葡萄干酵母（按说明书操作）加入瓶内发酵，当有“帽”形成时加糖。按 18g/L 生成 1% 酒精度加糖至生成 12%（体积分数）。每天测 3 次相对密度、温度，并定期用压帽柄压“帽”，用恒温培养箱控制温度至26～30℃ 。

（5）当相对密度降至 1.010～1.020 时（3～5d），出酒，同时压榨进行皮渣分离，混合，控温 18～20℃，继续发酵。

（6）当残糖低于 2g/L 时，酒精发酵结束，用 $KHCO_3$ 调整 pH≥3.2，触发苹果酸－乳酸发酵，温度控制在 18～25℃，发酵时间 5～10d。每天监测各参数，作好记录。当相对密度降至 0.993～0.998 时，停止发酵。

（7）满瓶，调整游离 SO_2 为 20～30mg/L。

（8）自然澄清半年（实验 20d）后，用明胶、蛋清下胶，通过下胶实验确定用量，然后用澄清板过滤。

（9）稳定性实验　检测酒的氧化、铁、铜、色素、微生物稳定性，若不稳定需要进行相应的处理。

（10）装瓶　将酒冷至其冰点以上 0.5℃左右，在同温度条件下进行澄清/除菌过滤，并加入 SO_2（5～10g/L），打塞、卧放贮存。

五、思考与练习

（1）如何确定红葡萄酒的皮渣分离时间？

（2）制定红葡萄酒的生产工艺流程，并详述操作规范。

六、实训报告

根据红葡萄酒酿造工艺流程和实际操作，完成实训报告。

实训九　玉米黄酒的制作

一、实训目的

了解黄酒制作的原理，掌握黄酒原料处理及发酵的工艺。

二、实训原理

1. 利用的微生物是酵母菌，其异化作用类型是兼性厌氧型，明确酵母菌发酵的反应式：

（1）有氧条件　有氧条件下，酵母菌进行有氧呼吸，大量繁殖。

$$C_6H_{12}O_6 + 6O_2 \longrightarrow 6CO_2 + 6H_2O$$

（2）无氧条件　在无氧条件下，酵母菌能进行酒精发酵。

$$C_6H_{12}O_6 \longrightarrow 2C_2H_5OH + 6CO_2$$

2. 影响酒精发酵的主要环境条件有温度、氧气和 pH。

（1）酒精发酵是一般将温度控制在 18～25℃范围内，在 20℃时最适宜。

（2）酒精发酵过程中，要保持缺氧、酸性环境。

3. 发酵特点

先用酵母菌把玉米糖分等发酵，代谢成黄酒和其他产物。

三、实训器材与试剂

材料与试剂：玉米、高粱、酵母菌、醋酸菌、70%酒精。

仪器与器皿：发酵瓶、纱布、榨汁机、软木塞、橡皮管。

四、实训步骤

实训安排秋季进行。此时气温相对较低，在发酵过程中可以避免杂菌感染。

（1）对实训用具进行清洗并消毒。先用洗洁精配制的洗液清洗，再用温水反复冲洗几次，后用体积分数为75%的酒精擦拭消毒，晾干待用。

（2）取优质玉米5kg，蒸煮熟透，摊开晾到温度30℃左右。按照比例撒入酒曲，搅拌均匀，堆放发酵。

（3）发酵过程中，定时取样检测pH及活菌数等值。

（4）发酵一周后，移入缸中密封发酵。

（5）一月左右，黄酒制作完成。制作出黄酒应该色泽微红、酒香浓郁、甘甜可口。

五、思考与练习

评价自酿黄酒的色、香、味。

六、实训报告

在发酵过程中，如何保证发酵液不受污染、如何控制发酵温度？

实训十 醋酸菌的分离纯化

一、实训目的

了解醋酸菌菌落特征，掌握醋酸菌的分离纯化技术。

二、实训原理

从醋醪中分离醋酸菌，一般选用含有碳酸钙曲汁琼脂培养基，进行稀释法或划线法，由于醋酸菌在生长过程能产生醋酸将碳酸钙溶解，菌落周围的培养基变为透明。菌落周围透明圈的大小，因菌而异。

三、实训器材与试剂

（1）器材 粉碎机、铝锅、100mL 和 250mL 三角瓶、灭菌培养皿和烧杯。

（2）菌种 醋酸菌、酵母菌、麦曲。

（3）碳酸钙曲汁 曲汁 100mL、$CaCO_3$ 1g、95 乙醇 3 ~ 4mL（灭菌后加入）、琼脂 2g、pH 自然。

（4）豆芽汁培养基 黄豆芽 200g、蔗糖（或葡萄糖）20g、水 1000mL。将马铃薯去皮切成小块，锅中加水 800 ~ 1000mL，煮沸 0.5h，用双层纱布过滤，取滤液加琼脂和蔗糖，并加水补足 1000mL。

（5）残次水果、麦麸、谷糠、食盐。

四、实训步骤

1. 醋醪的制备

（1）残次水果处理 将残次水果先摘果柄、去腐料部分，清洗干净，用筛孔 1.5mm 粉碎机破碎，后将渣汁煮熟成糊状，倒入烧杯中。

（2）酒精发酵 待渣汁冷却至 30℃ 时，接入麦曲（1.6%）和酒母液（6%），于培养箱 30℃ 培养 5 ~ 6h。这时逐渐有大量气泡冒出，12 ~ 15h 后气泡逐渐减少，此时水果中各种成分发酵分解，并有少量酒精产生。

（3）醋酸发酵　每烧杯中加入麦麸（50%）、谷糠（5%）及培养的醋母液10%～20%，使醋醪含水54%～58%，保温发酵。温度不超过40℃，醋酸发酵4～6d，基本结束制成醋醪。

2. 醋酸菌的分离

（1）曲汁30mL加于100mL三角瓶中灭菌。冷却后，用无菌吸管加入1mL酒精。然后接入新鲜醋醪少许。25～30℃培养一周。

（2）用碳酸钙曲汁琼脂培养基，将培养一周的醋酸菌，采用稀释法或划线法接种于平板中，醋酸菌为小菌落，因生酸使碳酸钙溶解，菌落周围的培养基变为透明，但要注意碳酸钙与培养基要摇匀，方可倒平板，否则碳酸钙沉于底部，故生长在表面的菌落，也可能无透明圈出现。

（3）将豆芽汁装三角瓶，每瓶30mL，灭菌后加入酒精1.5mL，将上述分离出的不同的菌落分别移植于瓶内。25～30℃培养，不时观察各菌生长情况。用显微镜检查细胞形状（用石碳酸复红液染色）。

（4）将单菌落移至曲汁琼脂斜面，保存菌种。

五、思考与练习

（1）分离过程需要注意哪些?

（2）都可以用哪些材料分离醋酸菌?

六、实训报告

记录醋酸菌的分离纯化过程。

实训十一　食醋的酿造

一、实训目的

了解食醋酿造的基本原理及食醋酿造的主要工艺，掌握简易酿醋的技术要求及关键控制点。

二、实训原理

食醋是利用微生物细胞内各种酶类，在制作过程中进行一系列的生化作用。若以淀粉为原料酿醋，要经过淀粉的糖化，酒精发酵和醋酸发酵三个生化过程；以糖类为原料酿醋，需经过酒精和醋酸发酵；而以酒为原料，只需进行醋酸发酵的生化过程。醋酸发酵是由醋酸杆菌以酒精作为基质，主要按下式进行酒精氧化而产生醋酸。

$$CH_3CH_2OH + O_2 \longrightarrow CH_3COOH + H_2O + 118.0kcal$$

食醋的酿造方法有固态发酵和液态发酵两大类。

本实验主要研究的是麸曲醋的工艺，这也是目前生产上常用的方法。

三、实训器材与试剂

1. 菌种

甘薯曲霉（*AspergiLLus batatae*，编号 As3. 324）、醋酸菌（*Acctobacter*）、酵母菌（*Shaccharormyes cerevisiae*）。

2. 培养基

醋酸菌斜面培养基　葡萄糖 100. 0g；酵母膏 10. 0g；$CaCO_3$ 20. 0g；琼脂 15～20g；蒸馏水 1000mL；调节 pH6. 8。

3. 主要原料

麦麸、谷糠、食盐。

4. 器材

培养箱、电炉、粉碎机、曲盘、发酵缸、接种针等。

四、实训步骤

1. 种曲的制备

（1）麸曲制备

试管菌种培养→三角瓶扩大培养→麸曲生产

（30℃，3～4d）（28～30℃，3～4d）

（2）酒母制备

试管菌种→小三角瓶培养→大三角瓶培养→罐培养→酒母

（24h）　（18～20h）　（10～12h）

（3）醋酸菌培养

试管菌种→小三角瓶培养→大缸固态培养

2. 醋的酿造

（1）原料的配比（质量份）

碎米	100	细谷糠	175
蒸料前加水	275	蒸料后加水	125
麸曲	5~10	酒母	40
粗谷糠	50	醋母	50
食盐	3.75~7.5		

（2）原料处理　原料去杂，粉碎，与细谷糠拌匀，按量加水，使原料充分吸水。上笼，蒸料1h，焖料1h，出锅，粉碎，降温至30~40℃，第二次加入冷水拌匀，摊开放凉。

（3）淀粉糖化与酒化　按量接入麸曲与酒母，翻拌均匀入缸。室温下培养，当品温升至36~38℃，倒醅，再次升温到38℃，进行第二次倒醅，发酵5~6d后，品温降至33℃，说明糖化和酒化过程结束。

（4）发酵　酒化结束后，按量加入清蒸后的粗谷糠和醋母混拌均匀。发酵时品温在2~3d后升高，控温在40℃左右。每天倒缸1~2次，经过12~15d后品温下降至36℃以下，醋酸含量达7%~7.5%时，发酵结束。

（5）加盐后熟　为了抑制醋酸菌生长消耗醋酸，按比例加入1.5%~2%的食盐。

（6）淋醋　加水常温浸泡醋醅20~24h，开淋，前后淋三次。

（7）陈酿　将制好的醋液室温放置1个月或者数月，可提高醋的品质、风味、色泽。

（8）灭菌　采用巴氏灭菌方法。

五、思考与练习

（1）酿醋中的主要微生物及其作用是什么？

（2）食醋酿造应注意的问题？

六、实训报告

记录食醋酿造过程中的变化过程。

实训十二 酱油中氨基氮含量的测定

一、实训目的

掌握酱油中氨基氮含量测定的两种常用的方法，分别为 pH 计法和双指示剂甲醛法。

二、实训原理

pH 计法原理：氨基酸是酱油中的重要成分之一，是由原料中的蛋白质水解产生的，它同时具有氨基和羧基两种活性。酱油颜色比较深，我们一般采用甲醛、酸度计法，就是加入甲醛，使氨基的碱性被掩蔽，呈现羧基酸性，再以氢氧化钠滴定。

双指示剂甲醛法原理：氨基酸具有酸、碱两重性质，因为氨基酸含有—COOH 显示酸性，又含有—NH_2 显示碱性。由于这两个基团的相互作用，使氨基酸成为中性的内盐。当加入甲醛溶液时，—NH_2 与甲醛结合，其碱性消失，破坏内盐的存在，就可用碱来滴定—COOH 基，以间接方法测定氨基酸的量。

三、实训器材与试剂

1. pH 计法

（1）器材 锥形瓶、容量瓶、移液管、碱式滴定管、烧杯、量筒、酸度计。

（2）试剂 甲醛溶液（37% ~40%）、NaOH 标准溶液（0.05000mol/L）、标准缓冲溶液（pH =6.86 、pH =9.18）、酚酞指示剂、酱油。

2. 双指示计甲醛法

20% 中性甲醛溶液（以百里酚酞为指示剂，用 0.1mol/L NaOH 溶液滴定呈淡蓝色）。

0.1% 百里酚酞 95% 乙醇溶液。

0.1% 中性红 50% 乙醇溶液。

0.100mol/L NaOH 标准溶液。

四、实训步骤

1. pH 计法

①pH 计的预热及校准：先开机预热 30min，用标准缓冲溶液（pH = 6.86 、pH = 9.18）标定备用。

②碱液的配制：称取 2.0gNaOH 溶解于 1000mL 蒸馏水中，备用。

③碱液的标定：碱液的标定称取 0.4 ~ 0.6g 于 105 ~ 110℃ 烘至恒量的基准邻苯二甲酸氢钾，精确至 0.0001g。溶于 50mL 不含二氧化碳的水中，加入 2 滴酚酞指示剂溶液，以新制备的 NaOH 标准溶液滴定至溶液呈微红色为其终点。

④样品的滴定：吸取酱油样品 12.5mL 置于 250mL 容量瓶中，加水至刻度，混匀后吸取 20.0mL，置于 250mL 烧杯中，加水 60mL，插入玻璃电极和甘汞电极，开动磁力搅拌器，用 NaOH 标准滴定溶液滴定至酸度计指示 pH = 8.2。并记入体积数。

再加入 10.0mL 甲醛溶液，混匀。再用 NaOH 标准滴定溶液滴定至酸度计指示 pH = 9.2，记下消耗 NaOH 标准滴定溶液的毫升数。

⑤数据处理：

$$X = \frac{(V_2 - V_1) \times c \times 14}{V_3 \times 12.5/250}$$

式中 X——样品中氨基态氮的含量，g/L

V_1——测定用试样稀释液加入甲醛后消耗 NaOH 标准滴定溶液体积，mL

V_2——试剂空白试验加入甲醛后消耗 NaOH 标准滴定溶液体积，mL

V_3——试样稀释液取用量，mL

c——NaOH 标准滴定溶液的浓度，mol/L

14——$\frac{1}{2}N_2$ 的摩尔质量，g/mol

2. 双指示剂甲醛法

①移取氨基酸 20 ~ 30mg 的样品溶液 2 份，分别置于 250mL 锥形瓶中，加水 50mL。

②其中一份加 3 滴中性红指示剂，用 0.1000mol/L NaOH 溶液滴定至琥珀色为终点。另一份加入中性甲醛 10mL 及 3 滴百里酚酞指示剂，摇匀，静置 1min（此时蓝色应消失）。

③再用 0.0500mol/L NaOH 溶液滴定至淡蓝色。记录两次滴定所消耗的碱液毫升数。

④数据处理：

$$氨基酸态氮含量/\% = ((V_1 - V_2) \times C \times 0.014) \times 100/m$$

式中 C——NaOH 标准溶液浓度，mol/L

V_1——测定样品消耗 NaOH 标准溶液的体积，mL

V_2——测定空白消耗 NaOH 标准溶液的体积，mL

m——样品溶液相当样品的质量，g

0.014——$\frac{1}{2}N_2$ 的毫摩尔质量，g/mmol

五、思考与练习

测定酱油中氨基态氮有什么意义？

六、实训报告

计算两种测定方法的结果，比较其差异性。

实训十三 酱油的生产

一、实训目的

了解酱油的制作过程，掌握酱油生产的基本原理以及实验室酱油制作方法。

二、实训原理

酱油的酿造，主要是借助微生物的作用，将原料中的淀粉及其他多糖等物质水解为寡聚糖，并进行酒精发酵，生成醇、醛、酯、酚等物质，从而形成酱油特有的滋味和香味。

三、实训器材与试剂

1. 原料

黄豆、麸皮、30% ~ 40% 麸皮、可溶性淀粉、$MgSO_4 \cdot 7H_2O$、KH_2PO_4、$(NH_4)_2SO_4$、2.5% 琼脂、米曲霉斜面菌种。

2. 仪器

试管、塑料袋、三角瓶、铝饭盒、量筒、温度计、天平、波美计、高压锅、分装器等。

四、实训步骤

1. 菌种的扩大培养

（1）菌种的活化　菌种斜面培养基：豆饼 100g，每 100mL 培养基中含 0.1% KH_2PO_4，0.05% $MgSO_4 \cdot 7H_2O$，0.05% $(NH_4)_2SO_4$，2.5% 琼脂，2% 可溶性淀粉。

（2）种曲的制备　种曲培养基：麦麸∶豆饼粉∶水 =4∶3∶6，原料按比例混匀后装入容器，灭菌备用。

2. 制曲

（1）原料的配比　豆饼粉 60%，麸皮 40%，水 90% ~95%。

（2）原料的处理　按比例称取原料混合均匀，用水静止浸润 30min，然后分装于容器内，高压锅 121℃，灭菌 30min，迅速冷却，平铺于曲盘中。

（3）接种培养　原料冷却到 30℃左右接入菌种，接种量为 0.3%，拌匀，置于 30℃恒温培养箱中培养，培养 1 ~2d，在此期间，进行 2 ~3 次翻曲。表面生成黄绿色或者浅黑色孢子，同时有曲香味，视为培养结束，曲制成。

3. 制醅发酵

（1）配制 12 ~13°Bé 盐水　称取食盐 13 ~15g，溶于 100mL 水中，即可制得所需的盐水，加热至 55 ~60℃备用。

（2）制醅　将成曲中加入上述的热盐水，加入量为 45%，搅拌均匀，装入容器中备用。

（3）发酵　恒温水浴箱中保温发酵，38℃培养 7d，42℃培养 5 ~7d。

4. 淋油

将成熟的酱醅中加入原料 500% 的沸水，60 ~70℃水浴，浸出 15h 左右，此时放出即为头油；再加入 500% 的沸水，60 ~ 70℃ 水浴，浸出 4h 左右，即为二油。

5. 成品配制

将产品加热到 70 ~80℃，30min，然后可以根据各自口味加入增色剂、甜味料、助鲜剂等。

6. 成品检验

（1）感官检验

色泽：采用比色法。

状态：摇匀后对光，鉴定其体态。

香气：边摇动，嗅其气味。

滋味：用舌尖涂布满口，鉴别其滋味。

（2）理化检验

氨基氮测定：双指示剂甲醛法。

食盐测定：硝酸银法。

总酸测定：氢氧化钠滴定法。

全氮测定：凯氏定氮法。

（3）微生物检验

菌落总数的测定：平板计数法。

大肠杆菌测定：乳糖管发酵法。

五、思考与练习

（1）酱油酿造过程中，微生物起到了什么样的作用？

（2）制曲过程中需要注意的事项？

（3）酱油的检测指标有哪些？

六、实训报告

总结酱油生产的工艺条件。

实训十四 毛霉的分离和豆腐乳的制备

一、实训目的

通过实训，学会毛霉分离培养的方法和腐乳的制备方法，巩固接种操作，学会腐乳的毛霉培养和后期发酵的操作、管理技术。

二、实训原理

用自然培养法培养毛霉，并利用逐级扩大培养的方式制得毛霉菌作为腐乳制备的菌种。豆腐坯上接种毛霉，经过繁殖培养，分泌蛋白酶、淀粉酶等霉系，再经过长时间的发酵，与发酵配料中的成分协同作用，形成了腐乳特有的香味。

三、实训器材与试剂

材料：豆腐、麦芽糖、蛋白胨、琼脂、盐酸、麸皮、辣椒粉、花椒粉、五香粉。

仪器：塑料托盘、熟料小支架、纱布、菜刀、案板、恒温箱、接种箱、高压灭菌锅、试管、冰箱、三角瓶、玻璃瓶。

四、实训步骤

1. 自然培养法培养毛霉

先将所有用具（塑料托盘、熟料小支架、纱布、菜刀、案板）蒸煮消毒，再将纱布晾干。托盘内放入支架，支架上再放入两层纱布。将豆腐（北豆腐一盒，北豆腐含水较低，易培养出毛霉）切成 4.1cm × 4.1cm × 1.6cm 的块，整齐平铺在纱布上，每块之间间隔 1cm。上面再盖上一个托盘。最后将其放到 15 ~ 18℃ 的环境中培养。2 ~ 3d 后便可见有的豆腐块长出毛霉菌丝，有的豆腐块长出许多杂菌。将长有杂菌的豆腐块挑取出来，消毒灭菌后扔掉，长毛霉的豆腐块留着备用。

2. 纯种培养毛霉

（1）斜面试管培养基　麦芽糖（饴糖）15g，蛋白胨 1.5g，琼脂 2g，加入水 100mL 溶解，用 0.1mol/L 盐酸或 10% NaOH 调至 pH 为 6。分装入试管，包扎，以 0.1MPa（121℃）灭菌 30min，取出摆成斜面，空白培养（28 ~ 30℃，48 ~ 72h）。

（2）接种毛霉　在无菌操作台上，将第一步中培养出来的豆腐块上的毛霉用点接法接种到斜面培养基上，28 ~ 30℃ 条件下培养 48 ~ 72h，便可见长出的毛霉。待其生长充分后放入冰箱的冷藏室（4 ~ 6℃）中保存备用。

3. 扩大培养

（1）制备三角瓶菌种培养基　麸皮 50g，蛋白胨 0.5g，水 50mL，将蛋白胨溶于水中，然后与麸皮搅匀，装入三角瓶中，250mL 三角瓶装 25g 培养料，封口包扎。

（2）灭菌　高压灭菌，0.1MPa 灭菌 20 ~ 30min。灭菌种趁热摇散，冷却。

（3）接种　在超净工作台上将试管菌种一小块接入三角瓶菌种培养基上。在 25 ~ 28℃ 环境中培养，2 ~ 3d 后瓶内长满菌丝并产生大量孢子。此菌种留着备用。

（4）孢子悬浮液制备　每个三角瓶中加入冷开水200mL，用消毒过的玻璃棒将菌丝打碎，充分摇匀，用纱布过滤，滤渣再加200mL冷开水洗涤一次，过滤，两次滤液混合，制成孢子悬浮液。

4. 制备豆腐乳

（1）制豆腐坯　方法见实训步骤1。

（2）人工接种培养　用喷洒壶喷洒接种，使豆腐坯的五面均匀喷洒到悬液。也可用豆腐坯浸沾菌液，浸后立即取出，防止水分浸入坯内增大含水量，影响毛霉生长。

将接种后的豆腐坯放在15～18℃环境中培养，2～3d后即可见豆腐块上长满了白色的毛霉。

5. 腌坯及后期发酵

当菌丝开始变成淡黄色，并有大量灰褐色孢子形成时，可揭开盖子，放到窗边通风处，停止其发霉，促进毛霉产生蛋白酶，8h后腌制。方法是：先将相互依连的菌丝分开，然后用手抹倒，使其包住豆腐坯，再将其放入玻璃瓶中腌制，采用分层加盐法腌制，用盐量分层加大，最后撒一层盖面盐。腌坯要求NaCl含量在12%～14%，腌坯后3～4d要压坯，即再加入食盐水，高过坯面1cm，腌制时间3～4d。腌坯结束后，打开瓶盖，用已消毒的吸管吸出所有盐水，用纱布盖住瓶口放置过夜，使盐坯干燥收缩。

后期发酵是利用豆腐坯上生长的毛霉以及配料中各种微生物的作用，使腐乳成熟，形成色、香、味的过程。腐乳汤料的配制，我们选用小辣方，学生还可自行选择。最后装入瓶内，瓶盖边缘用宽胶带围粘两圈密封。瓶上贴标签，注明日期。

五、思考与练习

如何使腐乳坯的毛霉生长均匀一致？

六、实训报告

把实训的过程写成实训报告。

实训十五 绿豆发酵乳制作

一、实训目的

了解绿豆发酵乳特征，掌握绿豆发酵乳的加工技术。

二、实训原理

生产工艺流程：

生长促进剂小米→浸泡→磨浆→液化→过滤→滤液→配料（加入生长促进剂）→均质→分装→灭菌→冷却→接种→发酵→低温冷却→成品双歧杆菌→一级种→二级种

三、实训器材与试剂

脱脂牛乳、葡萄糖、白砂糖、小米、绿豆、酵母膏、肝浸膏、磷酸二氢钾、碳酸氢钠、生长促进剂、酸乳生产发酵剂、磨浆机、高压蒸汽灭菌器，水浴锅、电炉、不锈钢锅、烧杯、试管等。

四、实训步骤

（一）操作要点

1. 培养基的制备

（1）一级种子培养基　10%～12%脱脂牛乳中加入0.25%的生长促进剂，2%的葡萄糖，分别装入大试管，在0.1MPa下灭菌20min，冷却待用。

（2）发酵培养基　小米糊40%、绿豆乳30%、葡萄糖0.3%、酵母膏0.1%、肝浸膏0.1%、磷酸二氢钾0.1%、生长促进剂适量。调pH至6.5～7.0，0.1MPa灭菌20min，冷却后用于二级种的培养及饮料发酵。

2. 绿豆乳的制备

选择饱满无虫害的绿豆，利用0.5%的碳酸氢钠溶液漂烫10min，然后迅速冷却，脱去种皮，经过磨碎、过滤得到绿豆乳。

3. 小米处理

选用优质、无霉变、无虫害的小米为原料。经过清洗、浸泡后，利用磨浆机将小米磨成浆液，并将其加热到100℃，然后冷却至α－淀粉酶作用的适宜温度进行液化处理。小米经过酶液化处理，使得淀粉转化为麦芽糊精、低聚糖，成为双歧杆菌可直接利用的营养物，提高了其增殖速度。缩短了发酵周期，使酸乳质量有了可靠的保证。

4. 配料、均质

按照牛乳∶小米∶绿豆为2∶1∶1的比例进行投料。将制得的小米浆、绿豆乳和牛奶充分混合均匀，并加入适量的白砂糖。将上述混合均匀的物料送入均质机中在30MPa的压力下进行多次处理。均质的目的是为了使微粒细化，使饮料呈稳定形态，同时可提供细腻的口感。

5. 灭菌、冷却

将经过均质处理的物料在121℃的高压蒸汽进行灭菌15min，然后迅速冷却至有利于发酵的温度（37℃左右）。

6. 接种、发酵

将生产发酵剂按比例进行接种，接种后放入恒温环境中进行培养，需注意的是培养过程中要避免温度的波动，从而导致发酵的异常。

7. 冷却、质量评定

发酵结束后，转入3～5℃的温度环境中放置2h，然后进行质量评定。经过评定合格者即为成品。

（二）成品质量指标

1. 感官指标

该饮料呈乳黄略带绿色，絮状凝块稠密均匀，无明显气泡，上面有少量乳清析出。口感细腻，酸甜适口，无豆腥味，具有小米绿豆的清香味。

2. 理化指标

总固形物＞13%，总酸（以乳酸计）0.75%～0.90%，pH4.0～4.2，蛋白质≥3.43%，汞≤0.01mg/kg。

3. 微生物指标

双歧杆菌＞10^8～10^9cfu/mL，大肠菌群≤25cfu/mL，致病菌不得检出。

五、思考与练习

（1）发酵过程需要注意哪些？

（2）乳酸生产常用的生产发酵剂有哪些？

六、实训报告

把实训的过程写成实训报告。

参考文献

[1] 王文芹，孔玉涵．国内外发酵食品的发展现状．发酵科技通讯，2007，36(2)：55－56.

[2] 梁宝东，闰训友，张惟广．现代生物技术在食品工业中的应用．农产品加工，2005.

[3] 孔庆学，李玲．生物技术与未来食品工业．天津农学院学报，2003，(2)：37－40.

[4] 王春荣，王兴国等．现代生物技术与食品工业．山东食品科技，2004，(7)：31－32.

[5] 李琴，杜风刚．双菌种制曲在酱油生产中的应用．中国调味品，2003，(12)：36－37.

[6] 李平兰，王成涛．发酵食品安全生产与品质控制．北京：化学工业出版社，2005.

[7] 潘力．食品发酵工程．北京：化学工业出版社，2006.

[8] 何国庆．食品发酵与酿造工艺学．北京：中国农业出版社，2001.

[9] 刘慧．现代食品微生物学实验技术．北京：中国轻工业出版社，2006.

[10] 曹军卫，马辉文．微生物工程．北京：科学出版社，2002.

[11] 江汉湖．食品微生物学．北京：中国农业出版社，2002.

[12] 田洪涛．现代发酵工艺原理与技术．北京：化学工业出版社，2007.

[13] 牛天贵．食品微生物学实验技术．北京：中国农业大学出版社，2002.

[14] 张星元．发酵原理．北京：科学出版社，2005.

[15] 陆寿鹏，张安宁．白酒生产技术．北京：科学出版社，2004.

[16] 杨天英，逯家富．果酒生产技术．北京：科学出版社，2004.

[17] 王传荣．发酵食品生产技术．北京：科学出版社，2006.

[18] 王博颜，金其荣．发酵有机酸生产与应用手册．北京：中国轻工业出版社，2000.

[19] 赵谋明．调味品．北京：化学工业出版社，2001.

[20] 邓毛程．氨基酸发酵生产技术．北京：中国轻工业出版社，2007.

[21] 陈宁．氨基酸工艺学．北京：中国轻工业出版社，2007.

[22] 曾寿瀛．现代乳与乳制品加工技术．北京：中国农业出版社，2002.

[23] 骆承庠．乳与乳制品工艺学．北京：中国农业出版社，2003.

[24] 董胜利．酿造调味品生产技术．北京：化学工业出版社，2003.

[25] 杜连起．风味酱类生产技术．北京：化学工业出版社，2005.

[26] 邹晓葵．发酵食品加工技术．北京：金盾出版社，2008.
[27] 杨天英．发酵调味品工艺学．北京：中国轻工业出版社，2000.
[28] 叶兴乾．果品蔬菜加工工艺学．北京：中国农业出版社，2004.
[29] 徐斌．啤酒生产问答．北京：中国轻工业出版社，2000.
[30] 赵金海．酿造工艺：下．北京：高等教育出版社，2002.
[31] 孙彦．生物分离工程．北京：化学工业出版社，2003.
[32] 傅金泉．黄酒生产技术．北京：化学工业出版社，2005.
[33] 李艳．发酵工业概论．北京：中国轻工业出版社，1999.
[34] 王福源．现代食品发酵技术．北京：中国轻工业出版社，1998.
[35] 何国庆．食品发酵与酿造工艺学．北京：中国农业出版社，2001.
[36] 顾国贤．酿造酒工艺学．第2版．北京：中国轻工业出版社，1996.
[37] 沈怡方等．白酒生产技术全书．北京：中国轻工业出版社，1998.
[38] 陆寿鹏．果酒工艺学．北京：中国轻工业出版社，1999.
[39] 上海酿造科学研究所．发酵调味品生产技术．北京：中国轻工业出版社，1999.
[40] 程丽娟．发酵食品工艺学．杨凌：西北农林科技大学出版社，2007.
[41] 王文甫．啤酒生产工艺．北京：中国轻工业出版社，1998.